创客训练营

AVR单片机应用技能实训

肖明耀 郭惠婷 程 莉 廖银萍 编著

中国电力出版社
CHINA ELECTRIC POWER PRESS

内 容 提 要

本书为《创客训练营》丛书之一。本书遵循“以能力培养为核心，以技能训练为主线，以理论知识为支撑”的编写思想，采用基于工作过程的任务驱动教学模式，以AVR单片机的26个任务实训课题为载体，使读者掌握AVR单片机的工作原理，学会C语言程序设计、编程工具及其操作方法，提高AVR单片机工程应用技能。

本书分为认识AVR单片机、学用C语言编程、单片机的输入/输出控制、突发事件的处理-中断、定时器与计数器及应用、单片机的串行通信、应用LCD模块、应用串行总线接口、模拟量处理、电机的控制、模块化编程训练十一个项目。

本书由浅入深、通俗易懂、注重应用，便于创客实训，可作为大中专院校机电类专业的理论与实训教材，也可作为技能培训教材，还可供相关工程技术人员参考。

图书在版编目（CIP）数据

AVR单片机应用技能实训/肖明耀等编著. —北京：中国电力出版社，2016.10

（创客训练营）

ISBN 978-7-5123-9690-6

Ⅰ.①A… Ⅱ.①肖… Ⅲ.①单片微型计算机-基本知识 Ⅳ.①TP368.1

中国版本图书馆CIP数据核字（2016）第200948号

中国电力出版社出版、发行

（北京市东城区北京站西街19号 100005 http：//www.cepp.sgcc.com.cn）

航远印刷有限公司印刷

各地新华书店经售

*

2016年10月第一版 2016年10月北京第一次印刷

787毫米×1092毫米 16开本 19.75印张 523千字

印数0001—2000册 定价**55.00**元

前　言

《创客训练营》丛书是为了支持大众创新、万众创业，为创客实现创新提供技术支持的应用技能训练丛书，以培养学生实际综合动手能力为核心，采取以工作任务为载体的项目教学方式，淡化理论、强化应用方法和技能的培养。本书为《创客训练营》丛书之一。

单片机已经广泛应用于我们的生活和生产领域，目前很难找到哪个领域没有单片机的应用，从飞机上各种仪表控制、计算机网络通信、控制数据传输、工控过程的数据采集与处理，到各种智能IC卡、电视、洗衣机、空调、汽车控制、电子玩具、医疗电子设备、智能仪表等，均使用了单片机。

单片机技术是从事工业自动化、机电一体化的技术人员应掌握的实用技术之一。本书采用以工作任务驱动为导向的项目训练模式，介绍工作任务所需的单片机基础知识和完成任务的方法，通过完成工作任务的实际技能训练提高单片机综合应用技巧和技能。

全书分为认识AVR单片机、学用C语言编程、单片机的输入/输出控制、突发事件的处理-中断、定时器与计数器及应用、单片机的串行通信、应用LCD模块、应用串行总线接口、模拟量处理、电机的控制、模块化编程训练十一个项目，每个项目设有一个或多个训练任务，通过任务驱动技能训练，使读者快速掌握AVR单片机的基础知识，增强C语言编程技能、单片机程序设计方法与技巧。项目后面还设有习题，用于技能提高训练，全面提高读者对AVR单片机的综合应用能力。

本书得到深圳市科创委对深圳技师学院嵌入式创客实践室（项目编号：CKSJS2015093011233105）的支持和帮助，使我们能够顺利完成本书的所有实训项目和写作。

本书由肖明耀、郭惠婷、程莉、廖银萍编著。

由于编写时间仓促，加上作者水平有限，书中难免存在错误和不妥之处，恳请广大读者批评指正。

编　者

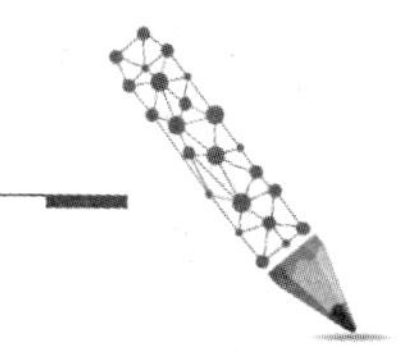

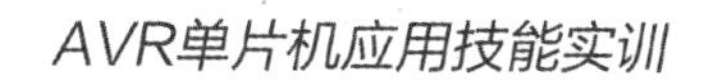

目 录

项目一 认识AVR单片机

学习目标

(1) 了解 AVR 单片机的基本结构。
(2) 了解 AVR 单片机的特点。
(3) 学会使用单片机开发工具。

任务1　认识 AVR 系列单片机

基础知识

一、单片机

1. 概述

将运算器、控制器、存储器、内部和外部总线系统、I/O 输入输出接口电路等集成在一片芯片上组成的电子器件，构成了单芯片微型计算机，即单片机。它的体积小、重量轻、价格便宜，为学习、应用和开发微型控制系统提供了便利。单片机的外形如图 1-1 所示。

图 1-1　单片机

单片机是由单板机发展过来的，将 CPU 芯片、存储器芯片、I/O 接口芯片和简单的 I/O 设备（小键盘、LED 显示器）等组装在一块印刷电路板上，再配上监控程序，就构成了一台单板微型计算机系统（简称单板机）。随着技术的发展，人们设想将计算机 CPU 和大量的外围设备集成在一个芯片上，使微型计算机系统更小，更适应工作于复杂同时对体积要求严格的控制设备中，由此产生了单片机。

Intel 公司按照这样的理念开发设计出具有运算器、控制器、存储器、内部和外部总线系统、I/O 输入输出接口电路的单片机，其中最典型的是 Intel 的 8051 系列。

单片机经历了低性能初级探索阶段、高性能单片机阶段、16 位单片机升级阶段、微控制器的全面发展阶段等 4 个阶段的发展。

(1) 低性能初级探索阶段（1976～1978 年）。以 Intel 公司的 MCS-48 为代表，采用了单片结构，即在一块芯片内含有 8 位 CPU、定时/计数器、并行 I/O 口、RAM 和 ROM 等，主要用于工业领域。

(2) 高性能单片机阶段（1978～1982年）。单片机带有串行I/O口，8位数据线、16位地址线，可以寻址的范围达到64K字节，并有控制总线、较丰富的指令系统等，推动单片机的广泛应用，并不断地改进和发展。

(3) 16位单片机升级阶段（1982～1990年）。16位单片机除CPU为16位外，片内RAM和ROM容量进一步增大，增加字处理指令，实时处理能力更强，体现了微控制器的特征。

(4) 微控制器的全面发展阶段（1990年～）。微控制器的全面发展阶段，各公司的产品在尽量兼容的同时，向高速、运算能力强、寻址范围大、通信功能强以及小巧廉价方面发展。

2. 单片机的发展趋势

随着大规模集成电路及超大规模集成电路的发展，单片机将向着更深层次发展。

(1) 高集成度。一片单片机内部集成的ROM/RAM容量增大，增加了电闪存储器，具有掉电保护功能，并且集成了A/D、D/A转换器、定时器/计数器、系统故障监测和DMA电路等。

(2) 引脚多功能化。随着芯片内部功能的增强和资源的丰富，一脚多用的设计方案日益显示出其重要作用。

(3) 高性能。这是单片机发展所追求的一个目标，更高的性能将会使单片机应用系统设计变得更加简单、可靠。

(4) 低功耗。这是单片机发展所追求的另一个目标，随着单片机集成度的不断提高，由单片机构成的系统体积越来越小，低功耗将是设计单片机产品时首先考虑的指标。

3. AVR单片机

(1) ATMEL单片机。ATMEL公司的单片机是目前世界上一种独具特色而性能卓越的单片机。它将8051内核与其Flash专利技术结合，具有较高的性价比。包括AT89、AT90两个系列。AT89是8位的FLASH单片机，与8051兼容，其中AT89S51十分活跃。AT90系列是增强型RISC内载FLASH单片机，通常被称为AVR系列。

8051结构的单片机采用复杂指令系统（Complex Instruction Set Computer，CISC）体系。由于CISC结构存在指令系统不等长、指令数多、CPU利用效率低、执行速度慢等缺陷，已不能满足和适应设计中高档电子产品和嵌入式系统应用的需要。ATMEL公司发挥其Flash存储器技术的特长，于1997年研发和推出了全新配置、采用精简指令集（Reduced Instruction Set CPU，RISC）结构的新型单片机。精简指令集结构是20世纪90年代开发出来的一种综合了半导体集成技术和较高软件性能的新结构，是为了提高CPU的运行速度而设计的芯片体系。它的关键技术在于采用流水线操作和等长指令体系结构，使一条指令可以在一次单次操作中完成，从而实现在一个时钟周期里完成一条或多条指令。同时RISC体系还采用了通用快速寄存器组的结构，大量使用寄存器之间的操作，简化了CPU中处理器、控制器和其他功能单元的设计。因此，RISC的特点就是通过简化CPU的指令功能，使指令的平均执行时间减少，从而提高CPU的性能和速度。在使用相同的晶片技术和运行时钟时，RISC系统的运行速度是CISC的2～4倍。正由于RISC体系所具有的优势，使得它在高端系统得到了广泛的应用。

ATMEL公司的AVR是8位单片机中第一个真正采用RISC结构的单片机。它采用了大型快速存取寄存器组、快速的单周期指令系统以及单级流水线等先进技术，使得AVR单片机具有高达1MIPS/MHz的高速处理能力。AVR采用流水线技术，在执行当前指令的时候，就预先读取下一条指令，然后以一个周期执行指令，大大提高了CPU的运行速度。而在其他的CISC以及类似的RISC结构的单片机中，外部振荡器的时钟被分频降低到传统的内部指令执行周期，这种分频最大达12倍（如8051）。

传统的基于累加器的结构单片机（如8051）需要大量的在累加器和存储器之间的数据传输。而在AVR单片机中，由于采用32个通用工作寄存器构成快速存取寄存器组，代替了累加器，从而避免了在传统存储器之间数据传输造成的滞堵现象，从而进一步提高了指令的运行效率和速度。

AVR单片机采用RISC结构，其目的在于能够更好地采用高级语言（如C语言、Basic语言）来编写嵌入式系统的系统程序，从而能高效地开发出目标代码。

AVR单片机采用低功率、非挥发的CMOS工艺制造，内部分别集成Flash程序存储器、E^2PROM数据存储器和SRAM静态随机存储器3种不同性能和用途的存储器。除了可以通过使用一般的编程器对AVR单片机的FLASH存储器和EEPROM数据存储器进行编程外，大多数AVR单片机具有ISP（在线编程）的特点以及IAP（在应用编程）特点，为使用AVR单片机进行开发设计和生产产品提供了极大的方便，可以缩短研发周期、简化工艺流程，并且还可以节约购买/开发仿真编程器的费用。同样，对于学习者和用户来说，只需要具备一套好的AVR软件开发平台，就可以从事AVR单片机系统的学习、设计和开发工作了。

（2）AVR单片机特点。AVR单片机吸取了8051单片机的优点，同时在内部结构上还做了一些较大改进，其主要的特点如下：

1）程序存储器是可擦写1万次以上、指令长度为16位（字）的FlashROM。而数据存储器为8位。因此AVR还是属于8位单片机。

2）采用CMOS技术和RISC结构，实现高速（50ns）、低功耗（μA）、SLEEP（休眠）功能。AVR的一条指令执行速度可达50ns（20MHz），而耗电仅为1μA～2.5mA。AVR采用Havard（哈佛）结构，以及一级流水线的预取指令功能，即对程序的读取和数据的操作使用不同的数据总线，因此，当执行某一指令时，下一指令被预先从程序存储器中取出，这使得指令可以在每一个时钟周期内被执行。

3）超功能精简指令。具有32个通用工作寄存器（相当于8051中的32个累加器），克服了单一累加器数据处理造成的滞堵现象。片内含有128B～4KB的SRAM，可灵活使用指令运算，适合使用功能强大的C语言编程，易学、易写、易移植。

4）高度保密。可多次烧写的Flash具有多重密码保护锁定（LOCK）功能，因此，可低价快速完成产品商品化，且可多次进行产品升级，方便了系统调试，而且不必浪费IC或电路板，大大提高了产品质量及竞争力。

5）工业级产品。具有大电流10～20mA（输出电流）或40mA（吸电流）的特点，可直接驱动LED发光二极管、SSR电子固态继电器或继电器。有看门狗定时器（WDT）安全保护，可防止程序跑飞，提高产品的抗干扰能力。

6）多种程序写入方式。程序写入器件时，可以使用并行方式写入（用编程器写入），也可使用串行在线下载、在应用下载方法下载写入。可直接在电路板上进行程序的修改、烧录等操作，方便产品升级，而使用SMD表贴封装器件，更利于产品微型化。

7）通用数字I/O口的输入输出特性与PIC的HI/LOW输出及三态高阻抗HI-Z输入相似，同时可设定与8051结构内部有上拉电阻类似的输入端功能，便于满足各种应用特性所需

(多功能I/O口)。AVR的I/O口是真正的I/O口，能准确反映I/O口的输入输出的真实状况。

8) 集成有模拟比较器，可组成廉价的A/D转换器。

9) 有多个固定中断向量入口地址，可快速响应中断。

10) 带有可设置的启动复位延时计数器。AVR单片机内部有电源上电启动计数器，当系统RESET复位上电后，利用内部的RC看门狗定时器，可延迟MCU正式开始读取指令执行程序的时间。这种延时启动的特性，可使MCU在系统电源、外部电路达到稳定后再正式开始执行程序，提高了系统工作的可靠性，同时也可节省外加的复位延时电路。

11) 具有多种不同方式的休眠省电功能和低功耗的工作方式。

12) AVR单片机具有内部的RC振荡器，提供1MHz/2MHz/4MHz/8MHz的工作时钟，使该类单片机无须外加时钟电路元器件即可工作，非常简单和方便。

13) 有多个带预分频器的8位和16位的功能强大的计数器/定时器(C/T)，除了实现普通的定时和计数功能外，还具有输入捕获、比较匹配、产生PWM输出等更多的功能。

14) 性能优良的串行同/异步通信USART口，不占用定时器。可实现高速同/异步通信。

15) Atmega8515及Atmega128等芯片具有可并行扩展的外部接口，扩展能力达64KB。

16) 工作电压范围为2.7～6.0V，具有系统电源低电压检测功能，电源抗干扰性能强。

17) 有多通道的10位A/D及实时时钟RTC。许多AVR芯片内部集成了8路10位A/D接口，如Atmega8、Atmega16等。

18) AVR单片机还在片内集成了可擦写10万次的E^2PROM数据存储器，等于又增加了存储系统的设定参数、固定表格和掉电后的数据的内存。既方便了使用，减小了系统的空间，又大大提高了系统的保密性。

(3) AVR单片机的分类。AVR单片机系列齐全，可适用于各种不同要求的场合，根据功能特点单片机可分为高、中、低3个档次。

1) 低档单片机，Tiny系列，主要型号有Tinyll/12/13/15/26/28等。

2) 中档单片机，AT90S系列，主要型号有AT90S1200/2313/8515/85。

3) 高档单片机，Atmega系列，主要型号有Atmega8/16/32/64/128，其程序存储器容量分别为8/16/32/64/128KB。

AVR单片机的引脚从8脚到100脚不等，有直插、贴片等各种不同封装形式可供选择。

4. Atmega16单片机

(1) 内部结构框图。Atmega16单片机结构中包含运算器、控制器、片内存储器、4个I/O口、定时器/计数器、中断系统、振荡器等功能部件，如图1-2所示。

(2) 单片机微处理器。单片机微处理器又称CPU，是计算机的运算控制中心，由运算器和控制器及中断控制电路等几部分组成。CPU字长有4位、8位、16位和32位之分，字长越长运算速度越快，数据处理能力也越强。8051单片机的CPU字长为8位。

CPU的主要任务是保证程序的正确执行。因此，必须能够访问存储器、执行运算、控制外设以及处理中断。

AVR单片机的CPU内核结构如图1-3所示。

中央处理单元CPU由运算器、控制器和寄存器组成。为了获得较高的性能及并行性，AVR采用了Harvard结构，具有独立的数据总线和程序总线，程序存储器与数据存储器分离。指令存储在程序存储器，指令通过一级流水线运行。CPU在执行一条指令的同时读取下一条指令(预取)。这种设计理念实现了指令的单时钟周期运行。

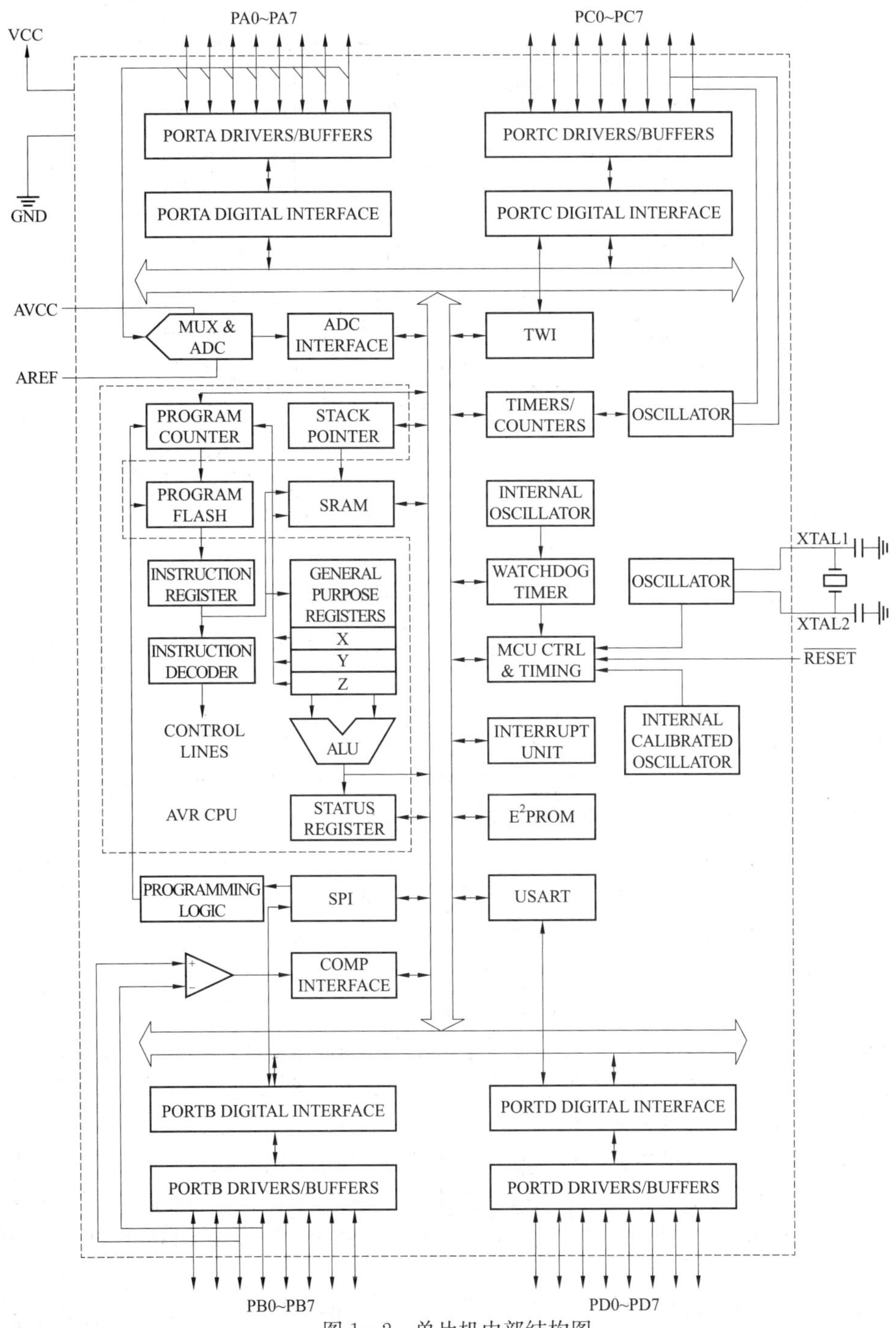

图 1-2　单片机内部结构图

1）运算器。AVR 单片机的运算器由 ALU 算术逻辑运算单元、通用寄存器组、状态标志寄存器等组成。共 32 个通用工作寄存器。所有的寄存器都直接与算术逻辑运算单元（ALU）相连接，以便与 ALU 单周期运算相匹配，使得一条指令可以在一个时钟周期内同时访问两个独立的寄存器。这种结构大大提高了代码效率，并且具有比普通的 CISC 微控制器高 8～10 倍的数据处理能力。

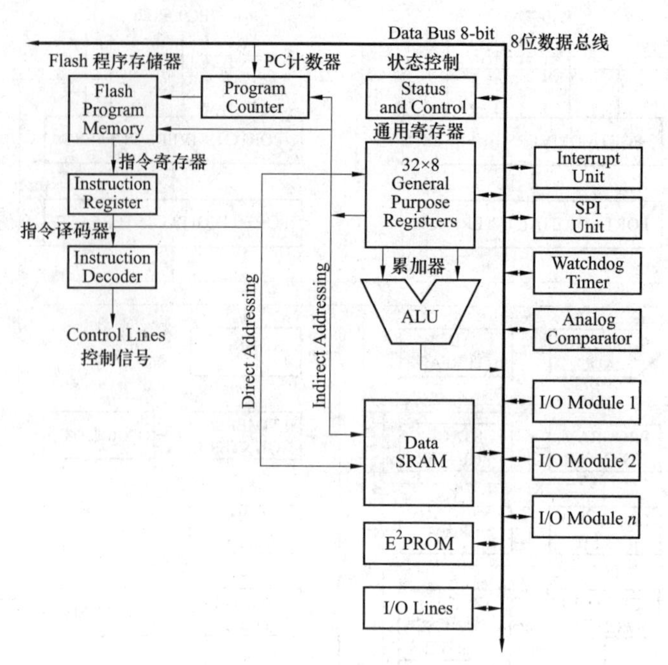

图 1-3　AVR 单片机的 CPU 内核结构

32 个通用工作寄存器组中包括 3 个 16 位的 X、Y、Z 地址指针寄存器，用于 ALU 的查表取数据操作。ALU 的运算结果影响状态标志寄存器的相关标志位。

2）控制器。控制器由指令寄存器、指令译码器、定时及时序控制逻辑电路、程序计数器等组成。它指挥和协调单片机的整体操作及运行，控制器按照指定的顺序从程序存储器读取指令并送入指令寄存器，读取指令时，由程序计数器给出该指令的地址编号，由地址编号选定的程序存储器单元的指令送入指令寄存器，指令寄存器保存当前需执行的指令，根据指令译码器的译码结果完成相应操作并发出相应的时序控制信号，从而完成规定的任务。

3）时序定时器与程序计数器。时序定时器是 CPU 的核心元件，它控制取指令、执行指令、数据存取或运算等操作，向其他部件发出控制信号。

程序计数器 PC 也叫程序计数指针，是指令在程序存储器的地址计数器，用于指向 CPU 要执行的指令在程序存储器的地址单元。CPU 去 PC 指定单元取指令，送入指令寄存器，CPU 每取一条指令，PC 自动加 1，指向下一条指令地址。

4）堆栈指针。单片机的“栈”是在静态随机存储器 SRAM 中开辟的一部分连续特殊的存储器块，用于 CPU 的堆栈操作，CPU 在执行新操作前，将寄存器、存储器的数据推入数据栈（入栈）暂时保存，待 CPU 执行完该操作后，再取出栈中数据（出栈），还原给对应的寄存器、存储器。

AVR 单片机的 SP 为 16 位的堆栈指针，入栈时，数据保存在 SP 所指向的地址中，与此同时，SP 指针减 1，出栈时，SP 所指的地址的数据弹出给寄存器、存储器，SP 指针加 1。堆栈操作遵守“先进后出、后进先出”的原则。

（3）AVR 单片机寄存器。

1）通用寄存组。32 个通用寄存器对 AVR 增强型 RISC 指令集做了优化，目的是提高其性能和灵活性，通用寄存器组的结构如图 1-4 所示。

32 个通用寄存器位于 SRAM 前面的 32 个地址单元，最后的 R26～R31 6 个寄存器每 2 个

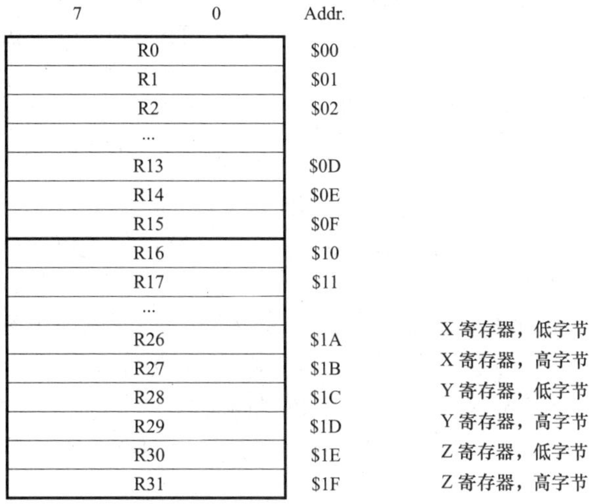

7　　　0	Addr.	
R0	$00	
R1	$01	
R2	$02	
…		
R13	$0D	
R14	$0E	
R15	$0F	
R16	$10	
R17	$11	
…		
R26	$1A	X 寄存器，低字节
R27	$1B	X 寄存器，高字节
R28	$1C	Y 寄存器，低字节
R29	$1D	Y 寄存器，高字节
R30	$1E	Z 寄存器，低字节
R31	$1F	Z 寄存器，高字节

图 1-4　通用寄存器组的结构

组成一个 16 位的寄存器，用 X、Y、Z 表示，具有特殊功能。这些寄存器作为对数据存储空间、程序存储器空间间接寻址的地址指针寄存器，X、Y、Z 数值可以自动增减。

2）状态标志寄存器。状态标志寄存器包含了 CPU 执行的算术运算、操作指令的结果信息，包括全局中断、溢出、进位、零标志等。这些信息可以用来改变程序流程以实现条件操作。所有 ALU 运算都将影响状态寄存器的内容。这样，在许多情况下就不需要专门的比较指令，从而使系统运行更快速，代码效率更高。AVR 中断寄存器 SREG 定义见表 1-1。

表 1-1　　AVR 中断寄存器 SREG 定义

位	B7	B6	B5	B4	B3	B2	B1	B0
名称	I	T	H	S	V	N	Z	C
读写	R/W	R/W	R/W	R/W	R/W	R/W	R/W	R/W
初值	0	0	0	0	0	0	0	0

B7 I：全局中断使能位，置位时使能，全局中断可以被触发。它是中断控制总开关，该位置“1”，打开总中断，置“0”，禁止所有中断。任意一个中断发生后 I 清零，而执行 RETI 指令后，I 恢复置位以使能中断。I 也可以通过 SEI 和 CLI 指令来置位和清零。

B6 T：位复制存储，位复制指令 BLD 和 BST 利用 T 作为目的或源地址。通用寄存器组中的任一个寄存器的一位可以通过 BST 被复制到 T 中，而用 BLD 把 T 的位值复制到寄存器的某一位。

B5 H：半进位标志，半进位标志 H 表示算术操作发生了半进位。此标志对于 BCD 运算非常有用。

B4 S：符号位，S=N^V，S 为负数标志 N 与 2 的补码溢出标志 V 的异或。

B3 V：2 的补码溢出标志，支持 2 的补码运算。

B2 N：负数标志，表明算术或逻辑操作结果为负。

B1 Z：零标志，表明算术或逻辑操作结果为零。

B0 C：进位标志，表明算术或逻辑操作发生了进位。

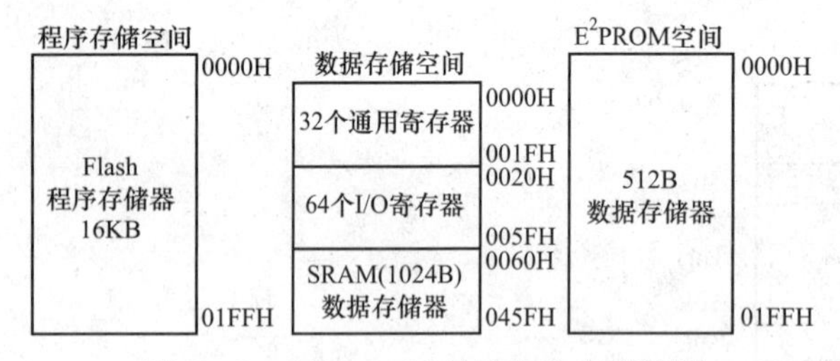

图 1-5 ATmega16 单片机片内存储器

(4) ATmega16 单片机片内存储器。ATmega16 单片机片内存储器由程序存储器和数据存储器组成，如图 1-5 所示。

1) Flash 存储器。ATmega16 单片机片内具有 16K 字节的在线编程 Flash，用于存放程序指令代码。因为所有的 AVR 指令为 16 位或 32 位，故 Flash 组织成 8K×16 位的形式。用户程序的安全性取决于 Flash 程序存储器的两个区：引导 Boot 程序区和应用程序区，Flash ROM 可以编程 10000 次。程序计数器指针为 13 位，由此可以寻址 8KB。

2) SRAM 存储器。ATmega16 有 1120 个数据存储单元。包括通用寄存器、I/O 存储器及内部数据 SRAM。起始的 96 个地址为 32 个通用寄存器和 64 个 I/O 存储器，接着是 1024 字节的内部数据 SRAM。

数据存储器的寻址方式分为 5 种：直接寻址、带偏移量的间接寻址、间接寻址、带预减量的间接寻址和带后增量的间接寻址。

通用寄存器中的 R26 到 R31 为间接寻址的指针寄存器。

直接寻址范围可达整个数据区。

带偏移量的间接寻址模式能够寻址到由寄存器 Y 和 Z 给定的基址附近的 63 个地址。

在自动预减和后加的间接寻址模式中，寄存器 X、Y 和 Z 自动增加或减少。

3) E^2PROM 存储器。ATmega16 包含 512 字节的 E^2PROM 非易失数据存储器，位于 0000H～01FFH 地址空间，可以用于保存一些断电后不能丢失的数据，每个字节可以单独进行读写操作，E^2PROM 的寿命至少为 10000 次擦写操作。

(5) ATmega16 单片机外部引脚（见图 1-6）。

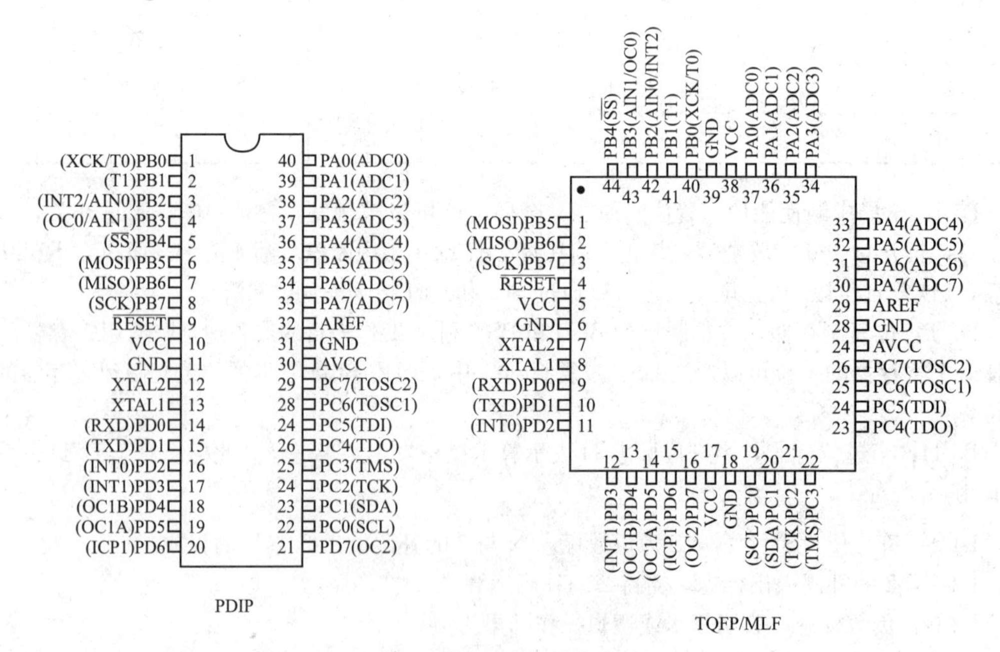

图 1-6 ATmega16 单片机外部引脚

1）电源、复位与时钟引脚。VCC：芯片电源供电（片内数字电路的电源）输入引脚，ATmega16 电源供电电压为 4.5～5.5V，ATmega16L 电源供电电压为 2.7～5.5V。

AVCC：端口 A 和片内 ADC 模拟电路电源引脚。不使用 ADC 时，直接连接 VCC。使用 ADC 时，通过低通滤波器与 VCC 连接。

AREF：使用 ADC 时，可作为外部 ADC 的参考电源引入脚。

GND：芯片地，使用时接地。

XTAL1：片内振荡器和内部时钟电路输入端。

XTAL2：片内振荡器输出端。

可以在这两个引脚接入晶体振荡器，为 CPU 提供时钟脉冲，ATmega16 的时钟范围是 0～16MHz，ATmega16L 的时钟范围是 0～8MHz。

RESET：复位引脚，低电平有效。复位时，所有寄存器、I/O 引脚被复位到初始状态。

2）输入输出 I/O 引脚。ATmega16 单片机外部设置有 4 组输入输出 I/O 引脚，分别是 PA、PB、PC、PD 端口，每一组有 8 个引脚，共 32 个引脚，每个引脚的功能是可编程控制的，大部分是多功能复用引脚。

4 组输入输出 I/O 引脚的第一功能是通用的双向数字 4 组输入输出 I/O 端口，每一位都可由指令设置为独立的输入口或输出口。

当设置为输入口时，引脚配置内部上拉电阻，可通过编程配置上拉电阻有效或无效。当设置为输出口时，其输出缓冲器具有对称的驱动特性，可以输出和吸收大电流，向外输出可提供 20mA 的拉电流，向内可吸入 40mA 的灌电流，可直接驱动 LED 发光二极管、数码管等器件。

作为输入使用时，若内部上拉电阻使能，端口被外部电路拉低时将输出电流。在复位过程中，端口 A 处于高阻状态。

（6）ATmega16 的特点。

1）16K 字节的系统内可编程 Flash（具有同时读写的能力，即 RWW）。

2）512 字节 E^2PROM，1K 字节 SRAM。

3）32 个通用 I/O 口线，32 个通用工作寄存器。

4）用于边界扫描的 JTAG 接口，支持片内调试与编程。

5）三个具有比较模式的灵活的定时器/计数器（T/C）。

6）片内/片外中断。

7）可编程串行 USAR 下有起始条件检测器的通用串行接口。

8）8 路 10 位具有可选差分输入级可编程增益（TQFP 封装）的 ADC。

9）具有片内振荡器的可编程看门狗定时器。

10）一个 SPI 串行端口。

11）6 个可以通过软件进行选择的省电模式。工作于空闲模式时 CPU 停止工作。而 USART、两线接口、AID 转换器、SRAM、TIC、SPI 端口以及中断系统继续工作；掉电模式时晶体振荡器停止振荡，所有功能除了中断和硬件复位之外都停止工作；在省电模式下，异步定时器继续运行，允许用户保持一个时间基准，而其余功能模块处于休眠状态；处于 ADC 噪声抑制模式时终止 CPU 和除了异步定时器与 ADC 以外所有 110 模块的工作，以降低 ADC 转换时的开关噪声；Standby 模式下只有晶体或谐振振荡器运行，其余功能模块处于休眠状态，使得器件只消耗极少的电流，同时具有快速启动能力；扩展 Standby 模式下则允许振荡器和异步定时器继续工作。

5. 单片机开发流程

(1) 项目评估。根据用户需求，确定待开发产品的功能、所实现的指标及成本，进行可行性分析，然后制订初步技术开发方案，据此作出预算，包括可能的开发成本、样机成本、开发耗时、样机制造耗时、利润空间等，然后根据开发项目的性质和细节评估风险，以决定项目是否可行。

(2) 总体设计。

1) 机型选择。选择8位、16位还是32位。

2) 外型设计、功耗、使用环境等。

3) 软、硬件任务划分，方案确定。

(3) 项目实施。

1) 设计电原理图。根据功能确定显示（液晶还是数码管）、存储（空间大小）、定时器、中断、通信（RS-232C、RS-485、USB)、打印、A/D、D/A及其他I/O操作。

考虑单片机的资源分配和将来的软件框架、制定好各种通信协议，尽量避免出现当板子做好后，即使把软件优化到极限仍不能满足项目要求的情况，还要计算各元件的参数、各芯片间的时序配合，有时还需要考虑外壳结构、元件供货、生产成本等因素，还可能需要做必要的试验以验证一些具体的实现方法。设计中每一个步骤出现的失误都会在下一步骤引起连锁反应，所以对一些没有把握的技术难点应尽量去核实。

2) 设计印刷电路板（PCB）图。完成电原理图设计后，根据技术方案的需要设计PCB图，这一步需要考虑机械结构、装配过程、外壳尺寸细节、所有要用到的元器件的精确三维尺寸、不同制版厂的加工精度、散热、电磁兼容性等，修改完善电原理图、PCB图。

3) 把PCB图发往制版厂做板。将加工要求尽可能详细地写下来，与PCB图文件一起发电子邮件给PCB生产工厂，并保持沟通，及时解决加工过程中出现的一些相关问题。

4) 采购开发系统和元件。

5) 装配样机。PCB板拿到后开始样机装配，设计中的错漏会在装配过程中开始显现，尽量去补救。

6) 软件设计与仿真。根据项目需求建立数学模型，确定算法及数据结构，进行资源分配及结构设计，绘制流程图，设计、编制各子程序模块，仿真、调试，固化程序。

7) 样机调试。样机初步装好就可以开始硬件调试，硬件初步检测完，就可以开始软件调试。在样机调试中，逐步完善硬件和软件设计。

进行软硬件测试，进行老化实验，高、低温试验，振动试验。

8) 整理数据。将样机研发过程中得到的重要数据记录保存下来，电原理图里的元件参数、PCB元件库里的模型，还要记录设计上的失误、分析失误的原因、采用的补救方案等。

9) 产品定型，编写设备文档。编写使用说明书、技术文件。制定生产工艺流程，形成工艺，进入小批量生产。

二、AVR单片机开发板

1. HJ-2G AVR开发板功能图（见图1-7）

2. HJ-2G AVR开发板基本配置

(1) 主芯片是ATmega16，包含16KB的Flash，256字节的RAM，32个I/O口。

(2) 32个I/O口全部用优质的排针引出，方便扩展。

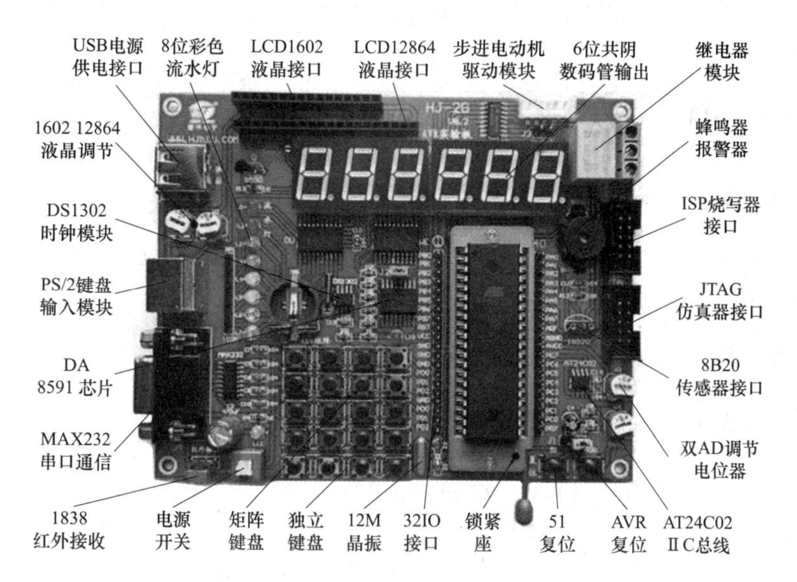

图1-7 HJ-2G AVR开发板功能图

(3) USB供电接口电路设计（供电电压稳定，使用简单）。

(4) 集成2个74HC573数码管锁存器。充分利用I/O口的分配。

(5) 一个电源开关、电源指示灯。

(6) 8个LED彩灯，方便做流水灯、跑马灯等试验。

(7) 板载12M外部晶振电路加AVR/51切换双复位电路，可以转换51学习。

(8) MAX232串口通信模块（可以与计算机串行通信，同时也可对STC单片机下载程序，还可以实现主从系统中多机互联，一口多用，非常方便）。

(9) 6位共阴极数码，以便做静、动态数码管实验，其中数码管的消隐例程尤为经典。

(10) 1602、12864液晶接口各一个。

(11) 一个继电器，方便以小控制大。

(12) 一个蜂鸣器，实现简单的音乐播放、SOS等实验。

(13) 一个步进电动机接口，可以做步进、直流电机实验。

(14) 附带万能红外接收头，配合遥控器做红外编、解码实验。

(15) 16个按键组成了矩阵按键，学习矩阵按键的使用。

(16) 4个独立按键，可配合数码管做秒表、配合液晶做数字钟等试验。

(17) 一块E^2PROM芯片（AT24C02），可学习I2C通信试验。利用指针，一个函数，多次读写。

(18) 集成了最新型PCF8591 DA/AD（数模/模数）二合一转换器，让读者掌握A/D、D/A的转换原理。

(19) 一块时钟芯片（DS1302），可以做时钟试验。

(20) 集成温度传感器芯片（DS18B20），配合数码管做温度采集实验。

(21) PS/2键盘和鼠标接口（可学习标准键盘、鼠标的控制技术，直接与电脑键盘相连接就可以）。

(22) ISP下载接口（可实现对AT89S52和AVR单片机下载程序）。

(23) 锁紧插座装置（方便单片机IC的装卸）。

(24) 结合外围器件做 RTX51 Tiny 操作系统试验，为以后学习 μCOS、Linux、WinCE 等操作系统奠定基础。

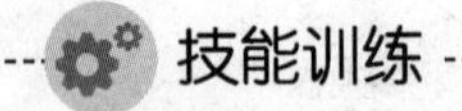

技能训练

一、训练目标

(1) 认识 ATmega16 单片机。
(2) 了解 HJ-2G AVR 单片机开发板的使用。

二、训练步骤与内容

1. 认识 ATmega16 单片机
(1) 查看 DIP40 封装的 ATmega16 单片机。
(2) 查看 PLCC44 封装的 ATmega16 单片机。
2. 使用 HJ-2G AVR 单片机开发板
(1) 查看 HJ-2G AVR 单片机开发板，了解 HJ-2G AVR 单片机开发板的构成。
(2) 用 ISP 下载线将电脑的 USB 与开发板的 ISP 接口对接。
(3) 打开单片机电源开关，此时就可看到开发板上的 LED、数码管等开始运行。
(4) 经过上面的开机测试，可知 HJ-2G AVR 单片机开发板工作正常。

任务 2　学习 AVR 单片机开发工具

基础知识

一、安装 ICCV7.22AVR 单片机开发软件

(1) 概述。ICCV7.22 是 AVR 的集成的开发环境，要进行 AVR 单片机开发，首先要安装 ICCV7.22 AVR 单片机开发软件。
(2) 打开 ICCV7.22 安装软件目录，点开如图 1-8 所示的安装程序文件。
(3) 打开后出现如图 1-9 所示的界面，单击“下一步”安装。

图 1-8　ICCV7.22 安装软件

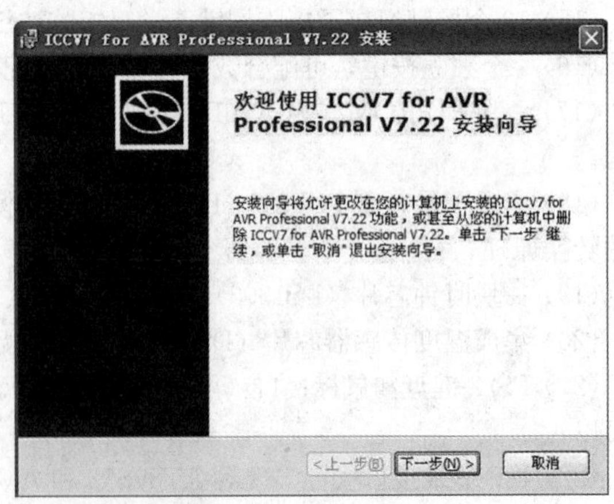

图 1-9　单击“下一步”

(4) 选择安装路径如图 1-10 所示。

(5) 准备安装 ICCV7.22，单击“安装”按钮如图 1-11 所示。

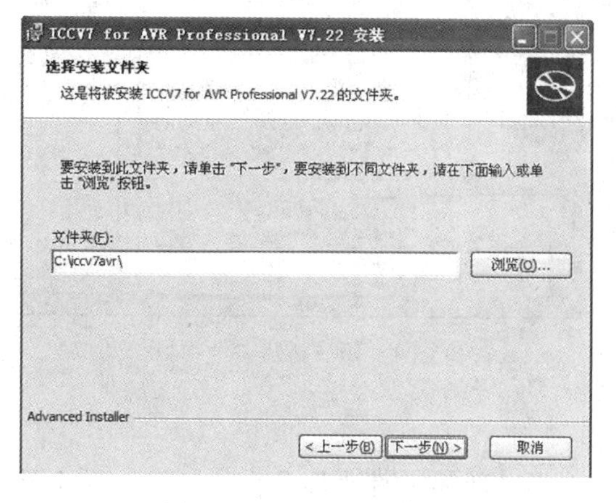

图 1-10　选择安装路径

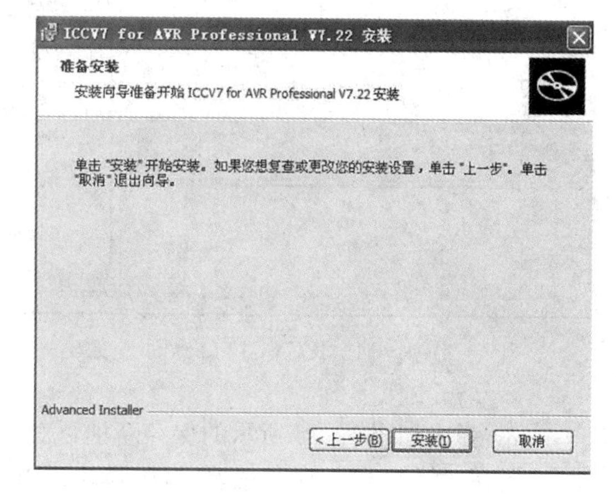

图 1-11　准备安装 ICCV7.22

(6) 安装过程如图 1-12 所示。

(7) 单击如图 1-13 所示的正在完成 ICCV7.22 安装的界面中的“完成”按钮，结束安装过程。

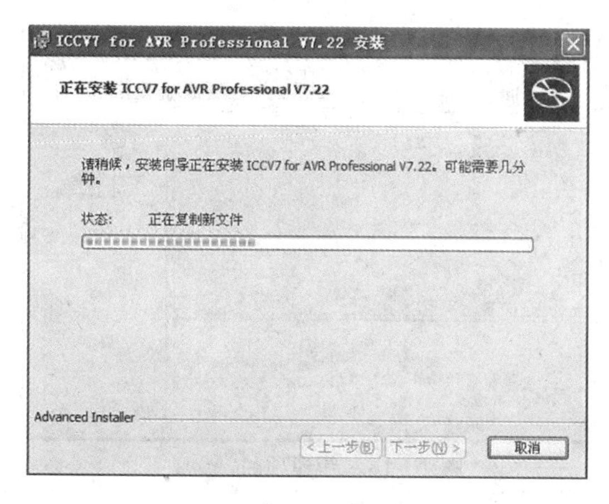

图 1-12　安装过程

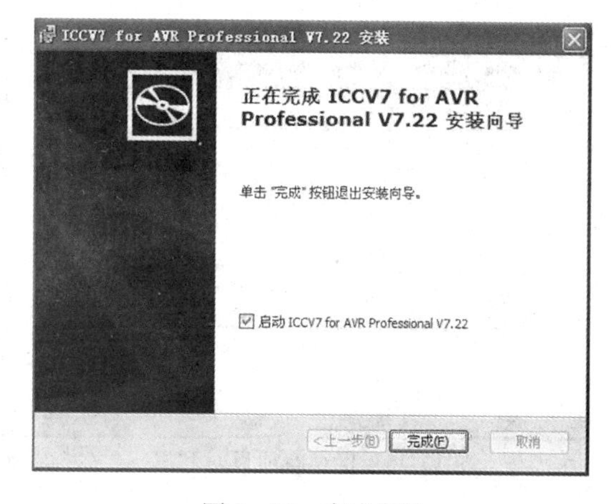

图 1-13　完成安装

二、AVR 单片机 ICCV7 集成开发环境

1. 建立一个工程项目

(1) 双击“ICCV7 for AVR”软件图标，启动 ICCV7 for AVR 集成开发软件，ICCV7 窗口界面如图 1-14 所示。

(2) 如图 1-15 所示，选择“Project”(工程) 菜单下的“New”选项，新建一个 ICCV7 工程项目。

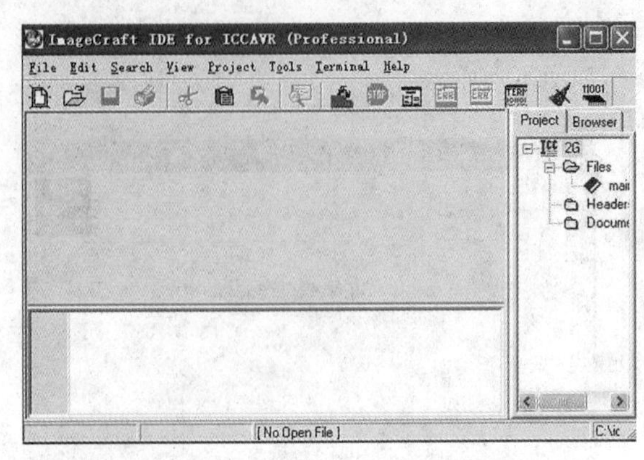

图 1-14 ICCV7 窗口界面

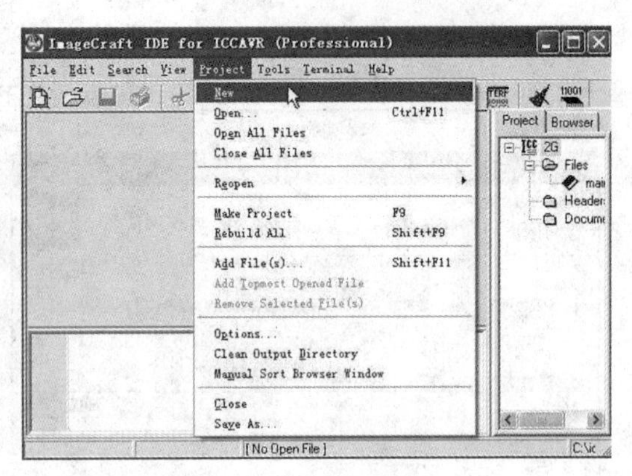

图 1-15 新建一个项目

(3) 弹出如图 1-16 所示的保存新项目对话框。

1) 在对话框中，单击右键，在弹出菜单中选择“新建文件夹”命令，新建一个文件夹 A001。

2) 右键文件夹 A001，单击“打开”按钮，打开文件夹 A001，在“文件名（N）”文本框输入文件名“A001”。

3) 单击“保存”按钮，完成新建项目操作，如图 1-17 所示，右边项目浏览区出现 A001 项目，其下有三个文件目录 File 文件、Headers 头文件、Documents 文档。

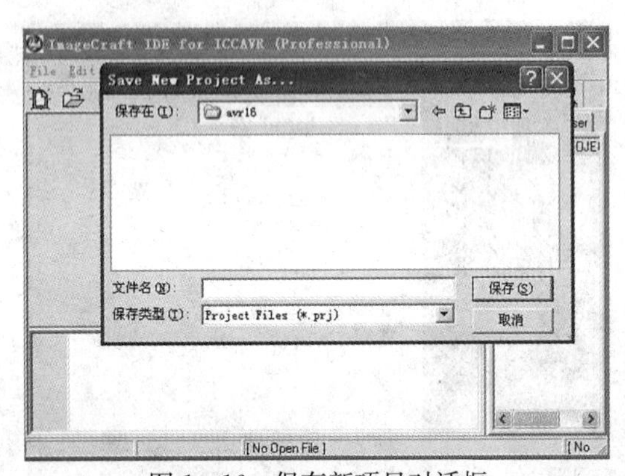

图 1-16 保存新项目对话框

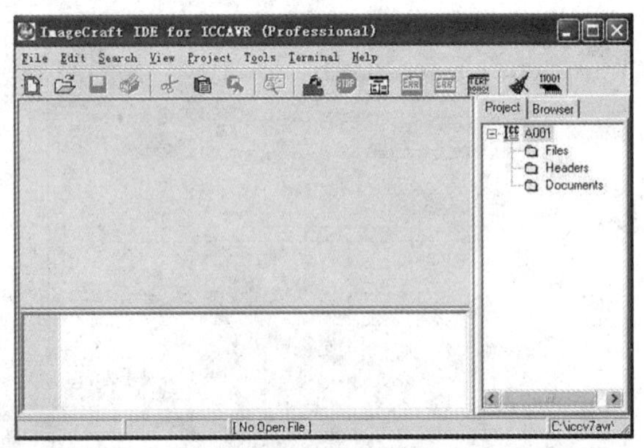

图 1-17 新建项目 A001

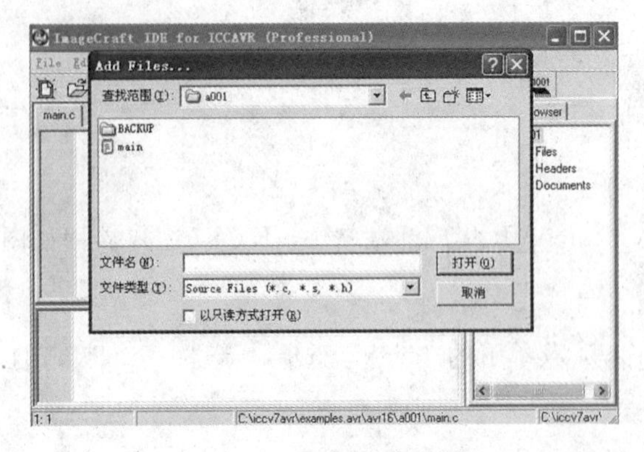

图 1-18 添加文件对话框

2. 新建一个 C 语言文件

(1) 单击执行“File”（文件）菜单下的“New”（新建）命令，新建一个文件。

(2) 弹出创建新项目对话框。

(3) 单击执行 File 文件菜单下的“Save as”（另存为）命令，弹出另存文件对话框，在“文件名（N）”文本框中输入“main. c”，单击“保存”按钮，保存文件 main. c。

(4) 右键单击项目浏览区的文件选项，在弹出的菜单中选择执行“Add File”（添加文件）命令，弹出如图 1-18 所示的添加文件对话框。

(5) 选择文件 main.c，单击“打开”按钮，将文件 main.c 添加到项目中。

(6) 在文件 main.c 编辑区，输入下列点亮单只发光二极管的 C 语言程序，如图 1-19 所示。

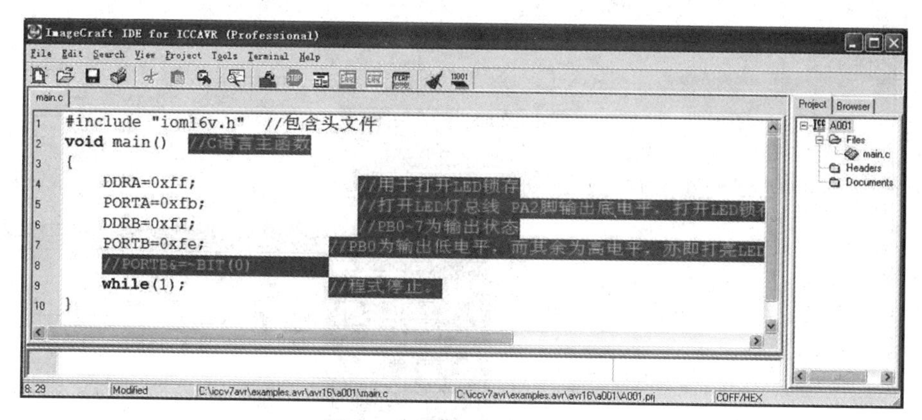

图 1-19 输入 C 语言程序

```
#include "iom16v.h"  //包含头文件
void main()  //C 语言主函数
{
    DDRA=0xff;              //用于打开 LED 锁存
    PORTA=0xfb;             //PA2 脚输出底电平,打开 LED 锁存
    DDRB=0xff;              //PB0～7 为输出状态?
    PORTB=0xfe;             //PB0 为输出低电平,而其余为高电平,亦即点亮 LED0
    //PORTB&=～BIT(0) ;
    while(1);               //程序停止在此
}
```

3. 编译

(1) 单击“Project”菜单下的 Option 选项命令。

(2) 弹出如图 1-20 所示的选项设置对话框。

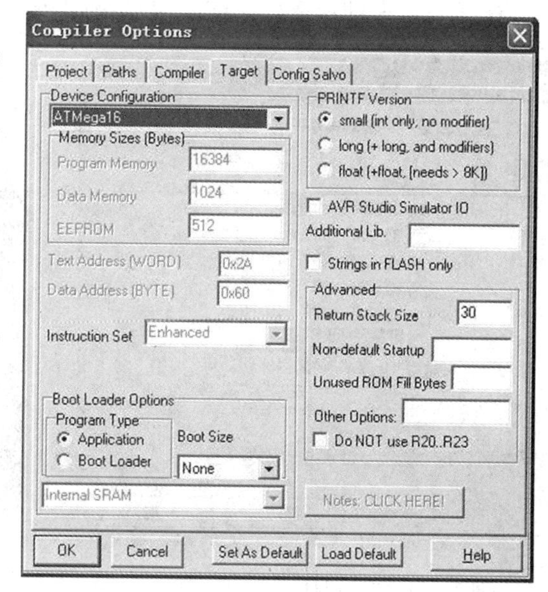

图 1-20 选项设置对话框

(3) 在 Target（目标元件）选项页，在 Device Configuration（器件配置）下拉列表选项中选择“ATmega16”。

(4) 单击“Project”菜单下的“Make Project”（编译项目）命令，编译项目文件结果如图 1-21 所示。

三、下载 HEX 程序文件

1. 安装 HJ-ISP 驱动软件

(1) 在电脑的 USB 口插入如图 1-22 所示的 HJ-ISP 驱动器。

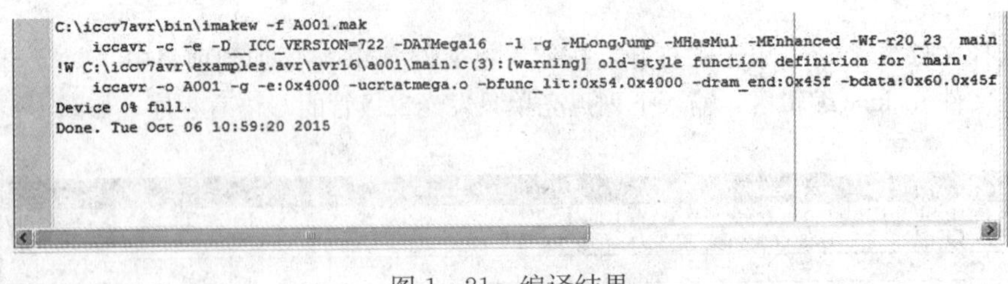

图 1-21 编译结果

(2) 弹出如图 1-23 所示，弹出找到新的硬件向导对话框。

图 1-22 HJ-ISP 驱动器

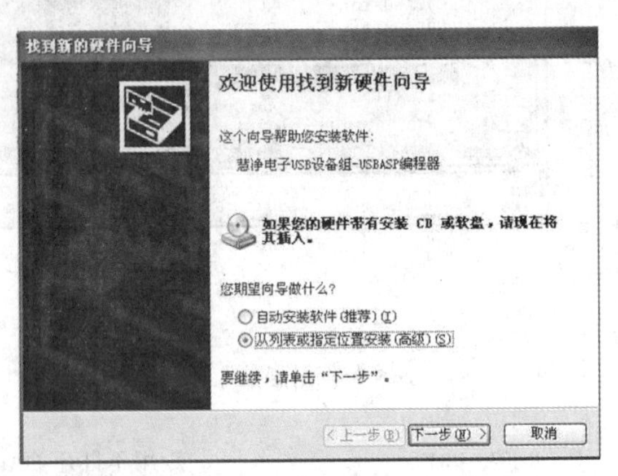

图 1-23 找到新的硬件向导对话框

(3) 在对话框中选择“从列表或指定位置安装（高级）”选项，单击“下一步”，弹出选择搜索安装选项对话框。

(4) 单击“浏览”，找到已下载到电脑中的 HJ-ISP 驱动程序，如图 1-24 所示。

(5) 单击“确定”按钮，返回选择搜索安装选项对话框，单击“下一步”按钮，自动搜索安装驱动程序，驱动程序安装结束，弹出确认安装成功对话框，如图 1-25 所示。

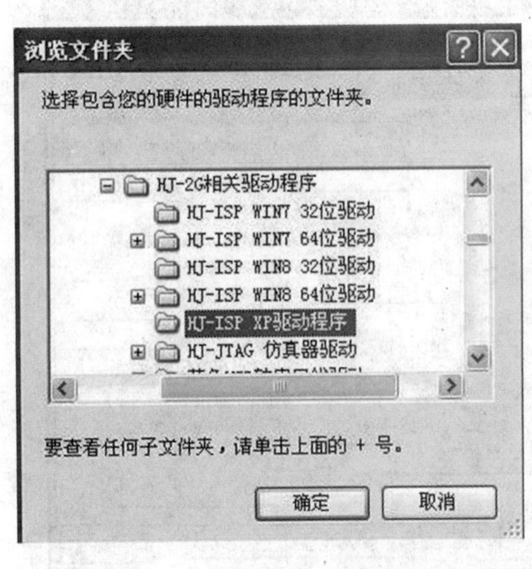

图 1-24 选择 HJ-ISP 驱动程序

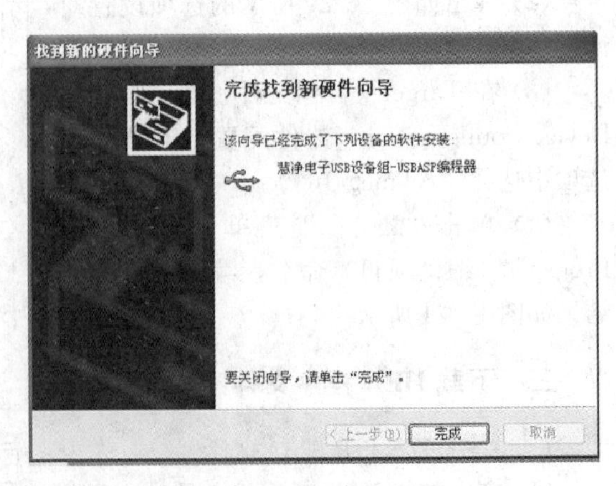

图 1-25 确认安装成功

(6) 单击“完成”按钮，结束驱动程序安装。

2. 下载 HEX 程序

(1) 双击“ ”ISP 软件图标，启动 HJ-ISP 软件。

(2) 在芯片选择栏，单击下拉列表，选择“ATmega16”，如图 1-26 所示。

(3) 单击右侧“文件”选择区下的“调入 Flash”按钮，如图 1-27 所示。

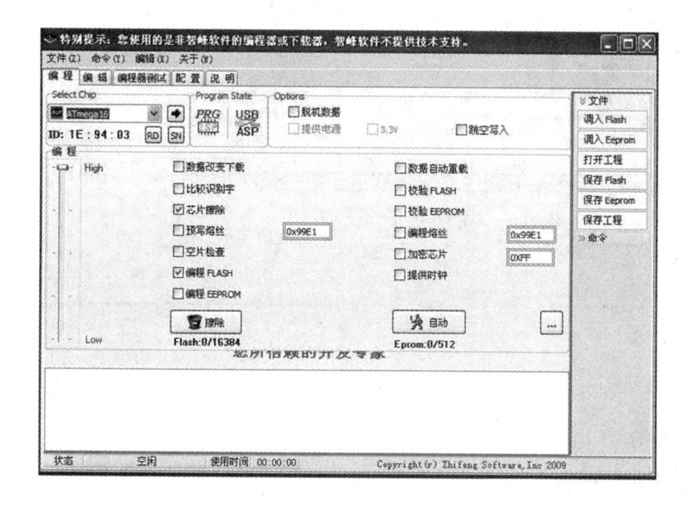

图 1-26　选择芯片

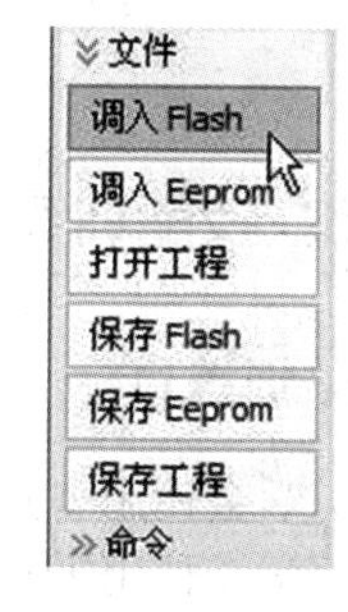

图 1-27　调入 Flash

(4) 弹出如图 1-28 所示的选择文件对话框，选择 A001. HEX 文件，单击“打开”按钮，打开需下载的文件 A001. HEX。

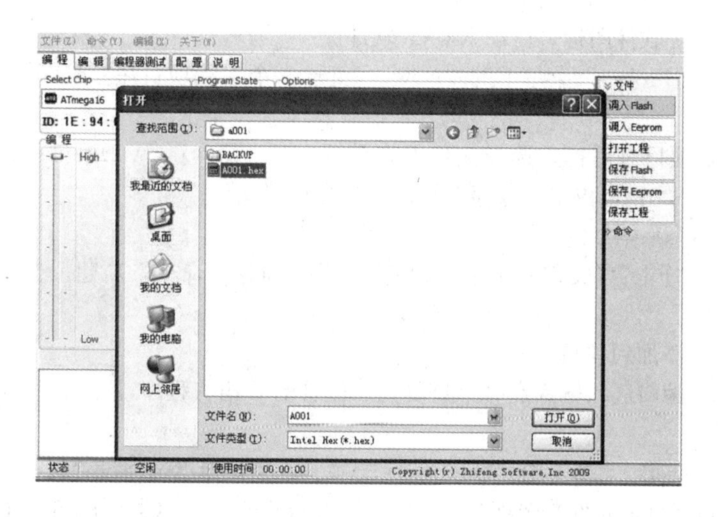

图 1-28　选择 A001. HEX 文件

(5) 单击 HJ-ISP 软件中的“自动”按钮，程序自动下载，下载完成的界面如图 1-29 所示。

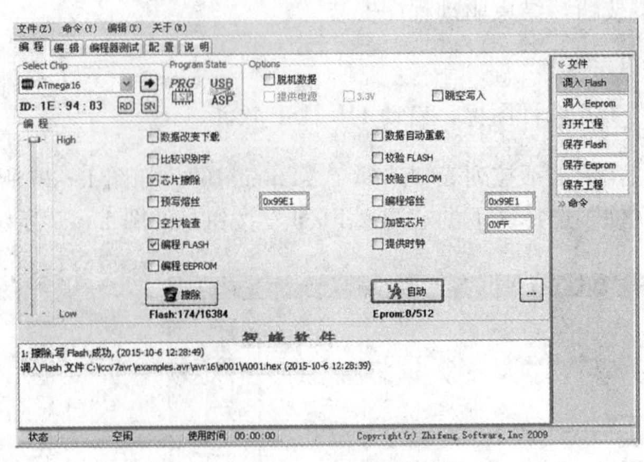

图 1-29 下载完成

技能训练

一、训练目标

(1) 学会使用 ICCV7 for AVR 单片机编程软件。

(2) 学会使用 HJ-ISP 单片机下载软件。

二、训练步骤与内容

1. 新建一个工程

(1) 在 C 盘的 C：\iccv7avr\examples. avr 目录下，新建一个文件夹 A01。

(2) 打开文件夹 A01，在其内部新建一个文件夹 A001。

(3) 双击 ICCV7 软件图标，启动 ICCV7 软件。

(4) 选择执行“Project”菜单下的“New”(新建一个工程项目命令)，弹出创建新项目对话框。

(5) 在创建新项目对话框，选择文件保存路径，C：\iccv7avr\examples. avr\A01\A001，输入工程文件名“A001”，单击“保存”按钮，保存项目文件。

2. 新建一个 C 语言文件

(1) 单击执行“File”(文件) 菜单下的“New”(新建) 命令，新建一个文件，文件另存为 main. c。

(2) 将 main. c 添加到项目 A001。

(3) 在 main. c 编辑区，输入点亮单只发光二极管的 C 语言程序，并保存文件。

3. 编译

(1) 单击“Project”菜单下的“Option”(选项) 命令，弹出选项设置对话框。

(2) 在 Target (目标元件) 选项页，在 Device Configuration (器件配置) 下拉列表选项中选择“ATmega16”。

(3) 单击 Project 菜单下的 Make Project (编译项目) 命令，编译项目文件。

4. 下载调试程序

(1) 双击 HJ-ISP 软件图标，启动 HJ-ISP 软件。

(2) 在芯片选择栏，单击下拉列表，选择“ATmega16”。

(3) 单击右侧“文件”选择区下的“调入 Flash”按钮，弹出选择文件对话框，选择 A001. HEX 文件，单击“打开”按钮，打开需下载的文件 A001. HEX。

(4) 单击 HJ - ISP 软件中的“自动”按钮，程序自动下载。

(5) 观察 HJ - 2G 单片机开发板与 PB0 连接的 LED 指示灯状态。

(6) 按一次 HJ - 2G 单片机开发板上的电源开关，关闭电源。再按一次 HJ - 2G 单片机开发板上的电源开关，打开电源，观察 HJ - 2G 单片机开发板与 PB0 连接的 LED 指示灯状态。

(7) 按一次 HJ - 2G 单片机开发板上的 AVR 复位按钮，观察 HJ - 2G 单片机开发板与 PB0 连接的 LED 指示灯状态。

习题

1. 叙述单片机的应用领域。
2. 如何应用 ICCV7 AVR 单片机开发软件?
3. 叙述 HJ - 2G 单片机开发板功能。
4. 如何应用 HJ - ISP 单片机下载软件下载程序?

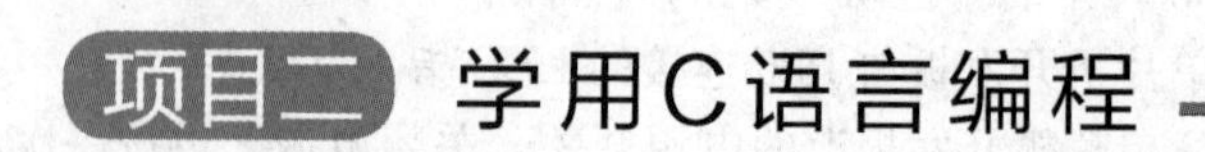

项目二 学用C语言编程

学习目标

(1) 认识C语言程序结构。

(2) 了解C语言的数据类型。

(3) 学会应用C语言的运算符和表达式。

(4) 学会使用C语言的基本语句。

(5) 学会定义和调用函数。

任务3 认识C语言程序

基础知识

一、C语言的特点及程序结构

1. C语言的主要特点

C语言是一个程序语言，一种能以简易方式编译、处理低级存储器、产生少量的机器码、不需要任何运行环境支持便能运行的编程语言。

(1) 语言简洁、紧凑，使用方便、灵活。C语言一共只有32个关键字，9种控制语句，程序书写形式自由，主要用小写字母表示，压缩了一切不必要的成分。

(2) 运算符丰富。C的运算符包含的范围很广泛，共有34种运算符。C把括号、赋值、强制类型转换等都作为运算符处理，从而使C的运算类型极其丰富，表达式类型多样化。灵活使用各种运算符可以实现在其他高级语言中难以实现的运算。

(3) 数据结构丰富，具有现代化语言的各种数据结构。C的数据类型有整型、实型、字符型、数组类型、指针类型、结构体类型、共用体类型等。能用来实现各种复杂的数据结构（如链表、树、栈等）的运算。尤其是指针类型数据，使用起来灵活、多样。

(4) 具有结构化的控制语句（如if…else语句、while语句、do…while语句、switch语句、for语句）。用函数作为程序的模块单位，便于实现程序的模块化。C是良好的结构化语言，符合现代编程风格的要求。

(5) 语法限制不太严格，程序设计自由度大。对变量的类型使用比较灵活，例如整型数据与字符型数据可以通用。一般的高级语言语法检查比较严，能检查出几乎所有的语法错误。而C语言允许程序编写者有较大的自由度。

(6) C语言能进行位（bit）操作，能实现汇编语言的大部分功能，可以直接对硬件进行操作。C语言可以和汇编语言混合编程，即可用于编写系统软件，也可用于编写应用软件。

2. C语言的标识符与关键字

C语言的标识符用于识别源程序中的对象名字。这些对象可以是常量、变量数组、数据类型、存储方式、语句、函数等。标识符由字母、数字和下划线等组成。第一个字符必须是字母或下划线。标识符应当含义清晰、简洁明了，便于阅读与理解。C语言对大小写字母敏感，对于大小写不同的两个标识符，会看作两个不同的对象。

关键字是一类具有固定名称和特定含义的特别的标识符，有时也称为保留字。在设计C语言程序时，一般不允许将关键字另作他用。即要求标识符命名不能与关键字相同。与其他语言比较，C语言标识符还是较少的。美国国家标准局（American National Standards Institute，ANSI）ANSI C标准的关键字见表2-1。

表2-1　ANSI C标准的关键字

关键字	用途	说明
auto	存储类型声明	指定为自动变量，由编译器自动分配及释放。通常在栈上分配。与static相反。当变量未指定时默认为auto
break	程序语句	跳出当前循环或switch结构
case	程序语句	开关语句中的分支标记，与switch连用
char	数据类型声明	字符型数据，属于整型数据的一种
const	存储类型声明	指定变量不可被当前线程改变（但有可能被系统或其他线程改变）
continue	程序语句	结束当前循环，开始下一轮循环
default	程序语句	开关语句中的“其他”分支，可选
do	程序语句	构成do…while循环结构
double	数据类型声明	双精度浮点型数据，属于浮点数据的一种
else	程序语句	条件语句否定分支（与if连用）
enum	数据类型声明	枚举声明
extern	存储类型声明	指定对应变量为外部变量，即标示变量或者函数的定义在别的文件中，提示编译器遇到此变量和函数时在其他模块中寻找其定义
float	数据类型声明	单精度浮点型数据，属于浮点数据的一种
for	程序语句	构成for循环结构
goto	程序语句	无条件跳转语句
if	程序语句	构成if…else…条件选择语句
int	数据类型声明	整型数据，表示范围通常为编译器指定的内存字节长
long	数据类型声明	修饰int，长整型数据，可省略被修饰的int
register	存储类型声明	指定为寄存器变量，建议编译器将变量存储到寄存器中使用，也可以修饰函数形参，建议编译器通过寄存器而不是堆栈传递参数
return	程序语句	函数返回。用在函数体中，返回特定值
short	数据类型声明	修饰int，短整型数据，可省略被修饰的int
signed	数据类型声明	修饰整型数据，有符号数据类型
sizeof	程序语句	得到特定类型或特定类型变量的大小
static	存储类型声明	指定为静态变量，分配在静态变量区，修饰函数时，指定函数作用域为文件内部
struct	数据类型声明	结构体声明
switch	程序语句	构成switch开关选择语句（多重分支语句）

续表

关键字	用途	说明
typedef	数据类型声明	声明类型别名
union	数据类型声明	共用体声明
unsigned	数据类型声明	修饰整型数据，无符号数据类型
void	数据类型声明	声明函数无返回值或无参数，声明无类型指针，显示丢弃运算结果
volatile	数据类型声明	指定变量的值有可能会被系统或其他线程改变，强制编译器每次从内存中取得该变量的值，阻止编译器把该变量优化成寄存器变量
while	程序语句	构成 while 和 do…while 循环结构

ICCV7 是一种专为 51 系列单片机设计的 C 语言编译器，支持符合 ANSI 标准 C 语言进行程序设计，同时针对 51 系列单片机特点，进行了特殊扩展，ICCV7 编译器的扩展关键字见表 2-2。

表 2-2　ICCV7 编译器的扩展关键字

关键字	用途	说明
asm	程序类型说明	汇编类型
area	区域说明	伪指令，汇编中说明不同的区域
abs	代码定位方式说明	伪指令，汇编中绝对定位区域
con	代码定位方式说明	伪指令，汇编中连接定位
rel	代码定位方式说明	伪指令，汇编中重新定位区域
ovr	代码定位方式说明	伪指令，汇编中覆盖定位
const	存储类型声明	对 ANSI 中的 const 功能进行扩展
data	存储类型声明	AVR 单片机中的 SRAM
text	存储类型声明	AVR 单片机中的 Flash
E^2PROM	存储类型声明	AVR 单片机中的 E^2PROM
globl	数据类型声明	定义一个全局符号
interrupt	中断函数说明	说明函数为中断函数
vector	中断向量说明	说明中断向量
task	函数类型说明	与 pragma 合用，说函数不必保存和恢复寄存器
byte	定义常数	汇编中表示字节常数
word	定义常数	汇编中表示字常数
long	定义常数	汇编中表示双字常数
blkd	定义常数	伪指令，汇编中表示保留字节空间
blkw	定义常数	伪指令，汇编中保留字空间
blkl	定义常数	伪指令，汇编中保留双字空间
//	注释	使用 C++类型注释
pragma	编译附加注释	编译附注

3. C 语言程序结构

与标准 C 语言相同，C 语言程序由一个或多个函数构成，至少包含一个主函数 main ()。程序执行是从主函数开始的，调用其他函数后又返回主函数。被调用函数如果位于主函数前，可以直接调用，否则要先进行声明然后再调用，函数之间可以相互调用。

C 语言程序结构如下：

```
#include<iom16v.h>    /*预处理命令,用于包含头文件等*/
void DelayMS( unsigned int i) ;                      //函数 1 说明
                                                     //函数 n 说明
void main(void)                                      /*主函数*/
  {                                                  /*主函数开始*/
    DDRA=0xff;                                       //设置 PA 口为输出
    PORTA=0xfb;                                      /*打开 LED 锁存*/
    DDRB=0xff;                                       //设置 PB 口为输出
    PORTB=0xff;                                      //设置 PB 口输出高电平
    while(1)                                         /* while 循环语句*/
    {                                                /*执行语句*/
        PORTB= 0xfe;                                 //设置 PB0 输出低电平,点亮 LED0
        DelayMS(500);                                //延时 500ms
      PORTB=0xff;                                    //设置 PB0 输出高电平,熄灭 LED0
        DelayMS(500);                                //延时 500ms
    }
}
void DelayMS(uInt16 ValMS)                           //函数 1 定义
    {
        uInt16 uiVal,ujVal;                          //定义无符号整型变量 i,j
        for(uiVal=0;  uiVal<ValMS;  uiVal++)         //进行循环操作
        {for(ujVal=0;  ujVal<1170;  ujVal++);
        }                                            //进行循环操作,以达到延时的效果
        }
                                                     //函数 n 定义
```

C 语言程序是由函数组成，函数之间可以相互调用，但主函数 main () 只能调用其他函数，主函数 main () 不可以被其他函数调用。其他函数可以是用户定义的函数，也可以是 C51 的库函数。无论主函数 main () 在什么位置，程序总是从主函数 main () 开始执行的。

编写 C 语言程序的要求是：

(1) 函数以“{”花括号开始，到“}”花括号结束。包含在“{}”内部的部分称为函数体。花括号必须成对出现，如果在一个函数内有多对花括号，则最外层花括号为函数体范围。为了使程序便于阅读和理解，花括号对可以采用缩进方式。

(2) 每个变量必须先定义，再使用。在函数内定义的变量为局部变量，只可以在函数内部使用，又称为内部变量。在函数外部定义的变量为全局变量，在定义的那个程序文件内使用，也称外部变量。

(3) 每条语句最后必须以一个“;”(英文分号) 结束，分号是 C51 程序的重要组成部分。

(4) C 语言程序没有行号，书写格式自由，一行内可以写多条语句，一条语句也可以写于

多行上。

(5) 程序的注释必须放在“/*……*/”之内，也可以放在“//”之后。

二、C语言的数据类型

C语言的数据类型可以分为基本数据类型和复杂数据类型。基本数据类型包括字符型(char)、整型（int)、长整型（long)、浮点型（float)、指针型（*p）等。复杂数据类型由基本数据类型组合而成。ICCV7除了支持基本数据类型，还支持下列扩展数据类型。

1. ICCV7编译器可识别的数据类型（见表2-3）

表2-3 ICCV7编译器可识别的数据类型

数据类型	字节长度	取值范围
unsigned char	1字节	0～255
signed char	1字节	－128～127
(char（*）)	1字节	0～255
unsigned int	2字节	0～65 535
signed int	2字节	－32 768～32 767
unsigned long	4字节	0～4 294 967 925
signed long	4字节	－2 147 483 648～2 147 483 647
float	4字节	$\pm1.175\,494\times10^{-38}\sim\pm3.402\,823\times10^{38}$
*	1～3字节	对象地址
double	4字节	$\pm1.175\,494\times10^{-38}\sim\pm3.402\,823\times10^{38}$
signed short	2字节	－32 768～32 767
unsigned short	2字节	0～65 535

2. 数据类型的隐形变换

在C语言程序的表达式或变量赋值中，有时会出现运算对象不一致的状况，C语言允许任何标准数据类型之间的隐形变换。变换按bit→char→int→long→float和signed→unsigned的方向变换。

3. 支持类型

ICCV7编译器支持结构体类型、联合类型、枚举类型等复杂数据类型。

4. 用typedef重新定义数据类型

在C语言程序设计中，除了可以采用基本的数据类型和复杂的数据类型外，读者也可根据自己的需要，对数据类型进行重新定义。重新定义使用关键字typedef，定义方法如下：

```
typedef 已有的数据类型 新的数据类型名;
```

其中，“已有的数据类型”是指C语言已有基本数据类型、复杂的数据类型，包括数组、结构、枚举、指针等，“新的数据类型名”根据读者的习惯和任务需要决定。关键字typedef只是将已有的数据类型做了置换，用置换后的新数据类型名来进行数据类型定义。

例如：

```
typedef unsigned char UCHAR8; /*定义 unsigned char 为新的数据类型名 UCHAR8*/
typedef unsigned int UINT16; /*定义 unsigned int 为新的数据类型名 UINT16*/
```

```
UCHAR8 i,j; /*用新数据类型 UCHAR8 定义变量 i 和 j*/
UINT16 p,k; /*用新数据类型 UINT16 定义变量 p 和 k */
```

先用关键字 typedef 定义新的数据类型 UCHAR8、UINT16，再用新数据类型 UCHAR8 定义变量 i 和 j，UCHAR8 等效于 unsigned char，所以 i、j 被定义为无符号的字符型变量。用新数据类型 UINT16 定义 p 和 k，UINT16 等效于 unsigned int，所以 i、j 被定义为无符号整数型变量。

习惯上，用 typedef 定义新的数据类型名用大写字母表示，以便与原有的数据类型相区别。值得注意的是，用 typedef 可以定义新的数据类型名，但不可直接定义变量。因为 typedef 只是用新的数据类型名替换了原来的数据类型名，并没有创造新的数据类型。

采用 typedef 定义新的数据类型名可以简化较长数据类型定义，便于程序移植。

5. 常量

C 语言程序中的常量包括字符型常量、字符串常量、整型常量、浮点型常量等。字符型常量是带单引号内的字符，例如 ‘i’ ‘j’ 等。对于不可显示的控制字符，可以在该字符前加反斜杠 “\” 组成转义字符。常用的转义字符见表 2－4。

表 2－4　　常用的转义字符

转义字符	转义字符的意义	ASCII 代码
\0	空字符（NULL）	0x00
\b	退格（BS）	0x08
\t	水平制表符（HT）	0x09
\n	换行（LF）	0x0A
\f	走纸换页（FF）	0x0C
\r	回车（CR）	0x0D
\"	双引号符	0x22
\'	单引号符	0x27
\\\\	反斜线符 “\”	0x5C

字符串常量由双引号内字符组成，例如 “abcde” “k567” 等。字符串常量的首尾双引号是字符串常量的界限符。当双引号内字符个数为 0 时，表示空字符串常量。C 语言将字符串常量当作字符型数组来处理，在存储字符串常量时，要在字符串的尾部加一个转义字符 “\0” 作为结束符，编程时要注意字符常量与字符串常量的区别。

6. 变量

C 语言程序中的变量是一种在程序执行过程中其值不断变化的量。变量在使用之前必须先定义，用一个标识符表示变量名，并指出变量的数据类型和存储方式，以便 C 语言编译器系统为它分配存储单元。C 语言变量的定义格式如下：

```
[存储种类]数据类型[存储器类型]变量名表;
```

其中的 “存储种类” 和 “存储器类型” 是可选项。存储种类有 4 种，分别是自动（auto）、外部（extern）、静态（static）和寄存器（register）。定义时如果省略存储种类，则该变量为自动变量。

定义变量时除了可设置数据类型外，还允许设置存储器类型，使其能在 51 单片机系统内准确定位。

存储器类型见表2-5。

表2-5 存储器类型

存储器类型	说明
data	直接地址的片内数据存储器（128字节），访问速度快
bdata	可位寻址的片内数据存储器（16字节），允许位、字节混合访问
idata	间接访问的片内数据存储器（256字节），允许访问片内全部地址
pdata	分页访问的片内数据存储器（256字节），用MOVX@Ri访问
xdata	片外的数据存储器（64K），用MOVX@DPTR访问
code	程序存储器（64K），用MOVC@A+DPTR访问

根据变量的作用范围，可将变量分为全局变量和局部变量。全局变量是在程序开始处或函数外定义的变量，在程序开始处定义的全局变量在整个程序中有效。在各功能函数外定义的变量，从定义处开始起作用，对其后的函数有效。

局部变量指函数内部定义的变量，或函数的"{}"功能块内定义的变量，只在定义它的函数内或功能块内有效。

根据变量存在的时间可分为静态存储变量和动态存储变量。静态存储变量是指变量在程序运行期间存储空间固定不变；动态存储变量指存储空间不固定的变量，在程序运行期间动态为其分配空间。全局变量属于静态存储变量，局部变量为动态存储变量。

C语言允许在变量定义时为变量赋初值。

下面是变量定义的一些例子。

```
char data a1;     /*在data区域定义字符变量a1*/
char bdata a2;    /*在bdata区域定义字符变量a2*/
int  idata a3;    /*在idata区域定义整型变量a3*/
char code a4[]="cake";   /*在程序代码区域定义字符串数组a4[]*/
extern float idata x,y;   /*在idata区域定义外部浮点型变量x、y*/
sbit led1=P2^1;   /*在bdata区域定义位变量led1*/
```

变量定义时如果省略存储器种类，则按编译时使用的存储模式来规定默认的存储器类型。存储模式分为SMALL、COMPACT、LARGE三种。

SMALL模式时，变量被定义在单片机的片内数据存储器中（最大128字节，默认存储类型是DATA），访问十分方便，速度快。

COMPACT模式时，变量被定义在单片机的分页寻址的外部数据寄存器中（最大256字节，默认存储类型是PDATA），每一页地址空间是256字节。

LARGE模式时，变量被定义在单片机的片外数据寄存器中（最大64K，默认存储类型是XDATA），使用数据指针DPTR来间接访问，用此数据指针进行访问效率低，速度慢。

三、C语言的运算符及表达式

C语言具有丰富的运算符，数据表达、处理能力强。运算符是完成各种运算的符号，表达式是由运算符与运算对象组成的具有特定含义的式子。表达式语句是由表达式及后面的分号";"组成，C语言程序就是由运算符和表达式组成的各种语句组成的。

C语言使用的运算符包括赋值运算符、算术运算符、逻辑运算符、关系运算符、加1和减1运算符、位运算符、逗号运算符、条件运算符、指针地址运算符、强制转换运算符、复合运算符等。

1. 赋值运算

符号“=”在C语言中称为赋值运算符，它的作用是将等号右边数据的值赋值给等号左边的变量，利用它可以将一个变量与一个表达式连接起来组成赋值表达式，在赋值表达式后添加“;”，组成C语言的赋值语句。

赋值语句的格式为：

```
变量= 表达式;
```

在C语言程序运行时，赋值语句先计算出右边表达式的值，再将该值赋给左边的变量。右边的表达式可以是另一个赋值表达式，即C语言程序允许多重赋值。

```
a=6;     /*将常数 6 赋值给变量 a*/
b=c=7;  /*将常数 7 赋值给变量 b 和 c*/
```

2. 算术运算符

C语言中的算术运算符包括“+”（加或取正值）运算符、“-”（减或取负值）运算符、“*”（乘）运算符、“/”（除）运算符、“%”（取余）运算符。

在C语言中，加法、减法、乘法运算符合一般的算术运算规则，除法稍有不同，两个整数相除，结果为整数，小数部分舍弃，两个浮点数相除，结果为浮点数，取余的运算要求两个数据均为整型数据。

将运算对象与算术运算符连接起来的式子称为算术表达式。算术表达式表现形式为：

```
表达式 1 算术运算符 表达式 2
```

例如：x/（a+b），（a-b）*（m+n）。

在运算时，要按运算符的优先级进行，算术运算中，括号（）优先级最高，其次为取负值（-），再其次是乘（*）、除（/）和取余（%），最后是加（+）、减（-）。

3. 加1和减1运算符

加1（++）和减1（--）是两个特殊的运算符，分别作用于变量做加1和减1运算。

例如：m++，++m，n--，--j等。

但m++与++m不同，前者在使用m后加1，后者先将m加1再使用。

4. 关系运算符

C语言中有6种关系运算符，分别是>（大于）、<（小于）、>=（大于等于）、<=（小于等于）、==（等于）、!=（不等于）。前4种具有相同的优先级，后两种具有相同的优先级，前4种优先级高于后两种。用关系运算符连接的表达式称为关系表达式，一般形式为：

```
表达式 1 关系运算符 表达式 2
```

例如：x+y>2

关系运算符常用于判断条件是否满足，关系表达式的值只有0和1两种，当指定的条件满足时为1，否则为0。

5. 逻辑运算符

C语言中有3种逻辑运算符，分别是||（逻辑或）、&&（逻辑与）、!（逻辑非）。

逻辑运算符用于计算条件表达式的逻辑值，逻辑表达式就是用关系运算符和表达式连接在一起的式子。

逻辑表达式的一般形式：

条件 1 关系运算符 条件 2

例如：x&&y，m||n，! z 都是合法的逻辑表达式。

逻辑运算时的优先级为：逻辑非→算术运算符→关系运算符→逻辑与→逻辑或。

6. 位运算符

对 C 语言对象进行按位操作的运算符，称为位运算符。位运算是 C 语言的一大特点，使其能对计算机硬件直接进行操控。

位运算符有 6 种，分别是～（按位取反）、<<（左移）、>>（右移）、&（按位与）、^（按位异或）、|（按位或）。

位运算形式为：

变量 1 位运算符 变量 2

位运算不能用于浮点数。

位运算符作用是对变量进行按位运算，并不改变参与运算变量的值。如果希望改变参与位运算变量的值，则要使用赋值运算。

例如：a=a>>1

表示 a 右移 1 位后赋给 a。

位运算的优先级：～（按位取反）→<<（左移）和>>（右移）→&（按位与）→^（按位异或）→|（按位或）。

清零、置位、反转、读取也可使用按位操作符。

清零寄存器某一位可以使用按位与运算符。

如 PB2 清零：PORTB&=0xfb；或 PORTB&=～（1<<2）；

置位寄存器某一位可以使用按位或运算符。

如 PB2 置位：PORTB|=～0xfb；或 PORTB|=（1<<2）；

反转寄存器某一位可以使用按位异或运算符。

如 PB3 反转：PORTB^=0x08；或 PORTB^=1<<3；

读取寄存器某一位可以使用按位与运算符。

```
if((PINB&0x08))程序语句 1;
```

7. 逗号运算符

C 语言中的“,”逗号运算符是一个特殊的运算符，它将多个表达式连接起来。称为逗号表达式。逗号表达式的格式为：

表达式 1，表达式 2，……表达式 n

程序运行时，从左到右依次计算各个表达式的值，整个逗号表达式的值为表达式 n 的值。

8. 条件运算符

条件运算符“?:”是 C 语言中唯一的一个三目运算符，它有 3 个运算对象，用条件运算符可以将 3 个表达式连接起来构成一个条件表达式。

条件表达式的形式为：

逻辑表达式? 表达式 1:表达式 2

程序运行时，先计算逻辑表达式的值，当值为真（非 0）时，将表达式 1 的值作为整个条件表达式的值；否则，将表达式 2 的值作为整个条件表达式的值。

例如：min = (a<b)? a：b 的执行结果是将 a、b 中较小值赋给 min。

9. 指针与地址运算符

指针是 C 语言中一个十分重要的概念，专门规定了一种指针型数据。变量的指针实质上就是变量对应的地址，定义的指针变量用于存储变量的地址。对于指针变量和地址间的关系，C 语言设置了两个运算符：&（取地址）和 *（取内容）。

取地址与取内容的一般形式为：

```
指针变量=&目标变量
变量=*指针变量
```

取地址是把目标变量的地址赋值给左边的指针变量。

取内容是将指针变量所指向的目标变量的值赋给左边的变量。

10. 复合赋值运算符

在赋值运算符的前面加上其他运算符，就构成了复合运算符，C 语言中有 10 种复合运算符，分别是：+=（加法赋值）、-=（减法赋值）、*=（乘法赋值）、/=（除法赋值）、%=（取余赋值）、<<=（左移位赋值）、>>=（右移位赋值）、&=（逻辑与赋值）、|=（逻辑或赋值）、~=（逻辑非赋值）、^=（逻辑异或赋值）。

使用复合运算符，可以使程序简化，提高程序编译效率。

复合赋值运算首先对变量进行某种运算，然后再将结果赋值给该变量。复合赋值运算的一般形式为：

```
变量 复合运算符 表达式
```

例如：i+=2 等效于 i=i+2。

四、C 语言的基本语句

1. 表达式语句

C 语言中，表达式语句是最基本的程序语句，在表达式后面加“;”号，就组成了表达式语句。

```
a=2;b=3;
m=x+y;
++j;
```

表达式语句也可以只由一个“;”分号组成，称为空语句。空语句可以用于等待某个事件的发生，特别是用在 while 循环语句中。空语句还可用于为某段程序提供标号，表示程序执行的位置。

2. 复合语句

C 语言的复合语句是由若干条基本语句组合而成的一种语句，它用一对“{}”将若干条语句组合在一起，形成一种控制功能块。复合语句不需要用“;”分号结束，但它内部各条语句要加“;”分号。

复合语句的形式为：

```
{
局部变量定义;
```

```
语句 1;
语句 2;
……;
语句 n;
}
```

复合语句依次顺序执行，等效于一条单语句。复合语句主要用于函数中，实际上，函数的执行部分就是一个复合语句。复合语句允许嵌套，即复合语句内可包含其他复合语句。

3. if 条件语句

条件语句又称为选择分支语句，它由关键字“if”和“else”等组成。C 语言提供 3 种 if 条件语句格式。

```
if(条件表达式)语句
```

当条件表达式为真,就执行其后的语句。否则,不执行其后的语句。

```
if(条件表达式)语句 1
else 语句 2
```

当条件表达式为真，就执行其后的语句 1。否则，执行 else 后的语句 2。

```
if(条件表达式 1)      语句 1
else if(条件表达式 2)语句 2
……
else if(条件表达式 i)语句 m
else                 语句 n
```

顺序逐条判断执行条件表达式，决定执行的语句，否则执行语句 n。

4. switch/case 开关语句

虽然条件语句可以实现多分支选择，但是当条件分支较多时，会使程序繁冗，不便于阅读。开关语句是直接处理多分支语句，程序结构清晰，可读性强。switch/case 开关语句的格式为：

```
switch (条件表达式)
{
case 常量表达式 1:语句 1;
break;
case 常量表达式 2:语句 2;
break;
……
case 常量表达式 n:语句 n;
break;
default: 语句 m;
}
```

将 switch 后的条件表达式值与 case 后的各个表达式值逐个进行比较，若有相同的，就是执行相应的语句，然后执行 break 语句，终止执行当前语句，跳出 switch 语句。若无匹配的，就执行语句 m。

5. for、while、do…while 语句循环语句

循环语句用于 C 语言的循环控制，使某种操作反复执行多次。循环语句有：for 循环、

while 循环、do…while 循环等。

（1）for 循环。采用 for 语句构成的循环结构的格式为：

```
for([初值设置表达式];[循环条件表达式];[步进表达式]) 语句
```

for 语句执行的过程是：先计算初值设置表达式的值，将其作为循环控制变量的初值，再检查循环条件表达式的结果，当满足条件时，就执行循环体语句，再计算步进表达式的值，然后再进行条件比较，根据比较结果，决定循环体是否执行，一直到循环表达式的结果为假（0值）时，退出循环体。

for 循环结构中的 3 个表达式是相互独立的，不要求它们相互依赖。3 个表达式可以是默认的，但循环条件表达式不要默认，以免形成死循环。

（2）while 循环。while 循环的一般形式是：

```
while(条件表达式) 语句;
```

while 循环中语句可以使用复合语句。

当条件表达式的结果为真（非 0 值），程序执行循环体的语句，一直到条件表达式的结果为假（0 值）。while 循环结构先检查循环条件，再决定是否执行其后的语句。如果循环表达式的结果一开始就为假，那么，其后的语句一次都不执行。

（3）do…while 循环。采用 do…while 也可以构成循环结构。do…while 循环结构的格式为：

```
do 语句 while(条件表达式)
```

do…while 循环结构中语句可使用复合语句。

do…while 循环先执行语句，再检查条件表达式的结果。当条件表达式的结果为真（非 0 值），程序继续执行循环体的语句，一直到条件表达式的结果为假（0 值）时，退出循环。

do…while 循环结构中语句至少执行一次。

6. goto、break、continue 语句

goto 语句是一个无条件转移语句，一般形式为：

```
goto 语句标号:
```

语句标号是一个带“:”（冒号）的标识符。

goto 语句可与 if 语句构成循环结构，goto 主要用于跳出多重循环，一般用于从内循环跳到外循环，不允许从外循环跳到内循环。

break 语句用于跳出循环体，一般形式为：

```
break;
```

对于多重循环，break 语句只能跳出它所在的那一层循环，而不能像 goto 语句可以跳出最内层循环。

continue 是一种中断语句，功能是中断本次循环。它的一般形式是：

```
continue;
```

continue 语句一般与条件语句一起用在 for、while 等语句构成的循环结构中，它是具有特殊功能的无条件转移语句，与 break 不同的是，continue 语句并不决定跳出循环，而是决定是否继续执行。

7. return 返回语句

return 返回语句用于终止函数的执行，并控制程序返回到调用该函数时所处的位置。

返回语句的基本形式：return、return（表达式）。

当返回语句带有表达式时，则要先计算表达式的值，并将表达式的值作为该函数的返回值。

当返回语句不带表达式时，则被调用的函数返回主调函数，函数值不确定。

五、函数

1. 函数的定义

一个完整的C语言程序是由若干个模块构成的，每个模块完成一种特定的功能，而函数就是C语言的一个基本模块，用以实现一个子程序功能。C语言总是从主函数开始，main（）函数是一个控制流程的特殊函数，它是程序的起始点。在程序设计时，程序如果较大，就可以将其分为若干个子程序模块，每个子程序模块完成一个特殊的功能，这些子程序通过函数实现。

C语言函数可以分为两大类，标准库函数和用户自定义函数。标准库函数是ICCV7提供的，用户可以直接使用。用户自定义函数是用户根据实际需要，自己定义和编写的能实现一种特定功能的函数。必须先定义后使用。函数定义的一般形式是：

```
函数类型 函数名(形式参数表)
形式参数说明
{
局部变量定义
函数体语句
}
```

其中，“函数类型”定义函数返回值的类型。

“函数名”是用标识符表示的函数名称。

“形式参数表”中列出的是主调函数与被调函数之间传输数据的形式参数。形式参数的类型必须说明。ANSI C标准允许在形式参数表中直接对形式参数类型进行说明。如果定义的是无参数函数，可以没有形式参数表，但圆括号“（）”不能省略。

“局部变量定义”是定义在函数内部使用的变量。

“函数体语句”是为完成函数功能而组合的各种C语言语句。

如果定义的函数内只有一对花括号且没有局部变量和函数体语句，该函数为空函数，空函数也是合法的。

2. 函数的调用

通常C语言程序是由一个主函数main()和若干个函数构成。主函数可以调用其他函数，其他函数可以彼此调用，同一个函数可以被多个函数调用任意多次。通常把调用其他函数的函数称为主调函数，其他函数称为被调函数。

函数调用的一般形式为：

```
函数名(实际参数表)
```

其中“函数名”指被调用函数的名称。

“实际参数表”中可以包括多个实际参数，各个参数之间用逗号分隔。实际参数的作用是将它的值传递给被调函数中的形式参数。要注意的是，函数调用中实际参数与函数定义的形式参数在个数、类型及顺序上必须严格保持一致，以便将实际参数的值分别正确地传递给形式参数。如果调用的函数无形式参数，可以没有实际参数表，但圆括号“（）”不能省略。

C 语言函数调用有 3 种形式。

(1) 函数语句。在主调函数中通过一条语句来表示。

```
Nop();
```

这是无参数调用，是一个空操作。

(2) 函数表达式。在主调函数中将被调函数作为一个运算对象直接出现在表达式中，这种表达式称为函数表达式。

```
y=add(a,b)+sub(m,n);
```

这条赋值语句包括两个函数调用，每个函数调用都有一个返回值，将两个函数返回值相加赋值给变量 y。

(3) 函数参数。在主调函数中将被调函数作为另一个函数调用的实际参数。

```
x=add(sub(m,n),c);
```

函数 sub（m，n）存在于一个函数 add［sub（m，n），c］中实际参数表中，以它的返回值作为另一个被调函数的实际参数。这种在调用一个函数过程中又调用另一个函数的方式，称为函数的嵌套调用。

六、预处理

预处理是 C 语言在编译之前对源程序的编译。预处理包括宏定义、文件包含和条件编译。

1. 宏定义

宏定义的作用是用指定的标识符代替一个字符串。

一般定义为：

```
#define 标识符　字符串

#define uChar8 unsigned char   //定义无符号字符型数据类型 uChar8
```

定义了宏之后，就可以在任何需要的地方使用宏，在 C 语言处理时，只是简单地将宏标识符用它的字符串代替。

定义无符号字符型数据类型 uChar8，可以在后续的变量定义中使用 uChar8，在 C 语言处理时，只是简单地将宏标识符 uChar8 用它的字符串 unsigned char 代替。

2. 文件包含

文件包含的作用是将一个文件内容完全包括在另一个文件之中。

文件包含的一般形式为：

```
#include"文件名"或#include<文件名>
```

二者的区别在于：

用双引号的 include 指令首先在当前文件的所在目录中查找包含文件，如果没有则到系统指定的文件目录去寻找。

使用尖括号的 include 指令直接在系统指定的包含目录中寻找要包含的文件。

在程序设计中，文件包含可以节省用户的重复工作，或者可以先将一个大的程序分成多个源文件，由不同人员编写，然后再用文件包含指令把源文件包含到主文件中。

3. 条件编译

通常情况下，在编译器中进行文件编译时，将会对源程序中所有的行进行编译。如果用户想在源程序中的部分内容满足一定条件时才编译，则可以通过条件编译对相应内容制定编译的条件来实现相应的功能。条件编译有以下 3 种形式：

(1) #ifdef 标识符 程序段 1;#else 程序段 2;#endif

其作用是，当标识符已经被定义过（通常用＃define 命令定义）时，只对程序段 l 进行编译，否则编译程序段 2。

(2) #ifndef 标识符 程序段 1;#else 程序段 2;#endif

其作用是，当标识符已经没有被定义过（通常用＃define 命令定义）时，只对程序段 l 进行编译，否则编译程序段 2。

(3) #if 表达式 程序段 1;#else 程序段 2;#endif

当表达式为真，编译程序段 1，否则，编译程序段 2。

七、我的第一个 AVR 单片机 C 语言程序设计

1. LED 灯闪烁控制流程图（见图 2－1）

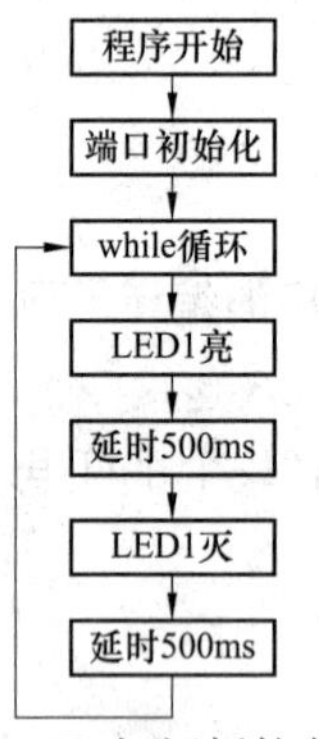

图 2－1 LED 灯闪烁控制流程图

2. LED 灯闪烁控制程序

```
#include< iom16v.h>
#define uChar8 unsigned char   //定义无符号字符型数据类型 uChar8
#define uInt16 unsigned int   //定义无符号整型数据类型 uInt16
/*************************************************************
//函数名称:DelayMS()
*************************************************************/
void DelayMS(uInt16 ValMS)
{
    uInt16 uiVal,ujVal;   //定义无符号整型变量 i,j
    for(uiVal= 0;  uiVal< ValMS;  uiVal+ + )      //进行循环操作
    {for(ujVal= 0;  ujVal< 1170;  ujVal+ + );
    }     //进行循环操作,以达到延时的效果
    }
/*************************************************************
//函数名称:main()
```

```
************************************************************ /
void main(void)                    //主函数
{
    DDRA=0xff;                     //用于打开 LED 锁存
    PORTA=0xfb;                    //PA2 脚输出低电平,打开 LED 锁存
    DDRB= 0xff;                    //PB0～7 为输出状态
    PORTB=0xff;                    //PB0 为输出高电平,熄灭 LED0
while(1)                           //while 循环
    {
    PORTB=0xfe;                    //PB0 为输出低电平,而其余为高电平,亦即点亮 LED0
    DelayMS(500);                  //延时 500ms
    PORTB=0xff;                    //PB0 为输出低电平,而其余为高电平,亦即点亮 LED0
    DelayMS(500);                  //延时 500ms
    }
}
```

3. 头文件

代码的第一行#include<iom16v.h>，包含头文件。代码中引用头文件的意义可形象地理解为将这个头文件中的全部内容放在引用头文件的位置处，避免每次编写同类程序都要将头文件中的语句重复编写一次。

在代码中加入头文件有两种书写法，分别是：#include<iom16v.h>和#include"iom16v.h"，那这两种形式有何区别？

使用"<××.h>"包含头文件时，编译器只会进入到软件安装文件夹处开始搜索这个头文件，也就是如果 C：\iccv7avr\include 文件夹下没有引用的头文件，则编译器会报错。当使用"××.h"包含头文件时，编译器先进入当前工程所在的文件夹开始搜索头文件，如果当前工程所在文件夹下没有该头文件，编译器又会去软件安装文件夹处搜索这个头文件，若还是找不到，则编译器会报错。

由于该文件存在于软件安装文件夹下，因而一般将该头文件写成#include<iom16v.h>的形式，当然写成#include"iom16v.h"也行。以后进行模块化编程时，一般写成"××.h"的形式，例如自己编写的头文件"LED.h"，则可以写成#include"LED.h"。

4. LED 灯闪烁控制程序分析

LED 灯闪烁控制程序第 2～3 行是 C 语言中常用的宏定义。在编写程序时，写 unsigned char 明显比写 uChar8 麻烦，所以用宏定义给 unsigned char 来了一个简写的方法 uChar8，当程序运行中遇到 uChar8 时，则用 unsigned char 代替，这样就简化了程序编写。

程序第 3～5 行，给函数提供一个说明，这是为了养成一个良好的编程习惯，等到以后编写复杂程序时会起到事半功倍的效果。

第 6～12 行，一个延时子函数，名称为 DelayMS ()，里面有个形式参数 ValMS，延时时间由 ValMS 形参数变量设置，就是延时的毫秒数，通过 for 嵌套循环进行空操作，以达到一定的延时效果。

在 main 主函数中，首先初始化 PA 口为输出，再定义 PA2 脚输出低电平，其他端为高电平，打开 LED 负极公共端锁存。接着初始化 PB 口为输出，定义 PB 口脚输出高电平，熄灭所有 LED 灯。

使用了 while 循环，条件设置为 1，进入死循环。

在 while 循环中，通过“PORTB=0xfe;”语句，PB0 为输出低电平，而其余为高电平，亦即点亮 LED0。然后延时 500ms，再通过“PORTB=0xff;”语句，PB0 为输出高电平，熄灭 LED0。再延时 500ms，结束本次 while 循环。

5. 查看 HEX 文件

(1) 创建 HEX 文件。

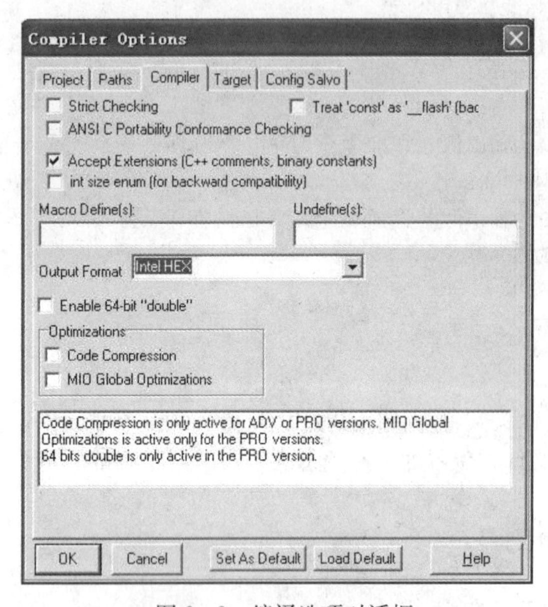

图 2-2 编译选项对话框

1) 单击“project”（项目）菜单下的“Option”子菜单命令，弹出如图 2-2 所示的编译选项对话框。

2) 在编译选项对话框中，选择“compiler”（编译页），在“output format”（输出文件格式）选择中，单击下拉列表选择“Intel Hex”创建二进制 Hex 文件。

3) 单击“OK”按钮，返回程序编辑界面。

4) 单击编译工具栏的“ ”编译所有文件按钮，开始编译文件。

(2) 查看 HEX 文件。

1) 启动 Word 软件。

2) 单击执行“文件”菜单下的“打开”命令，弹出打开文件对话框。

3) 在打开文件对话框，单击“文件类型”右边的下拉列表箭头，选择“所有文件”类型。

4) 选择 B001. HEX 所在的文件夹，选择 B001. HEX 文件。

5) 单击“打开”按钮，打开 B001. HEX 文件，文件内容如图 2-3 所示。

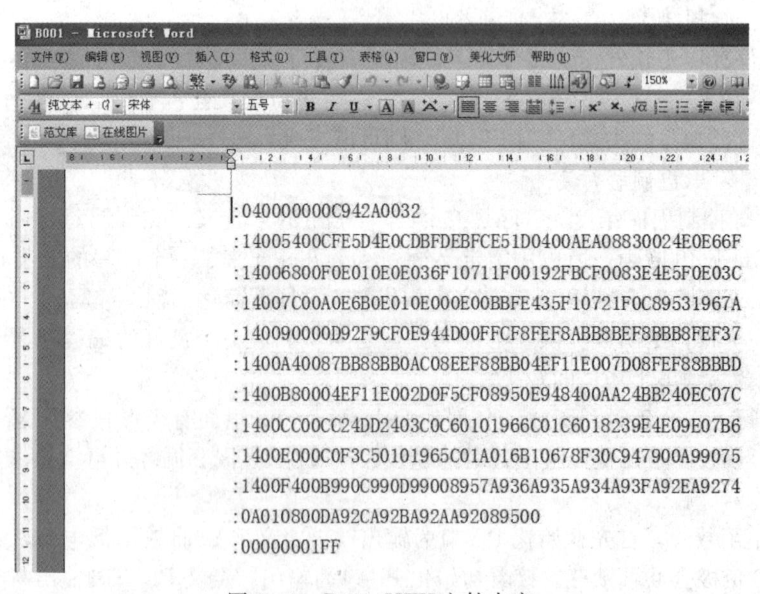

B001 - Microsoft Word

```
:040000000C942A0032
:14005400CFE5D4E0CDBFDEBFCE51D0400AEA08830024E0E66F
:14006800F0E010E0E036F10711F00192FBCF0083E4E5F0E03C
:14007C00A0E6B0E010E000E00BBFE435F10721F0C89531967A
:140090000D92F9CF0E944D00FFCF8FEF8ABB8BEF8BBB8FEF37
:1400A40087BB88BB0AC08EEF88BB04EF11E007D08FEF88BBBD
:1400B80004EF11E002D0F5CF08950E948400AA24BB240EC07C
:1400CC00CC24DD2403C0C60101966C01C6018239E4E09E07B6
:1400E000C0F3C50101965C01A016B10678F30C947900A99075
:1400F400B990C990D99008957A936A935A934A93FA92EA9274
:0A010800DA92CA92BA92AA92089500
:00000001FF
```

图 2-3 B001. HEX 文件内容

(3) 阅读 HEX 文件数据记录。Intel HEX 文件是由一行行符合 Intel HEX 文本格式的 ASCII 构成的文本文件。在 Intel HEX 文件中，每一行包含一个 HEX 记录。这些记录由对应机器语言码和常量数据的十六进制编码数字组成。Intel HEX 文件通常用于传输将被存于 ROM 或者 EPROM 中的程序和数据，大多数 EPROM 编程器或模拟器使用 Intel HEX 文件。

Intel HEX 由任意数量的十六进制记录组成。每个记录包含 5 个域，它们按以下格式排列：

```
:llaaaatt[dd…]cc
```

每一组字母对应一个不同的域，每一个字母对应一个十六进制编码的数字。每一个域由至少两个十六进制编码数字组成。它们构成一个字节，就像以下描述的那样：

“:”，每个 Intel HEX 记录都由冒号开头。

“11”，数据长度域，它代表记录当中数据字节（dd.）的数量。

“aaaa”：地址域，它代表记录当中数据的起始地址。

“tt”：代表 HEX 记录类型的域，它可能是以下数据当中的一个：

00—数据记录；

01—文件结束记录；

02—扩展段地址记录；

04—扩展线性地址记录。

“dd”是数据域，它代表一个字节的数据。一个记录可以有许多数据字节。记录当中数据字节的数量必须和数据长度域（11）中指定的数字相符。

“cc”是校验和域，它表示这个记录的校验和。校验和的计算是通过将记录当中所有十六进制编码数字对的值相加，以 256 为模进行以下补足的。

从图 2-3 可以看到 B001. HEX 的第一条数据“：040000000C942A0032”，其中：

“04”是这个记录中数据字节的数量。

“0000”是数据将被下载到存储器当中的地址。

“00”是记录类型（数据记录）。

“0C942A00”是数据。

“32”是这个记录的校验和。

校验和计算方法如下：

～(0x04＋0x00＋0x00＋0x00＋0x00＋0x0C＋0x94＋0x2A＋0x00) ＋0x01

＝0x31＋0x01

＝0x32

技能训练

一、训练目标

(1) 学会书写 C 语言基本程序。

(2) 学会 C 语言变量定义。

(3) 学会编写 C 语言函数程序。

(4) 学会调试 C 语言程序。

二、训练步骤与内容

1. 画出 LED 灯闪烁控制流程图

2. 建立一个工程

(1) 在 E 盘，新建一个文件夹 B01。

(2) 启动 ICCV7 软件。

(3) 选择执行“Project”（工程）菜单下的“New”，新建一个工程项目，弹出创建新项目对话框。

(4) 在创建新项目对话框，输入工程文件名“B001”，单击“保存”按钮。

3. 编写程序文件

(1) 单击执行“File”（文件）菜单下的“New”（新建文件）命令，新建一个文件。

(2) 单击执行“File”文件菜单下的“Save as”（另存文件）命令，弹出另存文件对话框，在文件名栏输入“main. c”，单击“保存”按钮，保存文件。

(3) 在右边的工程浏览窗口，右键单击“File”文件选项，在弹出的右键菜单中，选择执行“Add File”。

(4) 弹出选择文件对话框，选择 main. c 文件，单击“打开”按钮，文件添加到工程项目中。

(5) 在 main 中输入 LED 灯闪烁控制程序，单击工具栏“”保存按钮，保存文件。

4. 编译程序

(1) 单击“Project”（项目）菜单下的“Option”（选项）命令，弹出选项设置对话框。

(2) 在 Target（目标元件）选项页，在 Device Configuration（器件配置）下拉列表选项中选择“ATmega16”。

(3) 单击“Project”（项目）菜单下的“Make Project”（编译项目）命令，编译项目文件。

5. 下载调试程序

(1) 双击 HJ - ISP 下载软件图标，启动 HJ - ISP 软件。

(2) 在芯片选择栏，单击下拉列表，选择“ATmega16”。

(3) 单击右侧文件选择区下“调入 Flash”按钮，弹出选择文件对话框，选择 B001. HEX 文件，单击“打开”按钮，打开文件 B001. HEX。

(4) 单击 HJ - ISP 软件中的“自动”按钮，程序自动下载。

(5) 观察 HJ - 2G 单片机开发板与 PB0 连接的 LED 指示灯状态变化。

(6) 修改延时函数中参数，观察与 PB0 连接的 LED 指示灯状态变化。

任务 4 单片机仿真调试

一、安装 AVR Studio 集成开发环境

ATMEL 的 AVR 单片机的集成环境（IDE）中，汇编及开发调试软件，完全免费。ATMEL AVR Studio 集成开发环境包括 AVR Assembler 编译器、AVR Studio 调试、AVR Prog 串行、并行下载和 JTAG ICE 仿真等功能。它集汇编语言编译、软件仿真、芯片程序下载、芯片硬件仿真等一系列基础功能于一体，与任一款高级语言编译器配合使用即可完成高级语言的产品开发调试。

打开 AVR Studio 安装文件，双击 AVR Studio418setup. exe 文件，启动安装过程，如图 2－4 所示，按照提示步骤进行安装。

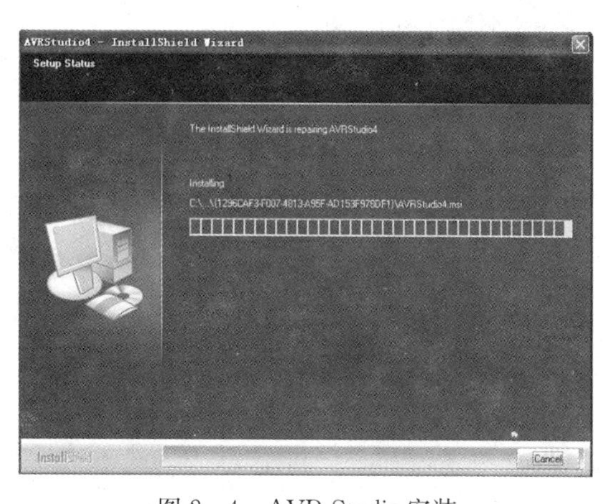

图 2－4　AVR Studio 安装

安装结束后，会弹出一个关于安装 USB 驱动的界面，可以不安装这个驱动，点击“Cancel”关闭，最后单击“Finish”，完成 AVR Studio 软件安装。

二、AVR 单片机仿真调试

1. 创建 AVR 仿真程序

（1）在 C：\iccv7avr\examples. avr\avr16 下，新建一个文件夹 B02。

（2）启动 ICCV7 软件。

（3）选择执行“Project”（工程）菜单下的“New”（新建一个工程项目）命令，弹出创建新项目对话框。

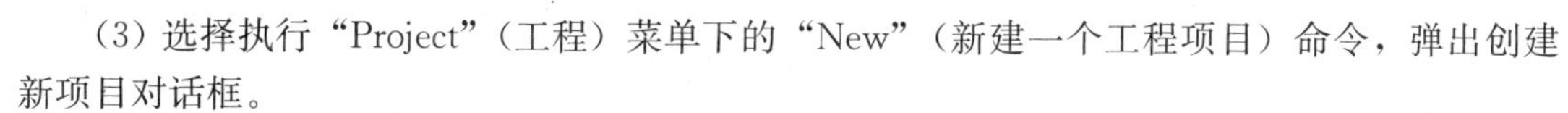

（4）在创建新项目对话框，输入工程文件名“B002”，单击“保存”按钮。

（5）单击执行“File”（文件）菜单下的“New”（新建文件）命令，新建一个文件。

（6）单击执行“File”（文件）菜单下的“Save as”（另存文件）命令，弹出另存文件对话框，在文件名栏输入“main. c”，单击“保存”按钮，保存文件。

（7）在右边的工程浏览窗口，右键单击“File”（文件）选项，在弹出的右键菜单中，选择执行“Add File”。

（8）弹出选择文件对话框，选择 main. c 文件，单击“打开”按钮，文件添加到工程项目中。

（9）在 main 中输入仿真程序，单击工具栏“💾”保存按钮，保存文件。

```
#include <ioM16v.h>
/*------宏定义------*/
#define uchar8unsigned char
#define uint16unsigned int
//定义延时函数
void DelayMS(uint16 ValMS)
{
uint16 uiVal,ujVal;  //定义无符号整型变量 i,j
for(uiVal=0;  uiVal<ValMS;  uiVal++)     //进行循环操作
{for(ujVal=0;  ujVal<940;  ujVal++);
}     //进行循环操作,以达到延时的效果
}
//端口初始化
void port_init(void)
{
PORTB=0xFF;
DDRB=0xFF;
}
//主函数
```

```
void main(void)
{
port_init();
while(1)
{
  PORTB=0x00;
  DelayMS(500);
  PORTB=0xff;
  DelayMS(500);
  }
}
```

(10) 编译程序。

1) 单击“Project”(项目)菜单下的“Option”(选项)命令，弹出选项设置对话框。

2) 在“Target”(目标元件)选项页，在“Device Configuration”(器件配置)下拉列表选项中选择“ATmega16”。

3) 单击“Project”(项目)菜单下的“Make Project”(编译项目)命令，编译项目文件。

2. 启动 AVR Studio

依次单击“开始”“程序”“Atmel AVR Tools”“AVR Studio4”，启动 AVR Studio。这时出现欢迎进入 AVR Studio 4 的界面。

3. AVR Studio 软件仿真调试菜单(见图 2-5)

(1) 开始调试(Start Debugging)。调试菜单中的开始调试命令将启动调试模式，并使所有的调试控制命令处于有效。通常在调试模式下不能编辑程序。此命令将连接调试平台，装载目标文件并执行复位操作。

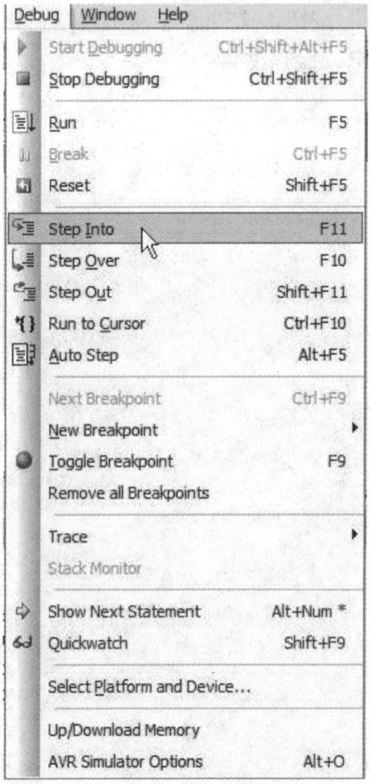

图 2-5 仿真调试菜单

(2) 停止调试(Stop Debugging)。调试菜单中的停止调试命令将停止调试过程，并断开与调试平台的连接，进入编辑模式。

(3) 复位(Reset，Shift+F5)。调试菜单中的复位命令可以让目标程序复位。当程序正在运行时，执行此命令的话程序将停止运行。如果用户是在源级模式中，程序会在复位完成后，继续运行直到第一条用户的源代码语句处。复位命令执行后，所有窗口中的信息都将更新。

(4) 运行(Run，F5)。调试菜单中的运行命令将启动(重启动)程序。程序将一直运行直到被用户停止或遇到一个断点。只有当程序处于停止运行状态时才能执行此命令。

(5) 暂停(Break，Ctrl+F5)。调试菜单中的暂停命令将停止程序运行。当程序停止时，所有窗口中的信息都将更新。只有当程序处在运行状态时才能执行此命令。

(6) 单步执行(Single step，Trace Into，F11)。调试菜单中的跟踪命令将控制程序只执行一条指令。当 AVR Studio 是在源代码级模式时，可执行一条源代码语句。当在反汇编级模式时，可执行一条反汇编指令。当指令执行完成后，所有窗口中的信息都将更新。

(7) 逐步调试（Step Over，F10）。调试菜单中的逐步调试命令只执行一条指令。如果此条指令包含一个函数调用/子程序调用，该函数/子程序也会同时执行。如果在逐步调试过程中遇到用户设置的断点，程序运行将被挂起。在逐步调试命令执行完毕后，所有窗口中的信息才会被更新。

(8) 跳出（Step Out，Shift+F11）。调试菜单中的跳出命令会使程序一直运行，直到当前函数结束。如果遇到用户设置的断点，程序运行将被挂起。当程序处在最外层（如主函数）时，此时执行跳出命令，程序将继续运行，直到遇到一个断点或被用户停止。在该命令执行完成后，所有窗口中的信息都将更新。

(9) 运行到光标处（Run To Cursor，F7）。调试菜单中的运行到光标处命令，将使程序运行到源代码窗口中光标指示的语句处停止。此时如果遇到用户的断点，程序的运行将不会被挂起。如果程序运行永远达不到光标指示处的语句，程序将一直继续运行，直到被用户停止。当此命令结束后，所有窗口中的信息都将更新。由于此命令是与光标位置有关，所以只有当源代码窗口激活时才有效。

(10) 自动运行（Auto Step）调试菜单中的自动运行命令将重复执行跟踪指令。当 AVR Studio 处在源代码级模式时，每次执行一条源指令，处在反汇编级模式时，每次执行一条汇编指令，随后所有窗口中的信息都将更新，接着自动执行下一条语句或指令。使用自动运行命令时，程序的运行将一直持续地单步运行，直到遇到一个用户设置的断点或被用户停止。

(11) 设置断点（Toggle Breakpoints，F9）。调试菜单中的设置断点命令，在用户指定程序位置设置一个断点。

(12) 清除所有断点（Remove All Breakpoints）。用于清除程序中设置的所有断点。

(13) 选择仿真平台和器件（Select Plateform and Device）。调试菜单中的选择仿真平台和器件命令用于打开选择仿真平台和器件对话框。

(14) 仿真选项（AVR Simulator Options）。调试菜单中的仿真选项命令用于选择器件型号、设置时钟频率、是否加载系统驱动等。

除了调试菜单外，对应于调试菜单命令有相应的快捷命令按钮，通过调试控制栏可以控制程序的执行状态，所有的调试控制都可以由菜单、快捷键和调试工具栏实现。

4. AVR Studio 软件仿真

(1) 单击“Open”按钮，出现“打开项目文件或对象文件”对话框，如图 2-6 所示。

图 2-6　打开项目文件或对象文件

(2) 选择“B02”项目中的“B002.cof”文件，单击“打开”按钮，出现“保存 AVR Studio 项目文件”对话框，如图 2-7 所示。

(3) 单击“保存”按钮，出现“选择仿真平台”对话框，如图 2-8 所示。

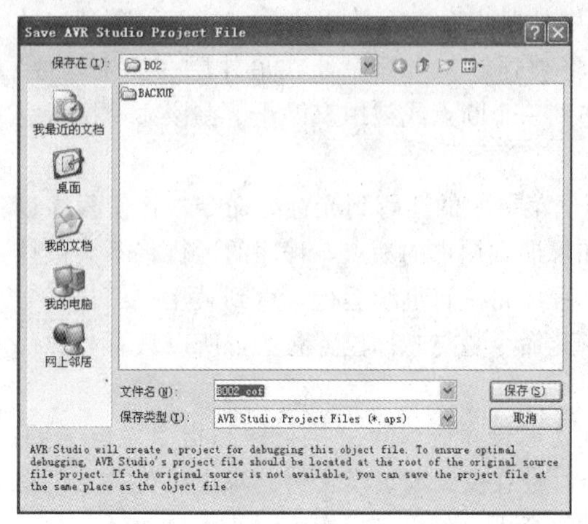

图 2-7 保存 AVR Studio 项目文件

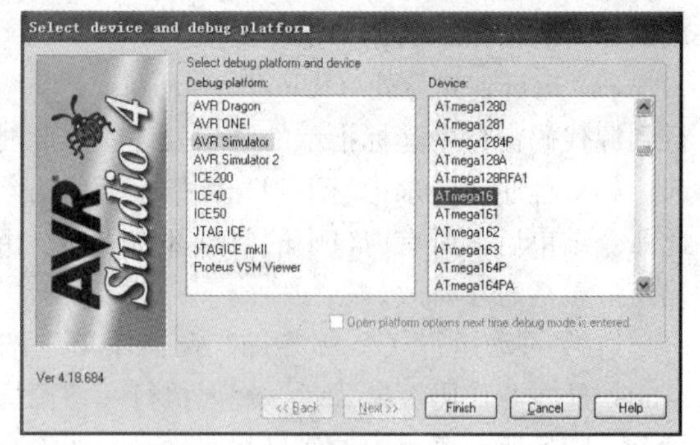

图 2-8 选择仿真平台对话框

(4) 在“Debug platform”栏中，选择“AVR Simulator”仿真器，在 Device (器件) 栏选择“Atmega16”。单击“Finish”按钮，进入仿真界面，如图 2-9 所示。

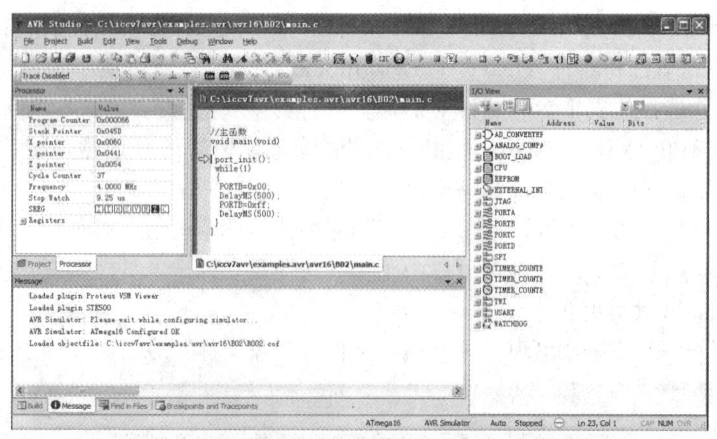

图 2-9 仿真界面

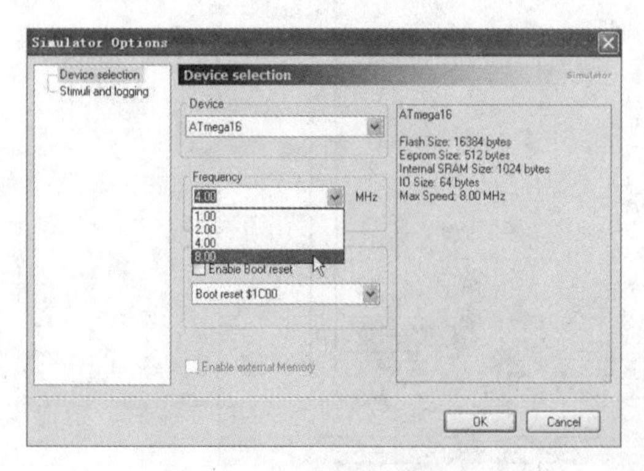

图 2-10 仿真选项设置对话框

(5) 选择执行主菜单“Debug”下的“AVR Simulator Options”，弹出如图 2-10 所示的“仿真选项设置”对话框。

(6) 在“Frequency”(频率)选项中，选择 8.00MHz，单击“OK”按钮，将仿真频率设置为 8.00MHz。

(7) 在右侧的“I/O View”设置中，将 PORTB 前的加号展开，打开 PORTB 输出口，如图 2-11 所示。

(8) 鼠标在程序的光标箭头上单击一次，随后按 F10 键 (Step Over)，可发现输入口

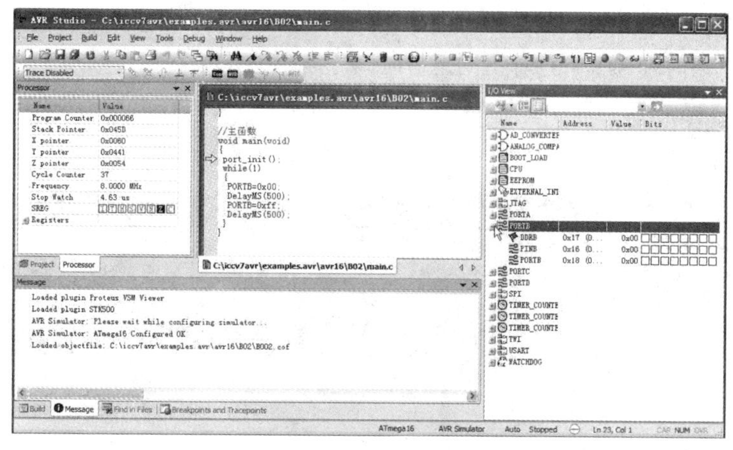

图 2-11　打开 PORTB 输出口

PORTB 的各个寄存器发生变化，DDRB 全部变为黑色（0xff），说明方向寄存器设置为输出，PINB 和 PORTB 全部变为黑色（0xff），如图 2-12 所示。

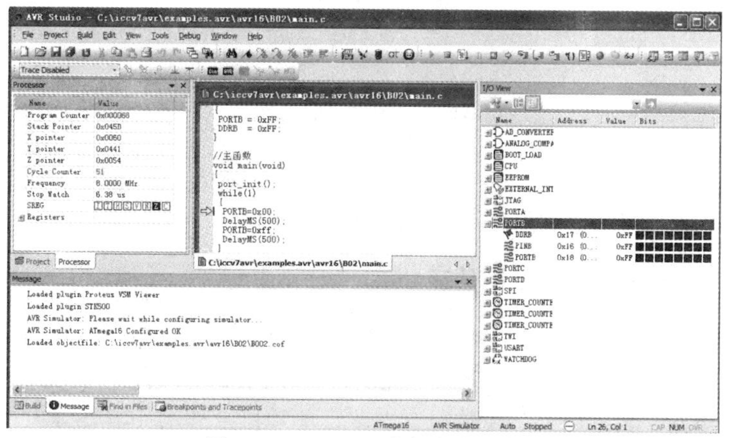

图 2-12　DDRB 全部变为黑色

（9）继续按 F10 键，PORTB 全部变为白色，说明 PORTB 全部输出低电平（0x00），程序运行至延时函数处，如图 2-13 所示。

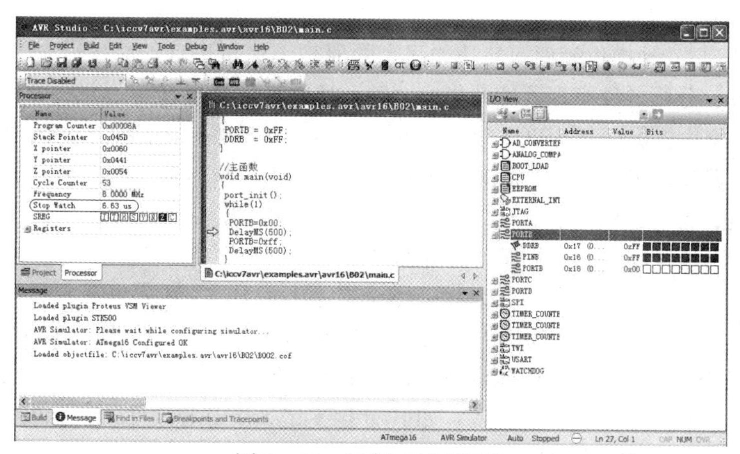

图 2-13　运行至延时函数

(10) 观察左边“Processor”窗口中的“Stop Watch”项，此时对应的值为6.63μs，它是AVR Studio在选定时钟频率下计算出的运行时间。

(11) 按F10键2次，观察“Processor”窗口中的“Stop Watch”项，此时对应的值为412137.00μs，说明延时函数运行时间大约为412ms，观察延时时间值，如图2-14所示。

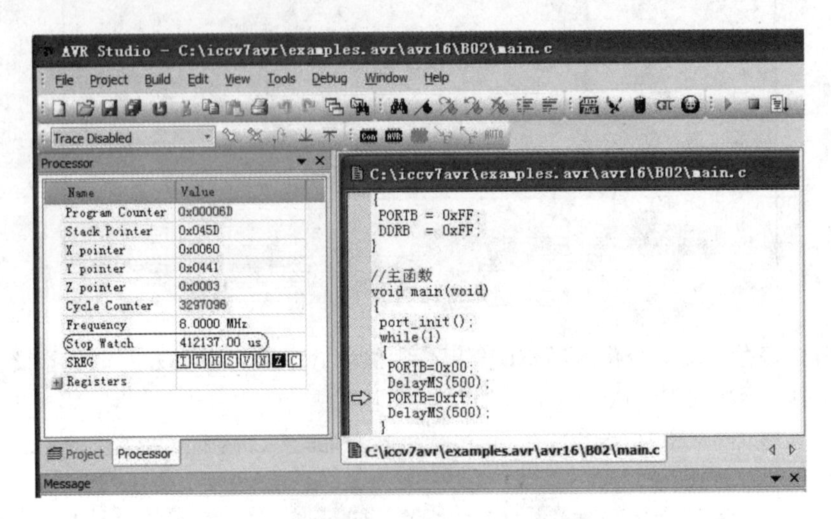

图2-14 观察延时时间值

(12) 继续按F10键调试，可以看到PORTB一会儿是变黑（0xff），一会儿变白（0x00），不断在高低电平输出间变化，间隔时间大约是0.412s。

三、基于Proteus的AVR设计仿真

Proteus具有和其他EDA工具一样的原理图编辑、印刷电路板（PCB）设计及电路仿真功能，最大的特色是其电路仿真的交互化和可视化。通过Proteus软件的VSM（虚拟仿真模式），用户可以对模拟电路、数字电路、模数混合电路、单片机及外围元器件等电子线路进行系统仿真。

Proteus软件由ISIS和ARES两部分组成，其中ISIS是一种便捷的电子系统原理设计和仿真平台软件，ARES是一种高级的PCB布线编辑软件。

1. Proteus ISIS原理图编辑

Proteus ISIS是一种操作简便而又功能强大的原理图编辑工具，它运行于Windows操作系统上，可以仿真、分析各种模拟器件和集成电路，该软件的特点有：

(1) 实现了单片机仿真和SPICE电路仿真的结合。具有模拟电路仿真、数字电路仿真、单片机及其外围电路组成的系统仿真、RS232动态仿真、I2C调试器、SPI调试器、键盘和LCD系统仿真等功能；有各种虚拟仪器，如示波器、逻辑分析仪、信号发生器等。

(2) 支持主流单片机系统的仿真。目前支持的单片机类型有68000系列、8051系列、AVR系列、PIC12系列、PIC16系列、PIC18系列、Z80系列、HC11系列以及各种外围芯片。

(3) 提供软件调试功能。在硬件仿真系统中具有全速、单步、设置断点等调试功能，同时可以观察各个变量、寄存器等的当前状态，因此在该软件仿真系统中，也必须具有这些功能；同时支持第三方的软件编译和调试环境，如Keil C51 uVision2等软件。

(4) 具有强大的原理图绘制功能。

2. 启动 Proteus ISIS 软件

启动 Proteus ISIS 软件，Proteus ISIS 编辑环境如图 2－15 所示。

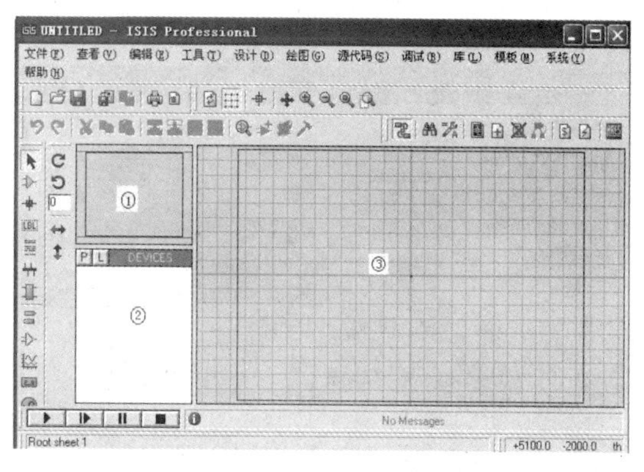

图 2－15　Proteus ISIS 编辑环境

在 Proteus ISIS 编辑环境中：

(1) 区是预览窗口，可以显示全部原理图。在预览窗口中，有两个框，蓝框表示当前页的边界，绿框表示当前编辑窗口显示的区域。当从对象选择器中选中一个新的对象时，预览窗口可以预览选中的对象。在预览窗口上单击，Proteus ISIS 将会以单击位置为中心刷新编辑窗口。其他情况下，预览窗口显示将要放置的对象。

(2) 区是对象选择操作区，单击“P”按钮，可以从元件库选择元件。

(3) 区是编辑窗口。编辑窗口用于放置元器件，进行连线，绘制原理图。

3. 主菜单（见图 2－16）

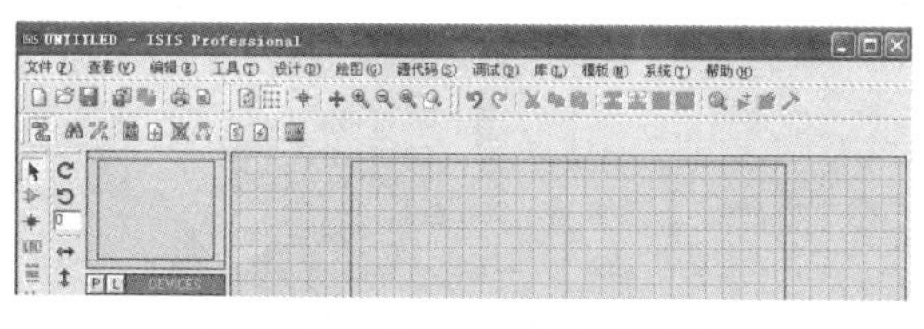

图 2－16　Proteus ISIS 主菜单

Proteus ISIS 的主菜单栏包括“File”（文件）、“View”（视图）、“Edit”（编辑）、“Library”（库）、“Tools”（工具）、“Design”（设计）、“Graph”（图形）、“Source”（源）、“Debug”（调试）、“Template”（模板）、“System”（系统）和“Help”（帮助），单击任一菜单后都将弹出其子菜单项。

4. 工具箱

选择相应的工具箱图标按钮，系统将提供不同的操作工具。对象选择器根据选择不同的工具箱图标按钮决定当前状态显示的内容。显示对象的类型包括元器件、终端、引脚、图形符号、标注和图表等。

5. 文件的新建和保存

在 Proteus ISIS 窗口中，选择执行“文件”菜单下的“新建设计”菜单项命令，弹出新建设计对话框。

选择合适的模板（通常选择 DEFAULT 模板），单击“确定”按钮，即可完成新设计文件的创建。

选择执行“文件”菜单下的“保存设计”菜单项命令，将弹出保存设计对话框，设置保存文件的路径，设置文件名，单击“保存”按钮，即可保存设计文件。

6. Proteus ISIS 的编辑环境设置

Proteus ISIS 编辑环境的设置主要是指模板的选择、图纸的选择、图纸的设置和格点的设置。绘制电路图首先要选择模板（模板控制电路图外观的信息），比如图形格式、文本格式、设计颜色、线条连接点大小和图形等。然后设置图纸，如设置纸张的型号、标注的字体等。图纸的格点为放置元器件、连接线路带来很多方便。

(1) 设置图纸大小。单击选择执行“系统”菜单下的“设置图纸大小”命令，弹出图纸尺寸设置对话框，系统默认大小为 A4，单击图纸尺寸单选框，可以选择 A4～A0 等图纸的大小。

(2) 设置元件文本显示。单击选择执行“模板”菜单下的“设置设计默认值”命令，弹出如图 2 - 17 所示的“设置默认规则”对话框，在“隐藏对象”栏，去掉“显示隐藏文本”复选框的对勾，单击“确定”按钮，完成默认规则设置。

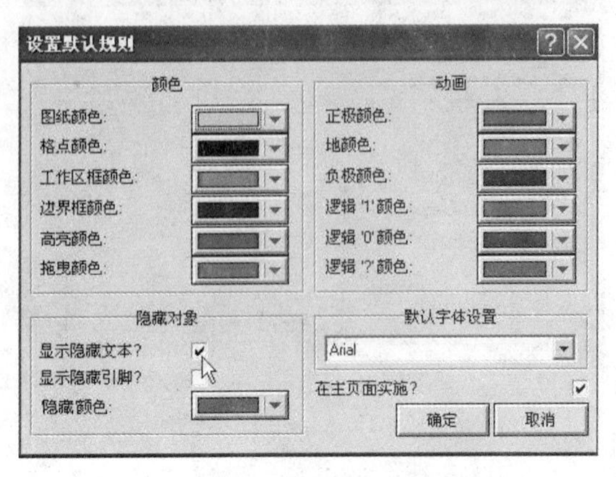

图 2 - 17 设置默认规则对话框

7. Proteus ISIS 原理图输入

(1) 选取元件。

1) 打开元件选择库。单击对象选择器顶端的“P”按钮，或者在原理图编辑窗口单击鼠标右键，在弹出的菜单中，选择“放置”菜单下的“器件”子菜单下的“From Libraries”(从库里选) 命令，弹出如图 2 - 18 所示的“选取元件”对话框。

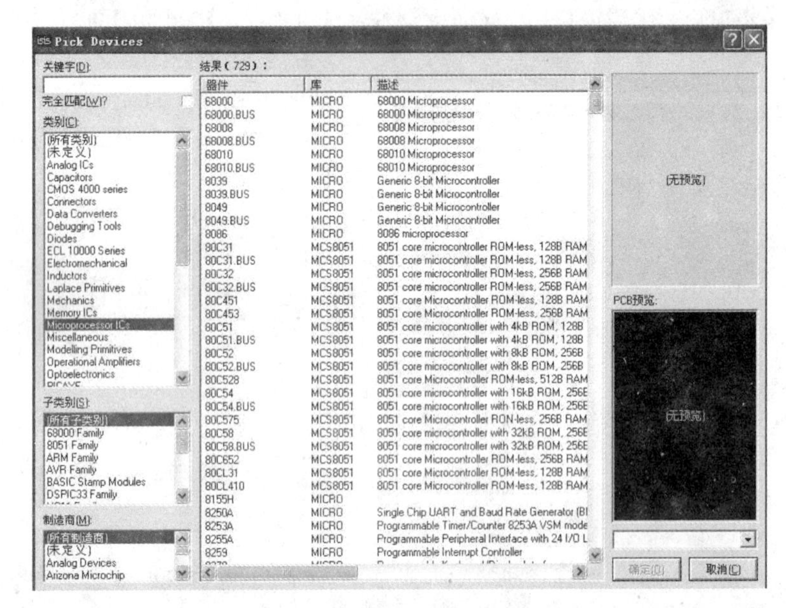

图 2 - 18 选取元件对话框

2) 在元件库中查看、选择元件。选择 Atmega16 时，先在大类中选择元件类别，例如选择 Atmega16 元件“Microprocessor ICs”微处理器集成电路。再选择子类“AVR Family”AVR 类，最后在器件结果显示区选择“Atmega16”(见图 2 - 19)。

(2) 放置元件。选择好库中的元件后，单击“选取元件”对话框右下角的“确定”按钮，将鼠标移到编辑窗口的合适位置单击，将元件放置到编辑窗口中，如图 2 - 20 所示。

(3) 编辑元件属性。

1) 在编辑窗口放置 1 个电阻，鼠标右键单击电阻元件，在弹出的菜单中选择执行“编辑属性”命令，弹出如图 2 - 21 所示的编辑元件属性对话框，可以编辑元件参数 (编号，如 R1)、元件值 (电阻值，如 1K)、元件模型类别 (模拟元件、数字元件)、元件封装 (表面贴装 SMT，如 0805) 等。

2) 修改电阻的元件值为“470”，单击“确定”按钮，完成元件属性编辑。

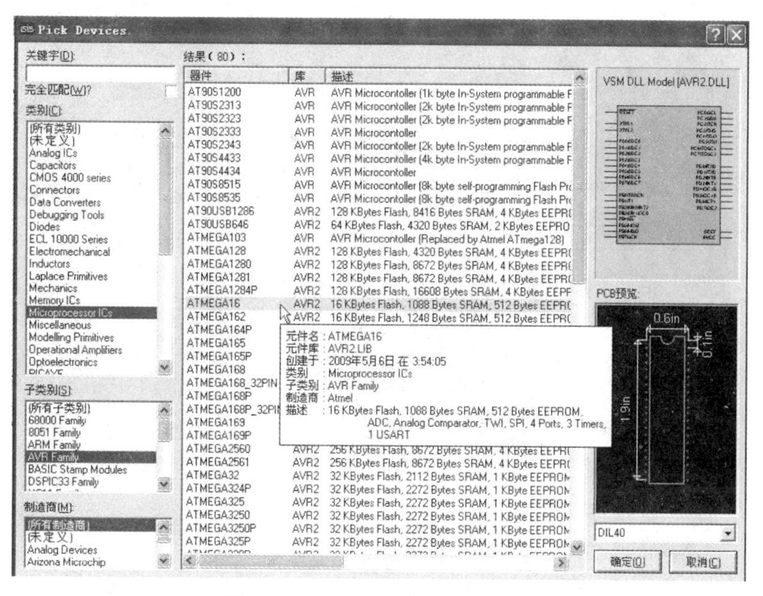

图 2-19　选取元件 Atmega16

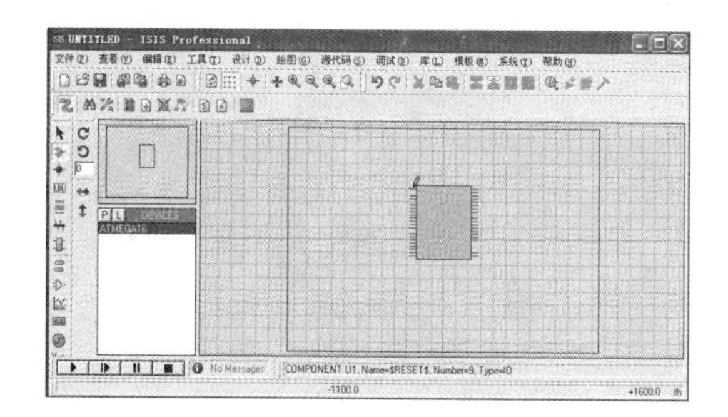

图 2-20　放置元件 Atmega16

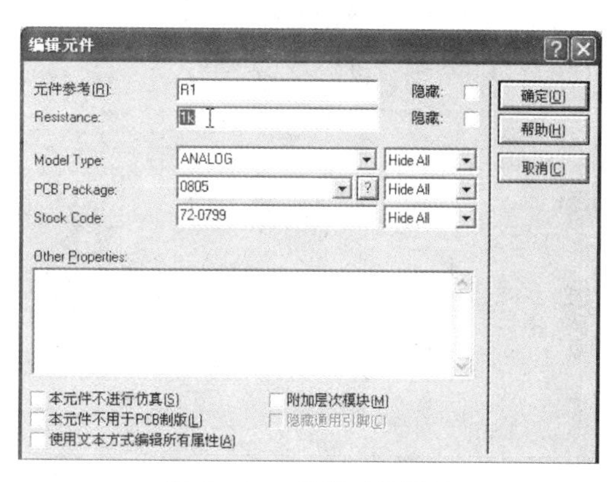

图 2-21　编辑元件属性

(4) 绘制电气连接线。鼠标在需要电气连接元件的一端单击，然后移动到电气连接的另一端单击，绘制一条电气连接线。在绘制电气连接线时，可以在需要转弯处单击，绘制 90°转角的电气连接线。绘制电气连接线如图 2-22 所示。

(5) 放置电源和地线。如图 2-23 所示，鼠标右键单击编辑区的空白处，在弹出的右键菜单中选择执行“放置”菜单下的“终端”子菜单下的“POWER”电源命令，移动鼠标在二极管 D4 正极端单击，放置一个电源端。

设计完成的单片机仿真电路，如图 2-24 所示。

8. 单片机仿真

(1) 加载单片机程序。

1) 双击 AVR 单片机元件，弹出“编辑元件属性”对话框。

2) 在 AVR 单片机属性对话框中，单击“Program File”(程序文件) 编辑框右侧的文件夹按钮，弹出“选择文件”对话框，选择文件“B002. hex”，如图 2-25 所示。

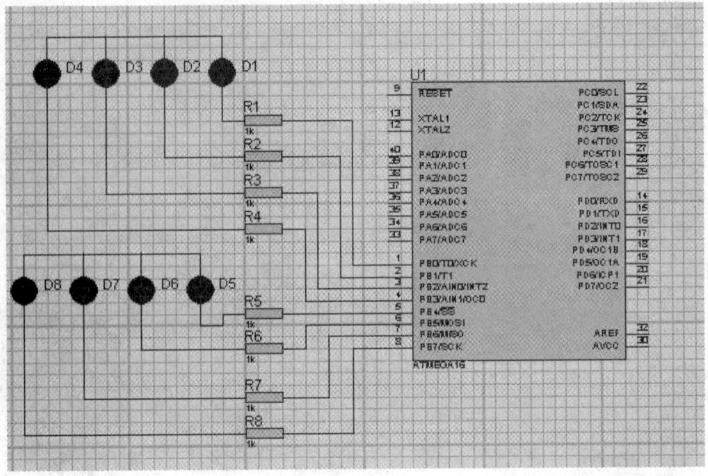

图 2-22　绘制电气连接线

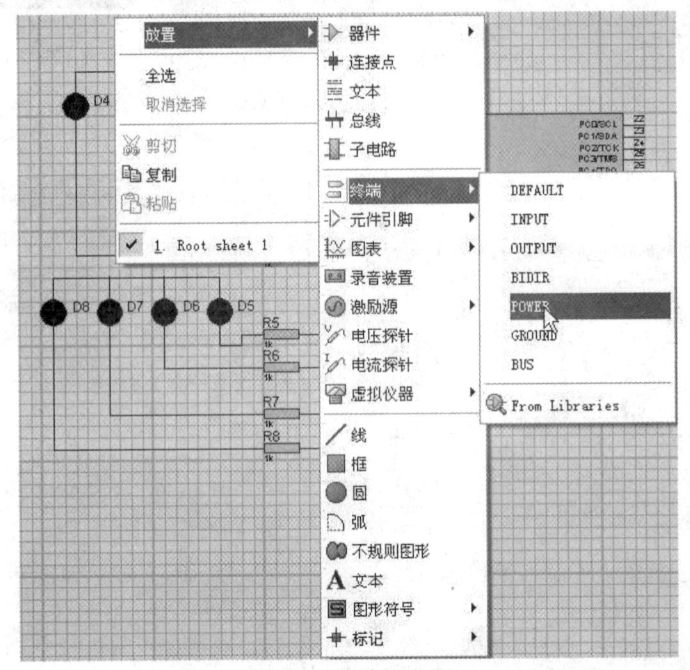

图 2-23　放置电源

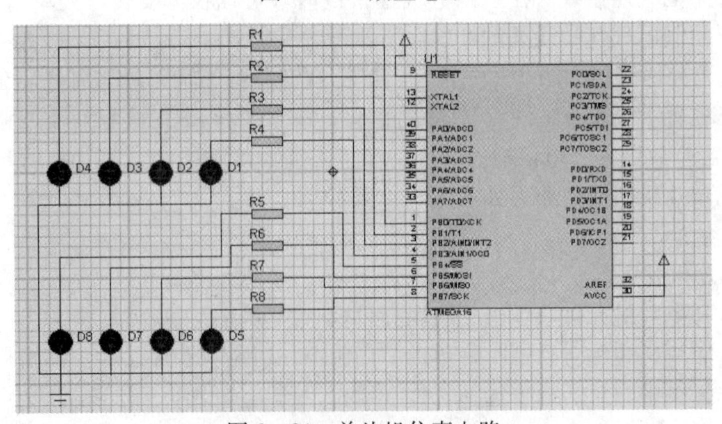

图 2-24　单片机仿真电路

3）单击“打开”按钮，完成单片机仿真程序的加载。

（2）设置单片机仿真运行频率。在单片机“编辑元件属性”对话框中，单击“CKSEL Fuses”（时钟选择）编辑框右边的下拉箭头，在下拉选项中选择 8MHz 选项，设定单片机仿真运行频率为 8MHz，如图 2－26 所示。

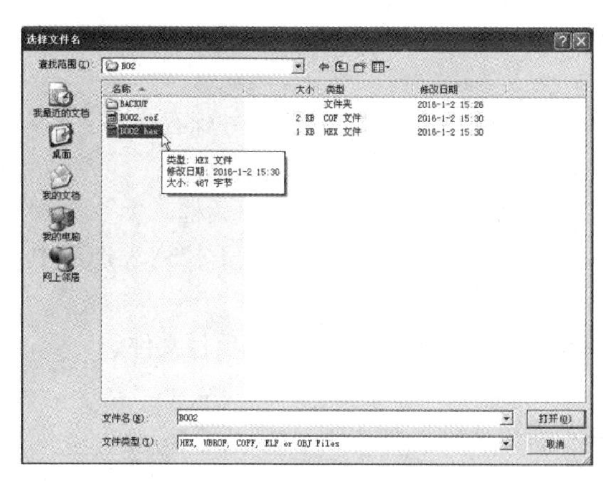

图 2－25　加载单片机程序

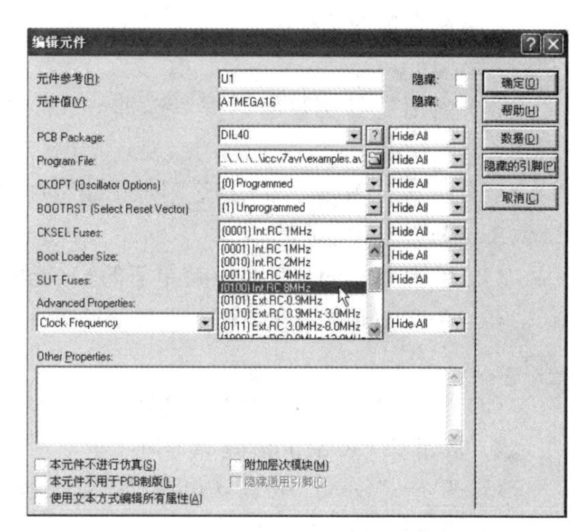

图 2－26　设定单片机仿真运行频率

（3）运行仿真。控制面板上提供了 4 个功能按钮，如图 2－27 所示，各个按钮功能如下：

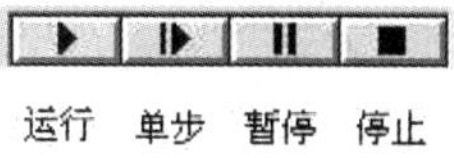

运行　单步　暂停　停止

图 2－27　仿真运行控制按钮

1）运行。单击该按钮，启动 ISIS 仿真。

2）单步。单步运行程序，使仿真按照预设的时间步长进行。单击该按钮，仿真进行一个步长时间后停止。如果按住单步按钮不停，仿真将连续运行。

3）暂停。单击该按钮，暂停程序仿真。再次单击该按钮，仿真继续运行。

4）停止。单击该按钮，停止实时仿真。

技能训练

一、训练目标

（1）学会仿真调试 C 语言程序。

（2）学会用 Proteus 仿真调试程序。

二、训练步骤与内容

1. 建立一个工程

（1）在 E 盘，新建一个文件夹 B02。

（2）启动 ICCV7 软件。

（3）选择执行“Project”（工程）菜单下的“New”（新建一个工程项目）命令，弹出创建新项目对话框。

（4）在创建新项目对话框，输入工程文件名“B002”，单击“保存”按钮。

2. 编写程序文件

(1) 单击执行"File"(文件)菜单下的"New"(新建文件)命令，新建一个文件。

(2) 单击执行"File"(文件)菜单下的"Save as"(另存文件)命令，弹出另存文件对话框，在文件名栏输入"main. c"，单击"保存"按钮，保存文件。

(3) 在右边的工程浏览窗口，右键单击"File"(文件)选项，在弹出的右键菜单中，选择执行"Add File"。

(4) 弹出选择文件对话框，选择 main. c 文件，单击"打开"按钮，文件添加到工程项目中。

(5) 在 main 中输入 LED 灯闪烁控制程序，单击工具栏"■"保存按钮，并保存文件。

3. 编译程序

(1) 单击 Project(项目)菜单下的 Option(选项)命令，弹出选项设置对话框。

(2) 在 Target(目标元件)选项页，在 Device Configuration(器件配置)下拉列表选项中选择"ATmega16"。

(3) 单击 Project(项目)菜单下的 Make Project(编译项目)命令，编译项目文件。

4. 应用 AVR Studio 调试程序

(1) 单击"Open"按钮，出现"打开项目文件或对象文件"对话框。

(2) 选择"B02"项目中的"B002. cof"文件，单击"打开"按钮，出现"保存 AVR Studio 项目文件"对话框。单击"保存"按钮，出现选择仿真平台对话框。

(3) 在"Debug platform"栏中，选择"AVR Simulator"仿真器，在"Device"(器件)栏选择"Atmega16"。单击"Finish"按钮，进入仿真界面。

(4) 选择执行主菜单"Debug"下的"AVR Simulator Options"，弹出"仿真选项设置"对话框。

(5) 在"Frequency"(频率)选项中，选择 8. 00MHz，单击"OK"按钮，将仿真频率设置为 8. 00MHz。

(6) 在右侧的"I/O View"设置中，将 PORTB 前的加号展开，打开 PORTB 输出口。

(7) 鼠标在程序的光标箭头上单击一次，随后按 F10 键(Step Over)，可发现输入口 PORTB 的各个寄存器发生变化，DDRB 全部变为黑色(0xff)，说明方向寄存器设置为输出，PINB 和 PORTB 全部变为黑色(0xff)。

(8) 继续按 F10 键，PORTB 全部变为白色，说明 PORTB 全部输出低电平(0x00)，程序运行至延时函数处。

(9) 观察左边"Processor"窗口中的"Stop Watch"项，观察此时对应的值，它是 AVR Studio 在选定时钟频率下计算出的运行时间。

(10) 按 F10 键 2 次，观察"Processor"窗口中的"Stop Watch"项，观察此时对应的值，计算延时时间值。

(11) 继续按 F10 键调试，可以看到 PORTB 一会儿是变黑(0xff)，一会儿变白(0x00)，不断在高低电平输出间变化。

(12) 调整程序的延时参数，重新编译程序，应用 AVR Studio 软件仿真，观察高低电平变化的时间间隔变化。

5. 应用 Proteus 仿真调试程序

(1) 启动 Proteus 软件。

(2) 绘制仿真电路图。

(3) 加载 AVR 单片机程序。

(4) 仿真调试程序。

习题

1. 使用基本赋值指令和用户延时函数，设计跑马灯控制程序。
2. 使用右移位赋值指令，实现高位依次向低位循环点亮的流水灯控制。
3. 应用 AVR Studio 调试程序。
4. 应用 Proteus 仿真调试程序。

项目三 单片机的输入/输出控制

学习目标

(1) 认识 AVR 单片机输入/输出口。

(2) 学会设计输出控制程序。

(3) 学会设计按键输入控制程序。

任务 5 LED 灯输出控制

基础知识

一、AVR 单片机的输入/输出端口

AVR 单片机 ATmega 16 有 32 个输入/输出端口，分别为 PA、PB、PC、PD，4 组 8 位端口，对应于芯片的 32 个 I/O 端口引脚，所有的 32 个 I/O 端口都是复用的，第一功能是数字通用 I/O 端口，复用功能可以是中断、定时/计数器、I^2C、SPI、USART、模拟比较、输入捕捉等。

1. 输入/输出端口结构

ATmega16 单片机的 PA、PB、PC、PD 端口，在不涉及第二功能时，其基本 I/O 功能是相同的。如图 3-1 所示为 AVR 单片机通用 I/O 口的基本结构示意图。从图中可以看出，每组

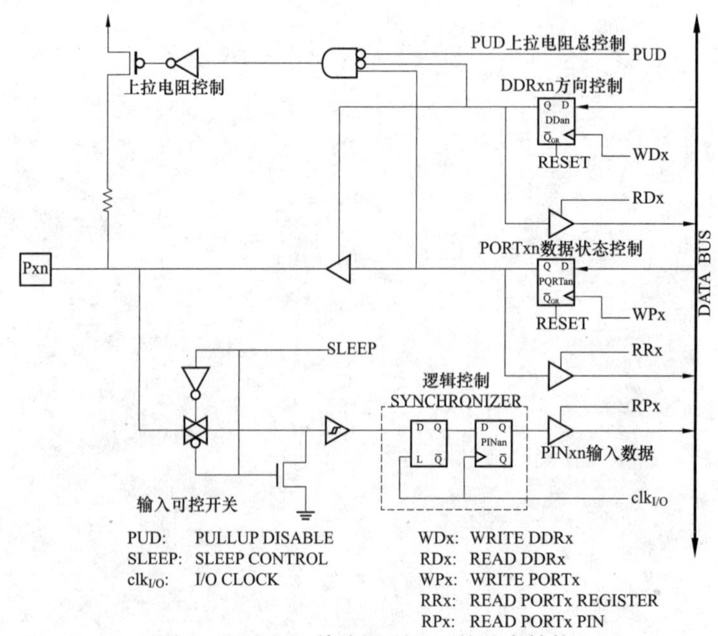

图 3-1 AVR 单片机 I/O 口的基本结构

I/O 口配备 3 个 8 位寄存器，它们分别是数据方向寄存器 DDRx（Port x Data Direction Register）、端口数据寄存器 PORTx（Port x Data Register）及端口输入引脚地址寄存器 PINx（Port x Input Pins Address Register）（其中，x=A，B，C，D）。I/O 口的工作方式和表现特征由这 3 个 I/O 口寄存器控制。

2. I/O 端口相关寄存器

(1) DDRx 端口数据方向寄存器。方向控制寄存器 DDRx 用于控制 I/O 口的输入输出方向，即控制 I/O 口的工作方式为输出方式还是输入方式。

当 DDRxn=1 时，对应的 I/O 口处于输出工作方式。

当 DDRxn=0 时，对应的 I/O 口处于输入工作方式。

(2) PORTx 端口数据寄存器。当 DDRxn=1 时，对应的 I/O 口处于输出工作方式。此时数据寄存器 PORTxn 中的数据通过一个推挽电路输出到外部引脚。AVR 的输出采用推挽电路提高了 I/O 口的输出能力。当 PORTxn=1 时，该 I/O 引脚呈现高电平，同时可提供输出 20mA 的电流；而当 PORTxn=0 时，该 I/O 引脚呈现低电平，同时可吸纳 40mA 电流。因此，AVR 的 I/O 在输出方式下提供了比较大的驱动能力，可以直接驱动 LED 等小功率外围器件。

(3) PINx 端口输入寄存器。当 DDRxn=0 时，该 I/O 处于输入工作方式。此时引脚寄存器 PINxn 中的数据就是外部引脚的实际电平值，通过读 I/O 指令可将物理引脚的真实数据读入单片机 MCU。

此外，当 I/O 口定义为输入（DDRxn=0）时，通过 PORTxn 的控制，可使单片机内部的上拉电阻有效和失效，PORTxn=1，上拉电阻接通有效；PORTxn=0，上拉电阻断开失效。

(4) 特殊功能 I/O 寄存器 SFIOR（见表 3-1）。

表 3-1　　特殊功能 I/O 寄存器 SFIOR

位	B7	B6	B5	B4	B3	B2	B1	B0
符号	ADTS2	ADTS1	ADTS0	—	ACME	PUD	PSR2	PSR1
复位	0	0	0	0	0	0	0	0

B2 PUD 总上拉电阻禁止位。置位时，禁止上拉电阻，即使将 DDRxn 和 PORTxn 配置为使能上拉电阻，I/O 端口上的上拉电阻也无效。

(5) I/O 口使用注意。

1) 使用 I/O 端口时，首先由 DDRxn 确定工作方式，确定其为输入还是输出。

2) 当确定为输入时，由 PORTxn 确定是否使用上拉电阻，并读取 PINxn 的数据，而不能用 PORTxn 当输入值。

3) 一旦将 I/O 端口由输出工作方式转为输入工作方式后，必须等待一个时钟周期后，才能正确读到 PINxn 的值。

3. I/O 端口的使用

(1) 外部驱动。

1) 三极管驱动电路。单片机 I/O 输入输出端口引脚本身的驱动能力有限，如果需要驱动较大功率的器件，可以采用单片机 I/O 引脚控制晶体管进行输出的方法。如图 3-2 所示，如果用弱上拉控制，建议加上上拉电阻 R1，阻值为 3.3～10kΩ。如果不加上拉电阻 R1，建议 R2 的取值在 15kΩ 以上，或用强推挽输出。

2) 二极管驱动电路。单片机 I/O 端口设置为弱上拉模式时，采用灌电流方式驱动发光二极管，如图 3-3 (a) 所示，I/O 端口设置为推挽输出驱动刚发光二极管时，如图 3-3 (b) 所示。

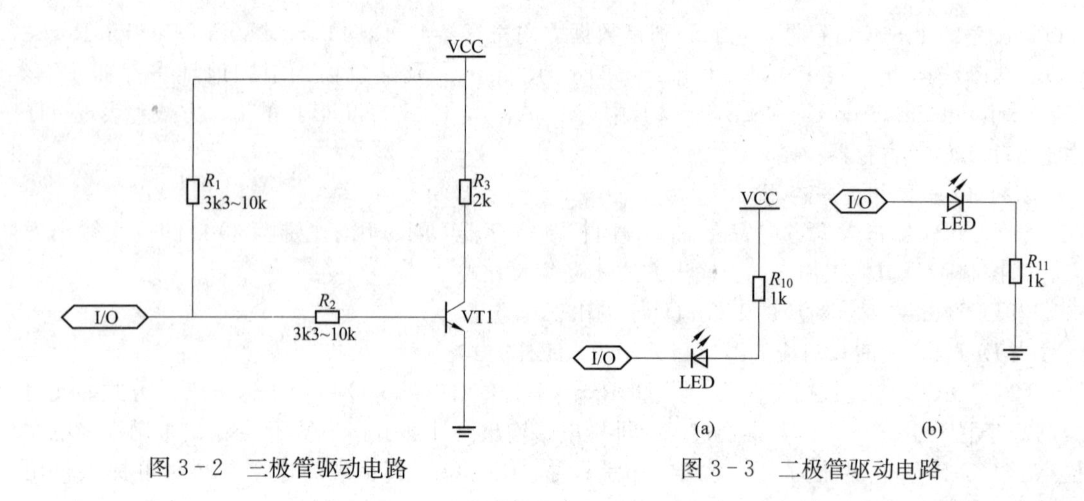

图 3-2 三极管驱动电路　　图 3-3 二极管驱动电路

实际使用时，应尽量采用灌电流驱动方式，而不要采用拉电流驱动，这样可以提高系统的负载能力和可靠性，只有在要求供电线路比较简单时，才采用拉电流驱动。

将 I/O 端口用于矩阵按键扫描电路时，需要外加限流电阻。因为实际工作时可能出现两个 I/O 端口均输出低电平的情况，并且在按键按下时短接在一起，这种情况对于 CMOS 电路是不允许的。在按键扫描电路中，一个端口为了读取另一个端口的状态，必须先将端口置为高电平才能进行读取，而单片机 I/O 端口的弱上拉模式在由“0”变为“1”时，会有两个时钟强推挽输出电流，输出到另外一个输出低电平的 I/O 端口。这样可能造成 I/O 端口的损坏，因此建议在按键扫描电路中的两侧各串联一个 300Ω 的限流电阻。

3）混合供电 I/O 端口的互联。混合供电 I/O 端口的互联时，可以采用电平移位方式转接。输出方采用开漏输出模式，连接一个 470Ω 保护电阻后，再通过连接一个 10kΩ 的电平转移电阻到转移电平电源，两个电阻的连接点可以接后级的 I/O。

单片机的典型工作电压为 5V，当它与 3V 器件连接时，为了防止 3V 器件承受不了 5V 电压，可将 5V 器件的 I/O 端口设置成开漏模式，断开内部上拉电阻。一个 470Ω 的限流电阻与 3V 器件的 I/O 端口相连，3V 器件的 I/O 端口外部加 10kΩ 电阻到 3V 器件的 VCC，这样一来高电平是 3V，低电平是 0V，可以保证正常的输入、输出。

(2) 基本操作。ATmega16 单片机的 I/O 端口作通用 I/O 使用时，首先进行 I/O 配置，由 DDRxn 确定是输入还是输出，若为输入，接着由 PORTxn 确定是否使用上拉电阻，读取输入时，要读 PINxn 的值。

AVR 单片机 I/O 引脚配置见表 3-2。

表 3-2　AVR 单片机 I/O 引脚配置

DDRxn	PORTxn	PUD	I/O 方向	上拉电阻	状态说明
0	0	×	输入	无效	高阻
0	1	0	输入	有效	输入低电平
0	1	1	输入	无效	高阻
1	0	×	输出	无效	输出低电平
1	1	×	输出	无效	输出高电平

端口设置实例：

1）设置 I/O 口为输出方式。

```
DDRC=0xFF;      //PC 口设置为输出
PORTC=0x5A;  //PC 口输出为 0x5A
```

2）设置 I/O 口为输入方式。

```
DDRD=0x00;  //PD 口设置为输入
PORTD=0xF0; //PD 口高 4 配置上拉电阻,低 4 位不上拉
Y=PIND;  //读取 PD 端口数据
```

3）设置 I/O 口为输入输出方式。

```
DDRA=0x0F;  //PA 口高 4 位设置为输入,低 4 位为输出
PORTA=0xF0; //PD 口高 4 位配置上拉电阻,低 4 位输出 0000
```

（3）位操作。位操作包括与、或、非、异或、移位等按位逻辑运算操作，也包括对 I/O 单独置位、复位、取反等操作。利用 C 语言的位操作运算符可实现上述操作。

对 PA2 单独置位、复位、取反操作实例：

1）PA2 单独置位。

```
PORTA|=(1<<2);
```

或

```
PORTA|=(1<<PA2);
PORTA|=_BV(PA2);
```

在头文件“iom16v. h”中，定义了如下语句：

```
# define PA2 2
```

这样，（1<<PA2）与（1<<2）的作用相同，当采用宏以后，可以更直观地反映出该语句作用的对象。

```
_BV(PA2)=0B0000100=(1<<2);
```

_BV（PA2）只是简化了设计，增加了程序的可读性。

2）PA2 单独复位。

```
PORTA&=~(1<<PA2);
```

或

```
PORTA&=~_BV(PA2)
```

3）PA2 单独取反。

```
PORTA^=(1<<PA2);
```

或

```
PORTA^=_BV(PA2)。
```

(4) 宏定义的使用。宏定义在C语言中可以将某些需反复使用的程序书写变得简单，可以使反复进行的I/O操作变得容易。

例如：对PA3的高、低电平输出控制：

```
#define pa3_h() PORTA|=(1<<PA3)
#define pa3_l() PORTA&=~(1<<PA3)
//…
DDRA|=(1<<PA3);
    for(i=0;i<6;i++)
    {if(y&0x80)
       pa3_h();
     else
       pa3_l();
       y<<=i;
     }
```

二、交叉闪烁LED灯输出控制

1. 交叉闪烁LED灯输出控制程序框图（见图3-4）

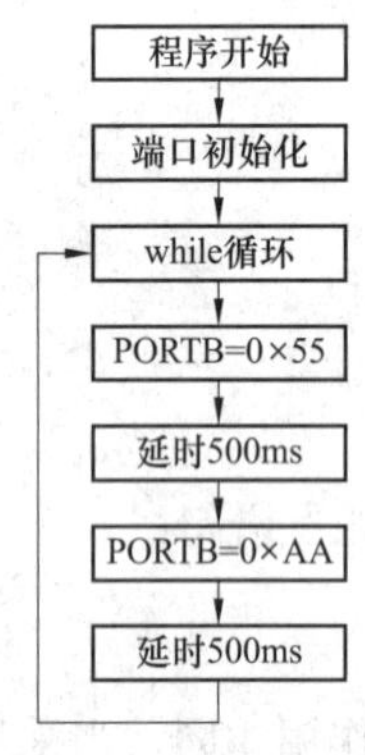

图3-4 交叉闪烁LED灯输出控制程序框图

2. 交叉闪烁LED灯输出控制程序

```
#include < iom16v.h >                /*预处理命令,用于包含头文件等*/
typedef unsigned int uInt16;   /*定义无符号整型别名uInt16*/
typedef unsigned char uChar8; /*定义无符号字符型别名uChar8*/
/* ****************************************************** */
//函数名称:DelayMS()
//函数功能:毫秒延时
//入口参数:延时毫秒数(ValMS)
//出口参数:无
/* ****************************************************** */
void DelayMS(uInt16 ValMS)
{
uInt16 uiVal,ujVal;    /*局部变量定义,变量在所定义的函数内部引用*/
```

```
for(uiVal=0; uiVal<ValMS; uiVal++)     /*执行语句,for 循环语句*/
for(ujVal=0; ujVal<960; ujVal++); /*执行语句,for 循环语句*/
}
/* ****************************************************** */
//函数名称:main()
//函数功能:实现 LED 灯交叉闪烁
//入口参数:无
//出口参数:无
/* ****************************************************** */
void main(void)                  /*主函数*/
{                                /*主函数开始*/
DDRA=0xff;                  //用于打开 LED 锁存
PORTA=0xfb;                 //PA2 脚输出低电平,打开 LED 锁存
      DDRB=0xff;            //PB0～7 为输出状态
      PORTB=0xff;           //PB 为输出高电平,熄灭所有 LED
while(1)                    //While 循环
{                           //While 循环开始
PORTB=0x55;                 //PORTB 变量赋值 0x55,点亮 LED0、2、4、6
DelayMS(500);               //延时 500ms
PORTB=0xAA;                 //PORTB 变量赋值 0xAA,点亮 LED1、3、5、7
DelayMS(500);               //延时 500ms
}                           //While 循环结束
}                           /*主函数结束*/
```

3. 程序分析

使用预处理命令，包含头文件 iom16v. h。

使用 typedef 别名定义语句，为“unsigned int”无符号整型变量取了一个别名 uInt16。

使用 typedef 别名定义语句，为“unsigned char”无符号字符型变量取了一个别名 uChar8。

定义一个延时函数 DelayMS（）

在主函数中，使用赋值语句设置端口 PA、PB 为输出，设定 PA2＝0，打开 LED 锁存，将 VCC 加到 LED 的阳极。PORTB 赋初始值 0xff，熄灭所有 LED 彩灯。

使用 While（1）语句构建循环。

使用 PORTB=0x55 语句，将 PORTB 端口赋值 0x55，即点亮 LED0、LED2、LED4、LED5。

使用 DelayMS（500）语句，调用延时函数，延时 500 毫秒。

使用 PORTB=0xAA 语句，将 PORTB 端口赋值 0xAA，即点亮 LED1、LED3、LED5、LED7。

使用 DelayMS（500）语句，调用延时函数，延时 500 毫秒。

延时 500 毫秒后，继续 While 循环。

技能训练

一、训练目标

（1）学会 I/O 的配置方法。

（2）学会 8 只 LED 灯的交叉闪烁控制。

二、训练步骤与内容

1. 画出8只LED灯的交叉闪烁控制流程图

2. 建立一个工程

(1) 在C：\iccv7avr\examples. avr\avr16目录下，新建一个文件夹C01。

(2) 启动ICCV7软件。

(3) 选择执行“Project”(工程) 菜单下的“New”(新建一个工程项目) 命令，弹出创建新项目对话框。

(4) 在创建新项目对话框，输入工程文件名“C001”，单击“保存”按钮。

3. 编写程序文件

(1) 单击执行“File”(文件) 菜单下的“New”(新建文件) 命令，新建一个文件。

(2) 单击执行“File”(文件) 菜单下的“Save as”(另存文件) 命令，弹出另存文件对话框，在文件名栏输入“main. c”，单击“保存”按钮，保存文件。

(3) 在右边的工程浏览窗口，右键单击“File”(文件) 选项，在弹出的右键菜单中，选择执行“Add File”。

(4) 弹出选择文件对话框，选择main. c文件，单击“打开”按钮，文件添加到工程项目中。

(5) 在main中输入8只LED灯的交叉闪烁控制程序，单击工具栏“■”保存按钮，并保存文件。

4. 编译程序

(1) 单击“Project”(项目) 菜单下的“Option”(选项) 命令，弹出选项设置对话框。

(2) 在“Target”(目标元件) 选项页，在“Device Configuration”(器件配置) 下拉列表选项中选择“ATmega16”。

(3) 单击“Project”(项目) 菜单下的“Make Project”(编译项目) 命令，编译项目文件。

5. 下载调试程序

(1) 双击HJ-ISP下载软件图标，启动HJ-ISP软件。

(2) 在芯片选择栏，单击下拉列表，选择“ATmega16”。

(3) 单击右侧文件选择区下“调入Flash”按钮，弹出选择文件对话框，选择C001. HEX文件，单击“打开”按钮，打开文件C001. HEX。

(4) 单击HJ-ISP软件中的“自动”按钮，程序自动下载。

(5) 观察HJ-2G单片机开发板与PB口连接的LED指示灯状态变化。

(6) 修改延时函数中参数，观察与PB口连接的LED指示灯状态变化。

任务6 LED数码管显示

一、LED数码管硬件基础知识

1. LED数码管工作原理

LED数码管是一种半导体发光器件，也称半导体数码管，是将若干发光二极管按一定图形排列并封装在一起的最常用的数码管显示器件之一。LED数码管具有显示清晰、响应速度快、省电、体积小、寿命长、耐冲击、易于各种驱动电路连接等优点，在各种数显仪器仪表、数字控制设备中得到广泛应用。

数码管按段数分为7段数码管和8段数码管，8段数码管比7段数码管多了一个发光二极管单元（多一个小数点显示），按可显示多少个“8”可分为1位、2位、3位、4位等。按接线方式，分为共阳极数码管和共阴极数码管。共阳极数码管是指所有二极管的阳极接到一起，形成共阳极（COM）的数码管，共阳极数码管的COM接到+5V，当某一字段发光二极管的阴极为低电平时，相应的字段就点亮。字段的阴极为高电平时，相应字段就不亮。共阴极数码是指所有二极管的阴极接到一起，形成共阴极的数码管，共阴极数码管的COM接到地线GND上，当某一字段发光二极管的阳极为高电平时，相应的字段就点亮，字段的阳极为低电平时，相应字段就不亮。

2. LED数码管的结构特点

目前，常用的小型LED数码管多为8字形数码管，内部由8个发光二极管组成，其中7个发光二极管（a～g）作为7段笔画组成8字结构（故也称7段LED数码管），剩下的1个发光二极管（h或dp）组成小数点，如图3-5所示。各发光二极管按照共阴极或共阳极的方法连接，即把所有发光二极管的负极或正极连接在一起，作为公共引脚。而每个发光二极管对应的正极或负极分别作为独立引脚（称“笔段电极”），其引脚名称分别与图3-5中的发光二极管相对应。

一个质量保证的LED数码管，其外观应该是做工精细、发光颜色均匀、无局部变色及无漏光等。对于不清楚性能好坏、产品型号及引脚排列的数码管，可采用下面介绍的简便方法进行检测。

（1）干电池检测法。如图3-6所示，将两个干电池串联起来，组成3V的检测电源，再串联一个200Ω、1/8 W的限流电阻，以防止过大电流烧坏被测数码管。将3V干电池的负极引线接在被测共阴极数码管的公共阴极上，正极引线依次移动接触各笔段电极。当正极引线接触到某一笔段电极时，对应的笔段就发光显示。用这种方法就可以快速测出数码管是否有断笔或连笔，并且可相对比较出不同的笔段发光强弱是否一致。若检测共阳极数码管，只须将电池的正、负极引线对调一下即可。

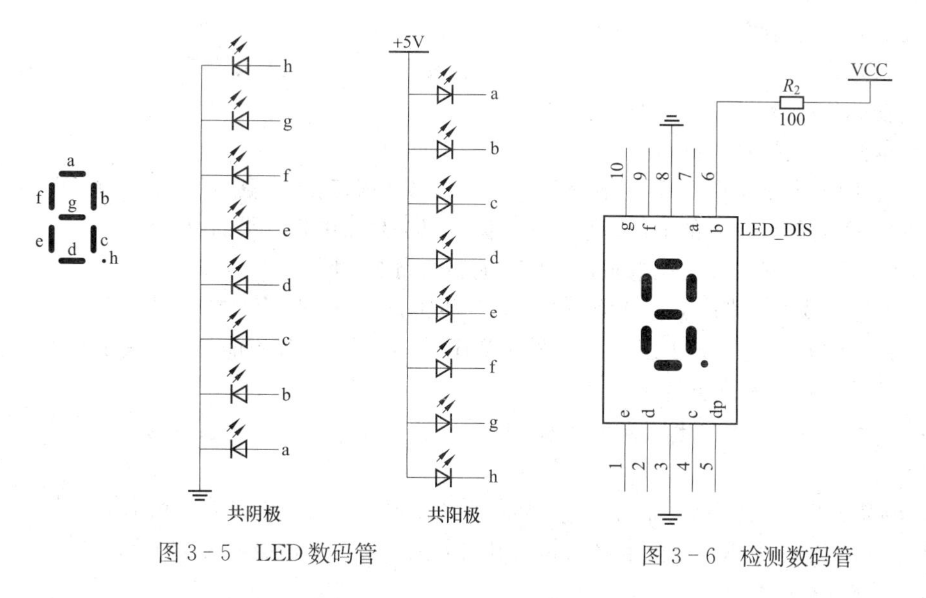

图3-5　LED数码管　　　　图3-6　检测数码管

（2）万用表检测法。使用指针式万用表的二极管挡或者使用$R\times10$k电阻挡，检测方法同干电池检测法，使用指针万用表时，指针万用表的黑表笔连接内电源的正极，红表笔连接的是万用表内电池的负极，检测共阴极数码管时，红表笔连接数码管的公共阴极，黑表笔依次移动接触各笔段电极。当黑表笔接触到某一笔段电极时，对应的笔段就发光显示。用这种方法就可以快速测出数码管是否有断笔或连笔，并且可相对比较出不同的笔段发光强弱是否一致。若检测共阳极数码管，只须将黑表笔、红表笔对调一下即可。

使用数字万用表的二极管检测挡，红表笔连接的是数字万用表的内电池正极，黑表笔连接的是数字万用表的内电池负极，检测共阴极数码管时，数字万用表的黑表笔连接数码管的公共阴极，红表笔依次移动接触各笔段电极。当红表笔接触到某一笔段电极时，对应的笔段就发光显示。用这种方法就可以快速测出数码管是否有断笔或连笔，并且可相对比较出不同的笔段发光强弱是否一致。若检测共阳极数码管，只须将黑表笔、红表笔对调一下即可。

3. 拉电流与灌电流

拉电流和灌电流是衡量电路输出驱动能力的参数，这种说法一般用在数字电路中。特别注意，拉、灌都是对输出端而言的，所以是驱动能力。这里首先要说明，芯片手册中的拉、灌电流是一个参数值，是芯片在实际电路中允许输出端拉、灌电流的上限值（所允许的最大值）。而下面要讲的这个概念是电路中的实际值。

由于数字电路的输出只有高、低（0、1）两种电平值，高电平输出时，一般是输出端对负载提供电流，其提供电流的数值叫“拉电流”；低电平输出时，一般是输出端要吸收负载的电流，其吸收电流的数值叫“灌（入）电流”。

对于输入电流的器件而言，灌入电流和吸收电流都是输入的，灌入电流是被动的，吸收电流是主动的。如果外部电流通过芯片引脚向芯片内流入称为灌电流（被灌入），反之如果内部电流通过芯片引脚从芯片内流出称为拉电流（被拉出）。

4. 上拉电阻与下拉电阻

上拉电阻就是把不确定的信号通过一个电阻箝位在高电平，此电阻还起到限流器件的作用。同理，下拉电阻是把不确定的信号箝位在低电平上。

上拉就是将不确定的信号通过一个电阻箝位在高电平，以此来给芯片引脚一个确定的电平，以免使芯片引脚悬空发生逻辑错乱。上拉可以加大输出引脚的驱动能力。

下拉就是将不确定的信号通过一个电阻箝位在低电平，以此来给芯片引脚一个确定的电平，以免使芯片引脚悬空发生逻辑错乱。

上拉电阻与下拉电阻的应用：

（1）当 TTL 电路驱动 CMOS 电路时，如果 TTL 电路输出的高电平低于 CMOS 电路最低电平，这时就需要在 TTL 的输出端接上拉电阻，以提高输出高电平的值。

（2）OC 门电路必须加上拉电阻，以提高输出的高电平值。

（3）为加大输出引脚的驱动能力，有的单片机引脚上也常使用上拉电阻。

（4）在 CMOS 芯片上，为了防止静电造成损坏，不用的引脚不能悬空，一般接上拉电阻以降低输入阻抗，提供泄荷通路。

（5）芯片的引脚加上拉电阻来提高输出电平，从而提高芯片输入信号的噪声容限，亦即提高干扰能力。

（6）提高总线的抗电磁干扰能力，引脚悬空就比较容易接受外界的电磁干扰。

（7）长线传输中电阻不匹配容易引起反射波干扰，加上下拉电阻是为了电阻匹配，从而有效抑制反射波干扰。

5. 单片机的输入输出

单片机的拉电流比较小（100～200μA），灌电流比较大（最大是 25mA，推荐别超过

10mA），直接用来驱动数码管肯定是不行的，所以扩流电路是必需的。如果使用三极管来驱动，原理上是正确无误的，可是 HJ－2G 实验板上的单片机只有 32 个 I/O 口，而板子又外接了好多器件，所以 I/O 口不够用，于是想个两全其美的方法，即扩流又扩 I/O 口。综合考虑之下，选用 74HC573 锁存器来解决这两个问题。其实以后做工程时，若用到数码管，采用三极管、锁存器并不是最好方案，因为要靠 CPU 不断刷新来显示，而工程中 CPU 还有好多事要干，所以采用 74HC573 方案并不是最佳方案。于是采用集成电路 IC，如 FD650、TA6932、TM1618 等，既具有数码管驱动功能，又具有按键扫描功能，想改变数据或者读取按键值时，只须操作该芯片就可以了，大大提高了 CPU 的利用效率。HJ－2G 实验板上数码的硬件设计电路图，如图 3－7 所示。P00－P07 分别接单片机的 PB0－PB7，P3 和 P4 分别连接单片机的 PA3、PA4，PA3 用于位选，用于控制哪个数码管亮，PA4 用于段选，用于某位数字显示。

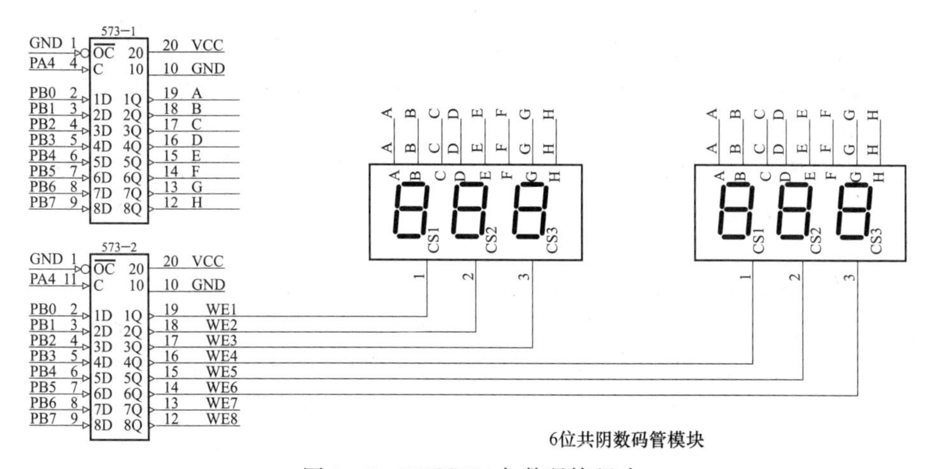

图 3－7 74HC573 与数码管驱动

对于 74HC573，形象地说，只需将其理解为一扇大门（区别是这个门是单向的），其中第 11 引脚控制着门的开、关状态，高电平为大门敞开，低电平为大门关闭。D0～D7 为进，Q0～Q7 为出，详细可参考数据手册。

二、LED 数码管软件驱动

1. 数组

数组是一组有序数据的集合，数组中的每一个数据都属于同一种数据类型。C 语言中数组必须先定义，然后才能使用。

一维数组的定义形式如下：

```
数据类型 数组名[常量表达式];
```

其中，“数据类型”说明了数组中各个元素的类型。

“数组名”是整个数组的标识符，它的命名方法与变量的命名方法一样。

“常量表达式”说明了该数组的长度，即数组中的元素个数。常量表达式必须用方括号“[]”括起来。

下面是几个定义一维数组的例子：

```
char y[4];      /*定义字符型数组 y,它具有 4 个元素*/
int  x[6];      /*定义整型数组 x,它具有 6 个元素*/
```

二维数组的定义形式为：

数据类型 数组名[常量表达式1][常量表达式2];

例如 char z [3] [3];定义了一个 3×3 的字符型数组。

需要说明的是，C语言中数组的下标是从0开始的，比如对于数组 char y [4] 来说，其中4个元素是 y [0] ～y [3]，不存在元素 y [4]，这一点在引用数组元素时应当注意。

用来存放字符数据的数组称为字符数组，字符数组中的每个元素都是一个字符。因此可用字符数组来存放不同长度的字符串，字符数组的定义方法与一般数组相同。

例如：char str [7]; /*定义最大长度为6个字符的字符数组*/

在定义字符数组时，应使数组长度大于字符串最大长度。str [7] 可存储一个长度≤6 的字符串。

为了测定字符串的实际长度，C语言规定以"\0"作为字符串的结束标志，遇到"\0"就表示字符串结束，符号"\0"是一个表示ASCII码值为0的字符，它不是一个可显示字符，在这里仅起一个结束标志作用。

C语言规定在引用数值数组时，只能逐个引用数组中的各个元素，而不能一次引用整个数组。但对于字符数组，即可以通过数组的元素逐个进行引用，也可以对整个数组进行引用。

2. 数码管驱动

想让8个数码管都亮"1"，意味着位选全部选中。HJ－2G开发板用的是共阴极数码管，要选中哪一位，只需给每个数码管对应的位选线上送低电平。若是共阳极，则给高电平。那又如何亮"1"？由于是共阴极数码管，所以段选高电平有效（即发光二极管阳极为"1"，相应段点亮）；位b、c段亮，别的全灭，这时数码管显示1。这样只需段码的输出端电平为0b0000 0110（注意段选数在后）。同理，亮"3"的编码是0x4f，亮"7"的编码是0x7f。注意，给数码管的段选、位选数据都是由PA口给的，只是在不同的时间给的对象不同，并且给对象的数据也不同。举例说明，一个人的手既可以写字，又可以吃饭，还可以打篮球，只是在上课的时候，手上拿的是笔，而吃饭时手上拿的又是筷子，打球时手上拍的是篮球。这就是所谓的时分复用。

数码管驱动程序如下：

```
#include < iom16v.h>
#define pa3H() PORTA|=(1<<PA3)
#define pa3L() PORTA&=~(1<<PA3)
#define pa4H() PORTA|=(1<<PA4)
#define pa4L() PORTA&=~(1<<PA4)
void main(void)
{
DDRA=0xFF;    //设置 PA 为输出
DDRB=0xFF;    //设置 PB 为输出
PORTA=0xFF;
pa4H();     //开位选大门
PORTB=0x00;           //让位选数据通过(选中 6 位)
pa4L();   //关位选大门
pa3H();   //开段选大门
PORTB=0x06;           //让段选数据通过,显示数字 1
pa3L();   //关段选大门
```

```
while(1);          //循环等待
}
```

3. 数码管静态显示

数码管静态显示是相对于动态显示来说的，即所有数码管在同一时刻都显示数据。

(1) 让1个数码管循环显示0～9、A～F，间隔为0.5s的程序。

```
#include < iom16v.h>
#define uChar8 unsigned char    //uChar8 宏定义
#define uInt16 unsigned int     //uInt16 宏定义
#define pa3h() PORTA|=(1<<PA3)
#define pa3l() PORTA&=~(1<<PA3)
#define pa4h() PORTA|=(1<<PA4)
#define pa4l() PORTA&=~(1<<PA4)
//数码管位选数组定义
uChar8  Disp_Tab[]={0x3f,0x06,0x5b,0x4f,0x66,0x6d,0x7d,0x07,0x7f,0x6f,0x77,0x7c,
0x39,0x5e,0x79,0x71};
//函数 DelayMS()定义
void DelayMS(uInt16 ValMS)
{
    uInt16 uiVal,ujVal;
    for(uiVal=0; uiVal<ValMS; uiVal++)
      for(ujVal=0; ujVal<923; ujVal++);
}
//主函数
void main(void)
{  unsigned char i; //定义内部变量 i
DDRA=0xFF;   //设置 PA 为输出
    DDRB=0xFF;   //设置 PB 为输出
      PORTB=0xFF;
      PORTA=0xFF ;
      pa4h();     //位选开
      PORTB=0xfe;     //送入位选数据
      pa4l();     //位选关
      while(1)                    //while 循环
      {                           //while 循环开始
          for(i=0;i<16;i++)    //for 循环
          {                       //for 循环开始
              pa3h();//段选开
              PORTB=Disp_Tab[i];     //送入段选数据
              pa3l();//段选关
              DelayMS(500);//延时
          }                       //for 循环结束
        }                           //while 循环结束
}
```

(2) 程序分析。单片机的 PA、PB 口默认电平为高电平。

程序第 4 行、第 5 行，段选高、低电平定义，定义段选信号为 PA3，第 6 行、第 7 行，位选定义，定义位选信号为 PA4。

第 9 行定义了一个数组，总共 16 个元素，分别是 0～9 这 10 个数字和 A～F 这 6 个英文字符的编码。例如要亮 0，意味着 g、dp 灭（低电平），a、b、c、d、e、f 亮（高电平），对应的二进制数为 0b0011 1111，这就是数组的第一个元素 0x3f 了，其他同理；

第 12 行～第 17 行，定义延时函数 DelayMS（uInt16 ValMS)。

在主函数中，首先定义内部变量，接着开位选，传位选数据，关位选信号。然后用 for 循环，循环开段选，送段选数据，关段选信号，延时 0.5s，完成 0～9 和 A～F 数码的显示。

4. 数码管动态显示

所谓动态扫描显示，实际上是轮流点亮数码管，某一个时刻内有且只有一个数码管是亮的，由于人眼的视觉暂留现象（也即余晖效应)，当这 8 个数码管扫描的速度足够快时，给人感觉是这 8 个数码管是同时亮了。例如要动态显示 01234567，显示过程就是先让第一个显示 0，过一会儿（小于某个时间)，接着让第二个显示 1，依次类推，让 8 个数码管分别显示 0～7，由于刷新的速度太快，给大家感觉是都在亮，实质上，看上去的这个时刻点上只有一个数码管在亮，其他 7 个都是灭的。接下来以一个实例来演示动态扫描的过程，以下是常见的动态扫描程序代码。

```
#include < iom16v.h >
#define PA3H() PORTA|=(1<<PA3)
#define PA3L() PORTA&=~(1<<PA3)
#define PA4H() PORTA|=(1<<PA4)
#define PA4L() PORTA&=~(1<<PA4)
#define uChar8 unsignedchar
#define uInt16 unsigned int
uChar8 code Bit_Tab[]={0xfe,0xfd,0xfb,0xf7,0xef,0xdf};//位选数组
uChar8 code Disp_Tab[] ={0x3f,0x06,0x5b,0x4f,0x66,0x6d};//0～5 数字数组
void DelayMS(uInt16 ValMS)
{
   uInt16 i,j;
   for(i=0; i< ValMS; i++)
     for(j=0; j<923; j++);
}
void main(void)
{
   uChar8 i;          //定义内部变量 i
   DDRA=0xFF;         //设置 PA 为输出
   PORTA=0xFF;        //初始化输出高电平
   DDRB=0xFF;         //设置 PB 为输出
while(1)
{
   for(i=0;i<5;i++)
   {
      PA4H();     //位选开
```

```
        PORTB=Bit_Tab[i];       //送入位选数据
        PA4L();    //位选关
        PA3H();    //段选开
        PORTB=Disp_Tab[i];     //送入段选数据
        PA3L();        //段选关
          DelayMS(3);     //延迟,就是两个数码管之间显示的时间差
        }
    }
}
```

程序第8行、第9行定义了动态显示的两个数组，一个是位选数组Bit _ Tab []，另一个是段选数组Disp _ Tab []，并将代码存储于程序存储区。

程序第32行的延时函数中的延时参数是“3”，读者可以手动修改延时参数来查看效果，具体操作：打开ICCV7，编写该实例代码，将延时函数的延时参数3修改后重新编译、下载后看现象。将延时参数改成100，编译、下载、看现象，可以看到流水般的数字显示；再将延时参数改成10查看效果，可以看到闪烁的数字显示；此后将延时参数改成2，看看这时的现象，可以看到静止的数字显示。

技能训练

一、训练目标

(1) 学会数码管的静态驱动。

(2) 学会数码管的动态驱动。

二、训练步骤与内容

1. 建立一个工程

(1) 在C:\iccv7avr\examples. avr\avr16下，新建一个文件夹C03。

(2) 启动ICCV7软件。

(3) 选择执行“Project”(工程) 菜单下的“New”(新建一个工程项目) 命令，弹出创建新项目对话框。

(4) 在创建新项目对话框，输入工程文件名“C003”，单击“保存”按钮。

2. 编写程序文件

(1) 单击执行“File”(文件) 菜单下的“New”(新建文件) 命令，新建一个文件。

(2) 单击执行“File”(文件) 菜单下的“Save as”(另存文件) 命令，弹出另存文件对话框，在文件名栏输入“main. c”，单击“保存”按钮，保存文件。

(3) 在右边的工程浏览窗口，右键单击“File”(文件) 选项，在弹出的右键菜单中，选择执行“Add File”。

(4) 弹出选择文件对话框，选择main. c文件，单击“打开”按钮，文件添加到工程项目中。

(5) 在main中输入“数码管的静态显示”控制程序，单击工具栏“💾”保存按钮，并保存文件。

3. 编译程序

(1) 单击“Project”(项目) 菜单下的“Option”(选项) 命令，弹出选项设置对话框。

（2）在“Target”（目标元件）选项页，在“Device Configuration”（器件配置）下拉列表选项中选择“ATmega16”。

（3）单击“Project”（项目）菜单下的“Make Project”（编译项目）命令，编译项目文件。

4. 下载调试程序

（1）双击 HJ - ISP 下载软件图标，启动 HJ - ISP 软件。

（2）在芯片选择栏，单击下拉列表，选择“ATmega16”。

（3）单击右侧文件选择区下“调入 Flash”按钮，弹出选择文件对话框，选择 C003. HEX 文件，单击“打开”按钮，打开需下载的文件 C003. HEX。

（4）单击 HJ - ISP 软件中的“自动”按钮，程序自动下载。

（5）观察 HJ - 2G 单片机开发板与 PB 口连接的数码管状态变化。

（6）修改延时函数中参数，观察与 PB 口连接的数码管状态变化。

5. 数码管动态显示

（1）新建工程。

1）在 C：\iccv7avr\examples. avr\avr16 下，新建一个文件夹 C04。

2）启动 ICCV7 软件。

3）选择执行“Project”（工程）菜单下的“New”（新建一个工程项目）命令，弹出创建新项目对话框。

4）在创建新项目对话框，输入工程文件名“C004”，单击“保存”按钮。

（2）编写程序文件。

1）单击执行“File”（文件）菜单下的“New”（新建文件）命令，新建一个文件。

2）单击执行“File”（文件）菜单下的“Save as”（另存文件）命令，弹出另存文件对话框，在文件名栏输入“main. c”，单击“保存”按钮，保存文件。

3）在右边的工程浏览窗口，右键单击“File”文件选项，在弹出的右键菜单中，选择执行“Add File”。

4）弹出选择文件对话框，选择 main. c 文件，单击“打开”按钮，文件添加到工程项目中。

5）在 main 中输入数码管的动态驱动控制程序，单击工具栏“■”保存按钮，并保存文件。

（3）编译程序。

1）单击“Project”（项目）菜单下的“Option”（选项）命令，弹出选项设置对话框。

2）在“Target”（目标元件）选项页，在“Device Configuration”（器件配置）下拉列表选项中选择“ATmega16”。

3）单击“Project”（项目）菜单下的“Make Project”（编译项目）命令，编译项目文件。

（4）下载调试程序。

1）双击 HJ - ISP 下载软件图标，启动 HJ - ISP 软件。

2）在芯片选择栏，单击下拉列表，选择“ATmega16”。

3）单击右侧文件选择区下“调入 Flash”按钮，弹出选择文件对话框，选择 C004. HEX 文件，单击“打开”按钮，打开需下载的文件 C004. HEX。

4）单击 HJ - ISP 软件中的“自动”按钮，程序自动下载。

5）观察 HJ - 2G 单片机开发板与 PB 口连接的数码管状态变化。

6）修改延时函数中参数，观察与 PB 口连接的数码管状态变化。

任务7　按　键　控　制

基础知识

一、独立按键控制

1. 键盘分类

键盘按是否编码分为编码键盘和非编码键盘。键盘上闭合键的识别由专用的硬件编码实现，并产生键编码号或键值的称为编码键盘，如计算机键盘。靠软件编程来识别的键盘称为非编码键盘。单片机组成的各种系统中，用得最多的是非编码键盘，也有用到编码键盘的。非编码键盘又分为：独立键盘和行列式（又称为矩阵式）键盘。

（1）独立键盘。独立键盘的每个按键单独占用一个 I/O 口，I/O 口的高低电平反映了对应按键的状态。独立按键的状态：键未按下，对应端口为高电平；键按下，对应端口为低电平。

独立按键识别流程：

1）查询是否有按键按下。

2）查询是哪个键按下。

3）执行按下键的相应键处理。

现以 HJ－2G 实验板上的独立按键为例，如图 3－8 所示，简述 4 个按键的检测流程。4 个按键分别连接在单片机的 PD0、PD1、PD2、PD3 端口上，按流程检测是否有按键按下，就是读取该 4 个端口的状态值，若 4 个口都为高电平，说明没有按键按下；若其中某个端口的状态值变为低电平（0V），说明此端口对应的按键被按下，之后就是处理该按键按下的具体操作。

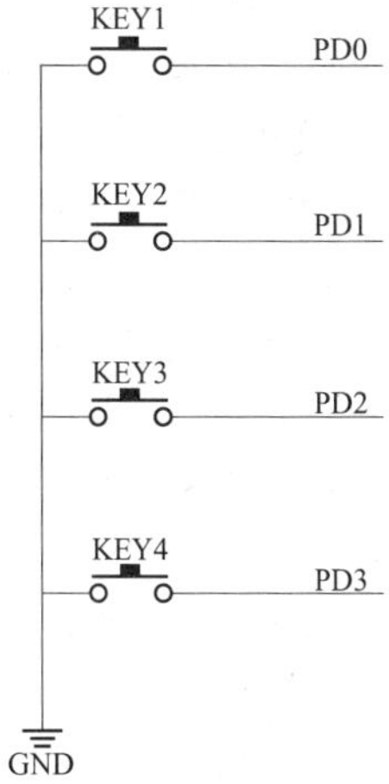

图 3－8　4 个按键电路

（2）矩阵按键。在键盘中按键数量较多时，为了减少 I/O 口的占用，通常将按键排列成矩阵形式，即每条水平线和垂直线在交叉处不直接连通，而是通过一个按键加以连接，这样的设计方法在硬件上节省 I/O 端口，可是在软件上会变得比较复杂。

矩阵按键电路如图 3－9 所示。

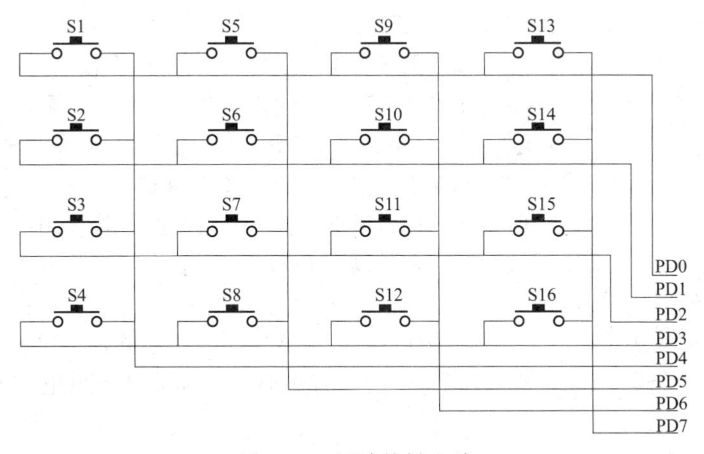

图 3－9　矩阵按键电路

HJ-2G实验板上用的是2脚的轻触式按键，原理就是按下导通，松开则断开。矩阵按键与单片机的PD口连接，单片机输入输出连接如图3-10所示。

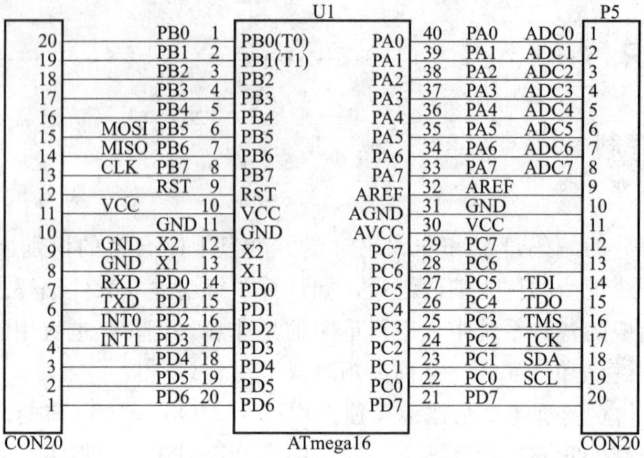

图3-10 单片机输入输出连接

(3) 矩阵按键的软件处理。矩阵按键一般有两种检测法，行扫描法和高低电平翻转法。介绍之前，先说说一种关系，假如做这样一个电路，将PD0、PD1、PD2、PD3分别与PD4、PD5、PD6、PD7用导线相连，此时如果给PD口赋值0xef，那么读到的值就为0xee。这是一种线与的关系，即PD0的“0”与PD4的“1”进行“与”运算，结果为“0”，因此PD也会变成“0”。

1) 行扫描法。行扫描法就是先给4行中的某一行低电平，别的全给高电平，之后检测列所对应的端口，若都为高，则没有按键按下；相反则有按键按下。也可以给4列中某一列为低电平，别的全给高电平，之后检测行所对应的端口，若都为高，则表明没有按键按下，相反则有按键按下。

具体如何检测，举例来说，首先给PD口赋值0xfe (0bllll 1110)，这样只有第一行 (PD0) 为低，别的全为高，之后读取PD的状态，若PD口电平还是0xfe，则没有按键按下，若值不是0xfe，则说明有按键按下。具体是哪个，则由此时读到值决定，值为0xee，则表明是S1，若是0xde则是S5 (同理0xbe为S9、0x7e为S13)；之后给PD赋值0xfd，这样第二行 (PD1) 为低，同理读取PD数据，若为0xed则S2按下 (同理0xdd为S6，0xbd为S10，0x7d为S14)。这样依次赋值0xfb，检测第三行。赋值0xf7，检测第四行。

2) 高低平翻转法。先让PD口高4位为1，低4位为0。若有按键按下，则高4位有一个转为0，低4位不会变，此时即可确定被按下的键的列位置。然后让PD口高4位为0，低4位为1。若有按键按下，则低4位中会有一个1翻转为0，高4位不会变，此时可确定被按下的键的行位置。最后将两次读到的数值进行或运算，从而可确定哪个键被按下了。

举例说明。首先给PD口赋值0xf0，接着读取PD口的状态值，若读到值为0xe0，表明第一列有按键按下；接着给PD口赋值0x0f，并读取PD口的状态值，若值为0x0e，则表明第一行有按键按下，最后把0xe0和0x0e按位或运算的值也是0xee。这样，可确定被按下的键是S1，与第一种检测方法对应的检测值0xee对应。虽然检测方法不同，但检测结果是一致的。

最后总结一下矩阵按键的检测过程：赋值（有规律）→读值（高低电平检测法还需要运算）→判值（由值确定按键）。

2. 键盘消抖的基本原理

通常的按键所用开关为机械弹性开关，由于机械触点的弹性作用，一个按键按下时，不会马上稳定地接通，断开时也不会立即断开。按键按下时会有抖动，导致实际产生的按下次数是多次的，因而在闭合和断开的瞬间，均伴有一连串的抖动。

为避免按键抖动现象所采取的措施，就是按键消抖。消抖的方法包括硬件消抖和软件消抖。

(1) 硬件消抖。在键数较少时可采用硬件方法消抖，用 RS 触发器来消抖。通过两个与非门构成一个 RS 触发器，当按键未按下时，输出 1；当按键按下时，输出为 0。除了采用 RS 触发器消抖电路外，有时也可采用 RC 消抖电路。

(2) 软件消抖。如果按键较多，常用软件方法消抖，即检测到有按键按下时执行一段延时程序，具体延时时间依机械性能而定，常用的延时间是 5～20ms，即按键抖动这段时间不进行检测，等到按键稳定时再读取状态；若仍然为闭合状态电平，则认为真有按键按下。

二、C 语言编程规范

1. 程序排版

(1) 程序块要采用缩进风格编写，缩进的空格数为 4 个。说明：对于由开发工具自动生成的代码可以有不一致。本书采用程序块缩进 4 个空格的方式来编写。

(2) 相对独立的程序块之间、变量说明之后必须加空行。由于篇幅所限，本书将所有的空格省略掉了。

(3) 不允许把多个短语句写在一行中，即一行只写一条语句。同样为了压缩篇幅，本书将一些短小精悍的语句放到了同一行，但不建议读者这样做。

(4) if、for、do、while、case、default 等语句各自占一行，且执行语句部分无论多少都要加括号 {}。

2. 程序注释

注释是程序可读性和可维护性的基石，如果不能在代码上做到顾名思义，那么就需要在注释上下功夫。

注释的基本要求，现总结以下几点：

(1) 一般情况下，源程序有效注释量必须在 20%以上。注释的原则是有助于对程序的阅读理解，在该加的地方都必须加，注释不宜太多但也不能太少，注释语言必须准确、易懂、简洁。

(2) 注释的内容要清楚、明了，含义准确，防止注释产生歧义。错误的注释不但无益反而有害。

(3) 边写代码边注释，修改代码同时修改注释，以保证注释与代码的一致性。不再有用的注释要删除。

(4) 对于所有具有物理含义的变量、常量，如果其命名起不到注释的作用，那么在声明时必须加以注释来说明物理含义。变量、常量、宏的注释应放在其上方相邻位置或右方。

(5) 一目了然的语句不加注释。

(6) 全局数据（变量、常量定义等）必须要加注释，并且要详细，包括对其功能、取值范围、哪些函数或过程存取以及存取时该注意的事项等。

(7) 在代码的功能、意图层次上进行注释，提供有用、额外的信息。注释的目的是解释代码的目的、功能和采用的方法，提供代码以外的信息，帮助读者理解代码，防止没必要的重复注释。

(8) 对一系列的数字编号给出注释，尤其在编写底层驱动程序的时候（比如引脚编号）。

(9) 注释格式尽量统一，建议使用“/*……*/”。

(10) 注释应考虑程序易读及外观排版的因素，使用的语言若是中英文兼有，建议多使用中文，因为注释语言不统一，影响程序易读性和外观排版。

3. 变量命名规则

变量的命名好坏与程序的好坏没有直接关系。变量命名规范，利于写出简洁、易懂、结构严谨、功能强大的好程序。

(1) 命名的分类。变量的命名主要有两大类，驼峰命名法、匈牙利命名法。

任何一个命名应该主要包括两层含义，见文知义、简单明了且信息丰富。

1) 驼峰命名法。该方法是电脑程序编写时的一套命名规则（惯例）。程序员们为了自己的代码能更容易在同行之间交流，所以才采取统一的、可读性强的命名方式。例如：有些程序员喜欢全部小写，有些程序员喜欢用下划线，所以写一个 my name 的变量，一般写法有 myname、my_name、MyName 或 myName。这样的命名规则不适合所有的程序员阅读，而利用驼峰命名法来表示则可以增加程序的可读性。

驼峰命名法就是当变量名或函数名由一个或多个单字连接在一起而构成识别字时，第一个单词以小写开始，第二个单词开始首字母大写，这种方法统称为“小驼峰式命名法”，如 myFirstName；或每一个单词的首字母大写，这种命名称为“大驼峰式命名法”，如 MyFirstName。

这样命名，看上去就像驼峰一样此起彼伏，由此得名。驼峰命名法可以视为一种惯例，并无强制，只是为了增加可读性和可识别性。

2) 匈牙利命名法。匈牙利命名法的基本规则是：变量名＝属性＋对象描述，其中每一个对象的名称都要求有明确含义，可以取对象的全名或名字的一部分。命名要基于容易识别、记忆的原则，保证名字的连贯性是非常重要的。

全局变量用 g_ 开头，如一个全局长整型变量定义为 g_lFirstName。

静态变量用 s_ 开头，如一个静态字符型变量定义为 s_cSecondName。

成员变量用 m_ 开头，如一个长整型成员变量定义为 m_lSixName。

对象描述采用英文单词或其组合，不允许使用拼音。程序中的英文单词不要太复杂，用词应准确。英文单词尽量不要缩写，特别是非常有用的单词。用缩写时，在同一系统中对同一单词必须使用相同的表示法，并注明其含义。

(2) 命名的补充规则。

1) 变量命名使用名词性词组，函数使用动词性词组。

2) 所有的宏定义、枚举常数、只读变量全用大写字母命名。

4. 宏定义

宏定义在单片机编程中经常用到，而且几乎是必然要用到的，C语言中宏定义很重要，使用宏定义可以防止出错，提高可移植性、可读性、方便性等。

C语言中常用宏定义来简化程序的书写，宏定义使用关键字 define，一般格式为：

```
#define 宏定义名称  数据类型
```

其中，“宏定义名称”是为代替后续的数据类型而设置的标识符，“数据类型”是宏定义将取代的数据标识。

例如：

```
#define  uChar8 unsigned char
```

在编写程序时，写 unsigned char 明显比写 uChar8 麻烦，所以用宏定义给 unsigned char 简写为 uChar8，当程序运行中遇到 uChar8 时，则用 unsigned char 代替，这样就简化了程序编写。

5. 数据类型的重定义

数据类型的重定义使用关键字 typedef，定义方法如下：

```
typedef 已有的数据类型  新的数据类型名;
```

其中“已有的数据类型”是指 C 语言中所有的数据类型，包括结构、指针和数组等，“新的数据类型名”可按用户自己的习惯或根据任务需要决定。关键字 typedef 的作用只是将 C 语言中已有的数据类型做了置换，因此可用置换后的新数据类型定义。

```
typedef int word; /*定义 word 为新的整型数据类型名*/
word i,j;     /*将 i,j 定义为 int 型变量*/
```

例子中，先用关键字 typedef 将 word 定义为新的整型数据类型，定义的过程实际上是用 word 置换了 int，因此下面就可以直接用 word 对变量 i、j 进行定义，而此时 word 等效于 int，所以 i、j 被定义成整型变量。

一般而言，用 typedef 定义的新数据类型用大大写，以与原有的数据类相区别。另外还要注意，用 typedef 可以定义各种新的相同数据类型变量，但不能用来定义新的数据类型，因为它只是对已有的数据类型做了一个名字上的置换，并没有创造出一个新的数据类型。

采用 typedef 来重新定义数据类型有利于程序的移植，同时还可以简化较长的数据类型定义，如结构数据类型。在采用多模块程序设计时，如果不同的模块程序源文件中用到同一类型时（尤其是数组、指针、结构、联合等复杂数据类型），经常用 typedef 将这些数据类型重新定义，并放到一个单独的文件中，需要时再用预处理＃include 将它们包含进来。

6. 枚举变量

枚举就是通过举例的方式将变量的可能值一一列举出来，定义枚举型变量的格式：

```
enum 枚举名{枚举值列表}变量表列;
也可以将枚举定义和说明分两行写。
enum 枚举名{枚举值列表};
enum 枚举名 变量表列;
```

例如：

```
enum day{Sun,Mon,Tue,Wed,Thu,Fri,Sat};d1,d2,d3;
```

在枚举列表中，每一项代表一个整数值。默认情况下，第一项取 0，第二项取 1，依次类推。也可以初始化指定某些项的符号值，某项符号值初始化以后，该项后续各项符号值依次递增加一。

三、按键处理程序

1. 独立按键控制 LED 灯程序

(1) 控制要求。按下 HJ－2G 单片机开发板上的 KEY1 键，则 LED1 亮，按下 KEY2 键，则 LED1 灭。

(2) 控制程序。

```
#include <iom16v.h>
#define uChar8 unsigned char    //uChar8 宏定义
#define uInt16 unsigned int    //uInt16 宏定义
/* ******************************************************* */
//定义延时函数 DelayMS()
/* ******************************************************* */
void DelayMS(uInt16 ValMS)
{
   uInt16 uiVal,ujVal;
   for(uiVal=0; uiVal <ValMS; uiVal++)
   for(ujVal=0; ujVal <923; ujVal++);
}
/* ******************************************************* */
//主函数 main()
/* ******************************************************* */
void main(void)
{
      DDRA=0xff;        //用于打开 LED 锁存
      DDRB=0xff;        //PB0～7 为输出状态
      PORTA=0xff;
      PORTB=0xff;       //PB 为输出高电平,熄灭所有 LED
      PORTA=0xe7;
         PORTA&=～(1<<PA2);      //PA2 脚输出低电平
      DDRD=0xf0;
      PORTD=0xff;

   while(1)                        //while 循环
   {
   if(0xfe==PIND)     //判断 KEY1 按下
      {
         DelayMS(5);        //延时消抖
         if(0xfe==PIND)   //再次判断 KEY1 按下
   {
         PORTB=0xfe;      //点亮 LED1
         while(PIND! =0xfe);  //等待 KEY1 弹起
         }
      }
   if(0xfd==PIND)            //判断 KEY2 按下
      {
         DelayMS(5);     //延时消抖
         if(0xfd==PIND)   //再次判断 KEY2 按下
         {
```

```
            PORTB=0xff;     //熄灭 LED1
            while(PIND! =0xfd); //等待 KEY2 弹起
            }
        }

    }                                   //while 循环结束
}
```

程序分析：

程序使用 typedef unsigned int uInt16；语句重新定义一个无符号长整型数据类型，然后在延时函数中用新数据类型 uInt16 定义新变量 i、j。

程序使用 if 语句对 KEY1 按键是否按下进行判别，当 KEY1 按下时，if（0xfe==PIND）语句满足条件，执行其下面的程序语句，延时 5ms 后，重新检测按键 KEY1 是否按下，按下则点亮 LED1。

程序使用 if 语句对 KEY2 按键是否按下进行判别，当 KEY2 按下时，if（0xfd==PIND）语句满足条件，执行其下面的程序语句，延时 5ms 后，重新检测按键 KEY2 是否按下，按下则熄灭 LED1。

（3）应用扫描按键处理的控制程序。

```
#include <iom16v.h>
#define uChar8 unsigned char   //uChar8 宏定义
#define uInt16 unsigned int   //uInt16 宏定义
/* ****************************************************** */
//定义延时函数 DelayMS()
/* ****************************************************** */
void DelayMS(uInt16 ValMS)
{
    uInt16 uiVal,ujVal;
    for(uiVal=0; uiVal<ValMS; uiVal++)
      for(ujVal=0; ujVal<923; ujVal++);
}
uChar8 KeyResult;
/* ****************************************************** */
//键盘按下判断函数  Key_Press()
/* ****************************************************** */
unsigned char Key_Press()
{
    unsigned char KeyRead;
    DDRD= 0xf0;      //PD0～3 为输出状态,PD4～7 为输入状态
    PORTD= 0x0f;      //PD0～3 输出低电平,PD4～7 则带上拉输入
    KeyRead= PIND;    //读取 PD 口的值
    KeyRead&= 0x0f;  //屏蔽高四位

    if(KeyRead! = 0x0f) return 1;
    else return 0;
```

```
}
/* ****************************************************** */
//键盘扫描函数 Key_Scan()
/* ****************************************************** */
void Key_Scan()
{
    unsigned char KeyRead;

        if(Key_Press())     //如果按下键盘
        {
        DelayMS(10);  //消抖
        DDRD= 0xf0;  //PD0～3 为输出状态,PD4～7 为输入状态
        PORTD= 0x0f;  //PD0～3 输出低电平,PD4～7 则带上拉输入
        KeyRead= PIND;  //读取 PD 口的值
        KeyRead&= 0x0f;  //屏蔽高四位
        switch(KeyRead)  //哪个键盘被按下了
        {
        case 0x0e:KeyResult= 1; break;  //第一行的键盘被按下
            case 0x0d:KeyResult= 2; break;  //第二行的键盘被按下
            case 0x0b:KeyResult= 3;break;  //第三行的键盘被按下
            case 0x07:KeyResult= 4;break;  //第四行的键盘被按下
        }
    }
}
/* ****************************************************** */
//主函数 main()
/* ****************************************************** */
void main(void)
{
        DDRA=0xff;        //用于打开 LED 锁存
        DDRB=0xff;        //PB0～7 为输出状态
        PORTA=0xff;
        PORTB=0xff;       //PB 为输出高电平,熄灭所有 LED
        PORTA=0xe7;
        PORTA&=～(1<<PA2);       //PA2 脚输出低电平

    while(1)                     //while 循环
    {
    Key_Scan();                           //while 循环开始
        switch ( KeyResult)
        {
        case 1:  PORTB=0xfe;break;
        case 2:  PORTB=0xff;break;
      default:break;
```

```
        }
    }                              //while 循环结束
}
```

程序设计了键盘按下判断函数 Key _ Press（）和按键扫描函数 Key _ Scan（），在按键扫描中调用键盘按下判断函数，如果有键按下，延时消抖后，再读取 PIND 的数据，通过 switch 语句，根据 PIND 的数据不同，返回不同的按键结果值（KeyResult）。

在主程序中，首先进行端口初始化，然后执行 while 循环，扫描键盘，根据不同的键值，确定 LED1 的亮灭。

2. 矩阵按键程序处理

（1）矩阵按键控制要求。分别按下 4 行 4 列 16 个矩形阵列按键时，第 1 位数码管依次显示 1～9、A～F、0。

（2）矩形按键控制程序及其分析。

```
#include < iom16v.h>
#define pa3h() PORTA|=(1<<PA3)
#define pa3l() PORTA&=~(1<<PA3)
#define pa4h() PORTA|=(1<<PA4)
#define pa4l() PORTA&=~(1<<PA4)
#define uChar8 unsigned char   //uChar8 宏定义
#define uInt16 unsigned int    //uInt16 宏定义
uChar8 KeyResult;  //全局变量定义
/* ************************************************************ */
//数码管位选数组定义 Disp_Tab[]
/* ************************************************************ */
uChar8  Disp_Tab[]={0x3f,0x06,0x5b,0x4f,0x66,0x6d,0x7d,0x07,0x7f,0x6f,0x77,0x7c,
0x39,0x5e,0x79,0x71};
void DelayMS(uInt16 ValMS);
uChar8 Key_Press();
void Key_Scan();
/* ************************************************************ */
//主函数  main()
/* ************************************************************ */
void main(void)
{
    DDRA=0xFF;   //设置 PA 为输出
    DDRB=0xFF;   //设置 PB 为输出
    PORTB=0xFF; //PB 输出高电平
    PORTA=0xFF ;     //PA 输出高电平
    pa4h();    //位选开
    PORTB=0xfe;     //送入位选数据
    pa4l();    //位选关
    while(1)                        //while 循环
    {
    Key_Scan();                             //while 循环开始
```

```
        pa3h();//段选开
        PORTB= Disp_Tab[KeyResult];     //送入段选数据
        pa3l();//段选关
        DelayMS(5);//延时

    }                                   //while 循环结束
}
/* ***************************************************** */
//函数 DelayMS()定义
/* ***************************************************** */
void DelayMS(uInt16 ValMS)
{
    uInt16 uiVal,ujVal;
    for(uiVal=0; uiVal <ValMS; uiVal++)
      for(ujVal=0; ujVal <923; ujVal++);
}
/* ***************************************************** */
//键盘按下判断函数  Key_Press()
/* ***************************************************** */
uChar8 Key_Press()
{
    uChar8 KeyRead;
    DDRD=0xf0;        //PD0～3 为输出状态,PD4～7 为输入状态
    PORTD=0x0f;        //PD0～3 输出低电平,PD4～7 则带上拉输入
    KeyRead=PIND;      //读取 PD 口的值
    KeyRead&=0x0f;      //屏蔽高四位
        if(KeyRead! =0x0f) return 1;
        else return 0;
}
/* ***************************************************** */
//键盘扫描函数  Key_Scan()
/* ***************************************************** */
void Key_Scan()
{
    uChar8 KeyRead;

        if(Key_Press())      //如果按下键盘
        {
            DelayMS(10);      //消抖
            DDRD=0xf0;     //PD4～7 为输出状态,PD0～3 为输入状态
            PORTD=0xef;      //PD4 输出低电平,PD0～3 则带上拉输入
            DDRD=0x00;
            KeyRead=PIND;      //读取 PD 口的值
```

```
        switch(KeyRead)     //哪个键盘被按下了
        {
            case 0xee:KeyResult=1; break;  //(1,1)
            case 0xed:KeyResult=2; break;  //(1,2)
            case 0xeb:KeyResult=3;break;  //(1,3)
            case 0xe7:KeyResult=4;break;  //(1,4)
        }
        DDRD=0xf0;  //PD4～7 为输出状态,PD0～3 为输入状态
        PORTD=0xdf;  //PD5 输出低电平,PD0～3 则带上拉输入
        DDRD=0x00;
        KeyRead=PIND;  //读取 PD 口的值
    switch(KeyRead)  //那个键盘被按下了
    {
            case 0xde:KeyResult= 5; break;  //(2,1)
            case 0xdd:KeyResult= 6; break;  //(2,2)
            case 0xdb:KeyResult= 7;break;  //(2,3)
            case 0xd7:KeyResult= 8;break;  //(2,4)
    }
        DDRD=0xf0;  ///PD4～7 为输出状态,PD0～3 为输入状态
        PORTD=0xbf;  //PD6 输出低电平,PD0～3 则带上拉输入
        DDRD=0x00;
        KeyRead=PIND;  //读取 PD 口的值
    switch(KeyRead)  //哪个键盘被按下了
    {
            case 0xbe:KeyResult=9; break;  //(3,1)
            case 0xbd:KeyResult=0x0a; break;  //(3,2)
            case 0xbb:KeyResult=0x0b;break;  //(3,3)
            case 0xb7:KeyResult=0x0c;break;  //(3,4)
    }
        DDRD=0xf0;  //PD4～7 为输出状态,PD0～3 为输入状态
        PORTD=0x7f;  //PD7 输出低电平,PD0～3 则带上拉输入
        DDRD=0x00;
        KeyRead=PIND;  //读取 PD 口的值
    switch(KeyRead)//那个键盘被按下了
    {
            case 0x7e:KeyResult=0x0d; break;  //(4,1)
            case 0x7d:KeyResult=0x0e; break;  //(4,2)
            case 0x7b:KeyResult=0x0f;break;  //(4,3)
            case 0x77:KeyResult=0;break;   //(4,4)
    }
    }
}
```

程序使用宏定义语句“#define pa3h () PORTA | = (1<<PA3)”等定义数码管段选、位选开关信号。

通过“uChar8 KeyResult;”语句定义全局变量。

在键盘扫描函数中，通过“uChar8 KeyRead;”语句定义一个内部变量，用以读取键盘值，并与设定值作比较，用于识别按键 Sn。

检测是否有按键时，语句“DDRD=0xf0;”设定 PD0～3 为输出状态，设定 PD4～7 为输入状态，语句“PORTD=0x0f;”设定 PD0～3 输出低电平，PD4～7 为带上拉输入，然后，读取 PD 输入数据，屏蔽高 4 位数据，通过 if 语句判断是否有键按下，如果有按键按下，读取值与设定值 0x0f 不同，返回数据 1，如果没有按键按下，读取值与设定值 0x0f 相同，无按键，返回数据 0。

有按键按下时，延时 5ms，再确认一次，确定有键按下时，后续的扫描和 switch 语句判断是哪个键按下。对于第 1 行，送数据 PORTD=0xef，读取值为 0xee 时，确定为开发板上第 1 行、第 1 列的键被按下，并给全局变量 KeyResult 赋值 1；读取值为 0xed 时，确定为第 1 行、第 2 列的键按下，并给全局变量 KeyResult 赋值 2；读取值为 0xeb 时，确定为第 1 行、第 3 列的键按下，并给全局变量 KeyResult 赋值 3；读取值为 0xe7 时，确定为第 1 行、第 4 列的键按下，并给全局变量 KeyResult 赋值 4。

检测第二行时，PORTD=0xdf，依次可判别第 2 行各列的键是否按下。

检测第二行时，PORTD=0xbf，依次可判别第 3 行各列的键是否按下。

检测第二行时，PORTD=0x7f，依次可判别第 4 行各列的键是否按下。

在数码管显示中，送数据到数组 Disp _ Tab [KeyResult]，若有按键按下，根据全局变量的值，显示相关的字符。

在主函数中，通过 while 循环不断更新显示内容。在 while 循环中，首先扫描是否有按键按下，若有按键按下，扫描函数传递按键对应的值给全局变量 KeyResult，通过数码管显示全局变量 KeyResult 值对应字符。

技能训练

一、训练目标

(1) 学会独立按键的处理控制。

(2) 学会矩阵按键处理控制。

二、训练步骤与内容

1. 建立一个工程

(1) 在 C：\iccv7avr\examples. avr\avr16 下，新建一个文件夹 C05。

(2) 启动 ICCV7 软件。

(3) 选择执行“Project”(工程) 菜单下的“New”(新建一个工程项目) 命令，弹出创建新项目对话框。

(4) 在创建新项目对话框，输入工程文件名“C005”，单击“保存”按钮。

2. 编写程序文件

(1) 单击执行“File”(文件) 菜单下的“New”(新建文件) 命令，新建一个文件。

(2) 单击执行“File”(文件) 菜单下的“Save as”(另存文件) 命令，弹出另存文件对话框，在文件名栏输入“main. c”，单击“保存”按钮，保存文件。

(3) 在右边的工程浏览窗口，右键单击“File”(文件) 选项，在弹出的右键菜单中，选择执行“Add File”。

(4) 弹出选择文件对话框，选择 main. c 文件，单击“打开”按钮，文件添加到工程项目中。

(5) 在 main 中输入“独立按键控制 LED 灯”程序，单击工具栏“💾”保存按钮，并保存文件。

3. 编译程序

(1) 单击“Project”(项目) 菜单下的“Option”(选项) 命令，弹出选项设置对话框。

(2) 在“Target”(目标元件) 选项页，在“Device Configuration”(器件配置) 下拉列表选项中选择“ATmega16”。

(3) 单击“Project”(项目) 菜单下的“Make Project”(编译项目) 命令，编译项目文件。

4. 下载调试程序

(1) 双击 HJ - ISP 下载软件图标，启动 HJ - ISP 软件。

(2) 在芯片选择栏，单击下拉列表，选择“ATmega16”。

(3) 单击右侧文件选择区下“调入 Flash”按钮，弹出选择文件对话框，选择 C005. HEX 文件，单击“打开”按钮，打开需下载的文件 C005. HEX。

(4) 单击 HJ - ISP 软件中的“自动”按钮，程序自动下载。

(5) 按下独立按键 KEY1，观察 HJ - 2G 单片机开发板与 PB 口连接的 LED1 状态变化。

(6) 按下独立按键 KEY2，观察 HJ - 2G 单片机开发板与 PB 口连接的 LED1 状态变化。

三、矩阵按键处理训练

1. 新建工程

(1) 在 C：\iccv7avr\examples. avr\avr16 下，新建一个文件夹 C06。

(2) 启动 ICCV7 软件。

(3) 选择执行“Project”(工程) 菜单下的“New”(新建一个工程项目) 命令，弹出创建新项目对话框。

(4) 在创建新项目对话框，输入工程文件名“C006”，单击“保存”按钮。

2. 编写程序文件

(1) 单击执行“File”(文件) 菜单下的“New”(新建文件) 命令，新建一个文件。

(2) 单击执行“File”(文件) 菜单下的“Save as”(另存文件) 命令，弹出另存文件对话框，在文件名栏输入“main. c”，单击“保存”按钮，保存文件。

(3) 在右边的工程浏览窗口，右键单击“File”文件选项，在弹出的右键菜单中，选择执行“Add File”。

(4) 弹出选择文件对话框，选择 main. c 文件，单击“打开”按钮，文件添加到工程项目中。

(5) 在 main 中输入“矩阵按键处理”控制程序，单击工具栏“💾”保存按钮，并保存文件。

3. 编译程序

(1) 单击“Project”(项目) 菜单下的“Option”(选项) 命令，弹出选项设置对话框。

(2) 在“Target”(目标元件) 选项页，在“Device Configuration”(器件配置) 下拉列表选项中选择“ATmega16”。

(3) 单击“Project”(项目) 菜单下的“Make Project”(编译项目) 命令，编译项目文件。

4. 下载调试程序

(1) 双击 HJ-ISP 下载软件图标，启动 HJ-ISP 软件。

(2) 在芯片选择栏，单击下拉列表，选择“ATmega16”。

(3) 单击右侧文件选择区下“调入 Flash”按钮，弹出选择文件对话框，选择 C006. HEX 文件，单击“打开”按钮，打开需下载的文件 C006. HEX。

(4) 单击 HJ-ISP 软件中的“自动”按钮，程序自动下载。

(5) 按下第 1 行任意一个按键，观察 HJ-2G 单片机开发板与 PB 口连接的数码管显示。

(6) 按下第 2 行任意一个按键，观察 HJ-2G 单片机开发板与 PB 口连接的数码管显示。

5. 应用列扫描法进行矩阵按键处理

(1) 新建一个工程项目 C007。

(2) 应用列扫描法，重新设计矩阵按键处理程序，编译、下载到 HJ-2G 单片机开发板。

(3) 按下第 1 列任意一个按键，观察与 PB 口连接的数码管显示。

(4) 再按下第 1 列任意一个按键，观察与 PB 口连接的数码管显示。

习题

1. 双 LED 灯控制，根据控制要求设计程序，并下载到 HJ-2G 单片机开发板进行调试。

控制要求：

(1) 按下 KEY1 键，LED1 亮；

(2) 按下 KEY2 键，LED2 亮；

(3) 按下 KEY3 键，LED1、LED2 熄灭。

2. 设计按键矩阵扫描处理程序。要求：在按键矩阵扫描处理中，应用给列赋值的方法，识别 S1～S16，并赋值给 KeyNum，然后根据 KeyNum 值显示对应的数值“0～9、A～F”。

项目四 突发事件的处理——中断

学习目标

(1) 学习中断基础知识。
(2) 学会设计外部中断控制程序。
(3) 学会设计定时器中断程序。
(4) 学会控制交通灯。

任务8 外部中断控制

基础知识

一、中断知识

1. 中断

对于单片机来讲，在程序的执行过程中，由于某种外界的原因，必须终止当行的程序而去执行相应的处理程序，待处理结束后再回来继续执行被终止的程序，这个过程叫中断。对于单片机来说，突发的事情实在太多了。例如用户通过按键给单片机输入数据时，这对单片机本身来说是无法估计的事情，这些外部来的突发信号一般就由单片机的外部中断来处理。外部中断其实就是一个由引脚的状态改变所引发的中断。流程如图4-1所示。

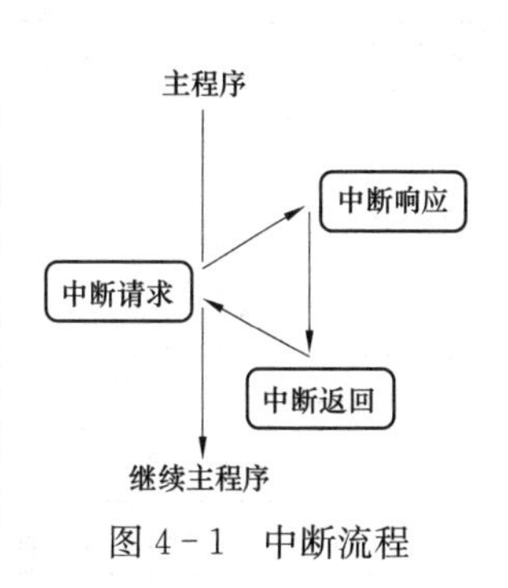

图4-1 中断流程

2. 采用中断的优点

(1) 实时控制。利用中断技术，各服务对象和功能模块可以根据需要，随时向CPU发出中断申请，并使CPU为其工作，以满足实时处理和控制需要。

(2) 分时操作。提高CPU的效率，只有当服务对象或功能部件向单片机发出中断请求时，单片机才会转去为它服务。这样，利用中断功能，多个服务对象和部件就可以同时工作，从而提高了CPU的效率。

(3) 故障处理。单片机系统在运行过程中突然发生硬件故障、运算错误及程序故障等，可以通过中断系统及时向CPU发出中断请求，进而CPU转到响应的故障处理程序进行处理。

3. 中断的优先级

中断的优先级是针对有多个中断同时发出请求，CPU该如何响应中断，响应哪一个中断而提出的。

通常，一个单片机会有多个中断源，CPU可以接收若干个中断源发出的中断请求。但在同一时刻，CPU只能响应这些中断请求中的其中一个。为了避免CPU同时响应多个中断请求带来的混乱，在单片机中为每一个中断源赋予一个特定的中断优先级。一旦有多个中断请求信号，CPU先响应中断优先级较高的中断请求，然后再逐次响应优先级次一级的中断请求。中断优先级也反映了各个中断源的重要程度，同时也是分析中断嵌套的基础。

当低级别的中断服务程序正在执行的过程中，有高级别的中断发出请求，则暂停当前低级别中断，转入响应高级别的中断，待高级别的中断处理完毕后，再返回原来的低级别中断断点处继续执行，这个过程称为中断嵌套。

二、中断源和中断向量

1. 中断源

中断源是指能够向单片机发出中断请求信号的部件和设备。中断源又可以分为外部中断和内部中断。

单片机内部的定时器、串行接口、TWI、ADC等功能模块都可以工作在中断模式下，在特定的条件下产生中断请求，这些位于单片机内部的中断源称为内部中断。外部设备，也可以通过外部中断入口，向CPU发出中断请求，这类中断称为外部中断。

AVR单片机具有丰富的中断源，Atmega16单片机有21个中断源（见表4-1），在这21个中断源中，RESET是系统复位中断，为非屏蔽中断，当Atmega16单片机由于各种原因复位以后，程序将重新执行。

表4-1　　Atmega16单片机的中断向量

中断号	中断向量名	地址	中断源	中断说明
1		0x000	RESET	上电复位，掉电检测复位、看门狗复位、JTAGAVR复位
2	INT0_vect	0x002	INT0	外部中断0
3	INT1_vect	0x004	INT1	外部中断1
4	TIMER2_COMP_vect	0x006	TIMER2COMP	定时/计数2比较匹配
5	TIMER2_OVF_vect	0x008	TIMER2OVF	定时/计数2溢出
6	TIMER1_CAPT_vect	0x00A	TIMER1CAPT	定时/计数1捕获
7	TIMER1_COMPA_vect	0x00C	TIMER1COMPA	定时/计数1比较匹配A
8	TIMER1_COMPB_vect	0x00E	TIMER1COMPB	定时/计数1比较匹配B
9	TIMER1_OVF_vect	0x010	TIMER1OVF	定时/计数1溢出
10	TIMER0_OVF_vect	0x012	TIMER0OVF	定时/计数0溢出
11	SPI_STC_vect	0x014	SPISTC	SPI串行输出结束
12	USART_RXC_vect	0x016	USARTRXC	USART，接收结束
13	USART_UDRE_vect	0x018	USARTUDRE	USART数据寄存器空
14	USART_TXC_vect	0x01A	USARTTXC	USART，发送结束
15	ADC_vect	0x01C	ADC	ADC转换结束
16	EE_RDY_vect	0x01E	EERDY	E^2PROM准备好
17	ANA_COMP_vect	0x020	ANACOMP	模拟比较器

续表

中断号	中断向量名	地址	中断源	中断说明
18	TWI _ vect	0x022	TWI	两线串行接口
19	INT2 _ vect	0x024	INT2	外部中断 2
20	TIMER0 _ COMP _ vect	0x026	TIMER0COMP	定时/计数 0 比较匹配
21	SPM _ RDY _ vect	0x028	SPMRDY	保存程序存储器内容就绪

INT0、INT1 和 INT2 是 3 个外部中断源，分别由芯片的外部引脚 PD2、PD3 和 PB2 上的电平变化或状态触发。通过对控制寄存器 MCUCR 和控制与状态寄存器 MCUCSR 的配置，外部中断可以定义为由 PD2、PD3、PB2 引脚上的下降沿、上升沿、任意逻辑电平变化和低电平（INT2 仅支持上升沿和下降沿触发）触发，这为外部硬件电路和设备向 AVR 申请中断服务提供很大便利。

TIMER2 COMP，TIMER2OVF，TIME1CAPT，TIMER1COMPA，TIMER1COMPB，TIME1OVF、TIMER0OVF 和 TIMER0COMP 这 8 个中断是来自于 Atmega16 单片机内部 3 个定时/计数器触发的内部中断。当定时/计数器在不同的工作模式时，这些中断的发生条件和具体意义是不同的。

USART RXC，USART TXC、USART UDRE 是来自于 Atmega16 单片机内部的通用同步/异步串行接收和发送器 USART 的 3 个内部中断。当 USART 串口完整接收一个字节，成功发送一个字节以及发送数据寄存器为空时，这 3 个中断将被触发。

SPISTC 为内部 SPI 串行接口传送结束中断，ADC 为 ADC 单元完成一次 A/D 转换的中断，EE _ RDY 是片内的 E^2PROM 准备好中断，ANA _ COMP 是片内的模拟比较器输出引发的中断，TWI 为两线串行接口的中断，SPM _ RDY 是片内的 Flash 写操作完成中断。

2. 中断向量

中断源发出的请求信号被 CPU 检测到之后，如果单片机的中断控制系统允许响应中断，则 CPU 会自动转移，执行一个固定的程序空间地址中的指令。这个固定的地址称为中断入口地址，也称中断向量。中断入口地址通常是由单片机内部硬件决定的。Atmega16 单片机的中断向量见表 4－1。

三、Atmega16 的中断控制及响应过程

1. 中断的优先级

AVR 单片机中，一个中断在中断向量区中的位置决定了其优先级，位于低地址的中断优先级高于高地址的中断。对于 Atmega16 单片机，复位中断 RESET 具有最高优先级，外部中断 INT0 其次，SPM RDY 的中断优先级最低。

2. 中断管理及中断标志

AVR 有两种不同的中断，带有中断标志位的中断和不带中断标志位的中断。

在 AVR 中，大多数的中断都有自己的中断标志位，在其相应的寄存器中有一个标志位满足中断条件的时候，AVR 的硬件就会将相应的中断标志位置 1，表示向 CPU 发出中断请求。当中断被禁止或 CPU 不能立即响应中断时，则该中断标志位会一直保持，直到中断允许并得到响应为止。已经建立的中断标志，实质上就是一个中断请求信号，如果暂时不能被响应，则该中断标志会一直保持，此时中断被“挂起”。如果有多个中断被挂起，一旦中断允许之后，各个被挂起的中断将按照优先级依次得到中断响应为止。

在AVR中，还有个别中断不带中断标志位，例如配置为低电平触发的外部中断。这类中断只要条件满足，就会一直向CPU发出中断申请，不产生标志位，因此，不能被“挂起”，如果由于等待时间过长而得不到响应，则可能会因为中断条件的结束而失去一次中断服务的机会。另一方面，如果这个低电平维持时间过长，则会使中断服务完成后，再次响应，使CPU重复响应同一中断。

AVR对中断采用两级控制方式，有一个总的中断允许控制位（SREG中的I标志位SREG7），同时每一个中断源都设置了独立的中断允许控制位（在各中断源所属模块的控制寄存器中）。

3. 中断嵌套

当单片机正在执行一个中断服务时，有另一个优先级更高的中断提出中断请求时，这时就会暂停正在执行的中断服务程序，去处理级别更高的中断源，待处理完毕后，再返回到被中断了的程序继续执行，这个过程就是中断嵌套。

中断嵌套允许正在进行一个中断服务时，再次响应一个新的中断，而不是等待中断处理服务程序全部完成之后才允许新的中断产生，一旦嵌套的中断服务完成之后，则又回到前一个中断服务函数，继续执行前一个中断服务。高优先级中断就是利用中断优先级打断正在执行的低优先级的中断。

由于AVR在响应一个中断的过程中，通过硬件自动将I标志位清零，这样就阻止了CPU响应其他中断。因此，通常情况下AVR是不能实现中断嵌套的，如果系统必须要用中断嵌套，可以在中断服务程序中使用指令将全局中断允许位打开，以间接的方式实现中断的嵌套。

4. Atmega16的中断响应过程

（1）当一个中断满足响应条件后，CPU便可以执行中断响应。

（2）清零状态寄存器SREG中的全局中断标志位I，禁止响应其他中断。

（3）将被响应中断的标志位清零（仅对部分中断有此操作）。

（4）将中断的断点地址（即当前程序计数器PC的值）压栈，并将SP堆栈指针减2。

（5）给出中断入口地址，程序计数器PC自动装入中断入口地址，执行响应的中断服务程序。

（6）保护现场，为了使中断处理不影响主程序的运行，影响主程序的运行，需要把断点处有关寄存器的内容和标志位的状态压入堆栈区进行保护。现场保护要在中断服务程序开始处通过编程实现。

（7）中断服务，执行相应的中断服务，进行必要的处理。

（8）恢复现场，在中断服务结束之后返回主程序之前，把保护在堆栈区的现场数据从堆栈区送到原来的位置。

（9）从栈顶弹出两字节的数据，给程序计数器PC，并将SP寄存器中的堆栈指针加2。

（10）置位状态寄存器SREG中的全局中断允许位I，允许响应其他中断。

四、中断服务程序

在高级语言的开发环境中，都扩展和提供了相应的编写中断服务程序的方法，通常不必考虑中断现场保护和恢复的处理，因为编译器在编译中断服务程序代码时，会在生成的目标中自动加入相应的中断现场保护和恢复的指令。

在本书使用的WinAVR版本下，中断服务例程格式如下：其中，ISR即中断服务例程

(Interrupt Service Routine)，在查找不同芯片的中断向量名称表 4 - 1 时，可单击“avr - libc ReferenceManual” AVR 库函数用户使用手册，打开“Library Reference”中有关 interrupt. h 的参考资料，从中找到中断向量表，查找不同芯片和不同中断的中断向量名。

五、Atmega16 的外部中断

Atmega16 有 INT0、INT1 和 INT2 这 3 个外部中断源，分别由芯片的 PD2、PD3 和 PB2 引脚上的电平变化或状态作为触发信号，见表 4 - 2。

表 4 - 2　　外部中断触发方式

触发方式	INT0	INT1	INT2	说明
上升沿触发	√	√	√	
下降沿触发	√	√	√	
任意电平触发	√	√	—	
低电平触发	√	√	—	无中断标志

说明：低电平触发是不带中断标志类型的，即只要中断输入引脚 PD2 或 PD3，保持低电平，那么将会一直产生中断申请。

CPU 对 INT0 和 INT1 引脚的上升沿或下降沿变化的触发识别，需要 I/O 时钟信号的存在(由 I/O 时钟同步检测)，属于同步边沿触发的中断类型。

CPU 对 INT2 引脚上升沿或下降沿变化的触发识别及 INT0 和 INT1 低电平的触发识别，是通过异步方式检测的，不需要 I/O 时钟信号的存在。这类触发类型的中断经常作为外部唤醒源，用于将处在 Idle 休眠模式，以及处在各种其他休眠模式的 CPU 唤醒。如果设置了允许响应外部中断的请求，那么即便是引脚 PD2、PD3、PB2 设置为输出方式工作，引脚上的电平变化也会产生外部中断触发请求。这一特性为用户提供了使用软件产生中断的途径。

六、外部中断相关的寄存器

1. CPU 控制寄存器 MCUCR（见表 4 - 3）

表 4 - 3　　CPU 控制寄存器 MCUCR

位	B7	B6	B5	B4	B3	B2	B1	B0
符号	SM2	SE	SM1	SM0	ISC11	ISC10	ISC01	ISC00
复位值	0	0	0	0	0	0	0	0

B3，B2：ISC11，ISC10 控制外部中断 INT1 的中断触发方式。

B1，B0：ISC01，ISC00 控制外部中断 INT0 的中断触发方式，见表 4 - 4。

表 4 - 4　　中断触发方式

ISCx1	ISCx0	中断触发方式
0	0	低电平触发
0	1	INTx 任意电平变换都产生中断
1	0	INTx 下降沿产生中断
1	1	INTx 上升沿产生中断

CPU对INT0、INT1引脚上电平值的采样在边沿检测前。如果选择脉冲边沿触发或电平变化中断的方式，那么在INT0、INT1引脚上持续时间大于一个时钟周期的脉冲变化将触发中断，过短的脉冲则不能保证触发中断。如果选择低电平触发中断，那么低电平必须保持到当前指令执行完成才触发中断。在使用低电平触发方式时，中断请求将一直保持到引脚上的低电平消失为止。换句话说，只要中断的输入引脚保持低 电平，那么将会一直触发产生中断。

2. CPU控制和状态寄存器MCUCSR（见表4-5）

表4-5 CPU控制和状态寄存器MCUCSR

位	B7	B6	B5	B4	B3	B2	B1	B0
符号	JTD	ISC2	—	JTRF	WDRF	BORF	EXTRF	PORF
复位值	0	0	0	0	0	0	0	0

B6：ISC2控制INT2中断触发方式。ISC2=0，INT2下降沿产生中断。ISC2=1，INT2上升沿产生中断。

3. 通用中断控制寄存器GICR（见表4-6）

表4-6 通用中断控制寄存器GICR

位	B7	B6	B5	B4	B3	B2	B1	B0
符号	INT1	INT0	INT2	—	—	—	IVSEL	IVCE
复位值	0	0	0	0	0	0	0	0

B7：INT1为外部中断1的中断使能位。

B6：INT0为外部中断0的中断使能位。

B5：INT2为外部中断2的中断使能位。

当SREG寄存器中的全局中断I位为“1”，且通用中断控制寄存器GICR中相应的中断允许位置1，那么当外部中断触发时，CPU会响应相应的中断请求。

4. 通用中断标志寄存器GIFR（见表4-7）

表4-7 通用中断标志寄存器GIFR

位	B7	B6	B5	B4	B3	B2	B1	B0
符号	INTF1	INTF0	INTF2	—	—	—	—	—
复位值	0	0	0	0	0	0	0	0

B7：INTF1为外部中断1中断标志位。

B6：INTF0为外部中断0中断标志位。

B5：INTF2为外部中断2中断标志位。

当外部INTx中断引脚上的有效事件满足中断触发条件之后，INTFx会变为“1”。如果此时SREG寄存器的I位为“1”，且GICR寄存器中的INTTx置“1”，则CPU将响应中断请求，跳至相应的中断向量处开始执行中断服务程序，同时硬件自动将INTFx标志位清零。也可以用软件将INTFx标志位清零，写逻辑“1”到INTFx将其清零。与外部中断0和1设置为低电平触发的时候，相应的标志位INTF0和INTF1始终为“0”，因为低电平触发是不带中断标志位的。

5. 状态寄存器 SREG（见表 4－8）

表 4－8　　状态寄存器 SREG

位	B7	B6	B5	B4	B3	B2	B1	B0
符号	I	T	H	S	V	N	Z	C
复位值	0	0	0	0	0	0	0	0

B7：I 全局中断使能。I 置位时使能全局中断。单独的中断使能由其他独立的控制寄存器控制。如果 I 清零，则不论单独中断标志置位与否，都不会产生中断。任意一个中断发生后 I 清零，而执行 RETI 指令后 I 恢复置位使能中断。I 也可以通过 SEI 和 CLI 指令来置位和清零。

6. 中断操作的 C 语言程序及分析

用 ICCAVR 编程，在 C 语言程序中只要用伪指令＃pragma 和中断向量说明服务程序的入口地址即可。

```
#pragma interrupt_handler <函数名>:<中断向量>
```

如定义使用 INT0 中断服务函数程序：

```
#pragma interrupt_handler Increase_INT0_Ir:2
    void Increase_INT0_Ir()
    {
          i++;
    }
```

“＃pragma”为编译开关，控制编译器的编译方式，“interrupt _ handler”为函数属性的关键字，置于函数名称的前面。“Increase _ INT0 _ Ir”为可自定义的函数名，符合一般函数名的命名规则就可以了。函数名后面的“2”为中断向量号，通过该数字将 Increase _ INT0 _ Ir 中断函数与 INT0 相联系，当 INT0 产生中断时自动执行 Increase _ INT0 _ Ir 函数。

中断向量见表 4－1，要注意的是中断向量号从“1”开始，ICCAVR 的 C 编译器会根据中断向量号自动生成程序中的中断向量，并且自动保存和恢复在函数中用到的全部寄存器。

七、外部中断控制 LED 灯

1. 控制要求

利用连接在 INT0 的按键 Key3 下降沿产生中断，将连接在 PB 的 LED 循环点亮。

2. 控制程序

```
#include "iom16v.h"
#include "macros.h"
unsigned char i;
#pragma interrupt_handler Increase_INT0_Ir:2
/* ****************************************************** */
//函数名称:DelayMS()
/* ****************************************************** */
void DelayMS(unsigned int ValMS)
{
    unsigned int uiVal,ujVal;    /*局部变量定义,变量在所定义的函数内部引用*/
    for(uiVal=0; uiVal<ValMS; uiVal++)      /*执行语句,for 循环语句*/
```

```
        for(ujVal=0; ujVal<960; ujVal++); /*执行语句,for循环语句*/
}
/* ********************************************************* */
//中断初始化函数 Interrupt_Init()
/* ********************************************************* */
void Interrupt_Init()
{
    MCUCR|=0x02;  //INT0下降沿触发
    GICR|=0x40;     //INT0中断允许位为1
    GIFR|=BIT(6);  //INT0中断标志位清零
}
/* ********************************************************* */
//INT0中断处理函数 Increase_INT0_Ir()
/* ********************************************************* */
void Increase_INT0_Ir()
{
        i<<=1;
        DelayMS(10);
      if(i==0)
    {
        DelayMS(50);
        i=0xfe;
    }
}
/* ********************************************************* */
//端口初始化   Port_Init()
/* ********************************************************* */
void Port_Init()
{
    DDRD|=BIT(PD7);//PD7为输出状态
    PORTD&=~BIT(PD7);//PD7为输出低电平
    DDRD&=~BIT(2);//PD2为输入状态
    PORTD|=BIT(2);//PD2带上拉输入
    DDRA=0xff;        //用于打开LED锁存
        DDRB=0xff;        //PB0~7为输出状态
        PORTA=0xff;
            PORTB=0xff;        //PB为输出高电平,熄灭所有LED
            PORTA=0xe7;
        PORTA&=~(1<<PA2);     //PA2脚输出低电平
}
/* ********************************************************* */
//主函数  main()
/* ********************************************************* */
void main()
```

```
{
    Port_Init();//调用 IO 初始化函数
    Interrupt_Init();//调用中断初始化函数
    SREG|=BIT(7);//全局中断使能位置一

    while(1)
    {PORTB=i;}

}
```

在中断初始化函数中，设定 INT0 为下降沿触发，设定 INT0 中断有效，清除 INT0 中断标志位。

在中断服务函数中，每中断一次，将 i 的值左移 1 位赋值给 i，延时 10ms，判断 i 是否为 0，如果为 0，延时 50ms，重新赋初值 0xfe 给 i。

主程序中，首先初始化端口，再调用中断初始化函数，然后打开全局中断。通过 while (1) 语句将中断后的 i 值赋值给端口 PORTB，驱动发光二极管显示。

技能训练

一、训练目标

(1) 学会使用单片机的外部中断。

(2) 通过单片机的外部中断 INT0，控制 LED 灯显示。

二、训练步骤与内容

1. 建立一个工程

(1) 在 C：\iccv7avr\examples. avr\avr16 下，新建一个文件夹 D01。

(2) 启动 ICCV7 软件。

(3) 选择执行“Project”(工程) 菜单下的“New”(新建一个工程项目) 命令，弹出创建新项目对话框。

(4) 在创建新项目对话框，输入工程文件名“D001”，单击“保存”按钮。

2. 编写程序文件

(1) 单击执行“File”(文件) 菜单下的“New”(新建文件) 命令，新建一个文件。

(2) 单击执行“File”(文件) 菜单下的“Save as”(另存文件) 命令，弹出另存文件对话框，在文件名栏输入“main. c”，单击“保存”按钮，保存文件。

(3) 在右边的工程浏览窗口，右键单击“File”(文件) 选项，在弹出的右键菜单中，选择执行“Add File”。

(4) 弹出选择文件对话框，选择 main. c 文件，单击“打开”按钮，文件添加到工程项目中。

(5) 在 main 中输入“外部中断控制 LED 灯”程序，单击工具栏“■”保存按钮，并保存文件。

3. 编译程序

(1) 单击“Project”(项目) 菜单下的“Option”(选项) 命令，弹出选项设置对话框。

(2) 在“Target”(目标元件)选项页，在“Device Configuration”(器件配置)下拉列表选项中选择“ATmega16”。

(3) 单击“Project”(项目)菜单下的“Make Project”(编译项目)命令，编译项目文件。

4. 下载调试程序

(1) 双击 HJ-ISP 下载软件图标，启动 HJ-ISP 软件。

(2) 在芯片选择栏，单击下拉列表，选择“ATmega16”。

(3) 单击右侧文件选择区下“调入 Flash”按钮，弹出选择文件对话框，选择 C005.HEX 文件，单击“打开”按钮，打开文件 D001.HEX。

(4) 单击 HJ-ISP 软件中的“自动”按钮，程序自动下载。

(5) 按下独立按键 KEY3，观察 HJ-2G 单片机开发板与 PB 口连接的 LED 灯的状态变化。

(6) 修改 INT0 触发方式，重新编译、下载程序，按下独立按键 KEY3，观察 HJ-2G 单片机开发板与 PB 口连接的 LED 灯的状态变化。

任务9　中断加减计数控制

一、基础知识

1. AVR 的看门狗

在由单片机构成的控制系统中，因为单片机的工作常常会受到来自外界电磁场信号的干扰，造成程序的跑飞，或陷入死循环，程序的正常运行被打断，使单片机控制的系统无法继续工作，发生不可预测的后果，所以出于对单片机运行状态进行实时监测的考虑，便产生了一种专门用于监测单片机程序运行状态的功能模块，俗称“看门狗”(Watch Dog)。

Atmega16 单片机内置看门狗电路，看门狗电路实际上是一个定时器电路，该定时器采用独立的内部 1M 的 RC 振荡器驱动。

根据设置的看门狗定时时间，当程序运行时间超过定时时间后，如果没有及时复位看门狗，即俗称的“喂狗”，看门狗定时器就会发生溢出，这个溢出将导致程序的复位，从而保证在程序跑飞的情况下，不会长时间没有响应。

2. 看门狗定时器控制寄存器 WDTCR (见表 4-9)

表 4-9　　看门狗定时器控制寄存器 WDTCR

位	B7	B6	B5	B4	B3	B2	B1	B0
符号	—	—	—	WDTOE	WDE	WDP2	WDP1	WDP0
复位值	0	0	0	0	0	0	0	0

B4 WDTOE：看门狗修改使能。清零 WDE 时必须置位 WDTOE，否则不能禁止看门狗。一旦置位，硬件将在紧接的 4 个时钟周期之后将其清零。

B3 WDE：使能看门狗。WDE 为“1”时，看门狗使能，否则看门狗将被禁止。只有在 WDTOE 为“1”时，WDE 才能清零。

以下为关闭看门狗的步骤：

(1) 在同一个指令内对 WDTOE 和 WDE 写“1”，即使 WDE 已经为“1”；

(2) 在紧接的 4 个时钟周期之内对 WDE 写“0”。

B2～B0　WDP2，WDP1，WDP0：看门狗定时器预分频器 2、1 和 0。它们决定看门狗的预分频器配置，见表 4-10。

表 4-10 看门狗的预分频器配置

WDP2	WDP1	WDP0	看门狗振荡周期（k）	V_{CC}=3.0V 典型溢出时间（ms）	V_{CC}=5.0V 典型溢出时间（ms）
0	0	0	16	17.3	16.3
0	0	1	32	34.3	32.5
0	1	0	64	68.5	65
0	1	1	128	140	130
1	0	0	256	270	260
1	0	1	512	550	520
1	1	0	1024	1100	1000
1	1	1	2048	2200	2100

二、AVR 初始代码生成软件

1. AVR 初始代码生成软件功能

AVR 初始代码生成软件主要用于生成 AVR 单片机初始化程序代码，包括端口初始化、外部中断初始化、定时器 0 初始化、定时器 1 初始化、定时器 2 初始化、ADC 初始化、SPI 初始化、TWI 初始化、串口通信初始化、模拟比较器初始化、看门狗和 E^2ROM 初始化等。

2. AVR 初始代码生成软件使用

（1）启动 AVR 初始代码生成软件。打开光盘中工具目录文件下的 AVR 初始代码生成软件文件夹，双击“avr. exe”软件图标，启动 AVR 初始代码生成软件。软件启动后的界面如图 4-2 所示。

（2）基本设置（见图 4-3）。

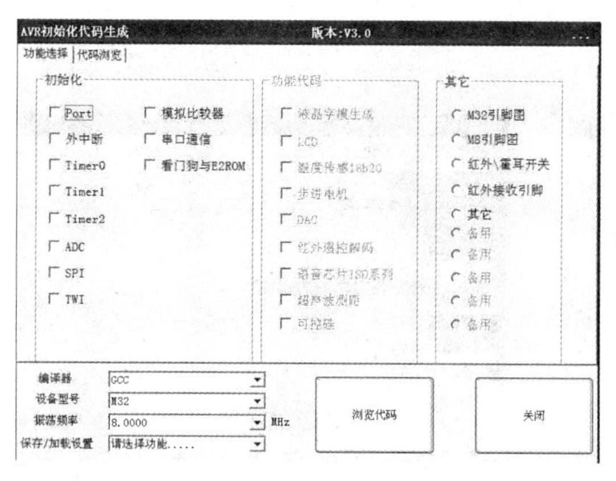

图 4-2 AVR 初始代码生成软件界面

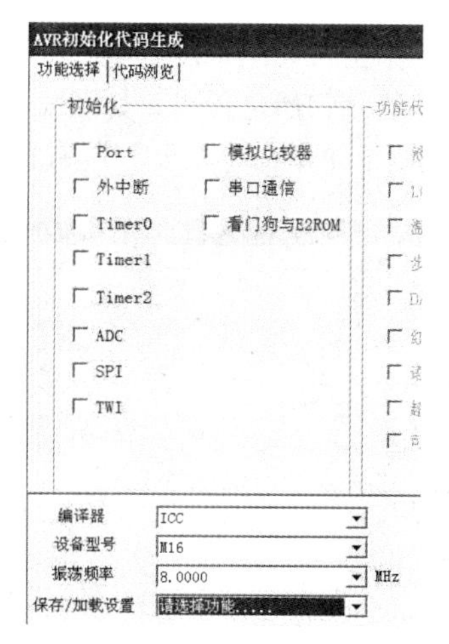

图 4-3 基本设置

1）选择 ICC 编译器。在 AVR 初始代码生成软件左下角，单击“编译器”栏右边下拉列表箭头，在下拉列表中选择“ICC”，选择 ICC 为编译器软件。

2）选择单片机类型。在 AVR 初始代码生成软件左下角，单击“设备型号”栏右边下拉列表箭头，在下拉列表中选择设备类型为 M16，即选择 Atmega16 单片机。

3）选择时钟频率。在 AVR 初始代码生成软件左下角，单击“振荡频率”栏右边下拉列表箭头，在下拉列表中选择振荡频率为“8.000”，即设置时钟振荡频率为 8.000MHz。

(3) PORT 端口设置。鼠标单击 PORT 端口前的复选框，打开 PORT 端口设置界面，如图 4-4 所示。

根据需要设置，例如可设置 PA2 为输出，初始值为“1”。设置 PB 口为输出，输出值为 0xFF。设置 PD 为输入，且带上拉电阻。

(4) 外部中断设置。鼠标单击外部中断前的复选框，打开外部中断设置界面，如图 4-5 所示。

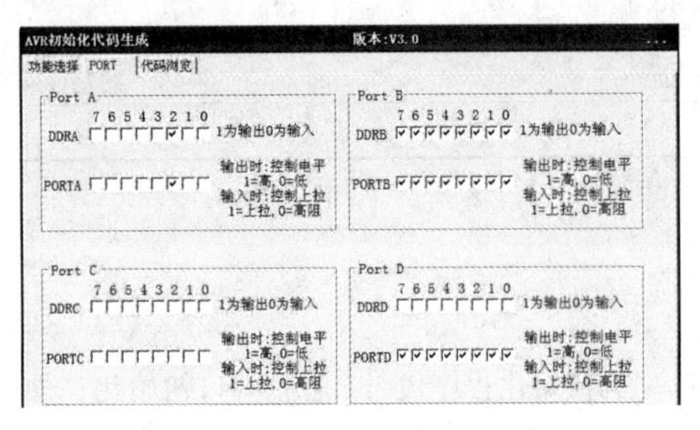

图 4-4 PORT 端口设置

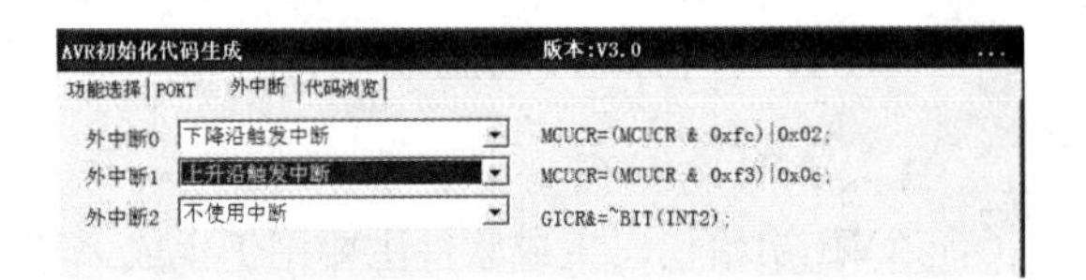

图 4-5 外部中断设置界面

根据需要设置外部中断，单击“外中断 0”栏右边下拉列表箭头，在下拉列表中选择“下降沿触发中断”，设置外部中断 0 为下降沿触发中断。单击“外中断 1”栏右边下拉列表箭头，在下拉列表中选择“上升沿触发中断”，设置外部中断 1 为上升沿触发中断。

(5) 查看代码。

1）单击下部的浏览代码按钮，在代码浏览区可看到初始化设置对应的程序代码，如图 4-6 所示。

2）单击代码浏览区右边的滚动条，可以快速查看所有代码。

3）复制初始化代码，如图 4-7 所示。选中所有代码，单击鼠标右键，在弹出的菜单中选择“复制”菜单命令，复制所有初始化代码。

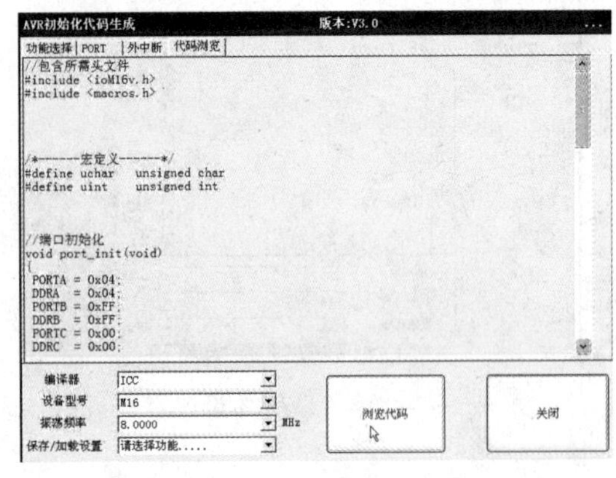

图 4-6 浏览代码

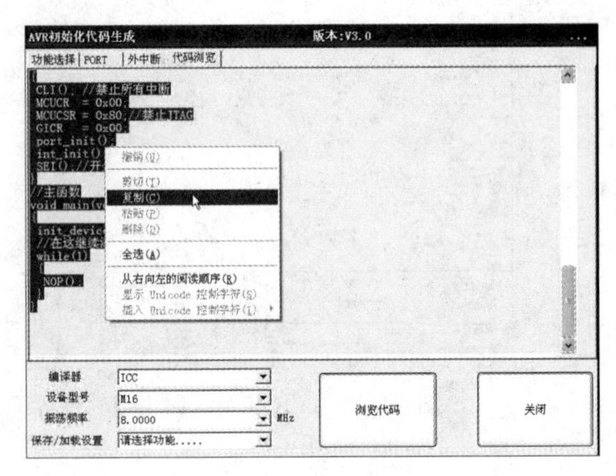

图 4-7 复制初始化代码

4）在 ICC 软件的主函数 main 文件编辑区粘贴，可将初始化代码粘贴到文件中，如图 4－8 所示。

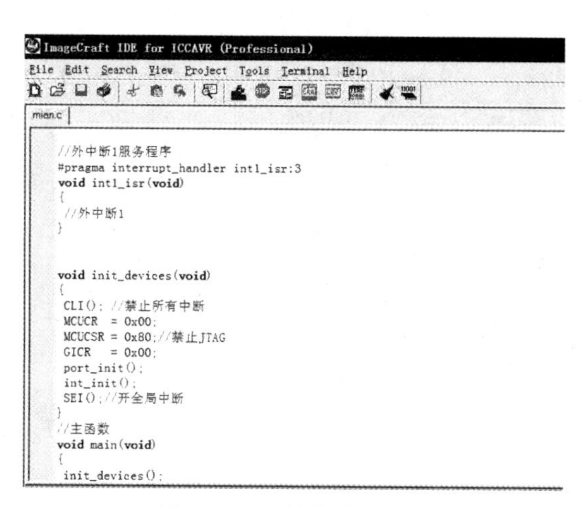

图 4－8　初始化代码粘贴

复制的初始化代码如下：

```
//包含所需头文件
#include < iom16v.h>
#include < macros.h>
/*-------宏定义------*/
#define uchar unsigned char
#define uint unsigned int
//端口初始化
void port_init(void)
{
PORTA=0x04;
DDRA=0x04;
PORTB=0xFF;
DDRB=0xFF;
PORTC=0x00;
DDRC=0x00;
PORTD=0xFF;
DDRD=0x00;
}

//外中断初始化
void int_init(void)
{
MCUCR|=0x0E;
MCUCSR|=0x00;
GICR|=0xC0;
}
```

```
//外中断 0 服务程序
#pragma interrupt_handler int0_isr:2
void int0_isr(void)
{
//外中断 0
}

//外中断 1 服务程序
#pragma interrupt_handler int1_isr:3
void int1_isr(void)
{
//外中断 1
}

void init_devices(void)
{
CLI(); //禁止所有中断
MCUCR=0x00;
MCUCSR=0x80;//禁止 JTAG
GICR=0x00;
port_init();
int_init();
SEI();//开全局中断
}
//主函数
void main(void)
{
init_devices();
//在这继续添加你的代码
while(1)
{
NOP();
}
}
```

这里包括所有初始化程序代码，并给出了程序的基本架构，便于后续程序的编辑。

(6) 关闭软件。单击下部的“关闭”按钮，可关闭 AVR 初始代码生成软件。

三、中断加减计数控制

1. 控制要求

利用 Atmega16 单片机的 INT0、INT1 两个外部中断源，分别实现加、减计数功能。

2. 控制程序

按下复位键，系统显示初始化数据 100。按下与 INT0 连接的 KEY3，INT0 中断发生，计数器加 1，按下与 INT1 连接的 KEY4，INT1 中断发生，计数器减 1。

```
#include < iom16v.h>
#include "macros.h"
//#include"avr/interrupt.h"
#pragma interrupt_handler Increase_INT0_Ir:2
#pragma interrupt_handlerDecrease_INT1_Ir:3
#define pa3h() PORTA|=(1<<PA3)
#define pa3l() PORTA&=~(1<<PA3)
#define pa4h() PORTA|=(1<<PA4)
#define pa4l() PORTA&=~(1<<PA4)
#define uChar8 unsigned char    //uChar8 宏定义
#define uInt16 unsigned int     //uInt16 宏定义
//数码管位选数组定义
uInt16 n=100;
uChar8 Disp_Tab[]={0x3f,0x06,0x5b,0x4f,0x66,0x6d,0x7d,0x07,0x7f,0x6f,0x77,0x7c,
0x39,0x5e,0x79,0x71};
//函数 DelayMS()定义
void DelayMS(uInt16 ValMS)
{
uInt16 uiVal,ujVal;
for(uiVal=0; uiVal<ValMS; uiVal++)
for(ujVal=0; ujVal<923; ujVal++);
}
/* ****************************************************** */
//中断初始化函数 Interrupt_Init()
/* ****************************************************** */
void Interrupt_Init()
{
    DDRD&=~BIT(2)|BIT(3);      //设定 PD2,PD3 为输入
    PORTD|=BIT(2)|BIT(3);      //设定 PD2,PD3 上拉
    SREG&=~BIT(7);             //关总中断
    MCUCR|=0x0a;               //INT0,1 下降沿触发
    GICR|=BIT(7)|BIT(6);       //INT0,1 中断允许位为 1
    GIFR|=BIT(7)|BIT(6);       //INT0 中断标志位清零
    SREG|=BIT(7);              //开总中断


}
/* ****************************************************** */
//INT0 中断处理函数 Increase_INT0_Ir()
/* ****************************************************** */
void Increase_INT0_Ir()
{
    n++;
}
/* ****************************************************** */
```

```
//INT0 中断处理函数 Decrease_INT0_Ir()
/* ************************************************************ */
voidDecrease_INT1_Ir()
{
    n--;
}
//主函数
void main(void)
{
    uChar8 Nge,Nshi,Nbai;
    DDRA=0xFF;   //设置 PA 为输出
    DDRB=0xFF;   //设置 PB 为输出
    PORTB=0xFF;
    PORTA=0xFF ;
    Interrupt_Init();
    while(1)                        //while 循环
    {
    Nge= n% 10;
    Nshi= n/10% 10;
    Nbai= n/10/10% 10;
    //显示百位数
    pa4h();    //位选开
    PORTB=0xfe;    //送入位选数据
    pa4l();   //位选关                          //while 循环开始
    pa3h();
    PORTB=Disp_Tab[Nbai];
    pa3l();
    DelayMS(1);//延时
    //显示十位数
    pa4h();    //位选开
    PORTB=0xfd;    //送入位选数据
    pa4l();    //位选关                          //while 循环开始
    pa3h();
    PORTB=Disp_Tab[Nshi];
    pa3l();
    DelayMS(1);         //显示个位数
    pa4h();    //位选开
    PORTB=0xfb;    //送入位选数据
    pa4l();    //位选关                          //while 循环开始
    pa3h();
    PORTB=Disp_Tab[Nge];
    pa3l();
    DelayMS(1);
```

```
    }                              //while 循环结束
}
```

在中断初始化函数中，设定 INT0 为下降沿触发，设定 INT0 中断有效，清除 INT0 中断标志位。

在中断服务函数中，每中断一次，将 i 的值左移 1 位赋值给 i，延时 10ms，判断 i 是否为 0，如果为 0，延时 50ms，重新赋初值 0xfe 给 i。

主程序中，首先初始化端口，再调用中断初始化函数，然后开全局中断。通过 while（1）语句将中断后的 i 值赋值给端口 PORTB，驱动发光二极管显示。

技能训练

一、训练目标

（1）学会使用单片机的外部中断。

（2）通过单片机的外部中断 INT0，控制 LED 灯显示。

二、训练步骤与内容

1. 建立一个工程

（1）在 C：\iccv7avr\examples. avr\avr16 下，新建一个文件夹 D02。

（2）启动 ICCV7 软件。

（3）选择执行“Project”（工程）菜单下的“New”（新建一个工程项目）命令，弹出创建新项目对话框。

（4）在创建新项目对话框，输入工程文件名“D002”，单击“保存”按钮。

2. 编写程序文件

（1）单击执行“File”（文件）菜单下的“New”（新建文件）命令，新建一个文件。

（2）单击执行“File”（文件）菜单下的“Save as”（另存文件）命令，弹出另存文件对话框，在文件名栏输入“main. c”，单击“保存”按钮，保存文件。

（3）在右边的工程浏览窗口，右键单击“File”（文件）选项，在弹出的右键菜单中，选择执行“Add File”。

（4）弹出选择文件对话框，选择 main. c 文件，单击“打开”按钮，文件添加到工程项目中。

（5）在 main 中输入“中断加减计数控制”程序，单击工具栏“■”保存按钮，并保存文件。

3. 编译程序

（1）单击“Project”（项目）菜单下的“Option”（选项）命令，弹出选项设置对话框。

（2）在“Target”（目标元件）选项页，在“Device Configuration”（器件配置）下拉列表选项中选择“ATmega16”。

（3）单击“Project”（项目）菜单下的“Make Project”（编译项目）命令，编译项目文件。

4. 下载调试程序

（1）双击 HJ－ISP 下载软件图标，启动 HJ－ISP 软件。

（2）在芯片选择栏，单击下拉列表，选择“ATmega16”。

（3）单击右侧文件选择区下“调入 Flash”按钮，弹出选择文件对话框，选择 D002. HEX

文件，单击“打开”按钮，打开文件D002.HEX。

(4) 单击HJ-ISP软件中的“自动”按钮，程序自动下载。

(5) 按下独立按键KEY3，观察HJ-2G单片机开发板数码管的数字变化。

(6) 按下独立按键KEY4，观察HJ-2G单片机开发板数码管的数字变化。

(7) 修改INT0、INT1触发方式，重新编译、下载程序，按下独立按键KEY3、KEY4，观察HJ-2G单片机开发板数码管的数字变化。

习题

1. 利用外部中断循环控制PB端的8只LED灯。

2. 利用外部中断进行计数控制，并通过数码管显示计数数据。

3. 利用AVR初始代码生成软件，生成外部中断循环控制PB端的8只LED灯初始化代码。

项目五 定时器、计数器及应用

学习目标

（1）学会使用单片机定时器。
（2）学会使用单片机计数器。

任务10 单片机的定时控制

基础知识

一、Atmega16单片机的定时器/计数器

1. Atmega16 定时器/计数器

（1）定时器/计数器。定时器/计数器的基本功能是对脉冲信号进行自动计数。定时器/计数器是单片机中最基本的内部资源之一。在单片机内部，通过专门的硬件电路构成可编程的定时/计数器，CPU通过指令设置定时/计数器的工作方式，以及根据定时/计数器的计数值或工作状态进行必要的响应和处理。

定时器/计数器的用途非常广泛，主要用于计数、延时、测量周期、频率、脉宽、提供定时脉冲信号等。在实际应用中，对于转速、位移、速度、流量等物理量的测量，通常是由传感器转换成脉冲电信号，通过使用“T/C”来测量其周期或频率，再经过计算处理获得。

Atmega16 单片机有3个定时/计数器：T/C0、T/C1 和 T/C2。其中 T/C0 和 T/C2 是两个8位的定时/计数器，而 T/C1 是16位的定时/计数器。

（2）定时器/计数器种类。

1）定时器/计数器区分。脉冲信号源为内部时钟信号时，定时器/计数器功能为定时器。脉冲信号源为外部信号时，定时器/计数器为计数功能。

2）计数器类型。计数器分为加1计数器、减1计数器、单向计数器、双向计数器。

（3）定时/计数器长度。计数单元的长度，Atmega16单片机有2个8位的定时/计数器，计数范围是0～255（2^8-1），1个16位的定时/计数器，计数范围是0～65535（$2^{16}-1$）。

（4）定时/计数器初始值、溢出值。定时/计数器初始值，简称定时/计数器初值，表示定时/计数器开始的计数值。

定时/计数器溢出值就是给CPU发出计数到信号对应的数值。

定时/计数器初值、溢出值可以通过定时/计数器的配置寄存器设定。

2. 定时/计数器的工作与使用

软件定时是通过CPU对执行指令数的计数来实现的，这种定时占用CPU，使CPU在延时期间无法处理其他事务，不利于实时控制。通过定时/计数器专用模块硬件来定时、计数，可

以在程序运行中同时进行，不占用 CPU 资源，单片机可以执行其他任务。当定时/计数到了时，通过中断告诉单片机 CPU，单片机在接到中断信号后，就知道定时、计数到了，再进行相应的处理。

(1) 通过调整初值进行定时/计数。对于 8 位的定时/计数器，计数长度是一个字节，最大值是 255。计数到最大值后，计数器的值会循环至 0，并重新开始计数，这个过程称为“溢出”。溢出信号会产生中断，通知单片机定时/计数到。

如果单片机分频后的脉冲周期是 1μs，对于初值为 0 的定时/计数器，每隔 256μs 产生一个定时中断信号。而定时/计数器采用这种固定定时间隔工作，使用不方便。在实践中，常常需要不同时间间隔的定时器，这就需要通过调整初值来实现。

对于脉冲周期是 1μs 的定时器，如果需要 100μs 的定时，它的计数次数是 100，初值可以设置为 156（256－100）。定时/计数器每次从 156 开始计数，计数 99 次到 255，再计数一个脉冲，第 100 个脉冲计数时就产生中断，告诉单片机，100μs 的定时到。

对于不同时钟周期的定时/计数器，初值计算公式为：

$$\text{初值}=(\text{计数器最大值 MAX}+1)-\text{定时时间 }\Delta T\times\text{时钟频率 }F_{\mathrm{OSC}}/\text{分频系数 }N$$

例如，已知单片机的时钟频率 F_{OSC} 是 4MHz，分频系数 N 是 64，计数器最大值是 255，试计算 2ms 的计数初值。

2ms 的计数初值＝（255＋1）$-2\times10^{-3}\times4\times10^{6}/64=256-125=131$

为获得 2ms 的定时，可设置定时计数初值为 131。

(2) 通过比较匹配进行定时/计数。采用调整初值进行定时，需要在每次计数溢出时重新设置初值，这需要在中断服务程序中进行，由此造成定时的误差，它会丢失从溢出到重新设置初值所用的时间。Atmega16 单片机通过比较匹配方式可以解决这个定时误差问题。

Atmega16 单片机在原有定时/计数器基础上，增加了多个比较器，定时器在对时钟脉冲计数的过程中，每计一个脉冲，就将计数值与预设值进行比较，如果两个值相同（比较匹配），就触发特定中断告知单片机，同时由硬件清零计数器。改变比较器中的预设值，就可以改变定时间隔。

以 100μs 定时为例，对于脉冲周期是 1μs 的定时器，可以设置比较器中的预设值为 99，这样从 0 计数到 99，刚好是 100 次，比较匹配时，将计数器清零，又开始下一次计数循环。

对于不同时钟周期的定时/计数器的比较匹配预设值 OCR 计算公式为：

$$\text{预设值 OCR}=\text{定时时间 }\Delta T\times\text{时钟频率 }F_{\mathrm{OSC}}/\text{分频系数 }N-1$$

例如，已知单片机的时钟频率 F_{OSC} 是 4MHz，分频系数 N 是 64，计数器最大值是 255，试计算 2ms 的比较匹配预设值 OCR。

2ms 比较匹配预设值 OCR$=2\times10^{-3}\times4\times10^{6}/64-1=125-1=124$

为获得 2ms 的定时，可设置比较匹配预置值 OCR 为 124。

3. 定时器/计数器 T/C0

定时器/计数器 T/C0 是一个通用的带有输出比较匹配和 PWM 波形发生器的单通道 8 位定时/计数器的模块。T/C0 可以选择通过预分频器由系统时钟驱动，或者通过 T0 引脚的外部时钟驱动，时钟逻辑模块控制使用哪一个时钟源及哪一个边沿来进行加或者减计数。

T/C0 的时钟分频器逻辑结构如图 5－1 所示，分频器对系统时钟分频后作为 T/C0 的驱动时钟。T/C0 的时钟可以是系统时钟或者系统时钟的 8 分频、64 分频、256 分频及 1024 分频，通过控制寄存器 TCCR0 设置。

双缓冲结构的 8 位输出比较寄存器 OCR0 一直与 T/C0 的计数值 TCNT0 进行比较。一旦

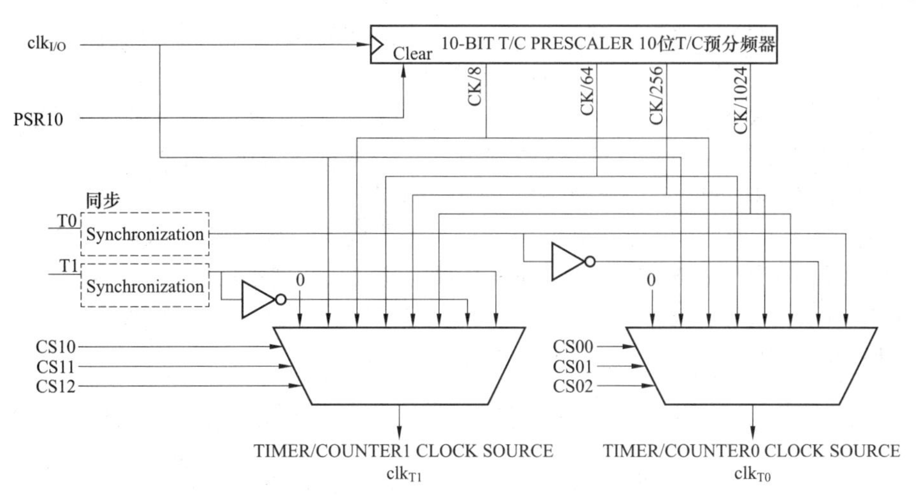

图 5－1　T/C0 的时钟分频器逻辑结构

TCNT0 等于 OCR0，比较器就给出匹配信号。在匹配发生的下一个定时器时钟周期，输出比较匹配标志 OCF0 置位，如果输出比较匹配中断使能位 OCIE0 置位且全局中断使能位被置位，则 CPU 将产生输出比较匹配中断。执行中断服务程序时，OCF0 自动清零，也可以通过软件写“1”来清除 OCF0。

定时器/计数器 T/C0 和输出比较引脚可以设置为 4 种模式，普通模式、CTC 模式、快速 PWM 模式及相位修正的 PWM 模式。工作模式由 TCCR0 寄存器的波形发生模式 WGM ［1：0］及比较输出模式 COM ［1：0］共同决定。

(1) 普通模式。普通模式（WGM ［1：0］＝0）是 T/C0 最简单的工作模式。在此模式下，8 位计数器 TCNT0 一直累加计数，当计数到 0xFF 之后，由于计数值溢出，TCNT0 简单地回到最小值 0x00 重新开始计数。在 TCNT0 为 0 的同一个时钟周期里，T/C0 的溢出标志位 TOV0 置位。如果 T/C0 的溢出中断使能位 TOIE0 被置位且全局中断使能位 I 被置位，则 CPU 将产生 T/C0 溢出中断。执行中断服务程序时 TOV0 被自动清零。

在普通模式下，每次计数器溢出都是从 0 开始重新计数，而不是从初值开始计数，如果要从初值开始计数，需要在计数溢出之后重新写入初值。

(2) 比较匹配清零计数器 CTC 模式。在 CTC 模式（WGM ［1：0］＝2）下，计数器为单向加 1 计数器，比较寄存器 OCR0 用于调节计数器的分辨率。当计数值 TCNT0 达到预先设定的 OCR0（此值为计数器的上限值）时，TCNT0 被自动清零。OCR0 定义了计数器的最大计数值。这个模式使得用户可以很容易地控制输出比较匹配的频率。利用 OCR0 标志可以在计数器数值达到 OCR0 时产生中断，在中断服务程序中更新 OCR0。CTC 模式计数的时序图如图 5－2 所示。

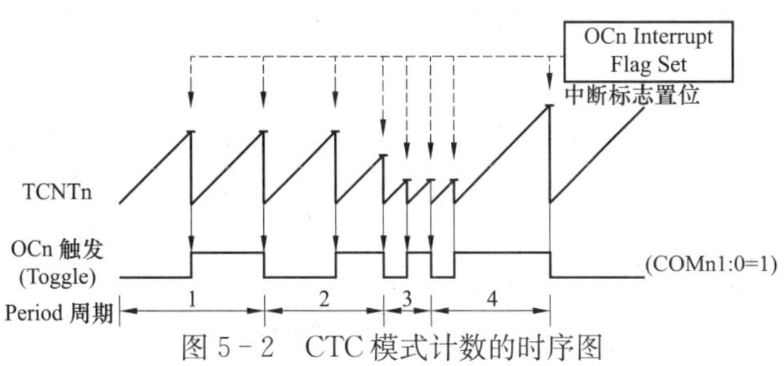

图 5－2　CTC 模式计数的时序图

CTC模式通常用来得到输出波形，可以设置为每次匹配输出时改变单片机对应OC0引脚逻辑电平来实现，通过设置COM［1∶0］=1来完成。

（3）快速PWM模式。快速PWM模式（WGM［1∶0］=3）用来产生高频PWM波形。快速PWM模式与其他PWM模式的不同之处在于其单斜坡的工作方式。计数器从0x00计数到0xFF，然后立即返回到0x00重新开始。对于普通的比较输出模式，输出比较引脚OC0在TCNT0与OCR0匹配时清零，在0x00时置位。对于反向比较输出模式，OC0动作正好相反，由于使用了单斜坡模式，快速PWM模式的工作频率比使用双斜坡的相位修正PWM模式高一倍。此高频操作特性使得快速PWM模式十分适合于功率调节、整流和DAC数模转换应用。

快速PWM模式的时序图如图5-3所示。

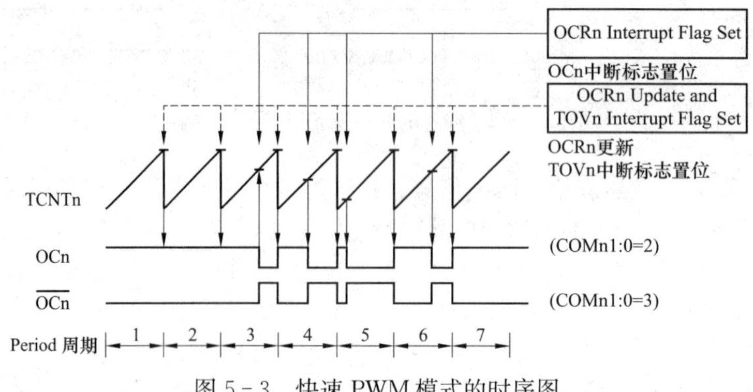

图5-3　快速PWM模式的时序图

T/C0工作于快速PWM模式时，计数器的值一直增加到最大值，然后在下一个时钟周期清零。计数器达到最大值时，T/C0溢出标志位置位。如果使能中断，可在中断服务程序中更新比较值。

（4）相位修正PWM模式。相位修正PWM模式（WGM［1∶0］=3）为用户提供了一种获得高精度相位修正PWM波形的方法。此模式基于双斜坡操作。计数器重复地从0x00计数到0xFF，然后从0xFF反向计数到0x00，相位修正PWM模式的时序图如图5-4所示。与单斜坡方式相比，双斜坡操作可获得的最大频率更低，但由于其波形的对称性，十分适合于电机控制应用。

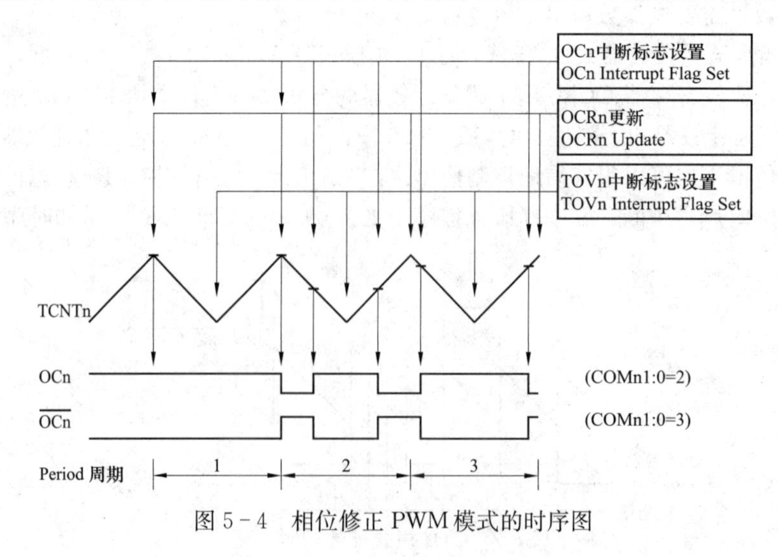

图5-4　相位修正PWM模式的时序图

工作于非 PWM 模式下，可以通过对强制输出比较位 FOC0 写“1”的方式来产生比较匹配。强制比较匹配不会置位 OCF0 标志位，也不会重载/清零定时器，但 OC0 引脚将被更新，好像真的发生了比较匹配一样。但需注意的是，CPU 在任意模式下写 TCNT0 都将在下一个定时器时钟周期里阻止比较匹配。

4. T/C0 相关的寄存器

（1）T/C0 控制寄存器 TCCR0（见表 5－1）。

表 5－1　　T/C0 控制寄存器 TCCR0

位	B7	B6	B5	B4	B3	B2	B1	B0
符号	F0C0	WGM00	COM00	COM01	WGM01	CS02	CS01	CS00
初值	0	0	0	0	0	0	0	0

B7 位 F0C0：强制输出比较位。F0C0 仅在 WGM［01：00］设置为非 PWM 模式时才有效，为了保证与未来器件的兼容性，在使用 PWM 时，写 TCCR0 时要对其清零。对其写“1”后，波形比较器将立即进行比较操作，比较匹配输出引脚 OC0 将按照 COM［01：00］设置输出相应的电平。要注意 F0C0 类似于一个锁存信号，真正对强制输出比较起作用的是 COM［01：00］的设置。F0C0 不会引发任何中断，也不会利用 OCR0 在 CTC 模式下对定时器进行清零操作。读 F0C0 返回值总是 0。

B6 位和 B3 位 WGM［01：00］波形模式产生位。这两位控制计数器的计数和工作方式、计数器的最大值及产生的波形。T/C0 支持的模式有普通模式、CTC 模式及两种 PWM 模式，波形产生模式定义见表 5－2。

表 5－2　　波形产生模式定义

模式	WGM01	WGM00	T/C0 模式	最大值	更新时间	T0V0 置位时刻
0	0	0	普通	0xFF	立即	0xFF
1	0	1	PWM	0xFF	0xFF	0x00
2	1	0	CTC	OCR0	立即	0xFF
3	1	1	快速 PWM	0xFF	0xFF	0xFF

B5 位和 B4 位 COM［01：00］比较匹配输出模式。这些位决定了比较匹配输出引脚 OC0 的电平。如果 COM［01：00］不全为 0，则 OC0 以比较匹配输出的方式进行工作，同时其方向控制位需要设置为 1，使能 I/O 的输出驱动器。当 OC0 连接到物理引脚上的时候，COM［01：00］的功能依赖于 WGM［01：00］的设置。

表 5－3 给出了 WGM［01：00］设置为普通模式或 CTC 模式时的 COM［01：00］的功能。

表 5－3　　普通模式或 CTC 模式

COM01	COM00	说明
0	0	正常端口操作，不与 OC0 连接
0	1	比较匹配时，OC0 取反
1	0	比较匹配时，OC0 清零
1	1	比较匹配时，OC0 置位

表 5-4 给出了当 WGM［01：00］设置为快速 PWM 模式时 COM［01：00］的功能。

表 5-4　比较输出模式，快速 PWM 模式

COM01	COM00	说明
0	0	正常端口操作，不与 OC0 连接
0	1	保留
1	0	比较匹配时 OC0 清零，计数到 0xFF 时 0C0 置位
1	1	比较匹配时 OC0 置位，计数到 0xFF 时 0C0 清零

一个特殊的情况是当 OCR0 等于 0xFF 时，比较匹配将被忽略，而计数到 0xFF 时 OC0 的动作继续有效。

表 5-5 给出了当 WGM［01：00］设置相位修正的 PWM 模式时 COM［01：00］的功能。

表 5-5　比较输出模式，相位修正的 PWM 模式

COM01	COM00	说明
0	0	正常端口操作，不与 OC0 连接
0	1	保留
1	0	在向上计数发生比较匹配时 OC0 清零，在向下计数发生比较匹配时时 OC0 置位
1	1	在向上计数发生比较匹配时 OC0 置位，在向下计数发生比较匹配时时 OC0 清零

一个特殊的情况是当 OCR0 等于 0xFF 时，比较匹配将被忽略，而计数到 0xFF 动作继续有效。

B2 位～B0 位 CS［02：00］时钟选择位。用于选择 T/C0 的时钟源，表 5-6 给出 T/C0 的时针选择位定义。

表 5-6　T/C0 时针选择位定义

CS02	CS01	CS01	说明
0	0	0	无时钟
0	0	1	$Clk_{I/O}/1$
0	1	0	$Clk_{I/O}/8$（来自预分频）
0	1	1	$Clk_{I/O}/64$（来自预分频）
1	0	0	$Clk_{I/O}/256$（来自预分频）
1	0	1	$Clk_{I/O}/1024$（来自预分频）
1	1	0	时钟由 T0 引入，下降沿触发
1	1	1	时钟由 T0 引入，上升沿触发

（2）T/C0 计数寄存器 TCNT0（见表 5-7）。通过 T/C0 寄存器可以直接对计数器的 8 位数据进行读写访问。对 TCNT0 寄存器的访问将在下一个时钟阻止比较匹配。在计数器运行的过程中修改 TCNT0 的数值，可能丢失一次 TCNT0 与 OCR0 的比较匹配。

表 5-7　　T/C0 计数寄存器 TCNT0

位	B7	B6	B5	B4	B3	B2	B1	B0
符号	TCNT07	TCNT06	TCNT05	TCNT04	TCNT03	TCNT02	TCNT01	TCNT00
初值	0	0	0	0	0	0	0	0

(3) 输出比较寄存器 OCR0（见表 5-8）。OCR0 输出比较寄存器包含一个 8 位的数据，不间断地与计数寄存器 TCNT0 的计数值进行比较，匹配事件可以用来产生输出比较中断，也可以用来在 OC0 引脚上产生波形。

表 5-8　　输出比较寄存器 OCR0

位	B7	B6	B5	B4	B3	B2	B1	B0
符号	OCR07	OCR06	OCR05	OCR04	OCR03	OCR02	OCR01	OCR00
初值	0	0	0	0	0	0	0	0

(4) 中断屏蔽寄存器 TIMSK（见表 5-9）。

表 5-9　　中断屏蔽寄存器 TIMSK

位	B7	B6	B5	B4	B3	B2	B1	B0
符号	0CIE2	TOIE2	TICE1	OCIEIA	OCIEIB	TOIE1	OCIE0	TOIE0
初值	0	0	0	0	0	0	0	0

B1 位 OCIE0：T/C0 输出比较匹配中断使能位。当 OCIE0 和状态寄存器 SREG 的全局中断使能位都置位时，T/C0 的输出比较匹配中断使能。当 T/C0 的比较匹配事件发生，即 TIFR 中的 OCF0 置位时，产生输出比较匹配中断。

B0 位 TOIE0：T/C0 溢出中断使能位。当 TOIE0 和状态寄存器 SREG 的全局使能位 I 都置位时，T/C0 的溢出中断使能。当 T/C0 发生计数溢出，即 TIFR 中的 TOV0 置位时，产生溢出中断。

(5) 中断标志寄存器 TIFR（见表 5-10）。

表 5-10　　中断标志寄存器 TIFR

位	B7	B6	B5	B4	B3	B2	B1	B0
符号	OCF2	TOF2	ICF1	OCF1A	OCF1B	TOV1	OCF0	TOF0
初值	0	0	0	0	0	0	0	0

B1 位 OCF0：T/C0 输出比较标志 0。当 T/C0 与 OCR0（输出比较寄存器）的值匹配时，OCF0 置位（不管中断是否使能）。此位在执行中断服务程序时硬件清零，也可以在软件中写“1”清零。当 SREG 寄存器中的 I 和 TIMSK 中的 OCIE0 及 OCF0 都置位时，中断服务程序得到执行。

B0 位 TOF0：T/C0 溢出标志。当 T/C0 计数溢出时，TOV0 置位（不管中断是否使能）。此位在执行中断服务程序时硬件清零，也可以由软件写“1”清零。当 SREG 寄存器存器中的 I 和 TIMSK 中的 TOIE0 都置位时，中断服务程序得到执行。需要注意的是，在相位修正的 PWM 模式中，当 T/C0 在 0x00 改变计数方向时 TOV0 置位。

(6) 特殊功能寄存器 SFIOR（见表 5-11）。

表 5-11 特殊功能寄存器 SFIOR

位	B7	B6	B5	B4	B3	B2	B1	B0
符号	ADTS2	ADTS1	ADTS0	—	ACME	PUD	PSR2	PSR10
初值	0	0	0	0	0	0	0	0

B0 位 PSR10：T/C1 与 T/C0 的预分频器复位。PSR10 置位时，T/C1 与 T/C0 的预分频器复位，操作完成后，这一位由硬件清零。写入 0 时不会引起任何操作。T/C1 与 T/C0 共用这个预分频器，且预分频复位对两个定时器都有影响。

5. Atmega16 单片机的定时/计数器 1

(1) 定时/计数器 1 的结构（见图 5-5）。定时/计数器 T/C1 是一个通用的带有一路具备噪声抑制、输入捕获、两路独立输出比较和 PWM 波形发生器的 16 位定时器/计数器模块。T/C1 可以选择通过预分频器由系统时钟驱动，或者通过 T1 引脚的外部时钟驱动。时钟逻辑模块控制使用哪一个时钟源及哪一个边沿来进行加或者减计数。

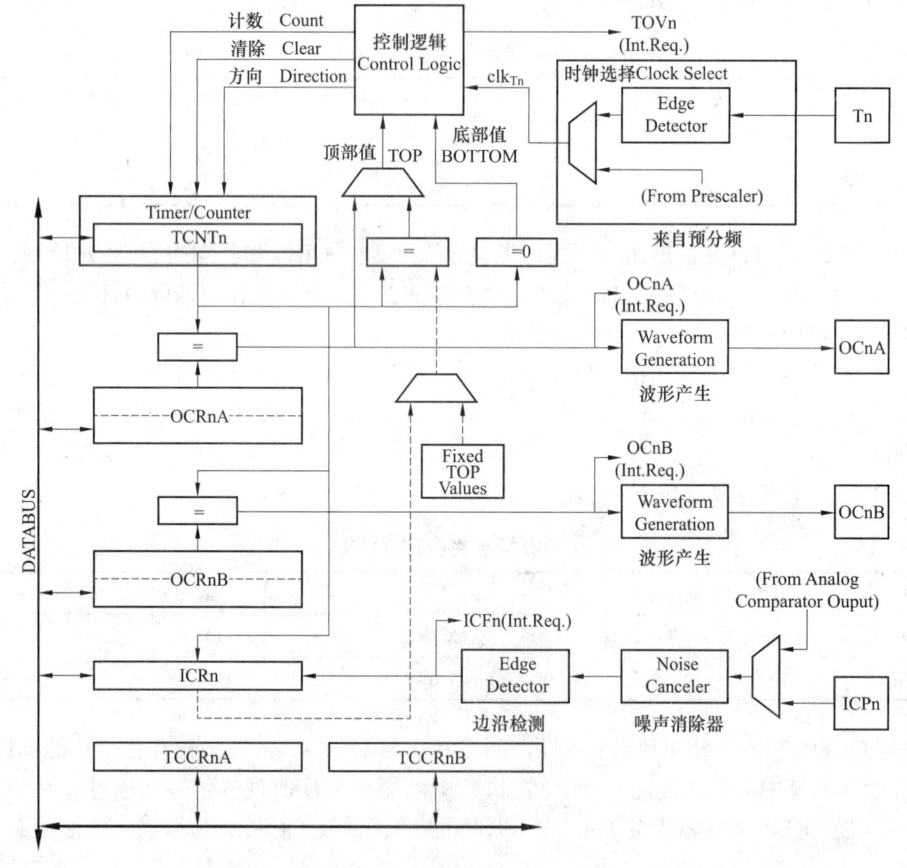

图 5-5 定时/计数器 1 的结构

T/C1 与 T/C0 共用一个分频器，分频器对系统时钟分频后作为 T/C1 驱动时钟。T/C1 的时钟可以是系统时钟或者系统时钟的 8 分频、64 分频、256 分频，通过控制寄存器 TCCR1 设置。

当输入捕获引脚 ICP1 或者模拟比较器输入引脚有输入捕获事件产生时，T/C1 计数值自动被传输到输入捕获寄存器保存起来。T/C1 的噪声抑制器通过一个简单的数字滤波方式来提高系统抗噪性，它对输入信号进行 4 次采样确认，只有连续 4 次采样值相同时，输出才会送到边沿检测器。一旦检测到捕获事件，捕获标志位 ICF1 将置位。如果输入捕获中断使能位 TICIE 置位，且 SREG 寄存器存器中的 I 被置位，则 CPU 将产生输入捕获中断。执行中断服务程序时 ICF1 自动清零，也可以通过也可以通过软件写“1”来清除 ICF1。

T/C1 有两个独立编程的比较器，双缓冲结构的 16 位输出比较寄存器 OCRIA/OCRIB 一直与 T/C1 的计数值 TCNT1 进行比较，一旦 TCNT1 等于 OCRIA/OCRIB，比较输出匹配信号。在下一个定时器时钟周期输出比较匹配标志 OCFIA/OCFIB 置位。如果输出匹配中断使能位 OCIEIA/OCIEIB 置位且全局中断使能位 I 被置位，则 CPU 将产生输出匹配中断。执行中断服务程序时 OCFIA/OCFIB 自动清零，也可以通过软件写“1”来清除 OCFIA/OCFIB。

T/C1 和输出比较引脚行为可以设置 5 种工作模式：普通模式、CTC（比较匹配清除计数器）模式、快速 PWM 模式、相位修正的 PWM 模式及相位和频率修正的 PWM 模式。工作模式由 TCCR1A/TCCR1B 寄存器的波形发生模式 WGM1［3：0］及比较工作模式 COM1A［1：0］、COM1B［1：0］共同决定。

（2）普通模式。普通模式（WGM1［3：0］＝0）是最简单的工作模式。在此模式下 16 位计数器 TCNT1 累加，当计数到 0xFFFF 之后，由于计数值溢出，TCNT1 简单地返回到最小值 0 重新开始计数。在 TCNT1 为 0 的同一个时钟周期里 T/C1 的溢出标志 TOV1 置位，如果 T/C1 的溢出中断位能位 TOIE1 被置位且全局中断使能位 I 被置位，则 CPU 将产生 T/C1 溢出中断。执行中断服务程序时 TOV1 被自动清零。

在普通模式下，每次计数器溢出都是从 0 开始重新计数，而不是从初值开始计数，如果要从初值开始计数，需要在计数溢出之后重新写入初值。

（3）CTC 模式。在 CTC 模式（WGM1［3：0］＝4 或者 12）下，OCRIA 或 ICR1 寄存器用于调节计数器的分辨率。当计数值 TCNT1 达到预先设定的 OCRIA（ WGM1［3：0］＝4）或者 ICR1（WGM1［3：0］＝12）时，TCNT1 被自动清零。OCRIA 或 ICR1 定义了计数器的最大计数值。这个模式使得用户可以很容易地控制输出比较匹配的频率。利用 OCFIA 或 ICF1 标志可以在计数值到预设值时产生中断，在中断服务程序里更新预设值。为了在 CTC 模式下得到输出波形，可以设置 OC1A 引脚在每次比较匹配发生时改变逻辑电平，这可以通过设置 COM1A 来完成。

（4）快速 PWM 模式。快速 PWM 模式（WGM1［3：0］＝5、6、7、14 或 15）用来产生高频 PWM 波形，快速 PWM 模式与其他 PWM 模式的不同之处在于其单斜坡的工作方式。计数器从 0x0000 计数到预定的最大值，然后立即返回到 0x0000 重新开始。对于普通的比较输出模式，输出比较引脚 OCIA/OCIB 在 TCNT1 与 OCRIA/10CRIB 匹配时置位，在最大值时清零；对于反向比较输出模式，OCIA/OCIB 动作正好相反。由于使用单斜坡模式，快速 PWM 模式的工作频率比使用双斜坡的相位修正 PWM 模式高一倍。此高频操作特性使得快速 PWM 模式十分适应于功率调节、整流和 DAC 应用。

快速 PWM 模式计数器的最大值可固定为 8、9 或 10 位，也可由 ICR1 或 OCR1A 定义。计数器的计数值一直累加到固定值 0x00FF、0x01FF、0x3FF（WGM1［3：0］＝5、6 或 7）、ICR1（WGM1［3：0］＝14），或 OCR1A（WGM1［3：0］＝ 15），然后在下一个时钟周期清零。计数器达到最大值时 T/C1 溢出标志 TOV1 置位。若最大值是由 OCR1A 或 ICR1 定义的，则 OC1A 或 ICF1 标志将与 TOV1 在同一个时钟周期置位。

工作于快速 PWM 模式时，比较单元可以在 OCIA/OCIB 引脚上输出 PWM 波形。设置

COM1A [1∶0] /COM1B [1∶0] 为 2 可以产生普通的 PWM 波形；设置 COM1A [1∶0] / COM1B [1∶0] 为 3 则可以产生反向 PWM 波形。

(5) 相位修正 PWM 模式。相位修正 PWM 模式（WGM1 [3∶0] =1、2、3、10 或 11）为用户提供了一个获得高精度相位修正 PWM 波形的方法。此模式基于双斜坡操作。计数器重复地从 0 到最大值，然后又从最大值反向计数到 0x0000。在一般的比较输出模式下，当计数器向上计数时若 TCNT1 与 OCR1A/OCR1B 匹配，则 OC1A/OC1B 清零为低电平；而在向下计数时 TCNT1 与 OCR1A/OCR1B 匹配，则 OCIA/OCIB 置位为高电平。工作于反向输出比较时则正好相反。与单斜坡方式相比，双斜坡操作可获得的最大频率更低，但由于其波形的对称性，十分适合于电机控制应用。

(6) 相位与频率修正 PWM 模式。相位与频率修正 PW 相位与频率修正 PWM 模式（WGM1 [3∶0] =8 或 9）简称相频修正模式，可以产生高精度相位与频率都准确的 PWM 波形。与相位修正模式类似，相频修正 PWM 模式基于双斜坡操作。计数器重复地从 0x0000 计数到最大值，然后又从最大值反向计数到 0x0000。在一般的比较输出模式下，当计数器向上计数时若 TCNT1 与 OC1A/OC1B 匹配，则 OC1A/OC1B 清零为低电平：而在向下计数时若 TCNT1 与匹配，则 OCIA/OCIB 清零为低电平；而在向下计数时若 TCNT1 与 OCRIA/OCRIB 匹配，则 OCIA/OCIB 置位为高电平。工作于反向输出比较时则正好相反。与单斜坡方式相比，双斜坡操作可获得的最大频率更低，但由于其波形的对称性，十分适合于电机控制应用。

相频修正 PWM 模式与相位修正 PWM 模式的主要区别在 OCR1A/OCR1B 更新时间。

相频修正 PWM 模式计数器的最大值由 ICR1 或 OCR1A 定义。计数器的数值一直累加到 ICR1（WGM1 [3∶0] =10）或 OCR1A（WGM1 [3∶0] =11），然后改变计数方向。

工作于相位修正 PWM 模式时，比较单元可以在 OC1A/OC1B 设置 COM1A [1∶01/ COM1B [1∶0] 产生普通的 PWM 波形，设置 COM1A [1∶0] / COM1B [1∶0] 为 3 可以产生反向 PWM 波形。

工作于非 PWM 模式下，可以通过对强制输出比较位 FOC1A/FOC1B 写“1”的方式产生比较匹配。强制比较匹配不会置位 OCF1A/OCF1B 标志位，也不会重载/清零定时器。但 OC1A/OC1B 引脚将被更新，好像真的发生了比较匹配一样。但要注意的是，CPU 在任意模式写 TCNT1 都将在下一个定时器时钟周期里阻止比较匹配一次。

T/C1 的 TCNT1、OCRIA、OCRIB 及 ICR1 都是 16 位的寄存器。AVR CPU 通过 8 位数据总线访问这些寄存器，读写寄存器需要 2 次操作。每个 16 位寄存器都有一个 8 位临时寄存器来存放高 8 位数据。每个定时器所属的 16 位寄存器共用相同的临时寄存器。访问低字节会触发 16 位读和写操作。在写 16 位寄存器时，应该先写入该寄存器的高位数据，而读 16 位寄存器时应该先读寄存器的低位数据。

6. T/C1 的相关的寄存器

(1) T/C1 控制寄存器 TCCRIA（见表 5-12）。

表 5-12　T/C1 控制寄存器 TCCRIA

位	B7	B6	B5	B4	B3	B2	B1	B0
符号	COM1A1	COM1A0	COM1B1	COM1B0	FOC1A	FOC1B	WGM11	WGM10
初值	0	0	0	0	0	0	0	0

B7：6 位 COM1A [1∶0]：通道 A 的比较输出模式。

B5：4 位 COM1B [1∶0]：通道 B 的比较输出模式。

COM1A [1:0] 与 COM1B [1:0] 分别控制 OCIA 与 OCIB 的状态，COM1A [1:0] 或 COM1B [1:0] 的 1 位或 2 位被写“1”，OC1A 或 OC1B 输出功能将取代 I/O 端口的功能。此时 OC1A 或 OC1B 相应的输出引脚数据方向控制必须置位使能输出驱动器。

OC1A 或 OC1B 与物理引脚连接时，COM1A [1:0] 或 COM1B [1:0] 的功能由 WGM1 [3:0] 的设置决定。

表 5－13 给出 WGM1 [3:0] 设置为普通模式与 CTC 模式（非 PWM）时 COM1A、COM1B [1:0] 的功能定义。

表 5－13　普通模式与 CTC 模式

COM1A1/COM1B1	COM1A0/COM1B0	说　明
0	0	正常端口
0	1	比较匹配时 OC1A/OC1B 取反
1	0	比较匹配时 OC1A/OC1B 清零
1	1	比较匹配时 OC1A/OC1B 置位

表 5－14 给出 WGM1 [3:0] 设置为快速 PWM 时 COM1A、COM1B [1:0] 的功能定义。

表 5－14　快速 PWM 模式

COM1A1/COM1B1	COM1A0/COM1B0	说明
0	0	正常端口
0	1	WGM1 [3:0] =15 比较匹配时 OC1A 取反，OC1B 不与物理引脚连接
1	0	比较匹配时 OC1A/OC1B 清零，计数到最大值时，OC1A/OC1B 置位
1	1	比较匹配时 OC1A/OC1B 置位，计数到最大值时，OC1A/OC1B 清零

表 5－15 给出 WGM1 [3:0] 设置相位修正 PWM 时 COM1A、COM1B [1:0] 的功能定义。

表 5－15　相位修正 PWM 模式

COM1A1/COM1B1	COM1A0/COM1B0	说　明
0	0	正常端口
0	1	WGM1 [3:0] =9 或 14，比较匹配时 OC1A 取反，OC1B 不与物理引脚连接
1	0	在向上比较匹配时 OC1A/OC1B 清零，在向下比较匹配时 OC1A/OC1B 置位
1	1	在向上比较匹配时 OC1A/OC1B 置位，在向下比较匹配时 OC1A/OC1B 清零

B3 位 FOC1A：通道 A 强制输出比较。

B2 位 FOC1B：通道 B 强制输出比较。

FOC1A、FOC1B 只有当 WGM1 [3:0] 指定为非 PWM 时才被激活。为与未来器件兼容，工作在PWM模式下对TCCR1A写入时，这两位必须清零。当FOC1A/FOC1B位置1，立即强制波形产生单元进行比较匹配。COM1A、COM1B［1：0］的设置改变OC1A/OC1B的输出。FOC1A/FOC1B位作为选通信号。COM1A、COM1B［1：0］位的值决定强制比较的效果。

在CTC模式下使用OCR1A作为TOP值，FOC1A/FOC1B选通既不会产生中断也不会清除定时器。FOC1A/FOC1B位总是读为0。

B［1：0］位WGM1［1：0］波形发生模式。

这两位与位于TCCR1B寄存器的WGM1［3：2］相结合。用于控制计数器的计数序列，即计数器计数的上限值和确定波形发生器的工作模式。

T/C1支持的工作模式有普通模式、CTC模式及3种PWM模式。波形产生模式见表5-16。

表5-16　波形产生模式

模式	WGM13	WGM12	WGM11	WGM10	工作模式	最大值	更新时间	TOV1置位时刻
0	0	0	0	0	普通	0xFFFF	立即	0xFFFF
1	0	0	0	1	8位相位修正PWM	0x00FF	最大值	0x0000
2	0	0	1	0	9位相位修正PWM	0x01FF	最大值	0x0000
3	0	0	1	1	10位相位修正PWM	0x03FF	最大值	0x0000
4	0	1	0	0	CTC	OCR1A	立即	0xFFFF
5	0	1	0	1	8位快速PWM	0x00FF	最大值	最大值
6	0	1	1	0	9位快速PWM	0x01FF	最大值	最大值
7	0	1	1	1	10位快速PWM	0x03FF	最大值	最大值
8	1	0	0	0	相频修正PWM	ICR1	0	0x0000
9	1	0	0	1	相频修正PWM	OCR1A	0	0x0000
10	1	0	1	0	相位修正PWM	ICR1	最大值	最大值
11	1	0	1	1	相位修正PWM	OCR1A	最大值	最大值
12	1	1	0	0	CTC	ICR1	立即	0xFFFF
13	1	1	0	1	保留	—	—	—
14	1	1	1	0	快速PWM	ICR1	最大值	最大值
15	1	1	1	1	快速PWM	OCR1A	最大值	最大值

(2) T/C1控制寄存器TCCRIB（见表5-17）。

表5-17　T/C1控制寄存器TCCRIB

位	B7	B6	B5	B4	B3	B2	B1	B0
符号	ICNC1	ICES1	—	WGM13	WGM12	CS12	CS11	CS10
初值	0	0	0	0	0	0	0	0

B7位ICNC1：输入捕获噪声抑制使能位。置位ICNC1将使能输入捕获噪声抑制功能，此时外部引脚ICP1输入被滤波，其作用是从ICP1引脚连续进行4次采样。如果4次采样值都相同，那么信号将送入边沿检测器。因此使能该功能使得输入捕获被延迟4个时钟周期。

B6位ICES1：输入捕获触发边沿选择。置位ICES1选择逻辑电平的上升沿触发输入捕获；清零ICES1，选择下降沿触发输入捕获。

B5位——保留位：为与将来的器件相兼容，写TCCRIB时此位必须写入0。

B4：3 位 WGM1 [3：2]：波形发生模式。

B2：0 位 CSl [2：0]：T/C1 时钟选择。

(3) T/C1 计数寄存器 TCNT1。TCNT1 由两个 8 位寄存器 TCNTIH 和 TCNTIL 组成，通过它们可以直接对 T/C1 的计数寄存器进行读写访问。

(4) T/C1 输出比较寄存器 OCR1A、OCR1B。OCR1A（OCR1B）由两个 8 位寄存器 OCR1AH、OCR1AL（OCR1BH、OCR1BL）组成。该寄存器中的 16 位数据与 TCNT1 寄存器中的 16 位计数值连续比较，一旦数据匹配，即产生一个输出比较中断或改变 OC1A、OC1B 输出逻辑电平。

(5) T/C1 输入捕获寄存器 ICR1。ICR1 由两个 8 位寄存器 ICRIH、ICRIL 组成。当外部引脚 1CP1（或 T/C1 模拟比较器）有输入捕获信号产生时，计数器 TCNT1 中的数据将自动写入 ICR1 中。ICR1 的设定值可作为计数器的最大计数值。

(6) T/C 中断屏蔽寄存器 TIMSK（见表 5－18）。

表 5－18　　T/C 中断屏蔽寄存器 TIMSK

位	B7	B6	B5	B4	B3	B2	B1	B0
符号	OCIE2	TOIE2	TICE1	OCIE1A	OCIE1B	TOIE1	OCIE0	TOIE0
初值	0	0	0	0	0	0	0	0

B5 位 TICIEl：T/C1 输入捕获中断使能位。当该位被置 1 且状态寄存器中的 I 位被置 1 时，T/C1 的输入捕获中断使能。一旦 TIFR 的 ICF1 置位，CPU 即开始执行 T/C1 输入捕获中断服务程序。

B4 位 OCIEIA：T/C1 输出比较匹配 A 中断使能位。当该位被置 1 且状态中的 I 位被置 1 时，T/C1 的输出比较匹配 A 中断位能。一旦 TIFR 的 OCFIA 置位，CPU 即开始执行 T/C1 输出比较匹配 A 中断服务程序。

B3 位 OCIE1B：T/C1 输出比较匹配 B 中断使能位。当该位被置 1 且状态寄存中的 I 位被置 1 时，T/C1 的输出比较匹配 B 中断使能位。一旦 TIFR 的 OCF1B 置位，CPU 即开始执行 T/C1 输出比较匹配 B 中断服务程序。

B2 位 TOIE1：T/C1 溢出中断使能位。当该位被置 1 且状态寄存器中的 I 位被置 1 时，T/C1 的溢出中断使能。一旦 TIFR 的 TOV1 置位，CPU 即开始执行 T/C1 溢出中断服务程序。

(7) T/C 中断标志寄存器（见表 5－19）。

表 5－19　　T/C 中断标志寄存器 TIFR

位	B7	B6	B5	B4	B3	B2	B1	B0
符号	OCF2	TOF2	ICF1	OCF1A	OCF1B	TOV1	OCF0	TOF0
初值	0	0	0	0	0	0	0	0

B5 位 ICF1：T/C1 输入捕获中断标志位。外部引脚 ICP1 出现捕获事件时 ICF1 置位。此外当 ICR1 作为计数器的最大值时，一旦计数器达到此值，ICF1 即置位。执行输入捕获中断服务程序时此位自动清零，也可通过对其写“1”清零。

B4 位 OCIF1A：T/C1 输出比较匹配 A 中断标志位。当 TCNT1 与 OCR1A 匹配时，该位被置位（不管该中断是否使能），强制输出比较 FOC1A 不会置位该位。执行输出比较匹配 A 中断服务程序时，该位自动清零，也可通过对其写“1”清零。

B3 位 OCIF1B：T/C1 输出比较匹配 B 中断标志位。当 TCNT1 与 OCR1B 匹配时，该位被置位（不管该中断是否使能），强制输出比较 FOC1B 不会置位该位。执行输出比较匹配 B 中断服务程序时，该位自动清零，也可通过对其写“1”清零。

B2 位 TOV1：T/C1 溢出中断标志位。该位的设置与 T/C1 的工作模式相关，工作于普通模式和 CTC 模式时，T/C1 溢出时 TOV1 置位（不管该中断是否使能）。执行溢出中断服务程序时 TOV1 自动清零，也可通过对其写“1”清零。

7. ATmega16 单片机的定时/计数器 2

(1) T/C2 的工作原理。T/C2 是一个通用的单通道带有输出比较匹配和 PWM 波形发生器的 8 位定时/计数器模块。T/C2 可以选择通过预分频器的系统时钟驱动，或通过 TOSC1 和 TOSC2 引脚接入的异步时钟驱动。

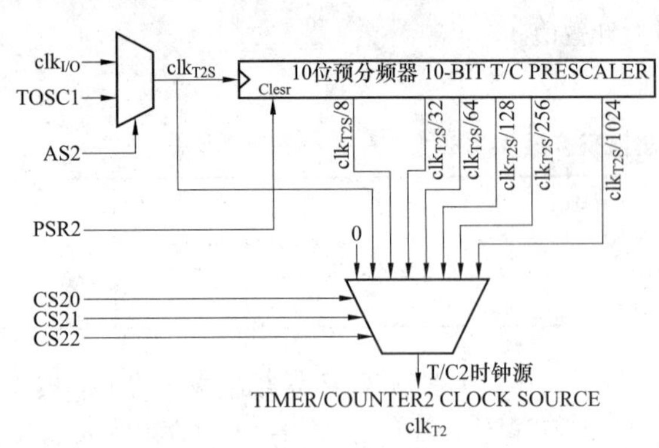

图 5-6 T/C2 的时钟分频器逻辑

T/C2 的时钟分频器逻辑如图 5-6 所示，时钟选择逻辑模块的输出称为 clk_{T2S}。分频后作为 T/C2 的驱动时钟。分频器可以对 clk_{T2S}进行 1、8、64、128、256 分频及 1024 分频，通过控制寄存器 TCCR2 设置。

双缓冲结构的 8 位输出比较寄存器 OCR2 一直与 T/C2 的计数值 TCNT2 进行比较，一旦 TCNT2 等于 OCR2，比较器即给出匹配信号。在匹配发生的下一个定时时钟周期输出比较匹配标志 OCF2 置位。如果输出比较匹配中断使能位 OCIE2 置位且全局中断使能位 I 被置位，则 CPU 将产生输出比较匹配中断。执行中断服务程序时 OCF2 自动清零，也可以通过软件写“1”来清除 OCF2。

T/C2 和输出比较行为可以设置 4 种工作模式：普通模式、CTC 模式、快速 PWM 模式及相位修正的 PWM 模式。工作模式由 TCCR2 的波形发生模式 WGM2 [1∶0] 及比较输出模式 COM2 [1∶0] 共同决定。

(2) 普通模式。普通模式（WGM2 [1∶0] = 0）为最简单的工作模式。在此模式下 8 位计数器 TCNT2 不停地累加。计到 8 位计数器的最大值后（0xFF），由于数值溢出，计数器简单地返回到最小值 0x00 重新开始计数。在 TCNT2 为零的同一个定时器时钟里 T/C2 溢出标志 TOV2 置位。如果 T/C2 的溢出中断使能位 TOIE2 被置位且全局中断使能位 I 被置位，则 CPU 将产生 T/C2 溢出中断。执行中断服务程序时 TOV2 被自动清零。

在普通模式下，每次计数器溢出都是从 0 开始重新计数，而不是从初值开始计数，如果要从初值开始计数，需要在计数溢出之后重新写入初值。

(3) CTC 模式。在 CTC 模式（WGM2 [1∶0] =2）下，OCR2 用于调节计数器的分辨率。当计数值达到预先设定的 OCR2 时，TCNT2 被自动清零。OCR2 定义了计数器的最大计数值。这个模式使得用户可以很容易地控制输出比较匹配的频率。利用 OCR2 标志可以在计数器达到 OCR2 时产生中断；在中断服务中更新 OCR2。为了在 CTC 模式下得到输出波形，可以设置 OC2 引脚在每次比较匹配发生时改变逻辑电平，这可以通过设置 COM2 [1∶0] 来完成。

(4) 快速 PWM 模式。快速 PWM 模式（WGM2 [1∶0] =3）用来产生高频 PWM 波形。PWM 模式的不同之处在于其单斜坡的工作方式。计数器从 0x00 计数到 0xFF，一回到 0x00 重新开始。对于普通的比较输出模式，输出比较引脚 OC2 在 TCNT2 与 OCR2 匹配时清零，在 0x00 时置位；对于反向比较输出模式，OC2 的动作正好相反。由于使用了单斜坡模式，快速 PWM 模式的工作频率比使用双斜坡的相位修正 PWM 模式高一倍。此高频操作特性使得快速 PWM 模式十分适合于功率调节、整流和 DAC 应用。

(5) 相位修正 PWM 模式。相位修正 PWM 模式（WGM2［1∶0］=1）为用户提供了一个获得高精度相位修正波形的方法。此模式基于双斜坡操作。计数器重复地从 0x00 计数到 0xFF，然后又反向计数到 0x00。与单斜坡方式相比，双斜坡操作可获得的最大频率更低，但由于其波形对称性，十分适合电机控制。

工作于非 PWM 模式下，可以通过对强制输出比较位 FOC2 写“1”的方式来产生比较匹配。强制比较匹配不会置位 OCF2 标志位，也不会重载/清零定时器，但 OC2 引脚将被更新，好像真的发生了比较匹配一样。但需注意的是，CPU 在任意模式下写 TCNT2 都将在下一个定时器时钟周期里阻止比较匹配。

8. T/C2 相关的寄存器

(1) T/C2 控制寄存器 TCCR2（见表 5-20）。

表 5-20　　T/C2 控制寄存器 TCCR2

位	B7	B6	B5	B4	B3	B2	B1	B0
符号	FOC2	WGM20	COM21	COM20	WGM21	CS22	CS21	CS20
初值	0	0	0	0	0	0	0	0

B7 位 FOC2：强制输出比较位。FOC2 仅在 WGM2［1∶0］设置为非 PWM 时才有效。为了保证与未来器件的兼容性，在使用 PWM 时，写 TCCR2 时要对其清零。对其写“1”后波形比较器将立即进行比较操作，比较匹配时，引脚 OC2 将按照 COM2［1∶0］设置输出相应的电平。要注意 FOC2 类似于一个锁存信号，真正对强制输出比较起作用的是 COM2［1∶0］的设置。FOC2 不会引发任何中断，也不会利用 OCR2 在 CTC 模式下对定时器进行清零操作。读 FOC2 总是返回 0。

B6 和 B3 位 WGM2［1∶0］波形模式产生位。这 2 位控制计数器的计数序列、计数器的最大值及产生的波形。T/C2 支持的模式有普通模式、CTC 模式及两种 PWM 模式。波形产生模式定义见表 5-21。

表 5-21　　波形产生模式定义

模式	WGM21	WGM20	T/C2 模式	最大值	更新时间	T0V2 置位时刻
0	0	0	普通	0xFF	立即	0xFF
1	0	1	PWM	0xFF	0xFF	0x00
2	1	0	CTC	OCR0	立即	0xFF
3	1	1	快速 PWM	0xFF	0xFF	0xFF

B5 位和 B4 位 COM2［1∶0］比较匹配输出模式。这些位决定了比较引脚 OC2 的电平。如果 COM2［1∶0］不全为 0，则 OC2 以比较匹配输出的方式进行工作。同时其方向控制位需要设置为 1 使能 I/O 的输出驱动接到物理引脚上的时候，COM2［1∶0］的功能依赖于 WGM2［1∶0］的设置。

表 5-22 给出了 WGM2［1∶0］设置为普通模式或 CTC 模式时的 COM2［1∶0］的功能。

表 5－22　普通模式或 CTC 模式

COM21	COM20	说明
0	0	正常端口操作，不与 OC2 连接
0	1	比较匹配时，OC2 取反
1	0	比较匹配时，OC2 清零
1	1	比较匹配时，OC2 置位

表 5－23 给出了当 WGM2［1∶0］设置为快速 PWM 模式时 COM2［1∶0］的功能。

表 5－23　比较输出模式，快速 PWM 模式

COM21	COM20	说明
0	0	正常端口操作，不与 OC2 连接
0	1	保留
1	0	比较匹配时 OC2 清零，计数到 0xFF 时 OC2 置位
1	1	比较匹配时 OC2 置位，计数到 0xFF 时 OC2 清零

一个特殊的情况是当 OCR2 等于 0xFF 时，比较匹配将被忽略，而计数到 0xFF 时 OC2 的动作继续有效。

表 5－24 给出了当 WGM2［1∶0］设置相位修正的 PWM 模式时 COM2［1∶0］的功能

表 5－24　比较输出模式，相位修正的 PWM 模式

COM21	COM20	说明
0	0	正常端口操作，不与 OC2 连接
0	1	保留
1	0	在向上计数发生比较匹配时 OC2 清零，在向下计数发生比较匹配时 OC2 置位
1	1	在向上计数发生比较匹配时 OC2 置位，在向下计数发生比较匹配时 OC2 清零

一个特殊的情况是当 OCR2 等于 0xFF 时，比较匹配将被忽略，而计数到 0xFF 动作继续有效。

B2～B0 位 CS2［2∶0］时钟选择位。用于选择 T/C2 的时钟源，表 5－25 给出 T/C2 的时针选择位定义。

表 5－25　T/C2 时针选择位定义

CS22	CS21	CS20	说明
0	0	0	无时钟
0	0	1	$Clk_{I/O}/1$
0	1	0	$Clk_{I/O}/8$（来自预分频）
0	1	1	$Clk_{I/O}/64$（来自预分频）
1	0	0	$Clk_{I/O}/256$（来自预分频）
1	0	1	$Clk_{I/O}/1024$（来自预分频）
1	1	0	时钟由 T2 引入，下降沿触发
1	1	1	时钟由 T2 引入，上升沿触发

（2）T/C2 计数寄存器 。通过 T/C2 寄存器 TCNT2 可以直接对计数器的 8 位数据进行读写访问。对 TCNT2 寄存器的访问将在下一个时钟阻止比较匹配。在计数器运行的过程中修改 TCNT2 的数值，可能会丢失一次 TCNT2 和 OCR2 的比较匹配。

（3）输出比较寄存器 OCR2。输出比较寄存器 OCR2 包含一个 8 位的数据，不间断地与计数寄存器 TCNT2 的计数值进行比较，匹配事件可以用来产生输出比较中断，也可以用来在 OC2 引脚上产生波形。

（4）T/C 中断屏蔽寄存器 TIMSK（见表 5－26）。

表 5－26　　T/C 中断屏蔽寄存器 TIMSK

位	B7	B6	B5	B4	B3	B2	B1	B0
符号	OCIE2	TOIE2	TICE1	OCIE1A	OCIE1B	TOIE1	OCIE0	TOIE0
初值	0	0	0	0	0	0	0	0

B7 位 OCIE2：T/C2 输出比较匹配中断使能位。当 OCIE2 和状态寄存器的中断使能位 I 都置位时，T/C2 的输出比较中断使能。当 T/C2 匹配事件发生，即 TIFR 中的 OCF2 置位时，产生输出比较匹配中断。

B6 位 TOIE2：T/C2 溢出中断使能位。当 TOIE2 和状态寄存器 SREG 的全局中断使能位 I 都置位时，T/C2 的溢出中断使能。当 T/C2 发生计数溢出，即 TIFR 中的 TOV2 置位时，产生溢出中断。

（5）中断标志寄存器 TIFR（见表 5－27）。

表 5－27　　T/C 中断标志寄存器 TIFR

位	B7	B6	B5	B4	B3	B2	B1	B0
符号	OCF2	TOF2	ICF1	OCF1A	OCF1B	TOV1	OCF0	TOF0
初值	0	0	0	0	0	0	0	0

B7 位 OCF2：T/C2 输出比较标志。当 T/C2 与 OCR2（输出比较寄存器）的值匹配时，OCF2 置位（不管中断是否使能）。此位在执行中断服务时硬件清零，也可以由软件写“1”清零。当 SREG 寄存器中的 I 和 TIMSK 中的 OCIE2 及 OCF2 都置位时，中断服务程序得以执行。

B6 位 TOF2：T/C2 溢出标志。当 T/C2 计数溢出时，TOV2 置位（使能）。此位在执行中断服务程序时硬件清零，也可以由软件写“1”清零。SREG 寄存器中的 I 和 TIMSK 中的 TOIE2 都置位时，中断服务程序得到执行。需要注意的是，在相位修正的 PWM 模式中，当 T/C2 在 0x00 改变时计数方向时 TOV2 置位。

（6）特殊功能寄存器 SFIOR（见表 5－28）。

表 5－28　　特殊功能寄存器 SFIOR

位	B7	B6	B5	B4	B3	B2	B1	B0
符号	ADTS2	ADTS1	ADTS0	—	ACME	PUD	PSR2	PSR10
初值	0	0	0	0	0	0	0	0

B1 位 PSR2：T/C2 的预分频器复位。PSR2 置位时。PSR2 置位时 T/C2 的预分频器复位，这一位由硬件清零，写入 0 时不会引起任何操作。读该位总是返回 0。

（7）异步状态寄存器 ASSR（见表 5－29）。

表 5-29 异步状态寄存器 ASSR

位	B7	B6	B5	B4	B3	B2	B1	B0
符号	—	—	—	—	AS2	TCN2UB	OCR2UB	TCR2UB
初值	0	0	0	0	0	0	0	0

B3 位 AS2：T/C2 异步时钟选择位。AS2 为 0 时 T/C2 由系统时钟 $Clk_{I/O}$ 驱动，为 1 时 T/C2 由连接在 TOSC1 和 TOSC2 的晶体振荡器驱动。改变 AS2 有可能破坏 TCNT2、OCR2 和 TCCR2 的内容。

B2 位 TCN2UB：TCNT2 更新中。T/C2 工作于异步模式时，写 TCNT2 将引起 TCN2UB 置位。当 TCNT2 从暂存器更新完毕之后，TCN2UB 硬件自动清零。TCN2UB 为 0 表明 TCNT2 可以写入新的数据。

B1 位 OCR2UB：OCR2 更新中。T/C2 工作于异步模式时，写 OCR2 将引起 OCR2 置位。当 OCR2 从暂存器更新完毕之后，OCR2UB 硬件自动清零。OCR2UB 为 0 表明 OCR2 可以写入新的数据。

B0 位 TCR2UB：TCCR2 更新中。T/C2 工作于异步模式时，写 TCCR2 将引起 TCR2UB 置位。当 TCCR2 从暂存器更新完毕之后 TCR2UB 硬件自动清零。TCR2UB 为 0 表明 TCCR2 可以写入新的数据。

注意，在更新标志位置位的时候写上述任何一个寄存器都将引起数据的破坏，并引起不必要的中断。

二、Atmega16 单片机定时器/计数器的使用

1. 定时器时钟信号的选择

(1) 使用系统时钟。Atmega16 单片机的预分频器可以使用系统时钟，这时系统时钟的频率较高，因此只适用于比较短的定时。

预分频比可以通过设置 TCCRx 的 CSx2、CSx1、CSx0 来选定，这时，CSx2、CSx1、CSx0 至少有一个不为 0，最高分频比可以得到 1/1024，分频比越大，相对定时越长。

(2) 使用外部时钟。Atmega16 单片机的 T/C0、T/C1 可以使用外部时钟，这样可以在较大范围选择外部时钟信号作计数时钟信号。CPU 的时钟信号与外部时钟同步，CPU 在每一个时钟的上升沿都会对外部时钟取样。CPU 的取样至少需要两个时钟周期才可检测到引脚信号的变化，所以，外部时钟的最大频率是 CPU 时钟的一半。外部时钟的上升沿和下降沿都能作为触发事件，可以通过设置 TCCRx 来确定。关闭定时器，可以通过设置 TCCRx=0x00 实现。

(3) 使用异步时钟。Atmega16 单片机的 T/C2 可以使用外部的异步时钟作为时钟源信号，这时可以在单片机的外引脚 TOSC1、TOSC2 外接一个石英或陶瓷振荡器连接内部振荡器，振荡器专门使用 32.768kHz 晶体或陶瓷振荡器，这个频率适合作实时时钟。

使用外部的异步时钟的优点是在使用高速系统时钟作高速处理的同时，可以独立使用另外一个时钟频率来进行精确定时。

2. 计数器事件

(1) 输入捕捉事件。把一个输入引脚当作触发输入事件来使用，这个引脚上的信号电平的变化引起计数值被读取，同时存入输入捕捉寄存器 ICRx，同时置位中断标志寄存器 TIFR 的输入捕捉标志位 ICFx。利用输入捕捉，可以测量外部输入脉冲的宽度。

(2) 时钟溢出事件。时钟溢出是指定时/计数器计数值达到最大值后复位到 0 并重新开始

计数的事件。计数器的最大值与计数分辨率（位数，字长度 8 或 16 位）有关。计数溢出会导致定时/计数器的中断标志寄存器 TIFR 的溢出标志位 TOVx 置位为 1。

（3）比较匹配事件。Atmega16 单片机中设置有输出比较寄存器，在输出比较寄存器 OCRx 中放置一个从 0 到最大值之间的数据，在计数过程中，每个时钟周期都会将计数值与 OCRx 的数据作比较，当计数值达到这个 OCRx 时，相应的中断标志寄存器 TIFR 中的比较匹配标志位 OCFx 就会置 1，产生比较匹配中断。计数器可以设置在比较匹配时清零，相关输出引脚可以设置为在输出比较匹配时自动清零、置 1 或取反。计数器可以设置在最大值时清零，比较匹配置位，相关输出引脚可以设置为在输出比较匹配时自动置 1、清零、或取反。这些特性适合产生不同频率的方波信号，适合不同的 PWM 输出。还可以将定时/计数器当数模转换 DAC 来使用。

3. 定时/计数事件处理

定时/计数器是一个硬件，独立于程序执行而运行。每一个事件都可以在中断标志寄存器触发一个相应的中断标志位，通知 CPU 进行中断处理。在编程中可用查询方式、中断方式和比较匹配方式对定时/计数事件进行处理。

（1）查询方式。CPU 不断查询状态标志、中断标志，然后进行相应的处理。在这种方式下，CPU 不能做任何其他事情，只能不停地查询这些事件是否发生，CPU 工作效率低。

（2）中断方式。CPU 配置为在事件发生时进入中断处理程序，与查询方式相比，这种方式优点是 CPU 平时可以处理其他事务，在中断发生时处理中断事务。CPU 工作效率大大提高。

（3）比较匹配方式。CPU 在计数过程中同时通过输出比较寄存器与计数器，一旦计数器值与输出比较寄存器设置值相等，即刻清零计数器，并产生比较匹配事件。当比较匹配时，相应输出引脚可以设置为置位、清零或取反。与查询、中断方式比较，这种方式并行于程序运行，不需要程序处理时间，可以提高定时精度。

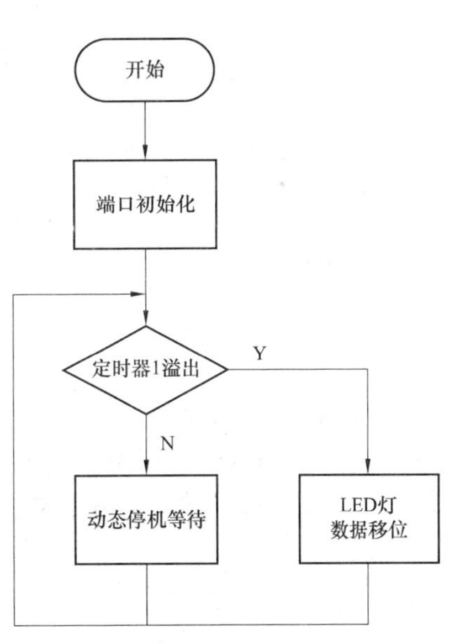

图 5－7　流水灯控制程序流程

三、单片机的定时器应用

1. 用定时器实现流水灯控制

流水灯控制过程中只有一盏 LED 灯是灭的，其他是亮的；依次熄灭各个 LED 灯，8 盏灯循环熄灭。

灯闪烁可以通过变量移位赋值的方式实现，即 PORTB ＝0x00｜（1≪i），通过定时器控制闪烁时间间隔。

用定时器实现流水灯控制的程序流程如图 5－7 所示。

2. 定时器流水灯控制程序

（1）使用查询方式。

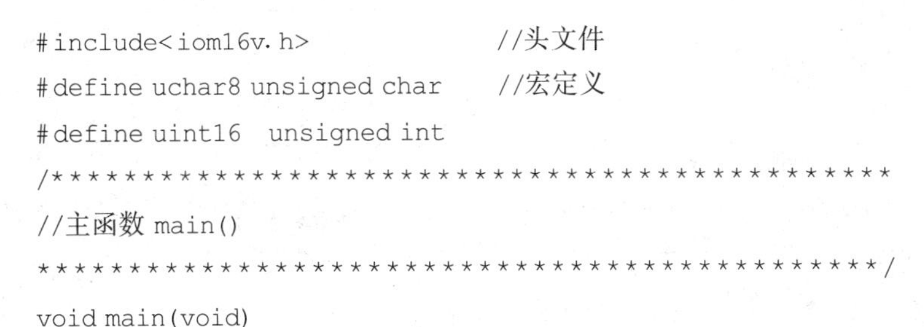

```
#include<iom16v.h>                    //头文件
#define uchar8 unsigned char          //宏定义
#define uint16  unsigned int
/*********************************************
//主函数 main()
*********************************************/
void main(void)
```

```
{
    uchar8 cnt,status;              //定义局部变量
        DDRA=0xff;         //用于打开 LED 锁存
        DDRB=0xff;        //PB0～7 为输出状态
        PORTA=0xff;
        PORTB=0xff;        //PB 为输出高电平,熄灭所有 LED
        PORTA=0xe7;
        PORTA&=～(1<<PA2);      //PA2 脚输出低电平
        TCNT1H=0xCF;
        TCNT1L=0x2C;       //100ms 的定时初始值
        TCCR1B=0x03;
        for(;;);        //无限循环
    {
    do
    {
        status=TIFR&0x04;          //读取 TOV1 值  当 T/C1 溢出时,TOV1 位被置"1"
    }while(status! =0x04);        //若 TOV1 为 1,说明 100ms 定时到。
        TIFR=0x04;  //对 TOV1 重写 1 可使其清零
        TCNT1H=0xCF;
        TCNT1L=0x2C;                //重装定时初值
        cnt++;                      //计数变量加一
        if(cnt>7) cnt=0;
        PORTB=0x00|(1<<cnt);
    }
}
```

主程序首先进行控制 LED 灯的 I/O 端口初始化，然后进行定时器 1 初始化。

在检查定时器是否有溢出语句后，首先清零定时器 1 溢出标志位 TOV1，然后给定时器 1 重新赋初值，通过 cnt 记录溢出的次数，如果 cnt>7，即 8 次，复位 cnt，使 cnt 在 0～7 循环。将 1 左移 cnt 位或将 0x00 赋值给 PORB，控制 LED 熄灭灯的移位。

(2) 使用中断方式。流水灯控制，使用中断方式的控制流程如图 5-8 所示。

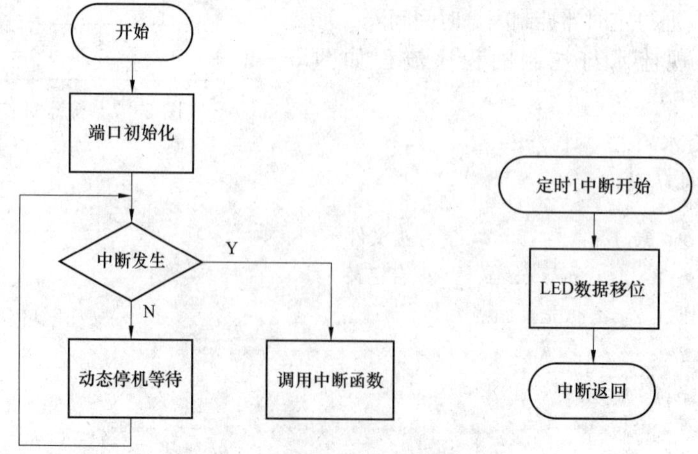

图 5-8　使用中断方式的控制流程

使用中断方式的控制程序如下：

```
#include <iom16v.h>
#define uchar8 unsigned char
#define uint16 unsigned int
uchar8 i,j;
/*********************************************
//主函数 main()
*********************************************/
void main(void)
{
    DDRA=0xff;              //用于打开 LED 锁存
    DDRB=0xff;              //PB0～7 为输出状态
    PORTA=0xff;
    PORTB=0xff;             //PB 为输出高电平,熄灭所有 LED
    PORTA=0xe7;
    PORTA&=~(1<<PA2);       //PA2 脚输出低电平
    TCNT0=0x83;             //定时器 0 赋 1ms 对应初值
    TCCR0=0x03;             //预分频设定
    TIMSK=0x01;             //定时器 0 中断允许
    SREG=0x80;              //开总中断
    while(1);               //循环等待
}
/*********************************************
//定时器 0 中断处理函数 timer0_ovf_isr(void)
*********************************************/
#pragma interrupt_handler timer0_ovf_isr:10
void timer0_ovf_isr(void)
{
TCNT0=0x83;                 //定时器 0 重新赋初值
if(++i>100)                 //记录 1ms 循环次数
{i=0;                       //1ms 循环次数达到 100
if(++j>7) j=0;              //j 记录 100ms 次数
}

PORTB=0x00|(1<<j);          //控制 LED 熄灭循环
}
```

主程序首先进行控制 LED 灯的 I/O 端口初始化，然后进行定时器 0 初始化。在定时器 0 初始时，首先设置定时器 0 初值，定时器 0 中断允许，然后再开总中断。

在定时器 0 中断处理函数中，首先重新赋定时初值，然后用 i 进行 1ms 计数，记录到 100 次，即 100ms 到，复位 i，并更新 100ms 计数值 j，如果 j 记录超过 7，复位 j。最后通过 j 控制 LED 熄灭循环。

(3) 使用比较匹配方式。

```
#include "iom16v.h"
```

```
#include "macros.h"
unsigned char i;
/******************************************
//CTC 匹配输出初始化函数 CTC1_Init()
******************************************/
void CTC1_Init()
{
   TCCR1A=0x50;                        //比较匹配输出模式,电平取反
   TCCR1B|=BIT(3);                     //方波产生模式位,模式 4,OCR1A 决定 TOP 值。
   TCCR1B|=BIT(2);                     //分频为 256
   OCR1A=3125;                         //分频为 256 时,OCR1A 初值为 3125,输出 5Hz 方波
   TIMSK|=BIT(4);                      //比较匹配中断
   TIFR|=0x10;
   TCNT1=0;
}
/******************************************
//主函数 main()
******************************************/
void main()
{
      DDRA=0xff;                       //PA0~7 为输出状态,用于打开 LED 锁存
      DDRB=0xff;                       //PB0~7 为输出状态
      PORTA=0xff;                      //PA 为输出高电平
      PORTB=0xff;                      //PB 为输出高电平,熄灭所有 LED
      PORTA=0xe7;                      //关闭数码管、蜂鸣器
      PORTA&=~(1<<PA2);                //PA2 脚输出低电平
   CTC1_Init();                        //调用 CTC1_Init()函数
   SREG|=0x80;                         //开总中断
   while(1);                           //循环等待
}
/******************************************
//CTC1 中断处理函数 CTC1_Init()
******************************************/
#pragma interrupt_handler CTC1_isr:20
void CTC1_isr()
{
   OCR1A=3125;                         //OCR1A 赋初值为 3125
   TCNT1=0;                            //TCNT1 赋值 0
   if(i> =2) i=0;                      //交替循环控制
   if(i==1) PORTB|=BIT(1);             //熄灭 LED1
   else if(i==0) PORTB&=~BIT(1);       //点亮 LED1
   i++;                                //循环变量加 1
}
```

技能训练

一、训练目标

(1) 学会LED灯的定时驱动。

(2) 学会8只LED灯的流水控制。

二、训练步骤与内容

1. 建立一个工程

(1) 在C：\iccv7avr\examples. avr\avr16下，新建一个文件夹E01。

(2) 启动ICCV7软件。

(3) 选择执行“Project”(工程)菜单下的“New”(新建一个工程项目)命令，弹出创建新项目对话框。

(4) 在创建新项目对话框，输入工程文件名“E001”，单击“保存”按钮。

2. 编写程序文件

(1) 单击执行“File”(文件)菜单下的“New”(新建文件)命令，新建一个文件。

(2) 单击执行“File”(文件)菜单下的“Save as”(另存文件)命令，弹出另存文件对话框，在文件名栏输入“main. c”，单击“保存”按钮，保存文件。

(3) 在右边的工程浏览窗口，右键单击“File”(文件)选项，在弹出的右键菜单中，选择执行“Add File”。

(4) 弹出选择文件对话框，选择main. c文件，单击“打开”按钮，文件添加到工程项目中。

(5) 在main中输入“使用查询方式控制LED灯”程序，单击工具栏“▣”保存按钮，并保存文件。

3. 编译程序

(1) 单击“Project”(项目)菜单下的“Option”(选项)命令，弹出选项设置对话框。

(2) 在“Target”(目标元件)选项页，在“Device Configuration”(器件配置)下拉列表选项中选择“ATmega16”。

(3) 单击“Project”(项目)菜单下的“Make Project”(编译项目)命令，编译项目文件。

4. 下载调试程序

(1) 双击HJ-ISP下载软件图标，启动HJ-ISP软件。

(2) 在芯片选择栏，单击下拉列表，选择“ATmega16”。

(3) 单击右侧文件选择区下“调入Flash”按钮，弹出选择文件对话框，选择E001. HEX文件，单击“打开”按钮，打开需下载的文件E001. HEX。

(4) 单击HJ-ISP软件中的“自动”按钮，程序自动下载。

(5) 观察HJ-2G单片机开发板与PB口连接的发光二极管LED流水灯的状态变化。

(6) 修改定时器的参数，重新编译、下载程序，观察HJ-2G单片机开发板与PB口连接的发光二极管LED流水灯的状态变化。

5. 新建一个工程

(1) 新建一个文件夹，命名为E02。

(2) 新建一个项目 E002。

(3) 新建一个文件 main. c，将文件添加到项目中。在文件中输入“使用中断方式控制 LED 灯”程序，单击工具栏“”保存按钮，并保存文件。

6. 编译程序

(1) 单击“Project”(项目) 菜单下的“Option”(选项) 命令，弹出选项设置对话框。

(2) 在“Target”(目标元件) 选项页，在“Device Configuration”(器件配置) 下拉列表选项中选择“ATmega16”。

(3) 单击“Project”(项目) 菜单下的“Make Project”(编译项目) 命令，编译项目文件。

7. 下载调试程序

(1) 双击 HJ - ISP 下载软件图标，启动 HJ - ISP 软件。

(2) 在芯片选择栏，单击下拉列表，选择“ATmega16”。

(3) 单击右侧文件选择区下“调入 Flash”按钮，弹出选择文件对话框，选择 E002. HEX 文件，单击“打开”按钮，打开需下载的文件 E002. HEX。

(4) 单击 HJ - ISP 软件中的“自动”按钮，程序自动下载。

(5) 观察 HJ - 2G 单片机开发板与 PB 口连接的发光二极管 LED 流水灯的状态变化。

(6) 修改定时器的参数，重新编译、下载程序，观察 HJ - 2G 单片机开发板与 PB 口连接的发光二极管 LED 流水灯的状态变化。

任务 11　单片机的电子跑表设计

基础知识

一、C 语言的数据

程序离不开数据，无论是简单 LED 驱动，还是响个不停的蜂鸣器，之后到数码管，再到定时器、计数器，都在与数据打交道。

1. 变量与常量数据

变量是相对常量来说的。前面写过的程序中用过的常量太多了，例如：1、10 、0x3B 等，这些数据从程序执行开始到程序结束，数据一直没有发生变化，这种数据就叫常量。相反，随程序执行而变化的数据就是变量了，例如 for 循环中 i、j 等，第一次是 0，之后加加变为 1，再之后变为其他自然数等。

随程序执行而变化的数据就是变量了，既然是变量，那么就得有个范围，否则越界了怎么办。接下来看看 C51 中变量的范围，仅仅是 C51，这与 C 语言在别的编译器中有些区别。C51 常用数据类型见表 5 - 30。

表 5 - 30　C51 常用数据类型

数据类型	定义	范围
字符型	unsigned char	0～255
	signed char	−128～127
整型	unsigned int	0～65 535
	signed int	−32 768～32 767

续表

数据类型	定义	范围
长整型	unsigned long int	0～4 294 967 295
	signed long int	−2 147 483 648～2 147 483 647
浮点型	float	$-3.4\times10^{38}\sim3.4\times10^{38}$
	double float	$-3.4\times10^{38}\sim3.4\times10^{38}$ (C51)

最后总结一句：读者以后编写程序时，对于变量只用小，不用大。能用 char 解决的变量问题，就不用 int 型，也不必用 long int 型，否则既浪费资源，又会使程序跑得比较慢，但一定不要越界。例如，"unsigned char i;for (i=0;i<1000;i++)"，这样程序会一直在 for 循环里跑，因为 i 怎么加也超不过 1000。

2. 变量的作用域

C 语言中的每一个变量都有自己的生存周期和作用域，作用域是指可以引用该变量的代码区域，生命周期表示该变量在存储空间存在的时间。根据作用域来分，C 语言变量可分为两类：全量变量和局部变量。根据生存周期又分为：动态存储变量和静态存储变量。

(1) 全局变量。全局变量也称为外部变量，是在函数外部定义的变量，作用域为当前源程序文件，即从定义该变量的当前行开始，直到该变量源程序文件的结束。在这个区间的所有的函数都可以引用该变量。

读者以后在用全局变量时需要注意几点：

1) 对于局部变量的定义和说明，可以不加区分。而对于全局变量则不然，全局变量的定义和全局变量的说明并不是一回事。全局变量定义必须在所有的函数之外，且只能定义一次。

而全局变量的说明出现在使用该全局变量的各个函数内，在整个程序中可能出现多次。全局变量在定义时就已分配了内存单元，全局变量定义可作初始赋值，全局变量说明不能再赋初值，只能表明在函数内部要使用某全局变量。

2) 全局变量可加强函数模块之间的数据联系，但是又使函数要依赖这些变量，因而使得函数的独立性降低。从模块化程序设计的观点来看，这是不利的。能不用全局变量的地方，就一定不要用。

3) 在同一源文件中，允许全局变量与局部变量同名。在局部变量作用的区域，全局变量不起作用。

(2) 局部变量。局部变量也称为内部变量，是定义在函数内部的变量，其作用域仅仅限于函数或复合语句内，离开该函数或复合语句后将无法再引用该变量。注意，这里说的复合语句指包含在"{ }"内的语句，例如"if (条件 a) {int a=0;}"，在该复合语句中变量作用域为定义 a 的那一行开始到大括号结束。

注意：

1) 主函数中定义的变量只能在主函数中使用，不能在其他函数中使用。同时，主函数中也不能使用其他函数定义的变量，因为主函数也是一个函数。与其他函数是平行关系。

2) 形参变量是属于被调函数的局部变量，实参变量是属于主调函数局部变量。

3) 允许在不同的函数中使用相同的变量名。虽然允许，但为了使程序简单明了，不建议在不同函数中使用相同的变量名。

3. 变量的存储类别

根据生存周期又分为：动态存储变量和静态存储变量。

(1) auto自动变量（动态局部变量）。自动变量auto是默认的存储类别。根据变量的定义位置决定变量的生命周期和作用域，如果定义在函数外，则为全局变量。定义在函数或复合语句内，则为局部变量。C语言中如果忽略变量的存储类别，则编译器默认将其存储类型定义为自动变量。自动变量用关键字auto做存储类别的声明。关键字auto可以省略，不写auto则默认定义为自动变量，属于动态存储方式。

(2) static静态变量。静态变量用于限定作用域，无论该变量是全局还是局部变量，该变量都存储在数据段上。静态全局变量的作用限于该文件，静态局部变量的作用域限于定义该变量的复合语句内。静态局部变量可以延长变量的生命周期，其作用域没有改变，而静态全局变量的生命周期没有改变，但其作用域却减少到该文件内。有时希望函数中的局部变量的值在函数调用结束后不消失而保留原值，这时就应该指定局部变量为静态局部变量，用关键字static进行声明。

最后对静态局部变量做几点小结，读者以后多加注意：

1) 静态局部变量属于静态存储类别，在静态存储区内分配存储单元，在程序整个运行期间都不释放。而自动变量属于动态存储类别，占用动态存储空间，函数调用结束后立即释放。

2) 静态局部变量在编译时赋初值，即只赋初值一次。而对自动变量赋初值是在函数调用时进行，每调用一次函数，重新赋一次初值，相当于执行一次赋值语句。

3) 如果在定义局部变量时不赋初值，则对静态变量来说，编译时自动赋初值0（对于数值型）或空字符（对于字符型）。而对自动变量来说，如果不赋初值，则它的值是一个不确定的值。

4) 在C51（即Keil4编译器）中，无论全局变量还是局部变量，在定义时即使未初始化，编译器也会自动将其初始化为0，因此在使用这两种变量时，不用再考虑初始化问题。但为了防止在别的编译器中出现不确定值或为了规范编程，建议读者无论是全局还是局部变量，定义之后赋初值0，这样或许能在以后的编程路上少遇点麻烦。

(3) extern外部变量（全局变量）。外部变量extern关键字扩展了全局变量的作用域，让其他文件中的程序也可以引用该变量，并不会改变该变量的生命周期。它的作用域为从定义处开始，到本程序文件的结尾。如果在定义点之前的函数想引用外部变量，则应在引用之前用关键字extern对该变量做外部变量声明，表示该变量是一个已经定义的外部变量。有了此声明，就可以从声明处开始，合法地使用该外部变量。

如果一个程序能由多个源程序文件组成。如果一个程序中需要引用另外一个文件中已经定义的外部变量，就需要使用extern来声明。正确的做法是在一个文件中定义外部变量，而在另外一个文件中使用extern对该变量作外部变量声明。

4. 变量的存储位置

(1) 存储在RAM。如果变量定义时不加限制，那么ICCV7编译器默认将该变量放置在RAM，例如“char i，j;”，变量i和j存放在RAM中。

(2) 存储在Flash。对于在程序中不需要改变的字符、数据表格等，可以存储在Flash中，ICCV7编译器对标准C语言进行了扩展，在变量前加关键字“const”进行限制，表示该数据存放在Flash中。例如const char string1 [] = {" abc" }。

二、单片机的计数控制

采用计数方式时，计数脉冲从T0（PB0）或T1（PB1）引脚输入，计数需要两个机器周期，同时还要计数脉冲的高低电平保持时间均大于一个机器周期，可以利用外部脉冲的上升沿、下降沿触发计数，当加法计数器累加到确定方式的最大值时，再来一个外部脉冲将导致计数器溢出。

本控制程序将T0设置为外部脉冲输入端，每输入一个脉冲信号，产生一个计数信号，T0计数一个脉冲。

控制程序如下：

```
# include <iom16v.h>
void main(void)
{

    DDRA=0xFF;              //设置 PA 为输出
    PORTA=0xFF;             //初始化输出高电平
   DDRB&=~0x01;             //设置 PB0 为输入
       PORTB |=0x01;        //PB0 上拉
       TCCR0=0x07;          //外部 T0 引脚,上升沿计数
       TCNT0=0x00;          //计数器初始为 0
   while(1);
}
```

首先进行端口初始化，然后设置PB0为输入，PB0上拉，设定定时器0为上升沿计数模式，初始化定时器0，等待输入脉冲，进行T0脉冲计数。

三、电子跑表设计

1. 控制要求

(1) 按下连接在INT1端的按钮KEY3时，电子跑表启动计时，记录10ms递增的次数，数码管显示计时值。

(2) 按下连接在INT1端的按钮KEY3时，电子跑表停止计时。

(3) 按下单片机的复位按钮，计时值复位。

2. 控制程序

电子跑表的控制流程如图5-9所示。

电子跑表的控制程序如下：

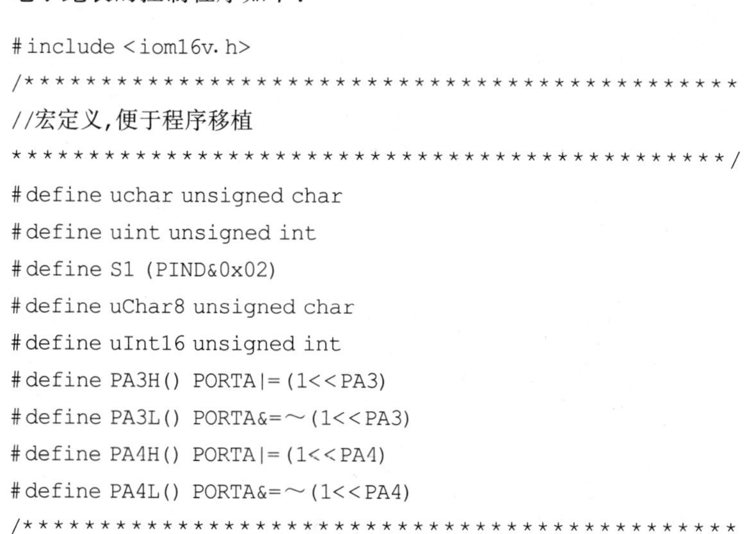

```
#include <iom16v.h>
/*********************************************
//宏定义,便于程序移植
*********************************************/
#define uchar unsigned char
#define uint unsigned int
#define S1 (PIND&0x02)
#define uChar8 unsigned char
#define uInt16 unsigned int
#define PA3H() PORTA|=(1<<PA3)
#define PA3L() PORTA&=~(1<<PA3)
#define PA4H() PORTA|=(1<<PA4)
#define PA4L() PORTA&=~(1<<PA4)
/*********************************************
```

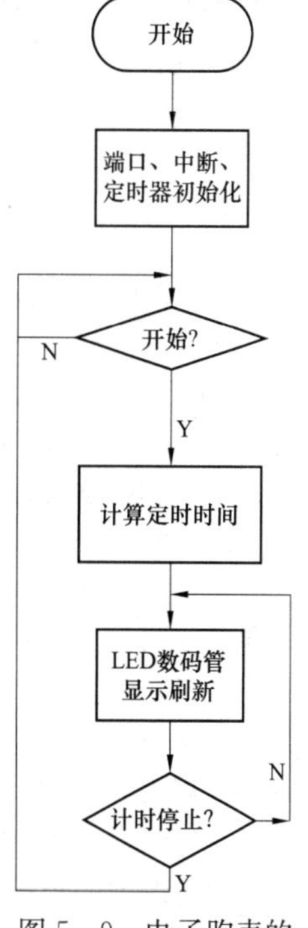

图5-9　电子跑表的控制流程

```
//数组、变量定义
*********************************************/
uChar8  Bit_Tab[]={0xfe,0xfd,0xfb,0xf7,0xef,0xdf};//位选数组
ucharconst SEG7[10]={0x3f,0x06,0x5b,0x4f,0x66,0x6d,0x7d,0x07,0x7f,0x6f};
uint cnt;
uchar start_flag;
uchar i;
/*********************************************
//端口初始化函数 port_init()
*********************************************/
void port_init(void)
{
      DDRA=0xFF;          //设置 PA 为输出
      PORTA=0xFF;         //初始化输出 A 高电平
      DDRB=0xFF;          //设置 PB 为输出
      PORTB=0xFF;         //初始化输出 B 高电平
      DDRD=0x00;          //设置 PD 为输入
      PORTD=0xFF;         //设置 PD 为上拉


}
/*********************************************
//定时器 0 初始化函数 timer0_init ()
*********************************************/
void timer0_init(void)
{
TCNT0=0x83;                  //定时器 0 赋初值
TCCR0=0x03;                  //分频设置为 64
}
/*********************************************
//定时器 0 中断处理函数 timer0_ovf_isr()
*********************************************/
#pragma interrupt_handler timer0_ovf_isr:10
void timer0_ovf_isr(void)
{ SREG=0x80;                 //重新开放总中断,保证定时准确
  TCNT0=0x83;                //定时器 0 赋初值
if(++i>4)i=0;
switch(i)
{
case 0:
{    PA4H();                 //位选开
     PORTB=Bit_Tab[0];       //送入位选数据
     PA4L();                 //位选关
     PA3H();                 //段选开
     PORTB=SEG7[(cnt/1000)%10];     //送入秒十位的段选数据
```

```
        PA3L();
            break;}
case 1:
    { PA4H();                   //位选开
      PORTB= Bit_Tab[1];        //送入位选数据
      PA4L();                   //位选关
     PA3H();                    //段选开
      PORTB = SEG7[(cnt/100)% 10];      //送入秒个位段选数据
      PA3L();
          break;}

case 2:
{  PA4H();                      //位选开
      PORTB= Bit_Tab[2];        //送入位选数据
      PA4L();                   //位选关
      PA3H();                   //段选开
      PORTB = 0x40 ;            //送入段选数据
      PA3L();
          break;}
case 3:
{  PA4H();                      //位选开
      PORTB= Bit_Tab[3];        //送入位选数据
      PA4L();                   //位选关
      PA3H();                   //段选开
      PORTB = SEG7[(cnt/10)% 10];      //送入百毫秒位的段选数据
      PA3L();
          break;}
case 4:
{  PA4H();                      //位选开
      PORTB= Bit_Tab[4];        //送入位选数据
      PA4L();                   //位选关
      PA3H();                   //段选开
      PORTB = SEG7[cnt% 10];      //送入十毫秒的段选数据
      PA3L();
          break;}
default:break;
}
}
/*********************************************
//定时器 1 初始化函数 timer1_init ()
*********************************************/
void timer1_init(void)
{
TCNT1H= 0xD8;                   //定时器 1 赋初值
```

```
TCNT1L= 0xF0;
}
/**********************************************
//定时器 1 中断处理函数 timer1_ovf_isr ()
**********************************************/
#pragma interrupt_handler timer1_ovf_isr:9
void timer1_ovf_isr(void)
{
TCNT1H=0xD8;                //定时器 1 重新赋初值
TCNT1L=0xF0;
if(++cnt>9999)cnt=0;        //超过 9999,计数值复位
}
/**********************************************
//中断 0 处理函数 int0_isr ()
**********************************************/
#pragma interrupt_handler int0_isr:2
void int0_isr(void)
{
start_flag=0;               //启动标志赋值 0
}
/**********************************************
//中断 1 处理函数 int1_isr ()
**********************************************/
#pragma interrupt_handler int1_isr:3
void int1_isr(void)
{
start_flag=1;               //启动标志赋值 1
}
/**********************************************
//单片机初始化函数 init_devices ()
**********************************************/
void init_devices(void)
{
port_init();                //端口初始化
timer0_init();              //定时器 0 初始化
timer1_init();              //定时器 1 初始化
MCUCR=0x0A;                 //外部中断 0、1 触发方式设置为下降沿触发
GICR=0xC0;                  //外部中断 0、1 允许
TIMSK=0x05;                 //定时器 0、1 中断允许
}
/**********************************************
//按键检测函数 Key2()
**********************************************/
void Key2(void)
```

```
{if(0==S1) cnt=0;
}
/******************************************
//主函数 main ()
******************************************/
void main(void)
{
    init_devices();  //单片机初始化
    SREG=0x80;       //总中断开
    while(1)
    {
        if(start_flag==1)TCCR1B= 0x02;  //启动定时器 1
    if(start_flag==0){TCCR1B=0x00; Key2();}  //停止定时器 1,如果按键按下,cnt 复位
    }
}
```

程序首先进行宏定义、变量定义，接着写端口初始化、定时器 0 初始化、定时器 1 初始化、中断 0 初始化、中断 1 初始化、单片机初始化等函数，再写定时器 0 中断处理、定时器 1 中断处理、中断 0 中断处理、中断 1 中断处理、主函数处理控制程序。

在定时器 0 的中断处理中，为保证定时精度，重新开总中断，然后重装定时器 0 初值。为了完成动态数码管显示，每次中断，修改一次循环 i 值，i 递增到 4 时，复位 i 为 0。使用 switch 语句，进行各个位数码管的驱动显示。

在定时器 1 的中断处理中，定时器 1 重新赋 10ms 的初值，接着用 cnt 记录中断次数。cnt 超过 9999 时，复位 cnt。

主函数，首先是单片机初始化，然后开总中断，再执行 while 循环程序。在 while 循环中程序不断地对启动标志进行检测，启动标志为 1，启动定时器 1；启动标志为 0，暂停定时器 1，同时检测按键 Key2 是否按下，该键按下，清零 cnt。

技能训练

一、训练目标

(1) 学会使用定时器 1。
(2) 学会电子跑表控制。

二、训练步骤与内容

1. 建立一个工程

(1) 在 C：\iccv7avr\examples. avr\avr16 下，新建一个文件夹 E04。
(2) 启动 ICCV7 软件。
(3) 选择执行“Project”（工程）菜单下的“New”（新建一个工程项目）命令，弹出创建新项目对话框。
(4) 在创建新项目对话框，输入工程文件名“E004”，单击“保存”按钮。

2. 编写程序文件

(1) 单击执行“File”（文件）菜单下的“New”（新建文件）命令，新建一个文件。

(2) 单击执行“File”（文件）菜单下的“Save as”（另存文件）命令，弹出另存文件对话框，在文件名栏输入“main. c”，单击“保存”按钮，保存文件。

(3) 在右边的工程浏览窗口，右键单击“File”文件选项，在弹出的右键菜单中，选择执行“Add File”。

(4) 弹出选择文件对话框，选择 main. c 文件，单击“打开”按钮，文件添加到工程项目中。

(5) 在 main 中输入“电子跑表控制”程序，单击工具栏“”保存按钮，并保存文件。

3. 编译程序

(1) 单击“Project”（项目）菜单下的“Option”（选项）命令，弹出选项设置对话框。

(2) 在“Target”（目标元件）选项页，在“Device Configuration”（器件配置）下拉列表选项中选择“ATmega16”。

(3) 单击“Project”（项目）菜单下的“Make Project”（编译项目）命令，编译项目文件。

4. 下载调试程序

(1) 双击 HJ - ISP 下载软件图标，启动 HJ - ISP 软件。

(2) 在芯片选择栏，单击下拉列表，选择“ATmega16”。

(3) 单击右侧文件选择区下“调入 Flash”按钮，弹出选择文件对话框，选择 E004. HEX 文件，单击“打开”按钮，打开需下载的文件 E004. HEX。

(4) 单击 HJ - ISP 软件中的“自动”按钮，程序自动下载。

(5) 按下 KEY4 键，观察 HJ - 2G 单片机开发板上的数码管显示的数字变化。

(6) 按下 KEY3 键，观察 HJ - 2G 单片机开发板上的数码管显示的数字变化。

(7) 按下 KEY2 键，观察 HJ - 2G 单片机开发板上的数码管显示的数字变化。

(8) 修改控制程序，使用 INT0 或 INT1 单个中断，控制电子跑表的启动与停止。

(9) 重新编译、下载程序，观察 HJ - 2G 单片机开发板上的数码管显示的数字状态变化。

任务 12 简易可调时钟控制

基础知识

一、结构体与联合体

C 语言程序设计中有时需要将一批基本类型的数据放在一起使用，从而引入了所谓的构造类型数据。数组就是一种构造类型数据，一个数组实际上是一批顺序存放的相同类型数据。下面介绍 C 语言中另外几种常用构造类型数据：结构体、联合体。

1. 结构体

结构体（struct）是一系列由相同类型或不同类型的数据构成的数据集合，也叫结构。

(1) 结构体的声明。结构体的声明是描述结构如何组合的主要方法。一般情况下，结构体的方式有两种，见表 5 - 31。

表 5 - 31　结构体声明方法

第一种	第二种
struct 结构体名 {结构体元素表}； struct 结构体名 结构变量名表；	struct 结构体名 {结构体元素表 } 结构变量表；

其中，“结构体元素表”为该结构体中的各个成员（又称为结构体的域），由于结构体可以由不同类型的数据组成，因此须对结构体中的各个成员进行类型说明。定义好结构类型后，就可以用结构体类型来定义结构变量了。

第一种方法是先定义结构体类型，再定义结构变量。第二种方法是在定义结构体类型的同时，定义结构变量。

例如：

```
struct data
{int year;
char month,day;
}
struct data data1,data2;
```

首先使用关键字 struct 表示接下来是一个结构。后面是一个可选的结构类型名标记（data），是用来引用该结构的快速标记。例如后面定义的 struct data data1，意思是把 data1 声明为一个使用 data 结构设计的结构变量。在结构声明中，接下来是用一对花括号括起来的结构成员列表。每个成员用它自己的声明来描述，用一个分号来结束描述。每个成员可以是任何一种 C 的数据类型，甚至可以是其他结构。

结构类型名标记是可选的，但是在用如第一种方式建立结构（在一个地方定义结构设计，而在其他地方定义实际的结构变量）时，必须使用标记。若没有结构类型标记名，则称为无名结构体。

结合上面两种方式，我们可以得出这里的“结构”有两个意思：一个意思是“结构设计”，例如对变量 year、month、day 的设计就是一种结构设计。另一层意思应该是创建一个“结构变量”，例如定义的 data1 就是创建一个结构变量很好的举证。其实这里的 struct data 所起的作用就像 int 或 float 在简单声明中的作用一样。

（2）结构体变量的初始化。结构是一种新的数据类型，因此它也可以像其他变量一样赋值、运算。不同的是结构变量以成员作为基本变量。

结构成员的表示方法为：结构变量．结构成员名。这里的“.”是成员（分量）运算符，它在所有的运算符中优先级最高，因此“结构变量．结构成员名”可以看作一个整体，这个整体的数据类型与结构体中该成员的数据类型相同，这样就可以像其他变量那样使用。

例如：

```
data1.year=2014
```

（3）结构体数组。结构体数组就是相同结构类型数据的变量集合。结构体变量可以存放一组数据（如学生的学号、姓名、年龄等）。如果有 20 个学生的数据参与运算，显然应该用数组，这就是结构体数组的由来。结构体数组与数值型数组不同之处在于结构体数组每个数组元素都是一个结构体类型数据。他们包括各个成员项。

例如：

```
struct student
{unsigned char num;
unsigned char name[10];
unsigned char old;
};
```

```
struct student stud[20];
```

先用 struct 定义一个具有三个成员的结构体数据类型 student，再用“struct student stud[20]”定义一个结构体数组，其中的每个元素都具有 student 结构体数据类型。

2. 联合体

联合体也是C语言的一种构造型数据结构，一个联合体中可以包括多个不同数据类型的数据元素，例如一个 int 型数据变量、一个 char 型数据变量放在同一个地址开始的内存单元中。这两个数据变量在内存中的字节数不同，却从同一个地址处开始存放，这种技术可以使不同的变量分时使用同一个内存空间，提高内存的使用效率。

联合体定义的一般格式：

```
union 联合体类型名
{成员列表}变量表列;
```

也可以像结构体定义那样，将类型定义和变量定义分开，先定义联合体类型，再定义联合体变量。

联合体类型定义与结构体类型定义方法类似，只是将 struct 换成了 union，但在内存空间分配上不同，结构体变量在内存中占用内存的长度是其中各个成员所占内存长度之和，而联合体变量占用内存长度是字节数最长的成员的长度。

联合体变量的引用是通过联合体成员引用来实现的，引用方法是“联合体类型名．联合体成员名”或“联合体类型名－>联合体成员名”。

在引用联合体成员时，要注意联合体变量使用的一致性。联合体在定义时各个不同的成员可以分时赋值，读取时所读取的变量是最近放入联合体的某一成员的数据，因此在赋值时，必须注意其类型与表达式所要求的类型保持一致，且必须是联合体的成员，不能将联合体变量直接赋值给其他变量。

联合体类型数据可以采用同一内存段保存不同类型的数据，但在每一瞬间，只能保存其中一种类型的数据，而不能同时存放几种。每一瞬间只有一个成员数据起作用，起作用的是最后一次存放的成员数据，如果存放了新类型成员数据，原先的成员数据就丢弃了。

联合体可以出现在结构体和数组中，结构体和数组也可以出现在联合体中。当需要存取结构体中的联合体或联合体中的结构体时，其存取方法与存取嵌套的结构体相同。

二、简易可调时钟控制

1. 控制要求

(1) 时钟显示格式为“小时分钟秒”，如“134625”表示13时46分25秒。

(2) 按 KEY1 按键，停止时钟。

(3) 按 KEY2 按键，启动时钟。

(4) 按 KEY3 按键，调整小时显示值，每按一次，小时数值加1。

(5) 按 KEY4 按键，调整分钟显示值，每按一次，分钟数值加1。

2. 控制程序设计

(1) 变量定义。

```
#include <iom16v.h>
/* ************************************************************ */
//宏定义,便于移植
```

```
/* ***************************************************** */
#define uchar8 unsigned char
#define uint16 unsigned int
#define PA3H() PORTA|=(1<<PA3)
#define PA3L() PORTA&=~(1<<PA3)
#define PA4H() PORTA|=(1<<PA4)
#define PA4L() PORTA&=~(1<<PA4)
//数组定义
uchar8 const SEG7[10]={0x3f,0x06,0x5b,0x4f,0x66,0x6d,0x7d,0x07,0x7f,0x6f};
uchar8  Bit_Tab[]={0xfe,0xfd,0xfb,0xf7,0xef,0xdf};//位选数组
//变量定义
uint16 cnt;
struct time
{ uChar8 Hour;      //定义时
  uChar8 Min;       //定义分
  uChar8 Sec;       //定义秒
};
struct time dtime ;  //定义当前时间结构变量
```

通过宏定义，定义了无符号 16 位整型变量 uint16，无符号字符类型变量 uchar8，以简化程序的书写。通过 uchar8 定义了无符号字符显示数组变量 SEG7［10］，定义了数码管刷新位数组变量 Bit _ Tab［］，用于共阴极数码管的数字字符显示控制。通过 uint16 定义了无符号整型变量 cnt。

通过 struct 定义了一个时间结构变量类型，包括小时、分钟、秒等成员变量，由结构变量类型定义了当前时间结构变量 dtime。

(2) 延时控制程序。

```
/* ***************************************************** */
//延时函数:DelayMS()
/* ***************************************************** */
void DelayMS(uint16 ValMS)
{
    uint16 uiVal,ujVal;  //局部变量定义,变量在所定义的函数内部引用
    for(uiVal=0; uiVal<ValMS; uiVal++)  //执行语句,for 循环语句
      for(ujVal=0; ujVal<923; ujVal++);  //执行语句,for 循环语句
}
```

通过 for 循环实现 ms 延时控制，形参 ValMS 用于传递定时 ms 的数值。

(3) 按键扫描检测程序。

```
/* *****************************************************/
//键盘按下判断函数  Key_Press()
/* ***************************************************** */
unsigned char Key_Press()
{
    uchar8 KeyRead;
```

```
    KeyRead=PIND;  //读取 PD 口的值
    KeyRead&=0x0f;  //屏蔽高四位
        if(KeyRead! =0x0f) return 1;
    else return 0;
}
```

在按键扫描过程中，首先读取 PD 口的值，再屏蔽高四位，通过 if 语句判断按键是否按下，有键按下，返回 1，无键按下，返回 0。

(4) 按键处理程序。

```
/* ******************************************************* */
//键盘扫描处理函数 Key_Scan()
/* ******************************************************* */
unsigned char Key_Scan(void)
{
    uchar8 KeyRead;

        if(Key_Press())       //如果按下键盘
        {
        DelayMS(3);           //消抖
        //DDRD=0x0f;          //PD0～3 为输出状态,PD4～7 为输入状态
        //PORTD=0xf0;         //PD0～3 输出低电平,PD4～7 则带上拉输入
        KeyRead=PIND;         //读取 PD 口的值
        KeyRead&=0x0f;        //屏蔽高四位
        switch(KeyRead)//那个键盘被按下了
        {
        case 0x0e:
            {
            TCCR1B=0x00;
            break;
            } //KEY1 键被按下
            case 0x0d:
            {TCCR1B=0x02;
            break;} //KEY2 键被按下
    default:  break;
        }
    }
}
```

在按键处理程序中，通过 if 语句判断按键的动作，按下 KEY1 键，停止时钟，按下 KEY2 键，启动时钟。

(5) 端口初始化。

```
/*********************************************
//端口初始化函数 port_init()
*********************************************/
```

```
void port_init(void)
{
        DDRA=0xFF;      //设置 PA 为输出
        PORTA=0xFF;     //初始化输出 A 高电平
        DDRB=0xFF;      //设置 PB 为输出
        PORTB=0xFF;     //初始化输出 B 高电平
        DDRD=0x00;      //设置 PD 为输入
        PORTD=0xFF;     //设置 PD 为 FF 上拉
}
```

（6）定时器 1 初始化程序。

```
/*********************************************
//定时器 1 初始化函数 timer1_init()
*********************************************/
void timer1_init(void)
{
TCNT1H=0xD8;  //定时器 1 赋初值
TCNT1L=0xF0;
}
```

在定时中断初始化中，首先设定定时器 1 为 16 位普通计时模式，然后为定时器 1 设置初值。

（7）定时器 1 中断处理函数。

```
/*********************************************
//定时器 1 中断处理函数 timer1_ovf_isr()
*********************************************/
#pragma interrupt_handler timer1_ovf_isr:9
void timer1_ovf_isr(void)
{
TCNT1H=0xD8;  //定时器 1 重新赋初值
TCNT1L=0xF0;
if(cnt++>99)
    {cnt=0;
    if(dtime.Sec++>59)
        {dtime.Sec=0;if(dtime.Min++>59)
            {dtime.Min=0;
            if(dtime.Hour++>23) dtime.Hour=0;
            }
        }
    }
}
```

在定时器 1 的中断服务中，每次中断发生时，首先定时器 1 重新赋初值，通过 cnt 记录 10ms 定时次数，大于 99，复位 cnt。更新数码管刷新变量，当 10 毫秒（10ms）定时中断发生 100 次时，说明 1s 时间已到，变量 cnt 复位，然后秒计数加 1；当秒计数加到 60 时，分钟计数器加 1，分钟加到 60 时，小时计数器加 1，加到 24 时，小时计数器复位。

(8) 单片机初始化函数。

```
/*********************************************
//单片机初始化函数 init_devices()
*********************************************/
void init_devices(void)
{
port_init();     //端口初始化
MCUCR=0x0A;      //外部中断 0、1 触发方式设置为下降沿触发
GICR  =0xC0;     //外部中断 0、1 允许
timer1_init();   //定时器 1 初始化
TIMSK=0x04;      //定时器 1 中断允许
}
```

在单片机初始化中，首先进行端口初始化，接着设置外部中断 0、1，触发方式设置为下降沿触发，设置外部中断 0、1 允许。然后进行定时器 1 初始化，设置定时器 1 中断允许。

(9) 外部中断处理。

```
/*********************************************
//中断 0 处理函数 int0_isr ()
*********************************************/
#pragma interrupt_handler int0_isr:2
void int0_isr(void)
{
if(dtime.Hour++>23) dtime.Hour=0;     //KEY2 键被按下
}
/*********************************************
//中断 1 处理函数 int1_isr ()
*********************************************/
#pragma interrupt_handler int1_isr:3
void int1_isr(void)
{
if(dtime.Min++>59) dtime.Min=0;     //KEY3 键被按下
}
```

KEY3 按键按下时，外部中断 0 发生，控制小时计数变量加 1，小时变量大于 23 时，复位为 0。

KEY4 按键按下时，外部中断 1 发生，控制分钟计数变量加 1，分钟变量大于 59 时，复位为 0。

(10) 主程序。

```
/*********************************************
//主函数 main()
*********************************************/
void main(void)
{uchar8 KeyRead;
uchar8 i;
```

```
init_devices();  //单片机初始化
SREG=0x80;       //总中断开

  while(1)
  { Key_Scan();
  for(i=0;i< 6;i+ + )
    {
  switch(i)
    {
    case 0:
    {  PA4H();                //位选开
        PORTB=Bit_Tab[0];     //送入位选数据
        PA4L();               //位选关
    PA3H();                   //段选开
        PORTB=SEG7[(dtime.Hour/10)% 10];//送入小时十位的段数据
    PA3L();
          break;}
    case 1:
    {  PA4H();                //位选开
        PORTB=Bit_Tab[1];     //送入位选数据
        PA4L();               //位选关
        PA3H();               //段选开
        PORTB -SEG7[dtime.Hour% 10] ;     //送入小时个位的段数据
        PA3L();
          break;}

    case 2:
    {     PA4H();             //位选开
        PORTB=Bit_Tab[2];     //送入位选数据
        PA4L();               //位选关
        PA3H();               //段选开
        PORTB =SEG7[(dtime.Min/10)% 10] ;     //送入段选数据
        PA3L();
          break;}
    case 3:
    {     PA4H();     //位选开
        PORTB=Bit_Tab[3];     //送入位选数据
        PA4L();               //位选关
        PA3H();               //段选开
        PORTB=SEG7[dtime.Min% 10];     //送入秒十位的段选数据
        PA3L();
          break;}
    case 4:
    {     PA4H();             //位选开
```

```
        PORTB=Bit_Tab[4];     //送入位选数据
        PA4L();               //位选关
        PA3H();               //段选开
        PORTB =SEG7[(dtime.Sec/10)% 10];     //送入十秒的段选数据
        PA3L();
          break;}
    case 5:
    {     PA4H();             //位选开
        PORTB=Bit_Tab[5];     //送入位选数据
        PA4L();               //位选关
        PA3H();               //段选开
        PORTB =SEG7[dtime.Sec% 10];     //送入十秒的段选数据
        PA3L();
          break;}
      default:break;
      }
      DelayMS(1);
    }
  }
}
```

在主程序中，首先运行单片机初始化程序，运行完毕，进入 while 循环。在 while 循环中，首先运行按键检测程序，再运行按键处理程序，然后等待定时中断发生，进行时间数据更新，再通过 switch 开关语句依次处理各个数码显示管的显示。

技能训练

一、训练目标

（1）学会使用单片机的定时中断。

（2）通过单片机的定时器 T1 中断控制数码管显示时间。

二、训练步骤与内容

1. 建立一个工程

（1）在 C：\iccv7avr\examples. avr\avr16 下，新建一个文件夹 E05。

（2）启动 ICCV7 软件。

（3）选择执行“Project”（工程）菜单下的“New”（新建一个工程项目）命令，弹出创建新项目对话框。

（4）在创建新项目对话框，输入工程文件名“E005”，单击“保存”按钮。

2. 编写程序文件

（1）单击执行“File”（文件）菜单下的“New”（新建文件）命令，新建一个文件。

（2）单击执行“Save as”（另存文件）命令，弹出另存文件对话框，在文件名栏输入“main. c”，单击“保存”按钮，保存文件。

（3）在右边的工程浏览窗口，右键单击“File”（文件）选项，在弹出的右键菜单中，选择执行“Add File”。

(4) 弹出选择文件对话框，选择 main. c 文件，单击“打开”按钮，文件添加到工程项目中。

(5) 在 main 中输入“简易可调时钟控制”程序，单击工具栏“”保存按钮，并保存文件。

3. 编译程序

(1) 单击“Project”(项目) 菜单下的“Option”(选项) 命令，弹出选项设置对话框。

(2) 在“Target”(目标元件) 选项页，在“Device Configuration”(器件配置) 下拉列表选项中选择“ATmega16”。

(3) 单击“Project”(项目) 菜单下的“Make Project”(编译项目) 命令，编译项目文件。

4. 下载调试程序

(1) 双击 HJ－ISP 下载软件图标，启动 HJ－ISP 软件。

(2) 在芯片选择栏，单击下拉列表，选择“ATmega16”。

(3) 单击右侧文件选择区下“调入 Flash”按钮，弹出选择文件对话框，选择 E005. HEX 文件，单击“打开”按钮，打开需下载的文件 E005. HEX，单击 HJ－ISP 软件中的“自动”按钮，程序自动下载。

(4) 按下 KEY2 键，观察 HJ－2G 单片机开发板上的数码管显示的数字变化。

(5) 按下 KEY3 键，观察 HJ－2G 单片机开发板上的数码管显示的数字变化，将小时数调整到当前值。按下 KEY4 键，观察 HJ－2G 单片机开发板上的数码管显示的数字变化，将分钟数调整到当前值。

(6) 按下 KEY1 键，观察 HJ－2G 单片机开发板上的数码管显示的数字变化。

(7) 按下 KEY2 键，观察 HJ－2G 单片机开发板上的数码管显示的数字变化，观察时钟计时的数字变化。

任务 13　简易交通灯控制

基础知识

一、交通灯控制

1. 交通灯控制要求

交通灯是用于指挥车辆运行的指示灯。控制交通灯的示意图如图 5－10 所示。交通灯实验控制时序如图 5－11 所示。

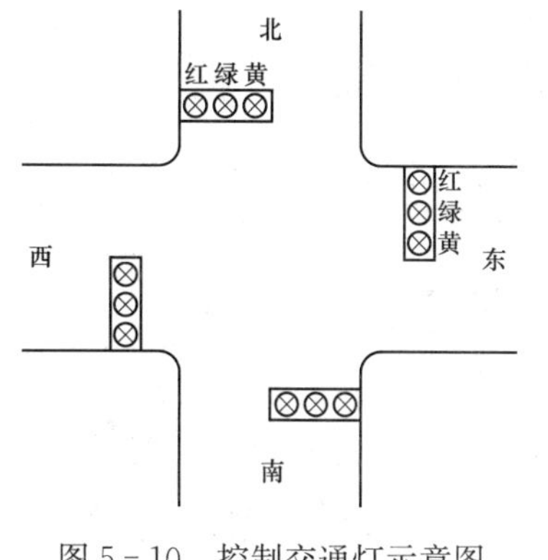

图 5－10　控制交通灯示意图

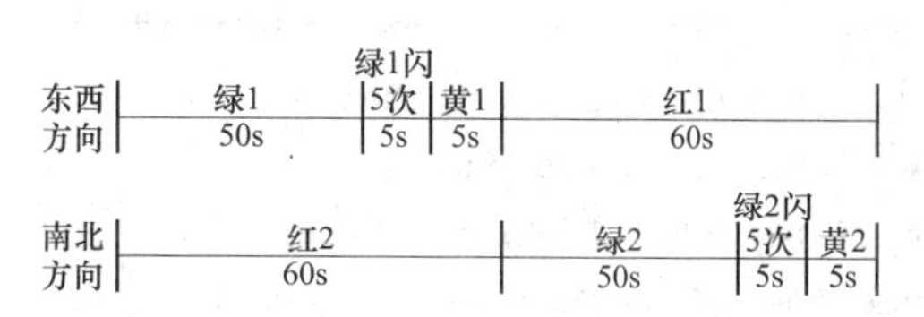

图 5－11　交通灯的控制时序

2. 交通灯控制输出分配（见表 5－32）

表 5－32　　交通灯控制输出分配

南北向控制	输出端	东西向控制	输出端
红灯 1	PB0	红灯 2	PB3
绿灯 1	PB1	绿灯 2	PB4
黄灯 1	PB2	黄灯 3	PB5

3. 交通信号灯控制系统是一个时间顺序控制系统，可以采用定时器进行编程控制

(1) 交通灯控制流程图如图 5－12 所示。

(2) 交通灯控制定时中断服务函数流程如图 5－13 所示。

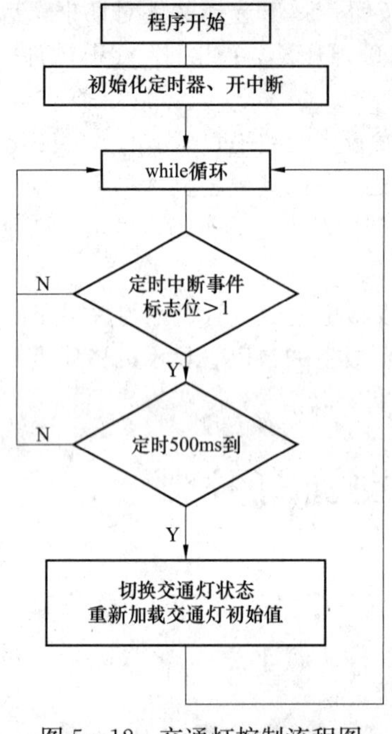

图 5－12　交通灯控制流程图

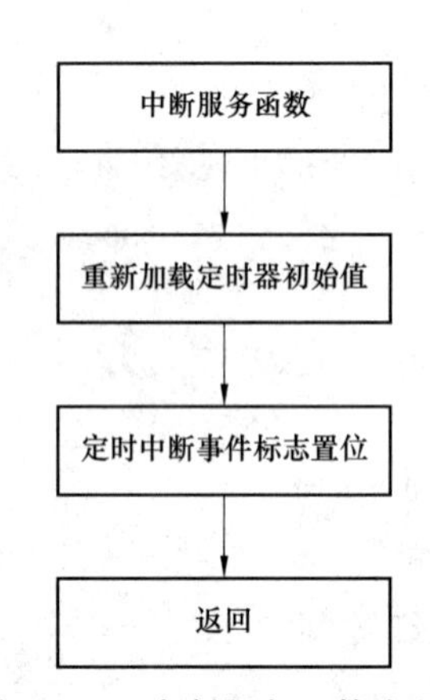

图 5－13　中断服务函数流程图

二、交通灯控制程序

1. 定义变量

```
# include < iom16v.h>
/*********************************************
//宏定义,便于程序移植
*********************************************/
#define uchar unsigned char
#define uint unsigned int
#define PB0H() PORTB|=(1<<PB0)
#define PB0L() PORTB&=～(1<<PB0)
#define PB1H() PORTB|=(1<<PB1)
```

```
#define PB1L() PORTB&=~(1<<PB1)
#define PB2H() PORTB|=(1<<PB2)
#define PB2L() PORTB&=~(1<<PB2)
#define PB3H() PORTB|=(1<<PB3)
#define PB3L() PORTB&=~(1<<PB3)
#define PB4H() PORTB|=(1<<PB4)
#define PB4L() PORTB&=~(1<<PB4)
#define PB5H() PORTB|=(1<<PB5)
#define PB5L() PORTB&=~(1<<PB5)
#define  ON  1
#define  OFF  0
/************************************************************************
//定义变量
************************************************************************/
uchar TimerIRQEvent=0;  //定时中断事件
uchar Timer500Event=0;  //定时 500ms 事件
uchar TimeCount=0;
uchar LightOrgCount[6]={50,10,10,50,10,10};  //交通灯计数初始值
uchar LightCurCount[6]={50,10,10,50,10,10};  //交通灯计数当前值
uchar TrafficStatus=0;
```

2. 定义函数

(1) 设计交通灯操作宏函数。

```
/************************************************************************
//交通灯操作宏函数
************************************************************************/
#define  NORTH_R_LIGHT(x) { if((x)) PB0L(); else PB0H(); }
#define  NORTH_G_LIGHT(x) { if((x)) PB1L(); else PB1H(); }
#define  NORTH_Y_LIGHT(x) { if((x)) PB2L(); else PB2H(); }
#define  EAST_R_LIGHT(x) { if((x)) PB3L(); else PB3H(); }
#define  EAST_G_LIGHT(x) { if((x)) PB4L(); else PB4H(); }
#define  EAST_Y_LIGHT(x) { if((x)) PB5L(); else PB5H(); }
```

(2) 设计端口初始化函数。

```
/*************************************************
//端口初始化函数 port_init()
*************************************************/
void port_init(void)
{
        DDRA=0xFF;   //设置 PA 为输出
        PORTA=0xFF;  //初始化输出 A 高电平
        DDRB=0xFF;   //设置 PB 为输出
        PORTB=0xFF;  //初始化输出 B 高电平
}
```

(3) 设计定时器初始化函数。

```
/******************************************
//定时器 1 初始化函数 Timer1_Init ( )
******************************************/
void Timer1_Init(void)
{
TCNT1H=0xD8;  //定时器 1 赋初值
TCNT1L=0xF0;
}
```

(4) 设计定时器启动函数。

```
/************************************************************
//函数名称：Timer1_Start( )
************************************************************/
void Timer1_Start( )
{TCCR1B=0x02;
}
```

(5) 设计定时中断服务函数。

```
/************************************************************
//函数名称：Timer1_IRQ( )
************************************************************/
#pragma interrupt_handler timer1_ovf_isr:9
void timer1_ovf_isr(void)
{
TCNT1H=0xD8;  //定时器 1 重新赋初值
TCNT1L=0xF0;
TimerIRQEvent=1;
}
```

(6) 设计主函数。

```
/************************************************************
//函数名称:main ( )
************************************************************/
void main(void)
{
    uchar i=0;
    port_init();  //端口初始化
    Timer1_Init();  //定时器 1 初始化
    TIMSK=0x04; //定时器 1 中断允许
    PORTA=0xe7;
    PORTA&=~(1<<PA2);     //PA2 脚输出低电平
    Timer1_Start();
    SREG=0x80;
```

```
NORTH_G_LIGHT(ON);
EAST_R_LIGHT(ON);
NORTH_Y_LIGHT(OFF);
EAST_G_LIGHT(OFF);
NORTH_R_LIGHT(OFF);
EAST_Y_LIGHT(OFF);
while(1)
{ if(TimerIRQEvent)
    { TimerIRQEvent  =0;
    TimeCount++;
    if (TimeCount >=50)
        { TimeCount=0;
        if(LightCurCount[0])
            { TrafficStatus=0;
            }
        else if(LightCurCount[1])
            { TrafficStatus=1;
            }
        else if(LightCurCount[2])
            { TrafficStatus=2;
            }
        else if(LightCurCount[3])
            { TrafficStatus=3;
            }
        else if(LightCurCount[4])
            { TrafficStatus=4;
            }
        else if(LightCurCount[5])
            { TrafficStatus=5;
            }
        else
            {for(i=0;i<6;i++)
                {LightCurCount[i]=LightOrgCount[6];
                }
                TrafficStatus=0;
            }
        switch(TrafficStatus)
            {
            case 0:
                {
                NORTH_G_LIGHT(ON);
                EAST_R_LIGHT(ON);
                NORTH_Y_LIGHT(OFF);
                EAST_G_LIGHT(OFF);
```

```
        NORTH_R_LIGHT(OFF);
        EAST_Y_LIGHT(OFF);
        }
        break;
    case 1:
        {
        if(LightCurCount[1]% 2)
            {
            NORTH_G_LIGHT(ON);
            EAST_R_LIGHT(ON);
            }
        else
            {
            NORTH_G_LIGHT(OFF);
            EAST_R_LIGHT(OFF);
            }
        }
        break;
    case 2:
        {
        NORTH_G_LIGHT(OFF);
        EAST_R_LIGHT(OFF);
        NORTH_Y_LIGHT(ON);
        EAST_G_LIGHT(OFF);
        NORTH_R_LIGHT(OFF);
        EAST_Y_LIGHT(ON);
        }
        break;
    case 3:
        {
        NORTH_G_LIGHT(OFF);
        EAST_R_LIGHT(OFF);
        NORTH_Y_LIGHT(OFF);
        EAST_G_LIGHT(ON);
        NORTH_R_LIGHT(ON);
        EAST_Y_LIGHT(OFF);
        }
        break;
    case 4:
        {
        if(LightCurCount[4]% 2)
            {
            NORTH_R_LIGHT(ON);
            EAST_G_LIGHT(ON);
```

```
                    }
                else
                    {
                    NORTH_R_LIGHT(OFF);
                    EAST_G_LIGHT(OFF);
                    }
                }
                break;
            case 5:
                {
                NORTH_G_LIGHT(OFF);
                EAST_R_LIGHT(OFF);
                NORTH_Y_LIGHT(ON);
                EAST_G_LIGHT(OFF);
                NORTH_R_LIGHT(OFF);
                EAST_Y_LIGHT(ON);
                }
                break;
                default:break;
            }
        LightCurCount[TrafficStatus]- - ;
        }
    }
}
}
```

技能训练

一、训练目标

(1) 学会使用单片机的定时中断。

(2) 通过单片机的定时器 T1 中断控制交通灯。

二、训练步骤与内容

1. 建立一个工程

(1) 在 C：\iccv7avr\examples. avr\avr16 下，新建一个文件夹 E07。

(2) 启动 ICCV7 软件。

(3) 选择执行“Project”(工程) 菜单下的“New”(新建一个工程项目) 命令，弹出创建新项目对话框。

(4) 在创建新项目对话框，输入工程文件名“E007”，单击“保存”按钮。

2. 设计程序文件

(1) 定义变量。

1) 定义全局变量。

2) 定义交通灯控制当前值数组变量。

3）定义交通灯控制原始值数组变量。

4）定义定时中断发生变量。

（2）设计程序。

1）设计定时器初始化函数。

2）设计定时启动程序。

3）设计 10ms 延时控制程序。

（3）设计主程序。

1）设计初始化状态显示。

2）定时器初始化。

3）启动定时器。

4）开中断。

5）开启 while 循环。

6）设计状态切换。

7）设计对应状态的交通灯输出。

3. 编写程序文件

（1）单击执行“File”（文件）菜单下的“New”（新建文件）命令，新建一个文件。

（2）单击执行“File”（文件）菜单下的“Save as”（另存文件）命令，弹出另存文件对话框，在文件名栏输入“main. c”，单击“保存”按钮，保存文件。

（3）在右边的工程浏览窗口，右键单击“File”（文件）选项，在弹出的右键菜单中，选择执行“Add File”。

（4）弹出选择文件对话框，选择 main. c 文件，单击“打开”按钮，文件添加到工程项目中。

（5）在 main 中输入“简易交通灯控制”程序，单击工具栏“■”保存按钮，并保存文件。

4. 编译程序

（1）单击“Project”（项目）菜单下的“Option”（选项）命令，弹出选项设置对话框。

（2）在“Target”（目标元件）选项页，在“Device Configuration”（器件配置）下拉列表选项中选择“ATmega16”。

（3）单击“Project”（项目）菜单下的“Make Project”（编译项目）命令，编译项目文件。

5. 下载调试程序

（1）双击 HJ - ISP 下载软件图标，启动 HJ - ISP 软件。

（2）在芯片选择栏，单击下拉列表，选择“ATmega16”。

（3）单击右侧文件选择区下“调入 Flash”按钮，弹出选择文件对话框，选择 E007. HEX 文件，单击“打开”按钮，打开需下载的文件 E007. HEX，单击 HJ - ISP 软件中的“自动”按钮，程序自动下载。

6. 调试程序

（1）观察单片机输出端状态变化，记录交通灯的控制时序。

（2）观察单片机输出端 LED 的显示。根据状态变化，观察 LED 指示灯的变化。

（3）更改交通灯控制当前值的数组元素的数值，重新编译。

（4）下载程序到单片机开发板，重新观察数据的变化。

习题

1. 设计控制程序，用连接在 INT0 的按键 KEY1，控制连接在 PB0 的 LED 灯亮、灭，用连接在 INT1 的按键 KEY2，控制连接在 PB1 的 LED 灯亮、灭。

2. 在可调时钟控制中，设置 4 个按键，KEY1 控制时钟的启动。KEY2 控制小时数的增加，每按一次 KEY2，小时数加 1，小时数大于 23 时，复位为 0。KEY3 控制分钟数的增加，每按一次 KEY3，分钟数加 1，分钟数大于 59 时，复位为 0。KEY4 控制时钟的停止。

3. 在可调时钟控制中，设置 4 个按键，KEY1 控制时钟的启动与停止。KEY2 控制调试模式，在时钟停止状态时，第 1 次按下时调试小时数，第 2 次按下时调试分钟数，第 3 次按下时清零，第 4 次按下时回初始状态，无任何操作。KEY3 控制数值加，KEY4 控制数值减。

4. 更改交通灯的控制时序，重新设计单片机程序，使其满足控制需求。

5. 在简易交通灯控制中，增加启停控制，重新设计单片机程序，使其满足控制需求。

项目六　单片机的串行通信

学习目标

(1) 学习串口中断基础知识。

(2) 学会设计串口中断控制程序。

(3) 实现单片机与 PC 间的串行通信。

(4) 学会设计单片机的双机通信控制程序。

任务 14　单片机与 PC 间的串行通信

一、串口通信

串行接口 (Serial Interface) 简称串口，串口通信是指数据一位一位地按顺序传送，实现两个串口设备的通信。例如单片机与别的设备就是通过该方式来传送数据的。其特点是通信线路简单，只要一对传输线就可以实现双向通信，从而降级了成本，特别适用于远距离通信，但传送速度较慢。

1. 通信的基本方式

(1) 并行通信。数据的每位同时在多根数据线上发送或者接收。其示意图如图 6-1 所示。

并行通信的特点：各数据位同时传送，传送速度快，效率高，有多少数据位就需要多少根数据线，传送成本高。在集成电路芯片的内部，同一插件板上各部件之间，同一机箱内部插件之间等的数据传送是并行的，并行数据传送的距离通常小于 30m。

(2) 串行通信。数据的每一位在同一根数据线上按顺序逐位发送或者接收。其通信示意图如图 6-2 所示。

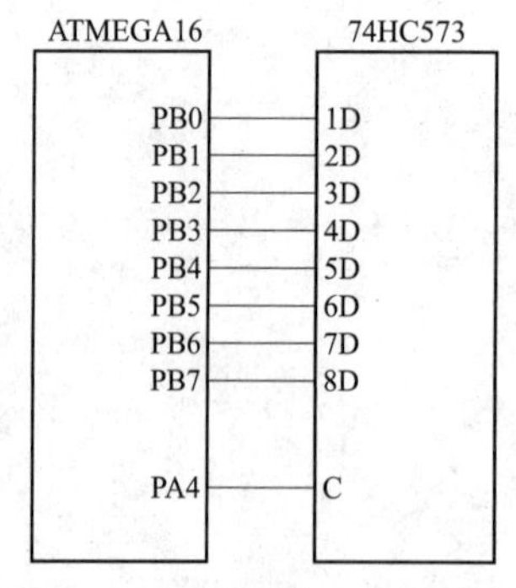

图 6-1　并行通信方式示意图

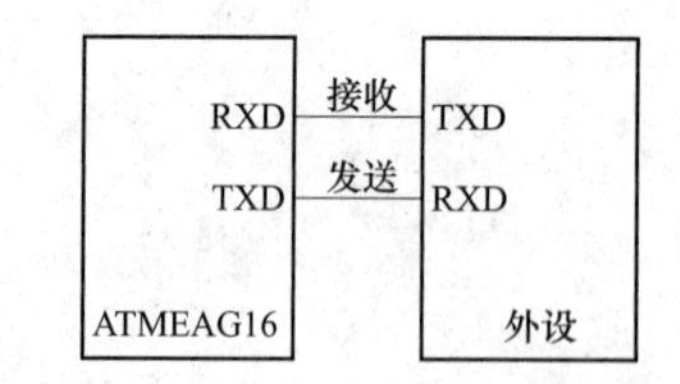

图 6-2　串行通信方式示意图

串行通信的特点：数据传输按位顺序进行，只需两根传输线即可完成，成本低，速度慢。

计算机与远程终端，远程终端与远程终端之间的数据传输通常都是串行的。与并行通信相比，串行通信还有较为显著的特点：

1）传输距离较长，可以从几米到几千米。

2）串行通信的通信时钟频率较易提高。

3）串行通信的抗干扰能力十分强，其信号间的互相干扰完全可以忽略。

但是串行通信传送速度比并行通信慢得多。

正式基于以上各个特点的综合考虑，串行通信在数据采集和控制系统中得到了广泛的应用，产品种类也是多种多样的。

2. 串行通信的工作模式

通过单线传输信息是串行数据通信的基础。数据通常是在两个站（点对点）之间进行传输，按照数据流的方向可分为三种传输模式（制式）。

（1）单工模式。单工模式的数据传输是单向的。通信双方中，一方为发送端，另一方则固定为接收端。信息只能沿一个方向传输，使用一根数据线，如图 6－3 所示。

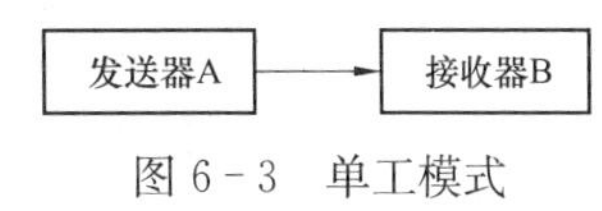

图 6－3　单工模式

单工模式一般用在只向一个方向传输数据的场合。例如收音机，收音机只能接收发射塔给它的数据，并不能给发射塔数据。

（2）半双工模式。半双工模式是指通信双方都具有发送器和接收器，双方既可发射也可接收，但接收和发射不能同时进行，即发射时就不能接收，接收时就不能发送。如图 6－4 所示。

半双工一般用在数据能在两个方向传输的场合。例如对讲机就是很典型的半双工通信实例，读者有机会可以自己购买套件，之后焊接、调试，亲自体验一下半双工的魅力。

（3）全双工模式。全双工数据通信分别由两根可以在两个不同的站点间同时发送和接收的传输线进行传输，通信双方都能在同一时刻进行发送和接收操作，如图 6－5 所示。

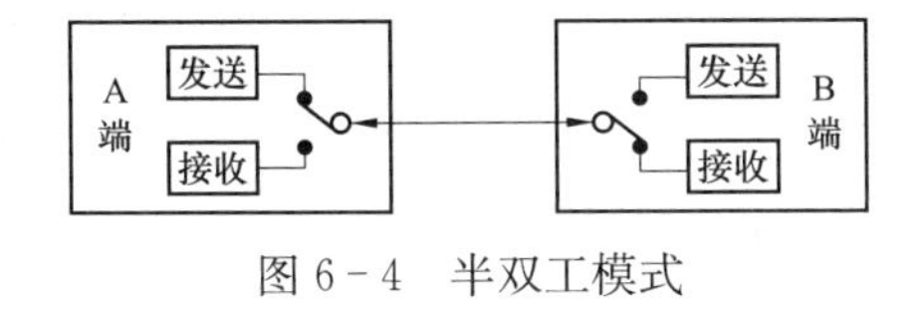

图 6－4　半双工模式

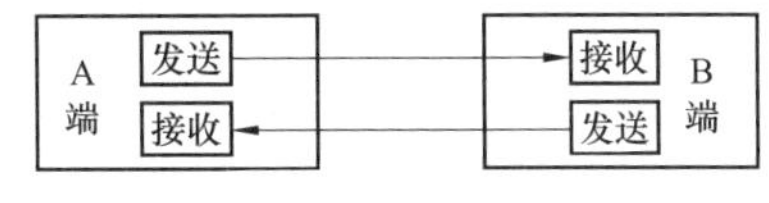

图 6－5　全双工模式

在全双工模式下，每一端都有发送器和接收器，有两条传输线，可在交互式应用和远程监控系统中使用，信息传输效率较高。例如手机，既是全双工模式，相信每位读者都不陌生。

3. 异步传输和同步传输

在串行传输中，数据是一位一位地按照到达的顺序依次进行传输的，每位数据的发送和接收都需要时钟来控制。发送端通过发送时钟确定数据位的开始和结束，接收端需在适当的时间间隔对数据流进行采样来正确地识别数据。接收端和发送端必须保持步调一致，否则就会在数据传输中出现差错。为了解决以上问题，串行传输可采用以下两种方式：异步传输和同步传输。

（1）异步传输。在异步传输方式中，字符是数据传输单位。在通信的数据流中，字符之间异步，字符内部各位间同步。异步通信方式的“异步”主要体现在字符与字符之间通信没有严格的定时要求。在异步传输中，字符可以是连续地、一个个地发送，也可以是不连续地、随机地单独发送。在一个字符格式的停止位之后，立即发送下一个字符的起始位，开始一个新的字符的传输，这叫做连续地串行数据发送，即帧与帧之间是连续的。断续的串行数据传输是指在一帧结束之后维持数据线的“空闲”状态，新的起始位可在任何时刻开始。一旦传输开始，组成这个字符的各个数据位将被连续发送，并且每个数据位持续时间是相等的。接收端根据这个特点与数据发送端保持同步，从而正确地恢复数据。收发双方则以预先约定的传输速度，在时钟的作用下，传输这个字符中的每一位。

（2）同步传输。同步通信是一种连续传送数据的通信方式，一次通信传送多个字符数据，称为一帧信息。数据传输速率较高，通常可达 56000bit/s 或更高。其缺点是要求发送时钟和接收时钟保持严格同步。例如，可以在发送器和接收器之间提供一条独立的时钟线路，由线路的一端（发送器或者接收器）定期地在每个比特时间中向线路发送一个短脉冲信号，另一端则将这些有规律的脉冲作为时钟。这种方法在短距离传输时表现良好，但在长距离传输中，定时脉冲可能会和信息信号一样受到破坏，从而出现定时误差。另一种方法是通过采用嵌有时钟信息的数据编码位向接收端提供同步信息。同步传输格式如图 6-6 所示。

同步字符	数据字符1	数据字符2	…	数据字符$n-1$	数据字符n	校验字符	(校验字符)

图 6-6　同步通信数据

4. 串口通信的格式

在异步通信中，数据通常以字符（char）或者字节（byte）为单位组成的字符帧传送的。既然要双方以字符传输，一定要遵循一些规则，否则双方肯定不能正确传输数据，或者，什么时候开始采样数据，什么时候结束数据采样，这些都必须事先预定好，即规定数据的通信协议。

（1）字符帧。由发送端一帧一帧地发送，通过传输线被接收设备一帧一帧地接收。发送端和接收端可以有各自的时钟来控制数据地发送和接收，这两个时钟源彼此独立。

（2）异步通信中，接收端靠字符帧格式判断发送端何时开始发送，何时结束发送。平时，发送先为逻辑 1（高电平），每当接收端检测到传输线上发送过来的低电平逻辑 0 时，就知道发送端开始发送数据，每当接收端接收到字符帧中的停止位时，就知道一帧字符信息发送完毕。异步通信具体格式如图 6-7 所示。

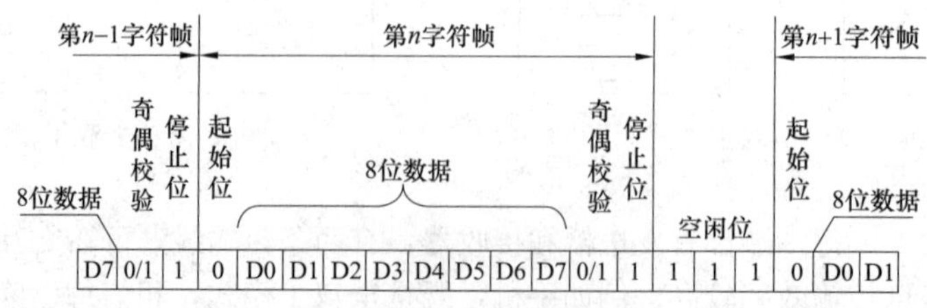

图 6-7　异步通信格式帧

1）起始位。在没有数据传输时，通信线上处于逻辑“1”状态。当发送端要发送 1 个字符数据时，首先发送 1 个逻辑“0”信号，这个低电平便是帧格式的起始位。其作用是向接收端表达发送端开始发送一帧数据。接收端检测到这个低电平后，就准备接收数据。

2）数据位。在起始位之后，发送端发出（或接收端接收）的是数据位，数据的位数没有严格的限制，5～8 位均可，由低位到高位逐位发送。

3）奇偶校验位。数据位发送完（接收完）之后，可发送一位用来验证数据在传送过程中是否出错的奇偶校验位。奇偶校验是收发双发预先约定的有限差错校验方法之一，有时也可不用奇偶校验。

4）停止位。字符帧格式的最后部分是停止位，逻辑“1”高电平有效，它可占 1/2 位、1 位或 2 位。停止位表示传送一帧信息的结束，也为发送下一帧信息做好准备。

5. 串行通信的校验

串行通信的目的不只是传送数据信息，更重要的是应确保准确无误地传送。因此必须考虑在通信过程中对数据差错进行校验，差错校验是保证准确无误通信的关键。常用差错校验方法有奇偶校验、累加和校验以及循环冗余码校验等。

(1) 奇偶校验。奇偶校验的特点是按字符校验，即在发送每个字符数据之后都附加一位奇偶校验位（1 或 0），当设置为奇校验时，数据中 1 的个数与校验位 1 的个数之和应为奇数；反之则为偶校验。收发双方应具有一致的差错校验设置，当接收 1 帧字符时，对 1 的个数进行校验，若奇偶性（收、发双方）一致则说明传输正确。奇偶校验只能检测到那种影响奇偶位数的错误，较低级且速度慢，一般只用在异步通信中。

(2) 累加和校验。累加和校验是指发送方将所发送的数据块求和，并将“校验和”附加到数据块末尾。接收方接收数据时也是先对数据块求和，将所得结果与发送方的“校验和”进行比较，若两者相同，表示传送正确，若不同则表示传送出了差错。“校验和”的加法运算可用逻辑加，也可用算术加。累加和校验的缺点是无法校验出字节或位序的错误。

(3) 循环冗余码校验（CRC）。循环冗余码校验的基本原理是将一个数据块看成一个位数很长的二进制数，然后用一个特定的数去除它，将余数作校验码附在数据块之后一起发送。接收端收到数据块和校验码后，进行同样的运算来校验传输是否出错。

6. 波特率

波特率是表示串行通信传输数据速率的物理参数，其定义为：单位时间内传输的二进制 bit 数。用位/秒表示，其单位量纲为 bit/s。例如串行通信中的数据传输波特率为 9600bit/s，意即每秒钟传输 9600 个 bit，合计 1200 个字节，则传输一个比特所需要的时间为：

1/9600s=0.000 104s=0.104ms

传输一个字节的时间为：0.104ms×8=0.832ms

在异步通信中，常见的波特率通常有 1200、2400、4800、9600 等，其单位都是 bit/s。高速的可以达到 19200bit/s。异步通信中允许收发端的时钟（波特率）误差不超过 5%。

7. 串行通信接口规范

由于串行通信方式能实现较远距离的数据传输，因此在远距离控制时或在工业控制现场通常使用串行通信方式来传输数据。而在远距离数据传输时，普通的 TTL 或 CMOS 电平无法满足工业现场的抗干扰要求和各种电气性能要求，因此它们不能直接用于远距离的数据传输。国际电气工业协会 EIA 推进了 RS-232、RS-485 等接口标准。

(1) RS-232 接口规范。RS-232C 是 1969 年 EIA 制定的在数据终端设备（DTE）和数据通信设备（DCE）之间的二进制数据交换的串行接口，全称是 EIA-RS-232-C 协议，实际中常称 RS-232，也称 EIA-232，最初采用 DB-25 作为连接器，包含双通道，但是现在也有采用 DB-9 的单通道接口连接器，RS-232C 串行端口定义见表 6-1。

表 6-1　　RS-232C 串行端口定义

DB9	信号名称	数据方向	说明
2	RXD	输入	数据接收端
3	TXD	输出	数据发送端
5	GND	—	地
7	RTS	输出	请求发送
8	CTS	输入	清除发送
9	DSR	输入	数据设备就绪

在实际中，DB9 由于结构简单，仅需要 3 根线就可以完成全双工通信，所以在实际中应用广泛。表 6－1 中 RS－232 采用负逻辑电平，用负电压表示数字信号逻辑“1”，用正电平表示数字信号的逻辑“0”。规定逻辑“1”的电压范围为－15～－5V，逻辑“0”的电压范围为＋5～＋15V。RS－232C 标准规定，驱动器允许有 2500pF 的电容负载，通信距离将受此电容限制，例如，采用 150pF/m 的通信电缆时，最大通信距离为 15 米；若每米电缆的电容量减小，通信距离可以增加。传输距离短的另一原因是 RS－232 属单端信号传送，存在共地噪声和不能抑制共模干扰等问题，因此一般用于 20 米以内的通信。

（2）RS－485 接口规范。RS－485 标准最初由 EIA 于 1983 年制定并发布，后由通信工业协会修订后命名为 TIA/EIA－485－A，在实际中习惯上称之为 RS－485。RS－485 是为弥补 RS－232 的不足而提出的。为改进 RS－232 通信距离短、速率低的缺点，RS－485 定义了一种平衡通信接口，将传输速率提高到 10Mbit/s，传输距离延长到 4000 英尺（速率低于 100kbit/s 时），并允许在一条平衡线上连接最多 10 个接收器。RS－485 是一种单机发送、多机接收的单向、平衡传输规范，为扩展应用范围，随后又增加了多点、双向通信能力，即允许多个发送器连接到同一条总线上，同时增加了发送器的驱动能力和冲突保护特性，扩展了总线共模范围，其特点为：

1）差分平衡传输。

2）多点通信。

3）驱动器输出电压（带载）：≥|1.5V|。

4）接收器输入门限：±200mV。

5）－7～＋12V 总线共模范围。

6）最大输入电流：1.0mA/－0.8mA（12Vin/－7Vin）。

7）最大总线负载：32 个单位负载（UL）。

8）最大传输速率：10Mbit/s。

9）最大电缆长度：4000 英尺（约 1219 米）。

RS－485 接口是采用平衡驱动器和差分接收器的组合，抗共模干扰能力更强，即抗噪声干扰性好。RS－485 的电气特性用传输线之间的电压差表示逻辑信号，逻辑“1”以两线间的电压差为＋2～＋6V 表示；逻辑“0”以两线间的电压差为－6～－2V 表示。

RS－232C 接口在总线上只允许连接 1 个收发器，即一对一通信方式。而 RS－485 接口在总线上允许最多 128 个收发器存在，具备多站能力，基于 RS－485 接口，可以方便组建设备通信网络，实现组网传输和控制。

由于 RS－485 接口具有良好的抗噪声干扰性，使之成为远传输距离、多机通信的首选串行接口。RS－485 接口使用简单，可用于半双工网络（只需 2 条线），也可用于全双工通信（需 4 条线）。RS－485 总线对于特定的传输线径，从发送端到接收端数据信号传输所允许的最大电缆长度是数据信号速率的函数，这个长度主要受信号失真及噪声等影响，所以实际中 RS－485 接口均采用屏蔽双绞线作为传输线。

RS－485 允许总线存在多主机负载，其仅仅是一个电气接口规范，只规定了平衡驱动器和接收器的物理层电特性，而对于保证数据可靠传输和通信的连接层、应用层等协议并没有定义，需要用户在实际使用中予以定义。Modbus、RTU 等是基于 RS－485 物理链路的常见的通信协议。

（3）串行通信接口电平转换。

1）TTL/CMOS 电平与 RS－232 电平转换。TTL/CMOS 电平采用的是 0～5V 的正逻辑，

即 0V 表示逻辑 0，5V 表示逻辑 1，而 RS-232 采用的是负逻辑，逻辑 0 用+5～ +15V 表示，逻辑 1 用-15～-5V 表示。在 TTL/CMOS 中，如果使用 RS-232 串行口进行通信，必须进行电平转换。MAX232 是一种常见的 RS-232 电平转换芯片，单芯片解决全双工通信方案，单电源工作，外围仅需少数几个电容器即可。

2）TTL/CMOS 电平与 RS-485 电平转换。RS-485 电平是平衡差分传输的，而 TTL/CMOS 是单极性电平，需要经过电平转换才能进行信号传输。常见的 RS-485 电平转换芯片有 MAX485、MAX487 等。

二、单片机的串行接口

1. 串行接口的组成

ATMEGA16 单片机串行接口主要由数据寄存器、控制寄存器、波特率发生器、发送移位寄存器、接收移位寄存器、奇偶校验电路等电路组成，如图 6-8 所示。

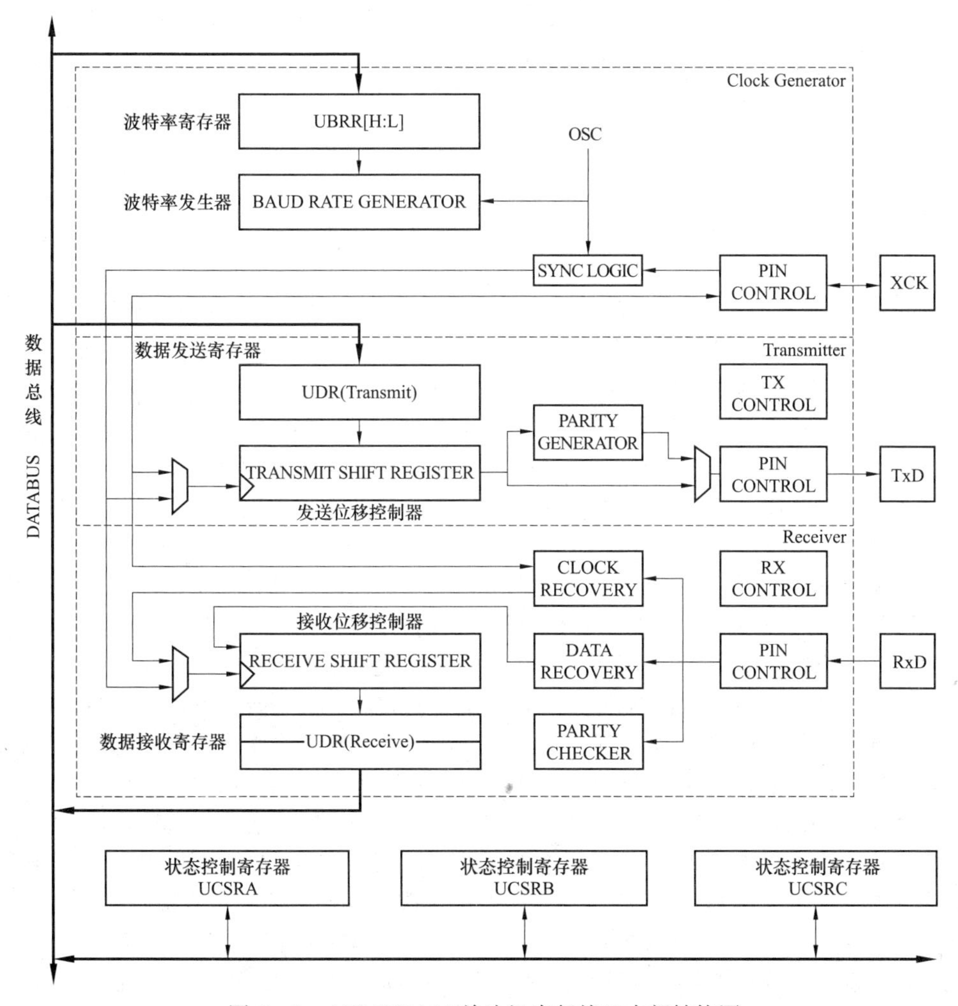

图 6-8　ATMEGA16 单片机串行接口内部结构图

（1）数据寄存器 UDR。UDR 数据寄存器分为数据接收寄存器和数据发送寄存器，它们是两个独立的物理部件，虽然使用相同的名字，但是访问时却是两个完全不同地址。当对 UDR

进行写操作时是将数据写入发送电路的 UDR，而当进行 UDR 读操作时是将接收电路接收到的信号读出来。

(2) 控制寄存器。Atmega16 有三个控制寄存器，分别为 UCSRA、UCSRB、UCSRC，通过对控制寄存器的编程，可实现对串口通信的工作模式、波特率、数据格式等进行设置。

(3) 波特率发生器。Atmega16 具有专用的波特率发生器件，其工作时钟来源于系统时钟 fosc，经过如图 6-9 所示的时钟电路产生数据收、发电路所需要的时钟信号。

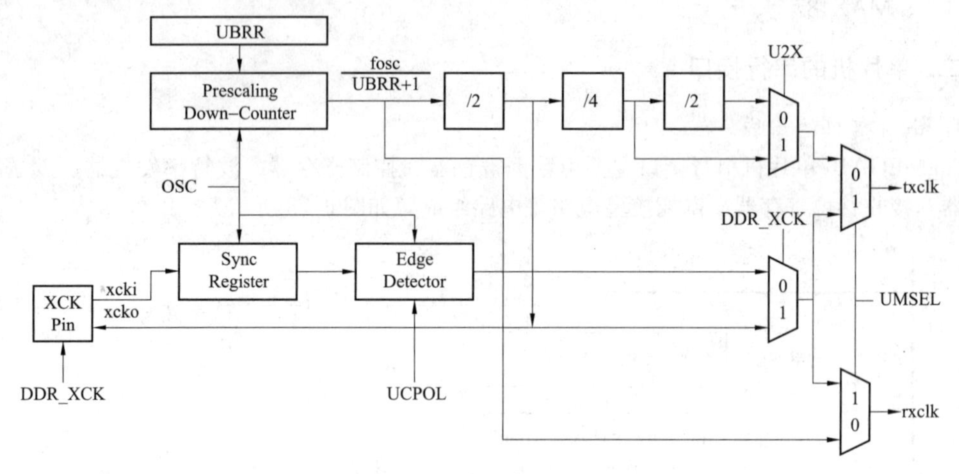

图 6-9 波特率发生器

Atmega16 的串行口通过编程可以实现 4 种时钟模式，分别为正常的异步模式、倍速异步模式、主机同步模式、从机同步模式。

通过对控制寄存器的相关位进行编程，可以设定串行口工作在全双工异步模式或移位寄存器的同步模式。无论串行口工作于同步模式或异步模式，其波特率均是可以编程的。在异步模式中，波特率具有倍增功能，在不改变任何参数、数据前提下，通过设置相关位可以使波特率时钟提高 1 倍，以应用于更高通信速度的场合。在同步模式中，同步时钟源可以编程选择来自主机或来自从机。

(4) 发送移位寄存。发送移位寄存器的功能是：发送的数据进行转换，将发送数据寄存器 UDR 中数据在时钟信号的作用下进行移位，每一个时钟数据向前移一位，最后将 UDR 中的并行数据变成一串串行数据从数据发送引脚 TXD 发送出去。

(5) 接收移位寄存器。接收移位寄存器的功能是将接收到的串行数据进行转换，在时钟信号作用下，数据接收引脚 RXD 每收到一个数据，移位寄存器向前移动一位，实现将接收的串行数据转变成并行数据的功能，收到的数据被放入数据接收寄存器 UDR 中。

(6) 奇偶校验电路。奇偶校验电路可完成对收发数据的奇偶校验。奇偶校验是检测数据通信出错的常用手段，简单、易于实现。当发送数据寄存器 UDR 中二进制数 1 的个数为奇数时，则将相应的奇偶标志位置 1，连同数据位、启停位构成数据帧一并发送。接收端接收到以后，如果接收寄存器中 UDR 二进制数 1 的个数为奇数，则奇偶标志位不变，依旧为“1”。因此通过判别对比收发端奇偶标志可以快速检测数据在传输过程中是否出错，这种规则称为“奇校验”，反之如果 1 的个数为偶数个则将奇偶标志位置 1 的称为“偶校验”，在控制寄存器中可以编程选择“奇校验”还是“偶校验”。

2. 串行通信接口寄存器 UDR

(1) UDR 寄存器。发送器和接收器使用的寄存器都是 UDR 寄存器，但是仅同名而已，它们实际上是两个完全独立的数据寄存器。当对 UDR 写操作时，数据通过 TXB 发送出去，当执行 UDR 读操作时将 RXB 接收的数据读出来。

当数据长度不足 8bit 时（如 5、6、7 bit），未被使用的数据位被发送器忽略，而接收器则将它们直接置为 0。

对 UDR 执行写操作前应该先检查 UDR 是否为空，即 UDR 里面的数据是否被发送完毕，与访问控制寄存器的标志位一样。若写 UDR 时其不为空即数据发送还未结束，新写入的数据无效。

接收缓冲器 UDR 包含一个两级 FIF0，接收的数据被置于 FIF0 中。读 UDR 会影响 FIF0 的状态，但 FIF0 为空时同样会在控制寄存器中产生相应标志位。

(2) 波特率寄存器 UBRR。波特率寄存器 UBRR 中的内容决定其产生的波特率值大小。波特率与 UBRR 寄存器取值关系见表 6 - 2。

表 6 - 2　　波特率与 UBRR 寄存器取值关系

工作模式	波特率	UBRR 寄存器取值
异步工作模式（U2X=0）	B=fosc/16（UBRR+1)′	UBRR=fosc/16×B−1
异步工作模式（U2X=1）	B=fosc/8（UBRR+1)	UBRR= fosc/8×B−1
同步工作模式	B=fosc/2（UBRR+1)	UBRR=fosc/2×B−1

表中 fosc 表示系统晶振频率大小，B 为通信波特率大小，UBRR 为波特率寄存器取值。波特率有 1200、2400 、4800、9600bit/s 等，在已知波特率和 fosc 的前提下通过应用表 6 - 2 中的公式可以计算出 UBRR 寄存器取值。

UBRR 寄存器为 16 位寄存器，分成高位 UBRRH 和低位 UBRRL 两部分。在 ICCAVR 编译器使用 C 语言编程时，可以将一个 16 位的数直接写入 UBRR 寄存器。但需要注意的是，UBRR 的取值必须在 0～4095。

(3) 控制和状态寄存器。控制和状态寄存器可用于对串行口进行编程以及保存串行口的各种工作状态。Atmega16 有三个控制与状态寄存器，分别为 UCSRA、UCSRB、UCSRC。

1) 控制与状态寄存器 UCSRA（见表 6 - 3）。

表 6 - 3　　控制与状态寄存器 UCSRA

位	B7	B6	B5	B4	B3	B2	B1	B0
符号	RXC	TXC	UDRE	FE	DOR	DPE	U2X	MPCM
初值	0	0	0	0	0	0	0	0

RXC 位（B7）：接收结束标志位。

若接收器已成功接收一个数据并置于接收缓冲器中，此时 RXC 置位。RXC 标志可用来产生接收结束中断，执行完程序后自动清零。对该位写 1 清零会导致一次重复接收错误。

TXC 位（B6）：发送结束标志位。

发送缓冲器（UDR）中的数据发送完成后 UDR 为空，此时 TXC 置位，TXC 标志可用来产生发送结束中断。执行完程序后该标志位自动清零，对该位写 1 清零会导致一次重复发送错误。

UDRE 位（B5）：数据寄存器空标志位。

UDRE 为 1 时说明发送缓冲器 UDR 为空，可以进行数据发送操作。UDRE 标志可用来产生数据寄存器空中断。在发送数据之前，应先检查一次 UDR 是否为空，即检查 UDRE 位的状态。在未检查 UDR 状态的前提下进行数据的发送会导致数据无法更新，发送器发送的始终是 UDR 第一次写入的数据。

FE（B4）：帧错误位。

传输过程中产生帧错误，如同步丢失、传输中断等则该位被置位。

DOR（B3）：数据溢出标志位。

接收缓冲器满（包含了两个数据），又有新的数据进来时 DOR 置位，且一直保持直到 UDR 中的数据被读取。

UPE（B2）：奇偶校验错误标志位。

若奇偶校验功能使能后（UPM1 位置 1），校验器将计算输入数据的奇偶性并将结果与数据帧的奇偶位进行比较。校验结果将与数据和停止位一起存储在接收缓冲器中。这样就可以通过读取奇偶校验错误标志位 UPE 来检查接收的帧中是否有奇偶错误。在接收缓冲器（UDR）被读取前，UPE 的状态将一直保持。

U2X（B1）：波特率倍增控制位。

在异步通信时，如果该位置 1 则波特率分频因子从 16 降到 8，传输速率加倍。在同步通信时该位清零。

MPCM（B0）：多处理器通信模式标志位。

MPCM 位用来启动多处理器通信模式。当串行通信线上外接有多个处理器时，需要为每台主机分配地址，用以识别各自身份。用停止位或第 9 位数据位来表示当前接收的数据帧是地址帧还是数据帧。如果识别位为 1 则说明当前接收的是地址帧，将主机与本地保存的地址编号进行比较，二者相等则该主机获得总线使用权，可以占用总线进行数据收发。反之如果接收的地址与本机保存的地址编号不匹配则直接丢弃，继续等待。

帧错误位（FE）、数据溢出标志位（DOR）、奇偶校验错误标志位（UPE）与 UDR 中的内容有关，当对 UDR 进行读写操作时会影响这些标志位，因此读 UDR 数据之前应先将这三个标志位的内容读取出来。这三个标志位不会触发 CPU 产生中断。

2）控制与状态寄存器 UCSRB（见表 6-4）。

表 6-4　　控制与状态寄存器 UCSRB

位	B7	B6	B5	B4	B3	B2	B1	B0
符号	RXCIE	TXCIE	UDRIE	RXIE	TXIE	UCSZ2	RXB8	TXB8
初值	0	0	0	0	0	0	0	0

RXCIE 位（B7）：接收结束中断使能位。

置位后使能接收结束中断。当 RXCIE 为 1，全局中断标志位 SREG 置位，当 UCSRA 寄存器的 RXC 位置位产生接收结束标志时将产生串行口接收结束中断。

TXCIE 位（B6）：发送结束中断使能位。

置位后使能发送结束中断。当 TXCIE 为 1 时，全局中断标志位 SREG 置寄存器的 TXC 位产生发送结束标志时将产生串行发送结束中断。

UDRIE 位（B5）：串行口数据寄存器空中断使能。

置位后使能数据寄存器空中断。当 UDRIE 为 1，全局中断标志位 SREG 置位，UCSRA 寄存器的 UDRE 位置位时将产生串行口数据寄存器空中断。

RXEN 位（B4）：接收使能位。

置位后启动 USART 接收器。PDO 的 I/O 口功能不可用，将作为数据接收专用引脚使用。该位清零禁用接收器，将刷新接收缓冲器，且 FE、DOR 及 PE 标志位无效，PDO 引脚恢复其通用 I/O 功能。

TXEN 位（B3）：发送使能位。

TXEN 置位后将启动串行口发送器。PD1 的 I/O 口功能不可用，将作为串行数据发送专用引脚。该位清零则禁用发送器，PD1 引脚恢复其通用 I/O 功能。

UCSZ2 位（B2）：与 UCSRC 中的 UCSZ0、UCSZ1 位一同使用。

RXB8 位（B1）：接收数据位 8。

RXB8 与 UDR 组成 9 位串行数据帧，接收到的第 9 位数据被置于 RXB8 中。在对 9 位数据进行读取之前应先读 RXB8 的数据位，再读 UDR 中的低位数。

TXB8 位（B0）：发送数据位 8。

TXB8 与 UDR 组成 9 位串行数据帧，发送的第 9 位数据被置于 TXB8 中。在对 9 位数据进行发送前应先将第 9 位数据写入 TXB8 中，再将余下数据写入 UDR。

3）控制与状态寄存器 UCSRC（见表 6-5）。

表 6-5　　控制与状态寄存器 UCSRC

位	B7	B6	B5	B4	B3	B2	B1	B0
符号	URSEL	UMSEL	UPM1	UPM0	USBS	UCSZ1	UCSZ0	UCPOL
初值	1	0	0	0	0	1	1	0

UCSRC 寄存器与 UBRRH 寄存器共用相同的 I/O 地址。对该寄存器的访问需要注意其数据取值。

URSEL 位（B7）：寄存器选择位。

通过该位选择访问 UCSRC 寄存器或 UBRRH 寄存器。URSEL 位为 1 时对 UCSRC 进行读或写操作，因此写入 UCSRC 的值应该大于等于 80H（0x80）。而 URSEL 位为 0 时对波特率寄存器的高位 UBRRH 进行操作，写入 UBR 寄存器数不能超过 4095。

UMSEL 位（B6）：USART 模式选择位。

通过 UMSEL 位来选择串行口工作在同步或异步模式。UMSEL=0，串行口工作在异步模式，UMSEL=1，串行口工作在同步模式。

UPM 位（B5～B4）：奇偶校验模式位。

UPM 模式奇偶校验位由 UPM0 和 UPM1 两位构成，用来选择串行通信时奇偶校验模式见表 6-6。

表 6-6　　奇 偶 校 验 模 式

UPM1	UPM0	奇偶校验模式
0	0	无奇偶校验
0	1	保留
1	0	偶校验
1	1	奇校验

如 UPM1 位置 1 将启动奇偶校验，UPM0 设定比较校验方式。在发送数据时，发送器会自动产生并发送奇偶校验位。对每一个接收到的数据，接收器都会产生一奇偶值，并与 UPM0

所设置的值进行比较。如果不匹配，那么就将UCSRA中的UPE置位，产生奇偶校验错误。

USBS位（B3）：停止位选择位。

通过USBS位可以设置停止位的位数。接收器忽略这一位的设置。USBS=0，选择1位停止位，USBS=1选择2位停止位。

UCSZ位（B2～B1）：数据字符长度选择位。

UCSZ有3个位，分别为UCZS0、UCZS1、UCZS2，用来设定串行通信数据字符的长度，数据位长度控制字见表6-7。

表6-7　　数据位长度控制字

UCZS2	UCZS1	UCZS0	字符长度
0	0	0	5位
0	0	1	6位
0	1	0	7位
0	1	1	8位
1	0	0	保留
1	0	1	保留
1	1	0	保留
1	1	1	9位

UCPOL位（B0）：时钟极性选择位。

UCPOL位仅在同步工作模式有效，在使用异步模式时，应将该位清零。UCPOL设置了输出数据的改变和输入数据采样，以及同步时钟XCK之间的关系，见表6-8。

表6-8　　同步时钟极性

UCPOL	发送数据采样	接收数据采样
0	时钟上升沿	时钟下降沿
1	时钟下降沿	时钟上升沿

例6-1　按要求完成串行通信口寄存器的初始化操作，系统时钟为8MHz。

(1) 设置同步通信模式，波特率30 000bit/s。

解：UCSRA寄存器无须编程，UCSRI3寄存器中的RXEN、TXEN位置位开启接收口发送器，UCSRC寄存器中的URSEL位置位选择对UCSRC寄存器操作，UMSEL位置位选择同步模式，计算波特率寄存器初始值：

$UBRR=fosc/2B-1=8\times10^6/(2\times3\times10^4)-1\approx133-1=132$

寄存器编程：

```
UCSRB=(1<<RXEN)|(1<<TXEN);
UCSRC=(1<<URSEL)|(1<<UMSEL);
UBRR=132;
```

(2) 设置8位异步通信模式，波特率设为9600bit/s。

解：UCSRA寄存器不用编程，UCSRB寄存器中的RXEN、TXEN位置位开启接收和发送器，UCSRC寄存器中的URSEL位置位选择对UCSRC寄存器操作，UCZS1、UCZS0位置位选择8位数据模式，波特率不增倍的寄存器值计算公式如下：

$UBRR=fosc/16B-1=8\times10^6/(16\times9.6\times10^2)-1\approx520-1=519$

寄存器编程如下：

```
UCSRB=(1<<RXEN)|(1<<TXEN);
UCSRC=(1<<URSEL)|(1<<UCSZ1)|(1<<UCSZ0);
UBRR=519;
```

三、硬件设计

1. RS-232C 串口通信标准与接口定义

（1）RS-232C 的简介。RS-232C 是美国电子工业协会（Electronic Industry Association，EIA）于 1962 年公布并于 1969 年修订的串行接口标准，它已经成为了国际上通用的标准。1987 年 1 月，RS-232C 经修改后，正式改名为 EIA-232D。由于标准修改并不多，因此现在很多厂商仍用旧的名称。

（2）接口连接器。由于 RS-232C 并未定义连接器的物理特性，因此，出现了 DB-25 和 DB-9 各种类型的连接器，其引脚的定义也各不相同。现在计算机上一般只提供 DB-9 连接器，都为公头。相应的连接线上的串口连接器也有公头和母头之分，如图 6-10 所示（图左为公头、图右为母头）。

作为多功能 I/O 卡或主板上提供的 COM1 和 COM2 两个串行接口的 DB-9 连接器，它只提供异步通信的 9 个信号引脚，如图 6-11 所示，各引脚的信号功能描述见表 6-9。

图 6-10　串口的公头与母头接口

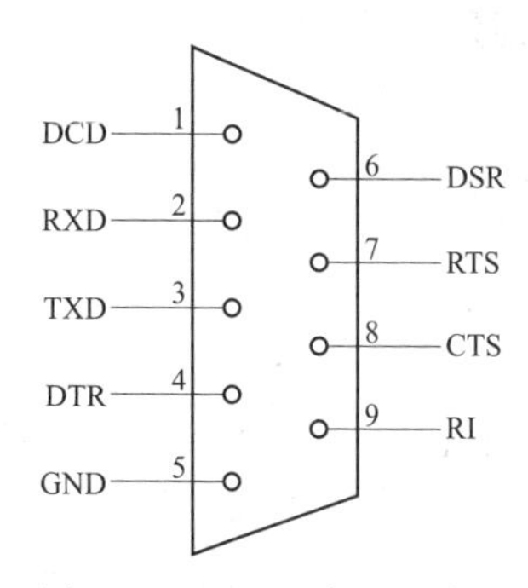

图 6-11　DB9 各引脚定义

RS-232 的每一引脚都有它的作用，也有它信号流动的方向。原来的 RS-232 是设计用来连接调制解调器的，因此它的引脚位意义通常也和调制解调器传输有关。

从功能上来看，全部信号线分为三类，即数据线（TXD、RXD）、地线（GND）和联络控制线（DSR、DTR、RI、DCD、RTS、CTS）。

表 6-9　　DB-9 串口的引脚功能

引脚号	符号	通信方向	功能
1	DCD	计算机→调制解调器	数据载波信号检测
2	RXD	计算机←调制解调器	接收数据
3	TXD	计算机→调制解调器	发送数据
4	DTR	计算机→调制解调器	数据终端准备好
5	GND	计算机＝调制解调器	信号地线

续表

引脚号	符号	通信方向	功能
6	DSR	计算机←调制解调器	数据设备准备好
7	RTS	计算机→调制解调器	请求发送
8	CTS	计算机←调制解调器	清除发送
9	RI	计算机←调制解调器	振铃信号

以下是这 9 个引脚的相关说明：

DCD：此引脚是由调制解调器（或其他 DCE，下同）控制的，当电话接通之后，传输的信号被加载在载波信号上面，调制解调器利用此引脚通知计算机检测到载波，而当载波检测到时才可保证此时是处于连接的状态。

RXD：此脚负责将传输过来的远程信息进行接收。在接收的过程中，由于信息是以数字形式传输的，用户可以在调制解调器的 RXD 指示灯上看到明灭交错，这是由于 0、1 交替导致的结果，也就是高低电平所产生的现象。

TXD：此脚负责将计算机即将传输的信息传输出去。在传输过程中，由于信息是以数字形式传输的，读者可以在调制解调器的 TXD 指示灯同样看到明灭交替的现象。

DTR：此引脚由计算机（或其他 DTE，以下同）控制，用以通知调制解调器可以进行传输。高电平时表示计算机已经准备就绪，随时可以接收信息。

GND：此脚为地线。作为计算机和调制解调器之间的参考基准。两端设备的地线准位必须一样，否则会产生地回路，使得信号因参考基准的不同而产生偏移，也会导致结果失常。RS-232 信息在传输上是采用单向式的信号传输方式，其特点是信号的电压基准由参考地线提供，因此传输双方的地线必须连接在一起，以避免基准不同而造成信息的错误。

DSR：此引脚由调制解调器控制，调制解调器用该引脚的高电位通知计算机一切均准备就绪，可以把信息传输过来了。

RTS：此引脚由计算机控制，用以通知调制解调器马上传输信息到计算机。而当调制解调器收到此信号后，便会将它在电话线上收到的信息传输给计算机，在此之前若有信息传输到调制解调器则会暂存在缓冲区中。

CTS：此脚由调制解调器控制，用以通知计算机打算传输的信息已经到达调制解调器。当计算机收到此引脚的信息后，便把准备传输的信息送到调制解调器，而调制解调器则将计算机传输过来的信息通过电话线路送出。

RI：调制解调器通知计算机有电话进来，是否接听电话则由计算机决定。如果计算机设置调制解调器为自动应答模式，则调制解调器在听到铃响便会自动接听电话。

上述控制信号线何时有效，何时无效的顺序表示了接口信号的传输过程。例如，只有当 DSR 和 DTR 都处于有效（ON）状态时，才能在 DTE 和 DCE 之间进行传输操作。若 DTE 要发送数据，则预先将 DTR 线置成有效（ON）状态，等 CTS 线上收到有效（ON）状态的回答后，才能在 TXD 线上发送串行数据。这种顺序的规定对半双工的通信线路特别有用，因为半双工的通信确定 DCE 已由接收端向改为发送端向，这时线路才能开始发送。

可以从表 6-9 了解到硬件线路上的数据流向。另外值得一提的是，如果从计算机的角度来看这些引脚的通信状况，流进计算机端的，可以看做数据输入；而流出计算机端的，则可以看做数据输出。从工业应用的角度来看，所谓的输入就是用来“检测”的，而输出就是用来“控制”的。

2. RS232 电平与 TTL 电平的转换

RS－232C 对电气特性、逻辑电平和各种信号线功能都进行了规定。这里详细说明一下 RS232 电平。

在 TXD 和 TXD 上：逻辑 1 为－15～－3V；逻辑 0 为＋3～＋15V。

在 RTS、CTS、DSR、DTR 和 DCD 等控制线上：信号有效（接通，ON 状态，正电压）为：＋3～＋15V；信号无效（断开，OFF 状态，负电压）为：－15～－3V。

以上规定说明了 RS－232C 标准对逻辑电平的定义。对于数据（信息码）：逻辑“1”的电平低于－3V，逻辑“0”的电平高于＋3V。对于控制信号：接通状态（ON）即信号有效的电平高于＋3V，断开状态（OFF）即信号无效的电平低于－3V，也就是当传输电平的绝对值大于 3V 时，电路可以有效地检查出来，介于－3～＋3V 的电压无意义，低于－15V 或高于＋15V 的电压也被认为无意义，因此，实际工作时，应保证电平在±（3～15）V。

RS－232C 是用正负电压来表示逻辑电平，与 TTL 以高低电平表示逻辑状态的规定不同，因此，为了能够同计算机接口或终端的 TTL 器件连接，必须在 RS－232C 与 TTL 电路之间进行电平和逻辑关系的转换，实现这种转换的方法可用分立元件，也可用集成电路芯片。目前较为广泛地使用集成电路转换器件，如 MC1448、SN75150 芯片可完成 TTL 电平到 RS232 电平的转换，而 MC1489、SN75154 可实现 RS232 电平到 TTL 电平的转换，由于这些芯片的局限性，现在常用的 RS－232C/TTL 转换芯片是 MAX232。其实在一些电子消费类产品中，为了节省成本，最常用的方法是用分立元件来搭建，因为这样搭建的电路成本还不到 0.1 元，若用 MAX232 至少也得 0.3 元左右。

3. 分立元件实现 RS－232 电平与 TTL 电平的转换

上面已经提到，该电路成本较低，适合对成本要求严格的地方用，其电路原理如图 6－12 所示。

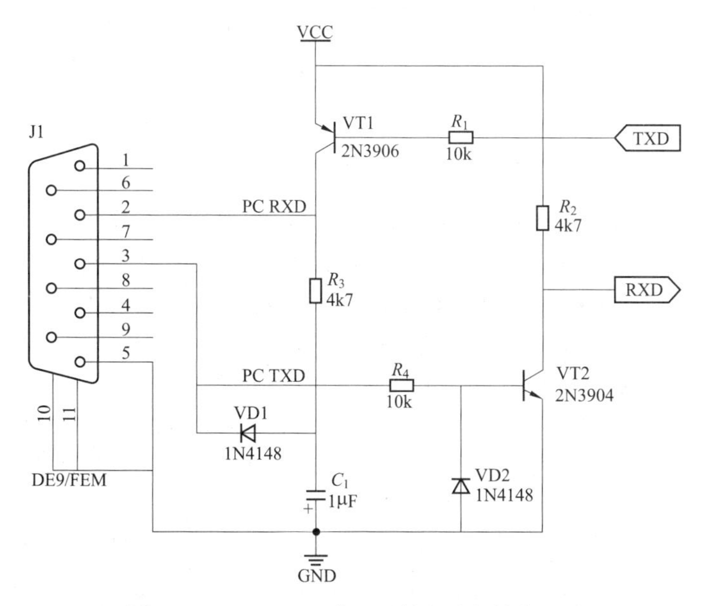

图 6－12　RS－232 分立元件电平的转换电路

(1) RS232 到 TTL 的转换过程。首先若 PC 发送逻辑电平“1”，此时 PC _ TXD 为高电平（电压为－3～－15V，也是默认电压），那么此时 VT2 截止，由于 R2 上拉的作用，则 RXD 此时就为高电平（逻辑电平“1”）；若PC发送逻辑电平“0”，此时PC_TXD为低电平（电压为＋3～＋15V），那么此时VT2导通，则RXD此时就为低电平（逻辑电平“0”），这样就实现了RS-232到TTL的电平转换。

(2) TTL到RS-232的转换过程。若TTL该端发送逻辑电平“1”，那么此时VT1截止，但由于PC_TXD端默认电平为高（电压为－15～－3V），这样会通过D1和R3将PC_RXD拉成高电平（电压大概为－15～－3V）；若发送逻辑电平“0”，那么此时VT1导通，则PC_RXD端就为低电平（电压为5V左右），这样就实现了TTL到RS-232电平的转换。

4. MAX232实现RS-232电平与TTL电平的转换

MAX232是MAXIM公司生产的，内部有电压倍增电路和转换电路。其中电压倍增电路可以将单一的5V转换成RS-232所需的±10V。

由于RS232电平较高，在接通时产生的瞬时电涌非常高，很有可能击毁MAX232，所以在使用中应尽量避免热插拔。其实不仅仅是MAX232，好多器件也有这种特殊的要求，鉴于该原因，望读者养成一个良好的习惯，不要热插拔器件（除非有热插拔需求），也不要手触摸芯片的金属管脚，防止静电击毁芯片。

HJ-2G实验板上就是用MAX232来实现RS-232电平和TTL电平转换，其原理图如图6-13所示。

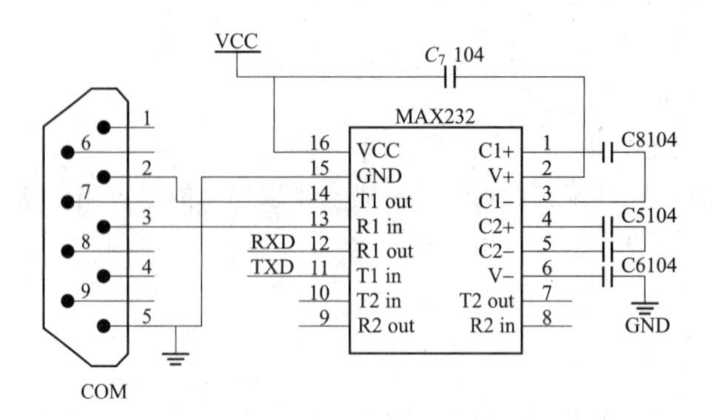

图6-13 MAX232原理图

图6-13中C5、C6、C7、C8用于电压转换部分，由MAX232数据手册可知，这4个电容得用1μF的电解电容，但经大量实验和实际应用分析所得，这4个电容完全可以由0.1μF的非极性瓷片电容代替，因为这样可以节省PCB的面积和降低成本。

5. USB到RS-232的转换

由于人们一般都用笔记本电脑，笔记本电脑一般没有串行接口，所以必须掌握USB转RS-232方法。USB到RS-232的转换，常用的芯片有FT232RL、CP2102/CP2103、CH340、PL2303HX，按性能好坏排列为：FT232RL＞CP2102/CP2103＞CH340＞PL2303HX，在综合性能和成本的考虑之下，选择了CH340T，因此这里以CH340T为例讲述USB和RS-232的转换关系。该电路的原理设计只要参考CH340的数据手册，就能很轻松地搞定，但是其PCB的绘制一定要注意，还有滤波电容一定不能少，应用CH340T的USB下载和外扩电源接口电路图如图6-14所示。

CH340T是南京沁恒公司的产品，是一个USB总线的转换芯片，实现USB转串口、USB转IrDA红外或者USB转打印口。在串口方式下，CH340提供常用的MEDEM联络信号，用于为计算机扩展异步串口，或者将普通的串口设备直接升级到USB总线。

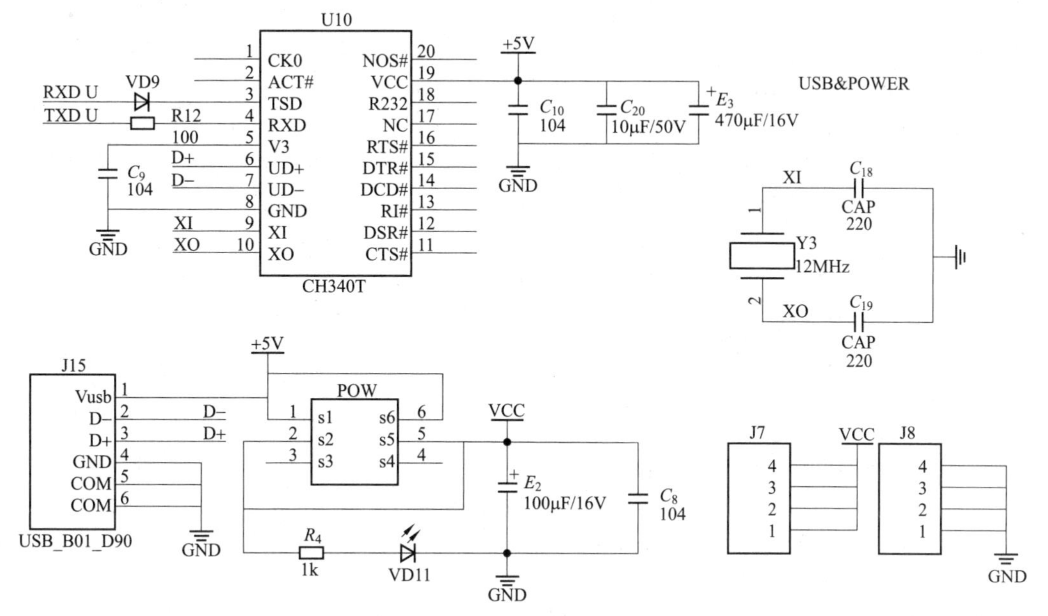

图 6-14　USB 下载和外扩电源接口电路图

该芯片特点有：兼容 USB2.0，外围元件只需晶振和电容；完全兼容 Windows 操作系统下的串口应用程序；硬件全双工串口，内置收发缓冲区，支持通信波特率 10bit/s～2Mbit/s；支持常用的 MODEM 联络信号，通过外加电平转换器件，提供 RS232、RS485、RS422 等接口，软件兼容 CH341，提供 SSOP20 和 SOP16 无铅封装，兼容 RoHS。鉴于以上特点，对于单片机开发来说，完全足够了。

(1) CH340 芯片内置了 USB 上拉电阻，所以 UD+（6）和 UD−（7）引脚应该直接连接到 USB 总线上。这两条线是差分线，走线一定要严格，尽量短且等长，并且阻抗一定要匹配。还有一点，两条线的周围一定要严格包地。

(2) CH340 芯片正常工作时需要外部向 X1（9）引脚提供 12MHz 的时钟信号。一般情况下，时钟信号由 CH340 内置的反相器通过晶体稳频振荡产生。外围电流只需要在 X1 和 X0 引脚连接一个 12MHz 的晶振，并且分别为 X1 和 X0（10）引脚对地连接振荡电容。要说明的是绘制 PCB 时，这两条连接线要短，周围一定要环绕地线或者覆铜。两端工作电压一般为 2.4V 左右。

(3) CH340 芯片支持 5V 或者 3.3V 电压。当使用 5V 工作电压时，CH340 芯片的 VCC 引脚输入外部 5V 电源，并且 V3（5）引脚应该外接容量为 4700pF 或者 0.01μF 的电源退耦电容。当使用 3.3V 工作电压时，CH340 芯片的 V3 引脚应该与 VCC 引脚相连，同时输入外部 3.3V 电源，并且与 CH340 芯片相连的其他电路的工作电压不能超过 3.3V。

(4) 数据传输引脚包括 TXD（3）引脚和 RXD（4）引脚。串口输入空闲时，RXD 应该为高电平，如果 RS232 引脚为高电平启用辅助 RS232 功能，那么 RXD 引脚内部自动插入一个反相器，默认为低电平。串口输出空闲时，CH340T 芯片的 TXD 为高电平。这两个引脚的高低电平很重要，在设计电路时一定要考虑进去。

四、串口通信程序与调试

1. 串口通信的子函数

(1) 串口初始化函数。

```
/*********************************************
//串口 IO 初始化函数
*********************************************/
void USART_IO_Init()
{
        DDRD|= BIT(PD1); //PD1:TX 为输出状态
}
/*********************************************
//串口通信初始化函数
*********************************************/
void USART_Init()
{
        uint16 Temp;
        USART_IO_Init();//串口 IO 初始化函数调用
        UCSRA=0x00;//串口控制器 A 清零
        UCSRB=0x00;//串口控制器 B 清零
        UCSRC|=BIT(URSEL)|BIT(UCSZ1)|BIT(UCSZ0);//选择 USCRC,异步操作,禁止检验,
1 个停止位,八位数据
        Temp=(F_CPU/BAUD/16)-1;//求出 9600 波特率的赋值
        UBRRH=((Temp> > 8)&0x00ff);//波特率寄存器高八位赋值
        UBRRL=(Temp&0x00ff);//波特率寄存器低八位赋值
        UCSRB|=BIT(TXEN)|BIT(RXEN)|BIT(RXCIE);//发送使能,接收使能,接收完毕中断使能
        SREG|=BIT(7);//全局中断使能
}
```

串口初始化包括串口端口初始化和串口通信初始化。

在串口端口初始化中，主要是定义串口发送端 TXD（PD1）为输出端，默认串口输入端 RXD（PD0）为输入。

在串口初始化函数中，首先定义一个内部无符号暂存数据变量 Temp，接着调用串口 IO 初始化函数，串口控制器 A 清零、串口控制器 B 清零，设置 UCSRB 控制寄存器发送使能、接收使能、接收完毕中断使能。然后计算 9600 波特率的赋值数，给波特率寄存器高八位赋值、波特率寄存器低八位赋值，开全局中断。

（2）发送一个字节函数。该函数也有详细注释，读者自行理解。

```
void USART_Send(uchar8 Data)
{
        while(!(UCSRA&(BIT(UDRE))));       //数据寄存器 UDR 是否为空?
        UDR= Data;                         //UDR 赋值
        while(!(UCSRA&(BIT(TXC))));        //数据是否已经发送完毕?
        UCSRA|= BIT(TXC);                  //清除发送完毕标志位
}
```

（3）串口接收完毕中断函数。

```
void USART_Received_Ir()
{
```

```
        UCSRB&= ~BIT(RXCIE);      //接收完毕中断不使能
        RX_Buffer= UDR;           //读取 UDR 的数据
        RX_Flag= 1;               //接收标志位置一
        UCSRB|= BIT(RXCIE);       //接收完毕中断使能
}
```

2. 串口调试要点

(1) 电路、元件焊接要可靠。如果电路、元件焊接没焊好，即使程序没问题，也会因串口通信硬件问题而不能正常通信。

(2) 注意串口连接电缆有两种，交叉连接电缆和直通电缆，一般使用交叉连接串口电缆。

(3) 准备好一款串口调试工具。一般使用串口调试助手，可以帮助调试串口。

(4) 注意串口安全。建议不要带电插拔串口，插拔串口连接线时，至少要有一端是断电的，否则会损坏串口。

3. PC 与单片机串口实验程序

计算机通过单片机发送和接收串口数据，每发送一个字节，单片机接收后，回送计算机发送的数据，并通过串口调试工具显示发送、接收的数据。

图 6-15　发送接收设备连接

(1) 发送、接收设备连接如图 6-15 所示。

(2) PC 与单片机串口通信程序。

```
#include "iom16v.h"
#include "macros.h"
#define uchar8 unsigned char     //宏定义
#define uint16  unsigned int
//定义波特率,系统时钟频率
#define BAUD 9600
#define F_CPU  8000000
//变量定义:接收缓冲变量,接收标志位
uchar8 RX_Buffer=0x00,RX_Flag=0;
//串口接收完毕中断触发声明
#pragma interrupt_handler USART_Received_Ir:12
//函数声明
void USART_Send(uchar8 Data);
/************************************************
//串口 IO 初始化函数
************************************************/
void USART_IO_Init()
{
        DDRD|=BIT(PD1);  //PD1:TX 为输出状态
}
/************************************************
//串口初始化函数
************************************************/
void USART_Init()
```

```
{
        uint16 Temp;

        USART_IO_Init();                    //串口 IO 初始化函数调用

        UCSRA=0x00;                         //串口控制器 A 清零
        UCSRB=0x00;                         //串口控制器 B 清零
        UCSRC|=BIT(URSEL)|BIT(UCSZ1)|BIT(UCSZ0);  //选择 USCRC,异步操作,禁止检验,
1 个停止位,八位数据
        Temp=(F_CPU/BAUD/16)-1;            //求出 9600 波特率的赋值
        UBRRH=((Temp>>8)&0x00ff);          //波特率寄存器高八位赋值
        UBRRL=(Temp&0x00ff);               //波特率寄存器低八位赋值
        UCSRB|=BIT(TXEN)|BIT(RXEN)|BIT(RXCIE);  //发送使能,接收使能,接收完毕中断使能
        SREG|=BIT(7);                       //全局中断使能
}
/*************************************************
//主函数 main()
************************************************* /
void main()
{
        USART_Init();
        while(1)
        {
            if(RX_Flag)
            {
                RX_Flag=0;
                USART_Send(RX_Buffer);
            }
        }
}
/*************************************************
//串口发送函数 USART_Send()
************************************************* /
void USART_Send(uchar8 Data)
{
        while(!(UCSRA&(BIT(UDRE))));       //数据寄存器 UDR 是否为空
        UDR=Data;                           //UDR 赋值
        while(!(UCSRA&(BIT(TXC))));        //数据是否已经发送完毕
        UCSRA|=BIT(TXC);                    //清除发送完毕标志位
}
/*************************************************
//串口接收完毕中断函数  USART_Received_Ir()
************************************************* /
void USART_Received_Ir()
```

```
{
        UCSRB&=~BIT(RXCIE);             //接收完毕中断不使能
        RX_Buffer=UDR;                  //读取 UDR 的数据
        RX_Flag=1;                      //接收标志位置一
        UCSRB|=BIT(RXCIE);              //接收完毕中断使能
}
```

实验程序简单，只要初始化串口和相关的寄存器，就可以向串口发送数据。再通过串口接收数据。

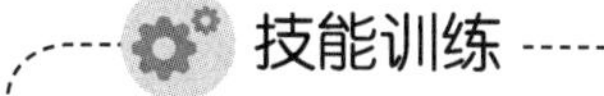

技能训练

一、训练目标

(1) 学会使用单片机的串口中断。

(2) 通过单片机的串口与计算机进行通信。

二、训练步骤与内容

1. 建立一个工程

(1) 在 C：\iccv7avr\examples. avr\avr16 下，新建一个文件夹 F01。

(2) 启动 ICCV7 软件。

(3) 选择执行“Project”（工程）菜单下的“New”（新建一个工程项目）命令，弹出创建新项目对话框。

(4) 在创建新项目对话框，输入工程文件名“F001”，单击“保存”按钮。

2. 编写程序文件

(1) 单击执行“File”（文件）菜单下的“New”（新建文件）命令，新建一个文件。

(2) 单击执行“File”（文件）菜单下的“Save as”（另存文件）命令，弹出另存文件对话框，在文件名栏输入“main. c”，单击“保存”按钮，保存文件。

(3) 在右边的工程浏览窗口，右键单击“File”（文件）选项，在弹出的右键菜单中，选择执行“Add File”。

(4) 弹出选择文件对话框，选择 main. c 文件，单击“打开”按钮，文件添加到工程项目中。

(5) 在 main 中输入“PC 与单片机串口通信”程序，单击工具栏“💾”保存按钮，并保存文件。

3. 编译程序

(1) 单击“Project”（项目）菜单下的“Option”（选项）命令，弹出选项设置对话框。

(2) 在“Target”（目标元件）选项页，在“Device Configuration”（器件配置）下拉列表选项中选择“ATmega16”。

(3) 单击“Project”（项目）菜单下的“Make Project”（编译项目）命令，编译项目文件。

4. 下载调试程序

(1) 双击 HJ - ISP 下载软件图标，启动 HJ - ISP 软件。

(2) 在芯片选择栏，单击下拉列表，选择“ATmega16”。

(3) 单击右侧文件选择区下“调入 Flash”按钮，弹出选择文件对话框，选择 F001. HEX

文件，单击“打开”按钮，打开需下载的文件 F001. HEX，单击 HJ-ISP 软件中的“自动”按钮，程序自动下载。

(4) 安装串口调试助手软件。

(5) 调试。

1) 启动电脑串口调试助手，启动后的串口调试助手界面如图 6-16 所示。

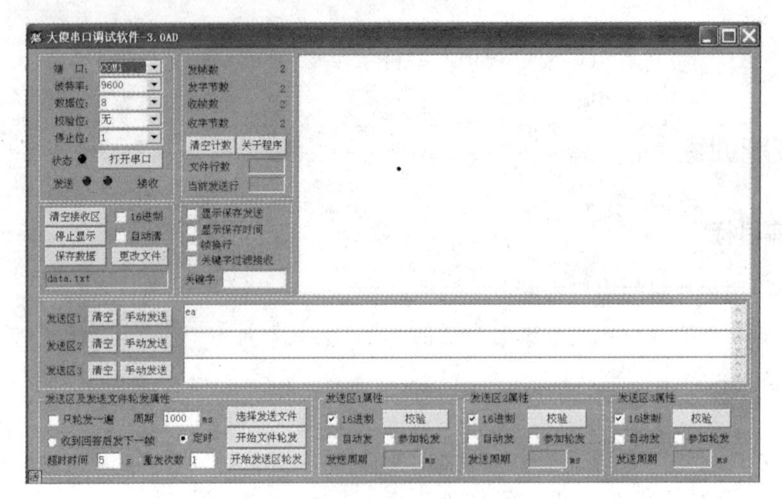

图 6-16 串口调试助手界面

2) 设置串口参数，如图 6-17 所示。在端口设置中，端口设置为 COM6，波特率设置为 9600，数据位设置为 8 位，校验设置为“NONE”，停止位设置为 1 位。在数据文件接收设置中，不选中“16 进制”复选框，接收的数据设置为 ASCII 码，选中“16 进制”复选框，显示接收的 16 进制代码。在发送选择框，选择“显示保存发送”，发送数据被保存，并显示在接收栏。“显示保存时间”复选框，接收了数据窗显示发送时间。图 6-17 的端口设置框中，显示当前串口为关闭。

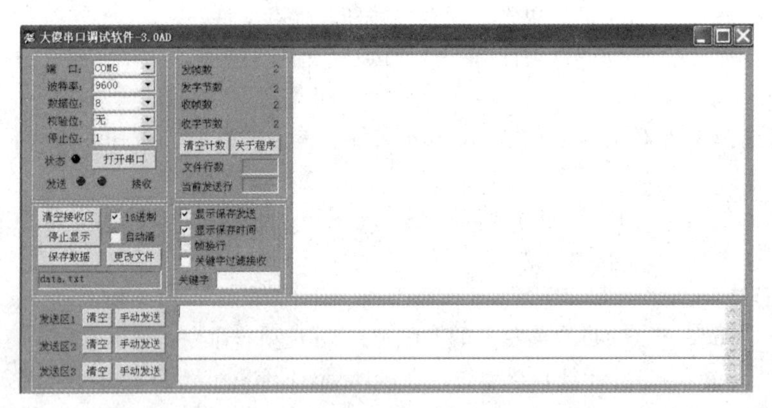

图 6-17 设置串口参数

3) 单击图 6-17 端口设置框中的打开按钮，打开串口。

4) 在串口发送区 1 输入字符“EA”，如图 6-18 所示。

5) 单击图 6-18 左边的“手动发送”按钮。

6) 观察串口调试助手接收区显示的数据，如图 6-19 所示。

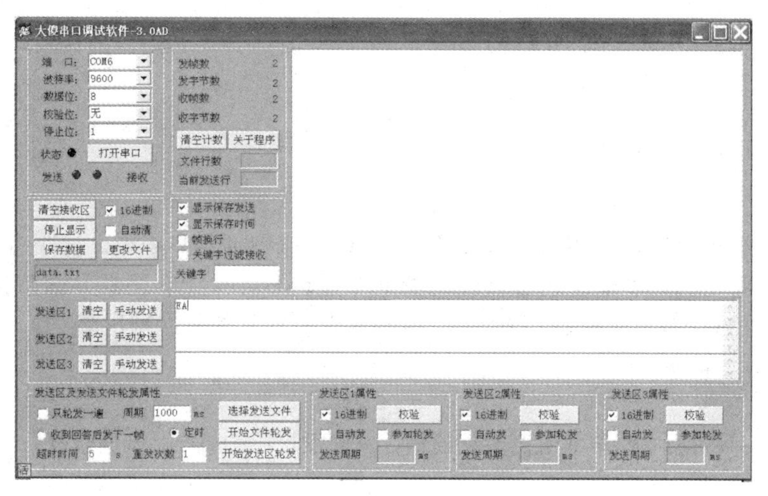

图 6-18　输入字符“EA”

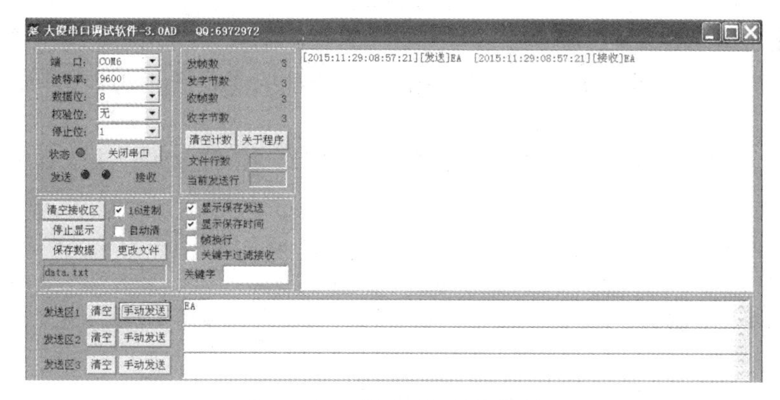

图 6-19　接收区显示的数据

7）单击串口调试工具栏的“”按钮，清空接收区的数据。

任务 15　单片机的双机通信

一、模拟串口通信

一般的单片机只配备了一个串口，如果单片机需要两个或更多的串口同时通信，就显得困难了。在实际应用中，第一种做法是选择多串口的单片机，第二种做法是通过 I/O 端口来模拟串口通信。

模拟串口通信波特率会低于真正串口，但其优点是成本相对较低，并且可通过不同的 I/O 口组合实现多串口通信。

一般的串口通信使用 1 位起始位、8 位数据位、1 位停止位格式。起始位用于识别是否有串行数据到来，停止位用于标志数据传送是否结束。起始位固定为 0，停止位固定为 1。

串口通信为固定波特率通信，串口通信双方必须采用相同的波特率才能正常通信，通信中波特率允许有 3%的误差，这就为模拟串口通信提供了可能性，为了减少误差，应使用定时器获得精确的时间定时。

模拟串口可以使用任意的I/O口，可以选择单片机的PB0～PB7口的任意两个引脚，一个引脚作移位发送，另一个作移位接收。

二、单片机的双机通信

1. 单片机双机通信原理图

两台单片机通过串口进行串口通信。单片机A、B串口通信只需要3根线连接，就可以实现单片机双机通信，单片机A的数据输出端PD1（TXD）连接单片机B的数据接收端PD0（RXD），单片机A的数据接收端PD0（RXD）连接单片机B的数据输出端PD1（TXD），然后将单片机A、B地线连接好。

2. 单片机双机通信程序

单片机A、B采用中断方式进行数据通信，首先设置单片机A、B通信模块的相应寄存器，设置通信波特率。

在单片机A中，定义全局变量SA（0x00表示停止，0x01表示启动），通过外部中断0进行启停切换，每进行一次外部中断0，变量SA切换一次，并把数据赋值给数据缓冲器UDR，实现单片机A给单片机B发送启停命令。

在单片机B中，设置数据接收中断函数，单片机B接收完数据自动进入中断程序，读取接收到的数据，并判断是启动还是停止。

单片机B接收数据为启动时，点亮连接在PB0的发光二极管LED1，并发送字符“B”给单片机A。

单片机B接收数据为停止时，熄灭连接在PB0的发光二极管LED1，并发送字符“C”给单片机A。

单片机A接收数据为“B”时，点亮连接在PB1的发光二极管LED2，熄灭连接在PB2的发光二极管LED3。

单片机A接收数据为“C”时，点亮连接在PB2的发光二极管LED3，熄灭连接在PB1的发光二极管LED2。

3. 单片机A程序代码

```
#include "iom16v.h"
#include "macros.h"
#define uchar8 unsigned char        //宏定义 uchar8
#define uint16   unsigned int       //宏定义 uint16
//波特率,CPU振荡频率
#define BAUD 9600
#define F_CPU   8000000
//变量定义:接收缓冲变量,接收标志位
uchar8 RX_Buffer=0x00,RX_Flag=0;
volatile uchar8 SA;
//串口接收完毕中断触发声明
#pragma interrupt_handler USART_Received_Ir:12
//外部中断0触发声明
#pragma interrupt_handler INT0_Ir:2
//函数声明
```

```
void USART_Send(uchar8 Data);
/*********************************************
//串口 IO 初始化函数
********************************************* /
void USART_IO_Init()
{
DDRD|=BIT(PD1);  //PD1:TX 为输出状态
}
/*********************************************
//串口初始化函数 USART_Init()
********************************************* /
void USART_Init()
{
        uint16 Temp;
        USART_IO_Init();     //串口 IO 初始化函数调用
        UCSRA=0x00;          //串口控制器 A 清零
        UCSRB=0x00;          //串口控制器 B 清零
        UCSRC|=BIT(URSEL)|BIT(UCSZ1)|BIT(UCSZ0);  //选择 USCRC,异步操作,禁止检验,
1 个停止位,八位数据
        Temp=(F_CPU/BAUD/16)-1;          //求出 9600 波特率的赋值
        UBRRH=((Temp> > 8)&0x00ff);      //波特率寄存器高八位赋值
        UBRRL=(Temp&0x00ff);             //波特率寄存器低八位赋值
        UCSRB|=BIT(TXEN)|BIT(RXEN)|BIT(RXCIE);  //发送使能,接收使能,接收完毕中断使能
        SREG|=BIT(7);//全局中断使能
}
/* ******************************************************* */
//中断初始化函数 Interrupt_Init()
/* ******************************************************* */
void Interrupt_Init()
{
        DDRD&=~BIT(2);      //设定 PD2 输入
        PORTD|=BIT(2);      //设定 PD2 上拉
        SREG&=~BIT(7);              //关总中断
        MCUCR|=0x02;               //INT0 下降沿触发
        GICR|=BIT(6);       //INT0 中断允许位为 1
        GIFR|=BIT(6);       //INT0 中断标志位清零
        SREG|=BIT(7);              //开总中断
}
/*********************************************
//主函数 main()
********************************************* /
void main()
{
        USART_Init();       //串口初始化
```

```
        Interrupt_Init();       //中断初始化函数
        DDRA=0xff;        //设置 PA 为输出
        PORTA=0xff;       //PA 输出高电平
        PORTA=0xfb;      //打开 LED 驱动
        DDRB=0xff;        //设置 PB 为输出
        PORTB=0xff;       //PB 输出高电平
        while(1)          //while 循环
        {
            if(RX_Flag)  //接收到数据
            {
            switch(RX_Buffer)
            {case 0x0B:PORTB&=~(1<<PB1);PORTB|=(1<<PB2);break;
            case 0x0C:PORTB&=~(1<<PB2);PORTB|=(1<<PB1);break;
            default:PORTB=0xff; break;
            break;
            }
                RX_Flag=0;     //复位接收标志
                USART_Send(RX_Buffer);  //返回接收数据,调试用程序语句
            }
        }
}
/*********************************************
//串口发送函数 USART_Send()
********************************************* /
void USART_Send(uchar8 Data)
{
        while(!(UCSRA&(BIT(UDRE))));        //数据寄存器 UDR 是否为空?
        UDR=Data;             //UDR 赋值
        while(!(UCSRA&(BIT(TXC))));        //数据是否已经发送完毕?
        UCSRA|=BIT(TXC);              //清除发送完毕标志位
}
/*********************************************
//串口接收完毕中断函数  USART_Received_Ir()
********************************************* /
void USART_Received_Ir()
{
        UCSRB&=~BIT(RXCIE);      //接收完毕中断不使能
        RX_Buffer=UDR;              //读取 UDR 的数据
        RX_Flag=1;                  //接收标志位置 1
        UCSRB|=BIT(RXCIE);        //接收完毕中断使能
}
/* ***************************************************** */
//INT0 中断处理函数 INT0_Ir()
/*  ***************************************************** */
```

```
void INT0_Ir(void)
{
        if(SA)
        SA=0x00;
        else
        SA=0x01;
        USART_Send(SA);
}
```

定义了全局变量 SA，用于记录中断动作，INT0 中断用于启停控制，初始停止状态时，SA＝0。按一次外部中断按钮，SA 变化一次，并发送数据到单片机 B。

在串口中断初始化中，首先调用串口 IO 初始化函数，设置 PD1 为输出，清零串口控制器 A、B，设置串口通信模式为异步通信、8 位数据、1 位停止、无校验，算出波特率值，分别给波特率寄存器高八位赋值、低八位赋值，最后设置发送使能，接收使能，接收完毕中断使能，开放总中断。

在主函数中，先执行串口初始化操作，再进行外部中断初始化操作，然后进行端口 PA、PB 设置。

在主函数的 while 循环中，判断是否接收中断结束，接收标志是否为 1。当接收标志为 1 时，对接收到的数据进行分支处理，接收数据为“B”时，点亮连接在 PB1 的发光二极管 LED2，熄灭连接在 PB2 的发光二极管 LED3。接收数据为“C”时，点亮连接在 PB2 的发光二极管 LED3，熄灭连接在 PB1 的发光二极管 LED2。其他数据，熄灭所有 LED 灯。

为了便于调试，在接收数据分支处理完后，复位接收标志，并回送数据。

4. 单片机 B 程序代码

```
#include "iom16v.h"
#include "macros.h"
#define uchar8 unsigned char          //宏定义 uchar8
#define uint16  unsigned int          //宏定义 uint16
//波特率,晶振
#define BAUD 9600
#define F_CPU  8000000
//变量定义:接收缓冲变量,接收标志位
uchar8 RX_Buffer=0x00,RX_Flag=0;
//串口接收完毕中断触发声明
#pragma interrupt_handler USART_Received_Ir:12
//函数声明
void USART_Send(uchar8 Data)
/*********************************************
//串口初始化函数
********************************************* /
void USART_Init()
{
        uint16 Temp;
        UCSRA=0x00;           //串口控制器 A 清零
```

```
        UCSRB=0x00;         //串口控制器 B 清零
        UCSRC|=BIT(URSEL)|BIT(UCSZ1)|BIT(UCSZ0);  //选择 USCRC,异步操作,禁止检验,
1 个停止位,八位数据

        Temp=(F_CPU/BAUD/16)-1;           //求出 9600 波特率的赋值
        UBRRH=((Temp>>8)&0x00ff);    //波特率寄存器高八位赋值
        UBRRL=(Temp&0x00ff);              //波特率寄存器低八位赋值

        UCSRB|=BIT(TXEN)|BIT(RXEN)|BIT(RXCIE);  //发送使能,接收使能,接收完毕中断使能
        SREG|=BIT(7);                    //全局中断使能
        DDRD|=BIT(PD1);                  //设置 PD1:TX 为输出状态
}
/***********************************************
//主函数 main()
***********************************************/
void main()
{
        USART_Init();
        DDRA=0xff;
        PORTA=0xff;
        PORTA=0xfb;
        DDRB=0xff;
        PORTB=0xff;
        while(1)
        {
            if(RX_Flag)
            {
            switch(RX_Buffer)
            {case 0x00:PORTB|=(1<<PB0);USART_Send('C');break;
            case 0x01:PORTB&=~(1<<PB0);USART_Send('B');break;
            default:  break;
              break;
          }
              RX_Flag=0;
          }
      }
}
/***********************************************
//串口发送函数 USART_Send()
***********************************************/
void USART_Send(uchar8 Data)
{
        while(!(UCSRA&(BIT(UDRE))));  //数据寄存器 UDR 是否为空?
        UDR=Data;                        //UDR 赋值
```

```
        while(!(UCSRA&(BIT(TXC))));    //数据是否已经发送完毕?
        UCSRA|=BIT(TXC);               //清除发送完毕标志位
}
/****************************************
//串口接收完毕中断函数  USART_Received_Ir()
**************************************** /
void USART_Received_Ir()
{
        UCSRB&=~BIT(RXCIE);            //接收完毕中断不使能
        RX_Buffer=UDR;                 //读取 UDR 的数据
        RX_Flag=1;                     //接收标志位置一
        UCSRB|=BIT(RXCIE);             //接收完毕中断使能
}
```

单片机B的程序与单片机A的程序相类似，只是少了外部中断处理程序，接收数据处理程序也稍有不同。

技能训练

一、训练目标

(1) 学会使用单片机的串口中断。

(2) 学会单片机双机通信。

二、训练步骤与内容

1. 建立单片机A通信程序工程

(1) 在C：\iccv7avr\examples. avr\avr16下，新建一个文件夹F05。

(2) 启动ICCV7软件。

(3) 选择执行"Project"(工程)菜单下的"New"(新建一个工程项目)命令，弹出创建新项目对话框。

(4) 在创建新项目对话框，输入工程文件名"F005"，单击"保存"按钮。

2. 编写程序文件

(1) 单击执行"File"(文件)菜单下的"New"(新建文件)命令，新建一个文件。

(2) 单击执行"File"(文件)菜单下的"Save as"(另存文件)命令，弹出另存文件对话框，在文件名栏输入"main. c"，单击"保存"按钮，保存文件。

(3) 在右边的工程浏览窗口，右键单击"File"文件选项，在弹出的右键菜单中，选择执行"Add File"。

(4) 弹出选择文件对话框，选择main. c文件，单击"打开"按钮，文件添加到工程项目中。

(5) 在main中输入"单片机A串口通信"程序，单击工具栏"🖫"保存按钮，并保存文件。

3. 编译程序

(1) 单击"Project"(项目)菜单下的"Option"(选项)命令，弹出选项设置对话框。

(2) 在"Target"(目标元件)选项页，在"Device Configuration"(器件配置)下拉列表选

项中选择“ATmega16”。

（3）单击“Project”（项目）菜单下的“Make Project”（编译项目）命令，编译项目文件。

4. 下载调试程序

（1）双击 HJ - ISP 下载软件图标，启动 HJ - ISP 软件。

（2）在芯片选择栏，单击下拉列表，选择“ATmega16”。

（3）单击右侧文件选择区下“调入 Flash”按钮，弹出选择文件对话框，选择 F005. HEX 文件，单击“打开”按钮，打开需下载的文件 F005. HEX，单击 HJ - ISP 软件中的“自动”按钮，程序自动下载。

（4）调试。

1）启动电脑串口调试助手。

2）设置串口参数，在串口设置中，串口设置为 COM6，波特率设置为 9600，数据位设置为 8 位，校验设置为“NONE”，停止位设置为 1 位。在数据文件接收设置中，不选中“16 进制”复选框，接收的数据设置为 ASCII 码，选中“16 进制”复选框，显示接收的 16 进制代码。在发送选择框，选择“显示保存发送”，发送数据被保存，并显示在接收栏。“显示保存时间”复选框，接收了数据窗显示发送时间。

3）单击端口设置框中的打开按钮，打开串口。

4）按下外部中断 0 开关按钮 KEY3，观察串口调试助手接收区显示的数据。

5）再按下 1 次外部中断 0 开关按钮 KEY3，观察串口调试助手接收区显示的数据。

6）在串口发送区 1 输入字符“B”，观察串口调试接收窗口数据显示内容，观察连接在 PB 端的 LED 状态。

7）在串口发送区 1 输入字符“C”，观察串口调试接收窗口数据显示内容，观察连接在 PB 端的 LED 状态。

8）在串口发送区 1 输入字符“F”，观察串口调试接收窗口数据显示内容，观察连接在 PB 端的 LED 状态。

9）单击串口调试工具栏的“ ”按钮，清空接收区的数据。

5. 建立单片机 B 通信程序工程

（1）在 C：\iccv7avr\examples. avr\avr16 下，新建一个文件夹 F05B。

（2）启动 ICCV7 软件。

（3）选择执行“Project”（工程）菜单下的“New”（新建一个工程项目）命令，弹出创建新项目对话框。

（4）在创建新项目对话框，输入工程文件名“F005B”，单击“保存”按钮。

6. 编写程序文件

（1）单击执行“File”（文件）菜单下的“New”（新建文件）命令，新建一个文件。

（2）单击执行“File”（文件）菜单下的“Save as”（另存文件）命令，弹出另存文件对话框，在文件名栏输入“main. c”，单击“保存”按钮，保存文件。

（3）在右边的工程浏览窗口，右键单击“File”（文件）选项，在弹出的右键菜单中，选择执行“Add File”。

（4）弹出选择文件对话框，选择 main. c 文件，单击“打开”按钮，文件添加到工程项目中。

（5）在 main 中输入“单片机 B 串口通信”程序，单击工具栏“ ”保存按钮，并保存文件。

7. 编译程序

（1）单击“Project”（项目）菜单下的“Option”（选项）命令，弹出选项设置对话框。

（2）在“Target”（目标元件）选项页，在“Device Configuration”（器件配置）下拉列表选项中选择“ATmega16”。

（3）单击“Project”（项目）菜单下的“Make Project”（编译项目）命令，编译项目文件。

8. 下载调试程序

（1）双击 HJ - ISP 下载软件图标，启动 HJ - ISP 软件。

（2）在芯片选择栏，单击下拉列表，选择“ATmega16”。

（3）单击右侧文件选择区下“调入 Flash”按钮，弹出选择文件对话框，选择 F005B. HEX 文件，单击“打开”按钮，打开需下载的文件 F005B. HEX，单击 HJ - ISP 软件中的“自动”按钮，程序自动下载。

（4）调试。

1）启动电脑串口调试助手。

2）设置串口参数，在串口设置中，将串口设置为 COM6，波特率设置为 9600，数据位设置为 8 位，校验设置为“NONE”，停止位设置为 1 位。在数据文件接收设置中，不选中“16 进制”复选框，接收的数据设置为 ASCII 码，选中“16 进制”复选框，显示接收的 16 进制代码。在发送选择框，选择“显示保存发送”，发送数据被保存，并显示在接收栏。“显示保存时间”复选框，接收了数据窗显示发送时间。

3）单击端口设置框中的打开按钮，打开串口。

4）在串口发送区 1 输入“01”，观察串口调试接收窗口数据显示内容，观察连接在 PB 端的 LED 状态。

5）在串口发送区 1 输入“00”，观察串口调试接收窗口数据显示内容，观察连接在 PB 端的 LED 状态。

9. 单片机双击通信实验

（1）将单片机 A 与单片机 B 通过双公头的串口连接电缆连接起来。

（2）开启单片机 A 电源。

（3）开启单片机 B 电源。

（4）按下单片机 A 的外部中断控制按钮开关，观察单片机 B 的 PB 端 LED 状态变化。

（5）单片机 A 接收单片机 B 回送的数据，观察单片机 A 的 PB 端 LED 状态变化。

（6）再按一次单片机 A 的外部中断控制按钮开关，观察单片机 B 的 PB 端 LED 状态变化。

（7）单片机 A 再次接收单片机 B 回送的数据，观察单片机 A 的 PB 端 LED 状态变化。

习题

1. 单片机与计算机串口连接，设计串口发送、接收字符串程序，并用串口调试软件观察实验结果。

2. 使用发送中断、接收中断、数据缓冲器空中断，设计串口通信控制程序，进行字符发送与接收实验。

项目七 应用 LCD 模块

学习目标

(1) 应用 C 语言条件判断。

(2) 学会应用字符型 LCD。

(3) 学会应用图形 LCD。

任务 16　字符型 LCD 的应用

基础知识

一、C 语言条件判断

1. if 条件判断语句

与 if 语句有关的关键字只有两个，if 和 else，翻译成中文就是“如果”和“否则”。if 语句有三种格式：

(1) if 语句的默认形式：

```
if(条件表达式){语句 A;}
```

它的执行过程是，if 条件表达式的值为“真”(非 0 值)，则执行语句 A；如果条件表达式的值为“假”(0 值)，则不执行语句 A。这里的语句也可以是复合语句。

(2) if…else 语句。某些情况下，除了 if 的条件满足以后执行相应的语句以外，还需执行条件不满足情况下的相应语句，这时候就要用 if…else 语句了，它的基本语法形式是：

```
if(条件表达式)
  {语句 A;}
else
  {语句 B;}
```

它的执行过程是，if 条件表达式的值为“真”(非 0 值)，则执行语句 A；条件表达式的值为“假”(0 值)，则执行语句 B。这里的语句 A、语句 B 也可以是复合语句。

(3) if…else if 语句。if…else 语句是一个二选一的语句，或者执行 if 条件下的语句，或者执行 else 条件下的语句。还有一种多选一的用法就是 if…else if 语句。它的基本语法格式是：

```
if(条件表达式 1)          {语句 A;}
else if(条件表达式 2)     {语句 B;}
else if(条件表达式 3)     {语句 C;}
…                        …
```

```
else                    {语句 N;}
```

它的执行过程是：依次判断条件表达式的值，当出现某个值为“真”（非0值）时，则执行相应的语句，然后跳出整个if的语句，执行“语句N”后边的程序。如果所有的表达式都为“假”，则执行“语句N”后，再执行“语句N”后边的程序。这种条件判断常用于实现多方向的条件分支。

其实以上写的，不是作者要说明的重点，真正要说的是if语句究竟该如何应用，或者说该注意什么。

(1) if (i==100) 与 if (100==i) 的区别？建议用后者。

(2) 布尔（bool）变量与“零值”的比较该如何写？

定义：bool bTestFlag=FALSE；一般初始化为FALSE比较好。

布尔变量与零值比较有以下三种写法：

1) if (0==bTestFlag);if (1==bTestFlag);

2) if (TRUE==bTestFlag);if (FLASE==bTestFlag);

3) if (bTestFlag);if (! bTestFlag)。

现来分析一下这三种写法的好坏。

1) 写法：bTestFlag是什么？整型变量？如果不是这个名字遵循了前面的命名规范，恐怕很容易让人误会，理解成整型变量。所以这种写法不怎么好。

2) 写法：FLASE的值大家都知道，在编译器里被定义为0；但是TRUE的值呢？都是1吗？很不幸，不都是1。Visual C++定义为1，而Visual Basic就把TRUE定义为-1。那很显然，这种写法也不怎么好。

3) 写法：关于if的执行机理，上面说得很清楚了。那显然，本组的写法很好，既不会引起误会，也不会由于TRUE或FLASE的不同定义值而出错。记住：以后代码就这样写。

(3) if…else的匹配不仅要做到心中有数，还要做到胸有成竹。C语言规定：else始终与同一括号内最近的未匹配的if语句结合。读者写程序时，一定要层次分明，让自己、别人一看就知道哪个if和哪个else相对应。

(4) 先处理正常情况，再处理异常情况。在编写代码时，要保证正常情况的执行代码清晰，确认那些不常发生的异常情况的处理代码不会影响程序正常的执行。这样对于代码的可读性和性能都很重要。因为，if语句总是需要做判断，而正常情况一般比异常情况发生的概率更大（否则就应该把异常和正常颠倒过来了），如果把执行概率更大的代码放到后面，也就意味着if语句将进行多次无谓地比较。另外，非常重要的一点是，把正常情况的处理放在if后面，而不要放在else后面。当然这也符合把正常情况的处理放在前面的要求。

2. switch…case开关条件判断语句

switch语句作为分支结构语句的一种，使用方式及执行效果与if…else语句完全不同。这种特殊的分支结构的作用也是实现程序的条件跳转，不同的是其执行效率要比if…else语句快很多，原因在于switch语句通过开关条件判断实现程序跳转，而不是依次判断每个条件，由于switch条件表达式为常量，所以在程序运行时其表达式的值为确定值，因此就会根据确定的值来执行特定条件，而无须再去判断其他情况。由于这种特殊的结构，建议读者在自己的程序中尽量采用switch而避免过多使用if…else结构。switch…case的格式如下：

```
switch(常量表达式)
{
    case 常量表达式 1:执行语句 A;break;
```

```
    case 常量表达式 2:执行语句 B;break;
    ……  ……
    case 常量表达式 n:执行语句 N;break;
    default:执行语句 N+ 1;
}
```

使用 switch…case 语句时需要注意以下几点：

(1) break 一定不能少，否则麻烦重重（除非有意使多个分支重叠）。

(2) 一定要加 default 分支，不要理解为画蛇添足，即使真的不需要，也应该保留。

(3) case 后面只能是整型或字符型的常量或常量表达式。像 0.5、2/3 等都是不行的，读者当然可以上机亲自调试一下。

(4) case 语句排列顺序有关吗？若语句比较少，可以不予考虑。若语句较多时，就不得不考虑这个问题了。一般遵循以下三条原则：

1）按字母或数字顺序排列各条 case 语句。例如 A、B…Z，1、2…55 等，好处读者慢慢体会。

2）把正常情况放在前面，异常情况放在后面。

3）按执行频率排列 case 语句。即执行越频繁的越往前放，越不频繁的越往后放。

二、LCD 液晶显示器

1. 液晶显示器（见图 7－1）

液晶显示器（Liquid Crystal Display，LCD）在工程中的应用极其广泛，大到电视，小到手表，从个人到集体，再从家庭都广场，液晶显示器的身影无处不在。虽然 LED 发光二极管显示屏很“热”，但 LCD 绝对不“冷”。别看液晶表面的鲜艳，其实它背后有一个支持它的控制器，如果没有控制器，液晶什么都显示不了，所以先学好单片机，那么液晶的控制就很容易了。

图 7－1 液晶显示器

液晶（Liquid Crystal）是一种高分子材料，因为其特殊的物理、化学、光学特性，20 世纪中叶开始广泛应用在轻薄型显示器上。液晶显示器的主要原理是，以电流刺激液晶分子产生点、线、面，并配合背光灯管构成画面。为方便表述，通常把各种液晶显示器都直接叫做液晶。

各种型号的液晶通常是按照显示字符的行数或液晶点阵的行、列数来命名的。例如：1602 的意思是每行显示 16 个字符，一共可以显示两行。类似的命名还有 1601、0802［读者可以去参考深圳晶联讯电子有限公司（http：//jlxlcd. cn）的主页］等，这类液晶通常都是字符液晶，即只能显示字符，如数字、大小写字母、各种符号等；12864 液晶属于图形型液晶，它的意思是液晶由 128 列、64 行组成，即 128 * 64 个点（像素）来显示各种图形，这样就可以通过程序控制这 128 * 64 个点（像素）来显示各种图形。类似的命名还有 12832、19264、16032、240128 等，当然，根据客户需求，厂家还可以设计出任意组合的点阵液晶。

目前特别流行一种屏 TFT（Thin Film Transistor）即薄膜场效应晶体管。所谓薄膜晶体管，是指液晶显示器上的每一液晶像素点都是由集成在其后的薄膜晶体管来驱动。从而可以做到高速度、高亮度、高对比度显示屏幕信息。TFT 属于有源矩阵液晶显示器。TFT－LCD 液晶显示屏是薄膜晶体管型液晶显示屏，也就是“真彩”显示屏。

在这里，作者主要带领读者学习两种液晶显示屏：1602 和 12864，其他屏都是大同小异。其中 TFT 彩屏用 8 位单片机来控制，实在有些强人所难，因此这里不做过多的介绍，等以后读者学了 STM32 或者 FPGA，再去学 TFT 彩屏。

2. 1602 液晶显示屏的工作原理

(1) 1602 液晶显示屏，工作电压为 5V，内置 192 种字符（160 个 5×7 点阵字符和 32 个 5×10 点阵字符），具有 64 个字节的 RAM，通信方式有 4 位、8 位两种并口可选。其实物图如图 7－2 所示。

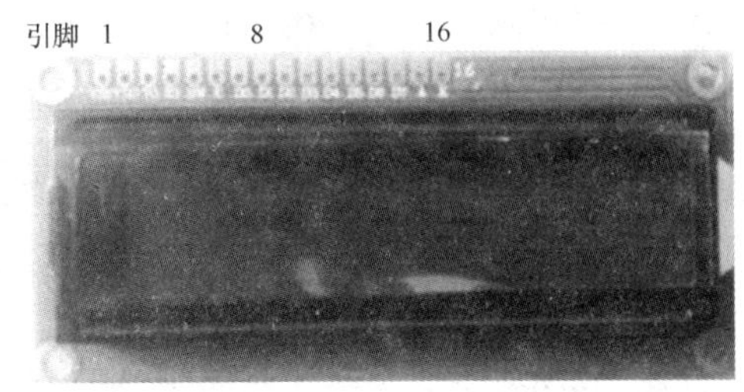

图 7－2 1602 液晶显示器

(2) 液晶接口定义见表 7－1。

表 7－1 **1602 液晶的端口定义**

管教号	符号	功 能
1	Vss	电源地（GND）
2	Vdd	电源电压（+5V）
3	VO	LCD 驱动电压（可调）一般接一个电位器来调节电压
4	RS	指令、数据选择端（RS=1→数据寄存器；RS=0→指令寄存器）
5	R/W	读、写控制端（R/W=1→读操作；R/W=0→写操作）
6	E	读写控制输入端（读数据：高电平有效；写数据：下降沿有效）
7～14	DB0～DB7	数据输入/输出端口（8 位方式：DB0～DB7；4 位方式：DB0～DB3）
15	A	背光灯的正端+5V
16	K	背光灯的负端 0V

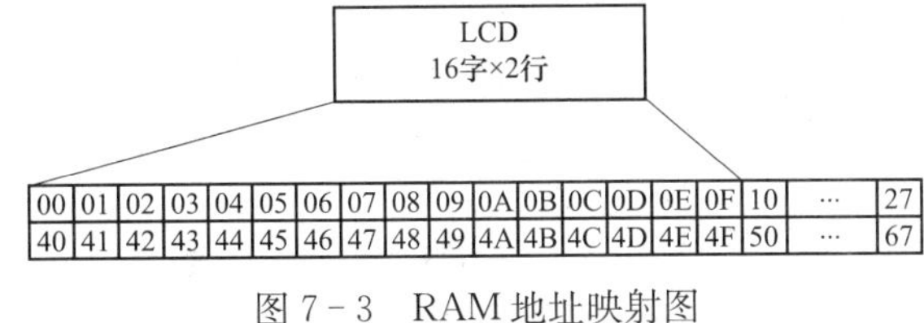

图 7－3 RAM 地址映射图

(3) RAM 地址映射图，控制器内部带有 80＊8 位（80 字节）的 RAM 缓冲区，对应关系如图 7－3 所示。

可能对于初学者来说，一看到此图就觉得很难，其实还是比较简单的，对于此图作者只说两点：

1) 两行的显示地址分别为：00～0F、40～4F，隐藏地址分别为 10～27、50～67。意味着写在 00～0F、40～4F 地址的字符可以显示，10～27、50～67 地址的不能显示，要显示，一般通过移屏指令来实现。

2) RAM 通过数据指针来访问。液晶内部有个数据地址指针，因而能很容易地访问内部 80 个字节的内容了。

(4) 操作指令。

1) 基本的操作时序，见表 7－2。

表 7－2 **基本操作指令**

读写操作	输入	输出
读状态	RS=L，RW=H，E=H	D0～D7（状态字）
写指令	RS=L，RW=L，D0～D7=指令，E=高脉冲	无
读数据	RS=H，RW=H，E=H	D0～D7（数据）
写数据	RS=H，RW=L，D0～D7=数据，E=高脉冲	无

2）状态字说明（见表 7-3）。

表 7-3 状态字分布

STA7 D7	STA6 D6	STA5 D5	STA4 D4	STA3 D3	STA2 D2	STA1 D1	STA0 D0
STA0～STA6			当前地址指针的数值			—	
STA7			读/写操作使能			1：禁止 0：使能	

对控制器每次进行读写操作之前，都必须进行读写检测，确保 STA7 为 0。亦即一般程序中见到的判断忙操作。

3）常用指令见表 7-4。

表 7-4 常用指令表

指令名称	指令码								功能说明
	D7	D6	D5	D4	D3	D2	D1	D0	
清屏	L	L	L	L	L	L	L	H	清屏：1. 数据指针清零 2. 所有显示清零
归位	L	L	L	L	L	L	H	*	AC=0，光标、画面回 HOME 位
输入方式设置	L	L	L	L	L	H	ID	S	ID=1→AC 自动增一； ID=0→AC 减一。 S=1→画面平移； S=0→画面不动
显示开关控制	L	L	L	L	H	D	C	B	D=1→显示开；D=0→显示关。 C=1→光标显示；C=0→光标不显示。 B=1→光标闪烁；B=0→光标不闪烁
移位控制	L	L	L	H	SC	RL	*	*	SC=1→画面平移一个字符； SC=0→光标。 R/L=1→右移；R/L=0→左移
功能设定	L	L	H	DL	N	F	*	*	DL=0→8 位数据接口； DL=1→4 位数据接口。 N=1→两行显示；N=0→一行显示。 F=1→5*10 点阵字符；F=0→5*7

（5）数据地址指针设置（行地址设置具体见表 7-5）

表 7-5 数据地址指针设置

指令码	功能（设置数据地址指针）
0x80+（0x00～0x27）	将数据指针定位到：第一行（某地址）
0x80+（0x40～0x67）	将数据指针定位到：第二行（某地址）

（6）写操作时序图（见图 7-4）。

接着看看时序参数，具体数值见表 7-6。

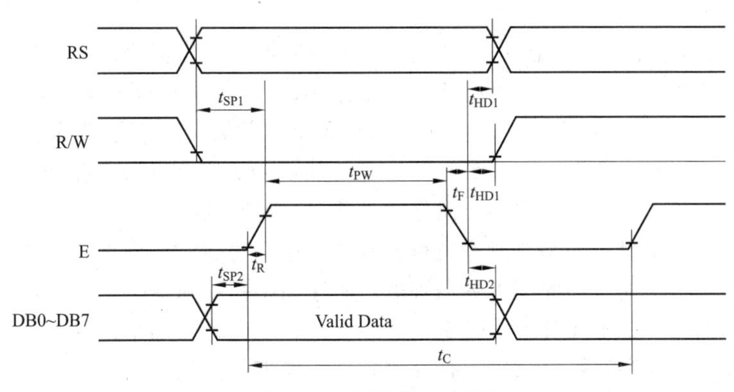

图 7－4 写操作时序图

表 7－6 **时 序 参 数 表**

时序名称	符合	极限值			单位	测试条件
		最小值	典型值	最大值		
E 信号周期	t_C	400	—	—	ns	引脚 E
E 脉冲宽度	t_{PW}	150	—	—	ns	
E 上升沿/下降沿时间	t_R，t_F	—	—	25	ns	
地址建立时间	t_{SP1}	30	—	—	ns	引脚 E、RS、R/W
地址保持时间	t_{HD1}	10	—	—	ns	
数据建立时间	t_{SP2}	40	—	—	ns	引脚 DB0～DB7
数据保持时间	t_{HD2}	10	—	—	ns	

液晶一般是用来显示的，所以这里主要讲解如何写数据和写命令到液晶，关于读操作（一般用不着）就留给读者自行研究了。这里主要介绍时序图。

时序图，顾名思义，与时间、顺序有关。时序图与时间有严格的关系，时序精确到了 ns 级。与顺序有关，但是这个顺序严格说应该是信号在时间上的有效顺序，而与图中信号线是上是下没关系。大家都知道程序运行是按顺序执行的，可是这些信号是并行执行的，就是说只要这些时序有效之后，上面的信号都会运行，只是有效时间不同罢了，因而这里的有效时间不同就导致了信号的时间顺序不同。这里有个难点就是“并行”，关于并行，作者就不过多地解释了。可厂家在做时序图时，一般会把信号按照时间的有效顺序从上到下地排列，所以操作的顺序也就变成了先操作最上边的信号，接着依次操作后面的。结合上述讲解，来详细说明一下如图 7－4 所示的写操作时序图。

● 通过 RS 确定是写数据还是写命令。写命令包括数据显示在什么位置、光标显示/不显示、光标闪烁/不闪烁、需要/不需要移屏等。写数据是指要显示的数据是什么内容。若此时要写指令，结合表 7－6 和图 7－4 可知，就得先拉低 RS（RS=0）。若是写数据，那就是 RS=1。

● 读/写控制端设置为写模式，那就是 RW=0。注意，按道理应该是先写一句 RS=0（1）之后延迟 t_{SP1}（最小 30ns），再写 RW=0，可单片机操作时间都在 μs 级，所以就不用特意延迟了。

● 将数据或命令送达数据线上。形象地可以理解为此时数据在单片机与液晶的连线上，没有真正到达液晶内部。事实肯定并不是这样，而是数据已经到达液晶内部，只是没有被运行罢了，执行语句为 POTRTB=Data（Commond）。

● 给 EN 一个下降沿，将数据送入液晶内部的控制器，这样就完成了一次写操作。形象地理解为此时单片机将数据完完整整地送到了液晶内部。为了让其有下降沿，一般在 POTRTB=Data（Commond）之前先写一句 EN=1，待数据稳定以后，稳定需要多长时间，这个最小的时间就是图中的 tPW（150ns），作者在程序里面加了 DelayMS（5），保证液晶能稳定运行。

这里没有用标号 1、2、3 之类的，而是用了●，是有原因的，如果用了顺序，怕读者误认为上面时序图中的那些时序线是按顺序执行，其实不是，每条时序线都是同时执行的，只是每条时序线有效的时间不同。在此读者只需理解：时序图中每条命令、数据时序线同时运行，只是有效的时间不同。一定不要理解为哪个信号线在上，就先运行那个信号。因为硬件的运行是并行的，不像软件按顺序执行。这里只是在用软件来模拟硬件的并行，所以有了这样的顺序语句：`RS= 0;RW= 0;EN= 1; _nop_();POTRTB= Commond;EN= 0`。

关于时序图中的各个延时，不同厂家生产的液晶不同，在此作者无法提供准确的数据，但大多数为 ns 级，一般单片机运行的最小单位为 μs 级，按道理，这里不加延时都可以，或者说加几个 μs 就可以，可是作者调试程序时发现，不行，至少要有 1～5 个 ms 才行，或许是液晶与数据手册有别，鉴于这个情况，作者一般写程序也是延时 1～5ms，具体留给读者去研究。

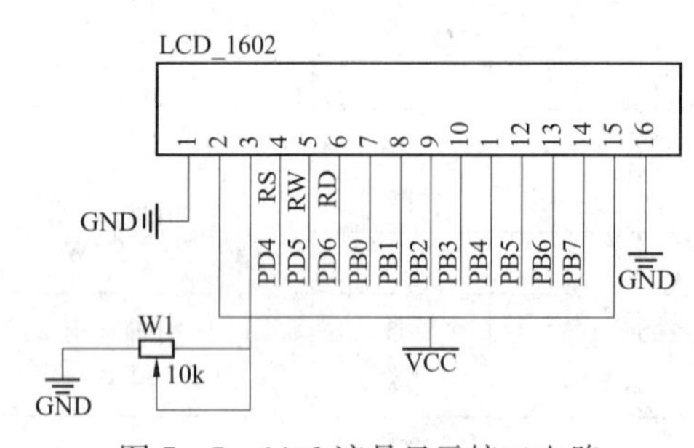

图 7-5 1602 液晶显示接口电路

3. 1602 液晶硬件

所谓硬件设计，就是搭建 1602 液晶的硬件运行环境，搭建过程可参考数据手册，因为那是最权威的资料，从而可以设计出如图 7-5 所示的 1602 液晶显示接口电路，具体接口定义如下。

(1) 液晶 1（16）、2（15）分别接 GND（0V）和 VCC（5V）。

(2) 液晶 3 端为液晶对比度调节端，HJ-2G 实验板用一个 10kΩ 电位器来调节液晶对比度。第一次使用时，在液晶上电状态下，调节至液晶上面一行显示出黑色小格为止。经作者测试，此时该端电压一般为 0.5V 左右。简单接法可以直接接一个 1kΩ 的电阻到 GND，这样也是可以的，有机会，读者可以自行焊接电路试一试。

(3) 液晶 4 端为向液晶控制器写数据、命令选择端，接单片机的 PD4 口。

(4) 液晶 5 端为读、写选择端，接单片机的 PD5 口。

(5) 液晶 6 端为使能信号端，接单片机的 PD6 口。

(6) 液晶 7～14 为 8 位数据端口，依次接单片机的 PB 口。

4. 1602 液晶静态显示控制程序

(1) 控制要求：让 1602 液晶第 1、2 行分别显示“^_^ Welcome ^_^”“I LOVE HJ-2G”。

(2) 控制程序清单。

```
#include "iom16v.h"
#include "macros.h"
//定义 IO 口
#define RS PD4
#define WR PD5
#define EN PD6
//定义显示数据
```

```
#pragrma data:code
unsigned char const TAB1[]="^_^ Welcome ^_^ ";
#pragrma data:code
unsigned char const TAB2[]="I LOVE HJ -2G";
/**********************************************
//IO 初始化 void LCD_IO_Init()
**********************************************/
void LCD_IO_Init()
{
    DDRD|=BIT(RS)|BIT(WR)|BIT(EN);  //PD4~PD6 位输出
    DDRB=0xff;                      //PB 口为输出
    PORTD&=~BIT(WR);                //WR=0;
}
/**********************************************
//延时 ms 函数 void DelayMS()
**********************************************/
void DelayMS(unsigned int tms)
{   unsigned int  i,j;              //局部变量定义,变量在所定义的函数内部引用
    for(i=0; i<tms; i++)            //执行语句,for 循环语句
        for(j=0; j<113; j++);       //执行语句,for 循环语句
    }
//PD4 RS (1-Data,0-Cmd)
//PD5 WR (1-Read,0-Write)
//PD6 EN
//PB  1602_IO
/**********************************************
//写数据函数  LCD_Write_Data()
**********************************************/
void LCD_Write_Data(unsigned char Data)
{
    PORTD&=~BIT(EN);        //EN=0;
    PORTD|=BIT(RS);         //RS=1;
    PORTB=Data;             //送数据
    PORTD|=BIT(EN);         //EN=1;
    DelayMS(1);
    PORTD&=~BIT(EN);        //EN=0;
}
/**********************************************
//写命令函数  LCD_Write_Cmd()
**********************************************/
void LCD_Write_Cmd(unsigned char Cmd)
{
    PORTD&=~BIT(EN);  //EN-0;
    PORTD&=~BIT(RS);  //RS=0;
```

```
    PORTB=Cmd;            //送命令
    PORTD|=BIT(EN);       //EN=1;
    DelayMS(1);
    PORTD&=~BIT(EN);  //EN=0;
}
/*******************************************
//主函数 main()
*******************************************/
void main()
{
    int i;
    LCD_IO_Init();                //调用IO口初始化函数
    LCD_Write_Cmd(0x38);      //16*2行显示、5*7点阵、8位数据接口
    LCD_Write_Cmd(0x0c);      //b3(1),b2(1)开显示,b1(1)显示光标,b0(1)光标闪耀
    LCD_Write_Cmd(0x06);      //写一个字节后指针地址自动+1
    LCD_Write_Cmd(0x80);      //地址指针指向第1行第1列
    for(i=0; TAB1[i]!='\0';i++)   //第1行写入
            LCD_Write_Data(TAB1[i]);
    LCD_Write_Cmd(0x80+0x40+2);  //地址指针指向第1行第3列
    for(i=0; TAB2[i]!=0;i++)      //第2行写入
            LCD_Write_Data(TAB2[i]);
    while(1);  //暂停
}
```

接着来分析程序代码，先通过宏定义，分别定义PD4、PD5、PD6为液晶1602的RS、WR、EN驱动端。定义显示数据数组，定义IO初始化函数，定义ms延时函数，定义写数据函数、写命令函数。

在主程序中，首先调用IO初始化函数，设定液晶1602为16*2行显示、5*7点阵、8位数据接口模式，接着开显示及光标，设定写一个字节后指针地址自动加1。地址指向第1行第1列，写第1行数据，改变地址指向第1行第1列，然后写第2行数据。

5. 液晶1602静态显示实验结果（见图7-6）

图7-6 液晶1602静态显示实验结果

一、训练目标

（1）学会使用1602液晶显示器。

（2）通过单片机控制1602液晶显示器。

二、训练步骤与内容

1. 建立一个工程

（1）在C：\iccv7avr\examples.avr\avr16下，新建一个文件夹G01。

（2）启动ICCV7软件。

（3）选择执行“Project”（工程）菜单下的“New”（新建一个工程项目）命令，弹出创建新项目对话框。

（4）在创建新项目对话框，输入工程文件名“G001”，单击“保存”按钮。

2. 编写程序文件

（1）单击执行“File”（文件）菜单下的“New”（新建文件）命令，新建一个文件。

（2）单击执行“File”（文件）菜单下的“Save as”（另存文件）命令，弹出另存文件对话框，在文件名栏输入“main.c”，单击“保存”按钮，保存文件。

（3）在右边的工程浏览窗口，右键单击“File”（文件）选项，在弹出的右键菜单中，选择执行“Add File”。

（4）弹出选择文件对话框，选择main.c文件，单击“打开”按钮，文件添加到工程项目中。

（5）在main中输入“1602液晶静态显示控制”程序，单击工具栏“💾”保存按钮，并保存文件。

3. 编译程序

（1）单击“Project”（项目）菜单下的“Option”（选项）命令，弹出选项设置对话框。

（2）在“Target”（目标元件）选项页，在“Device Configuration”（器件配置）下拉列表选项中选择“ATmega16”。

（3）单击“Project”（项目）菜单下的“Make Project”（编译项目）命令，编译项目文件。

4. 下载调试程序

（1）双击HJ-ISP下载软件图标，启动HJ-ISP软件。

（2）在芯片选择栏，单击下拉列表，选择“ATmega16”。

（3）单击右侧文件选择区下“调入Flash”按钮，弹出选择文件对话框，选择G001.HEX文件，单击“打开”按钮，打开需下载的文件G001.HEX，单击HJ-ISP软件中的“自动”按钮，程序自动下载。

（4）调试。

1）观察液晶1602显示屏的字符显示信息。

2）如果看不到信息，可以调节液晶1602显示屏组件右下方的背光控制电位器W1，调节液晶对比度，直到看清字符显示信息。

3）在显示字符数组定义中，第1行输入“TAB1 [] =" Study Well ";”，第2行输入“TAB2 [] =" Make Progress";”。

4）重新编译、下载程序，观察液晶1602显示屏的字符显示信息。

任务17 字符随动显示

一、指针

指针是一个数值为地址的变量（或更一般地说是一个数据对象）。正如char类型的变量用字符作为其数值一样，int类型变量的数值是整数，指针变量的数值表示的是地址。

一个变量的地址就称为该变量的指针。例如，一个字符型变量n存放在60H中，则该单元的地址60H就是n的指针。如果用一个变量来存放另一个变量的地址，则称该变量为指针变量。例如用np来存放n的地址60H，则np就是一个指针变量。

变量的指针和指针变量是两个不同的概念，变量的指针就是变量的地址，而指针变量则是用于存放另一个变量在内存中的地址，拥有这个地址的变量称为该指针变量所指向的变量。每个变量都有它的指针（地址），而每个指针变量都是指向另一个变量的。

指针是C语言中一个十分重要的概念，专门规定了一种指针型数据。变量的指针实质上就是变量对应的地址，定义的指针变量用于存放变量的地址。对于指针变量和地址间的关系，C语言设置了两个运算符：&（取地址）和*（取内容）。

取地址与取内容的一般形式为：

```
指针变量=&目标变量
变量=*指针变量
```

取地址是把目标变量的地址赋值给左边的指针变量。

取内容是将指针变量所指向的目标变量的值赋给左边的变量。

1. 指针变量的定义

指针变量定义的一般格式为：

```
数据类型[存储类型 1] * [存储类型 2]标识符;
```

其中，标识符为定义的指针变量名。

数据类型说明该指针变量所指向的变量的类型。

存储类型1和存储类型2是可选项，带有存储类型1选项，指针被定义为基于存储器的指针，无这个选项，定义为一般指针。这两种指针的区别是它们存储字节不同，一般指针占3个字节，第一个字节存储该指针的存储类型编码，第二、三个字节分别存放该指针的高位和低位的地址偏移量。

存储类型2选项用于指定指针的存储器空间。

```
char *ip  //指向 char 型变量的指针
int  *jp  //指向 int 型变量的指针
```

这是无定位存储空间的一般型指针，它们位于单片机的内部数据存储区。

```
char *xdata kp        //位于 xdata 存储区域的指向 char 型变量的指针
int  *data sptr       //位于 data 存储区的指向 int 型变量的指针
```

这些是指定存储空间的一般型指针。

由于一般指针所指向的对象的存储空间位置只有在运行期间才能确定，编译器无法优化存储方式，所产生的代码运行速度慢，要加快运行速度，则应定义为基于存储器的指针。

```
char data *mp          //指向 data 空间的 char 型指针
int data *xdata np     //指向 data 空间的 int 型指针,指针本身位于 xdata 空间
```

如果读者希望将某个指针变量命名为 ptr，就可以使用如下语句：

```
prt=&ph;     /*把 ph 的地址赋给 ptr * /
```

对于这个语句，我们称 ptr“指向”ph。ptr 和 &ph 的区别在于前者为一个指针变量，而后者是一个地址。当然，ptr 可以指向任何地方。如：ptr=& abc，这时 ptr 的值是 abc 的地址。

要创建一个指针变量，首先需要声明其类型。这就需要下面介绍的新运算符来帮忙了。

假如 ptr 指向 abc，例如：ptr=& abc，这时就可以使用间接运算符“*”来获取 abc 中存放的数值。

```
val=* ptr;     /* 得到 ptr 指向的值 */
```

这样就会有：val=abc。由此看出，使用地址运算符和间接运算符可以间接完成上述语句的功能，这也正是“间接运算符”名称的由来。所谓的指针就是用地址去操作变量。

2. 数组

定义一个数组：int a [5]，其包含了 5 个 int 型的数据，可以用 a [0]、a [1] 等来访问数组里面的每一个元素，数组示意图如图 7-7 所示。数组名 a 表示元素 a [0] 的地址，而 *a 则是表示 a 所代表的地址中的内容，即 a [0]。

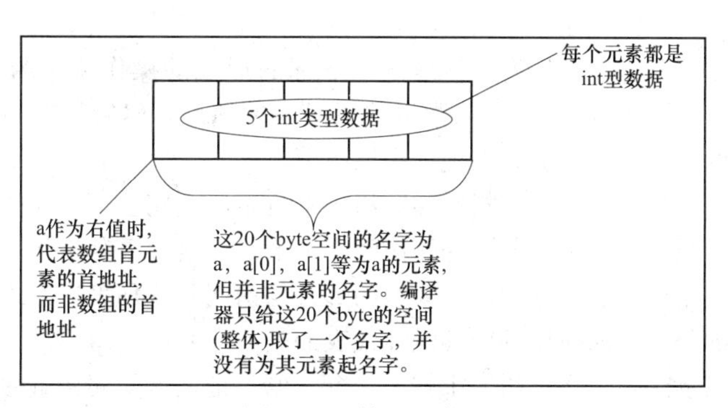

图 7-7　数组示意图

当定义了一个数组 a 时，编译器根据指定的元素个数和元素的类型分配确定大小（元素类型大小×元素个数）的一块内存，并把这块内存的名字命名为 a。名字 a 一旦与这块内存匹配就不能改变。a [0]、a [1] 等为 a 的元素，但并非元素的名字。数组的每一个元素都是没有名字的。

3. 数组名 a 作为左值和右值的区别

简单而言，出现在赋值符“=”右边的就是右值，出现在赋值符“=”左边的就是左值。比如：a=b，则 a 为左值，b 为右值。

（1）当 a 作为右值时其意义与 &a [0] 是一样，代表的是数组首元素的首地址，而不是数组的首地址。但注意这仅仅是一种代表。

（2）a 不能作为左值。当然可以将 a [i] 当做左值，这时就可以对其操作了。

4. 数组与指针

数组与指针在C语言中有较密切的关系，任何能用数组实现的功能都可以通过指针实现。用下标法操作数组比较麻烦，若用指针来操作数组，或许能起到事半功倍的效果，至少有些时候比较方便、快捷。

在函数内部有两个定义：①char ＊p＝"abcd"；②char a［］＝"1234"；

(1) 以指针的形式访问和以下标的形式访问指针。例子①定义了一个指针变量p，p本身在栈上占4个byte，p里存储的是一块内存的首地址。这块内存在静态区，其空间大小为5个byte，这块内存也没有名字。对这块内存的访问完全是匿名的访问。比如现在需要读取字符‘c’，我们有两种方式：

1) 以指针的形式：＊（p＋2)。先取出p里存储的地址值，假设为0x0000FF00，然后加上2个字符的偏移量，得到新的地址0x0000FF02。然后取出0x0000FF02地址上的值。

2) 以下标的形式：p［2］。编译器总是把以下标的形式的操作解析为以指针的形式的操作。p［2］这个操作会被解析成：先取出p里存储的地址值，然后加上中括号中2个元素的偏移量，计算出新的地址，然后从新的地址中取出值。也就是说以下标的形式访问在本质上与以指针的形式访问没有区别，只是写法上不同罢了。

(2) 以指针的形式访问和以下标的形式访问数组。例子②定义了一个数组a，a拥有4个char类型的元素，其空间大小为5。数组a本身在栈上面。对a元素的访问必须先根据数组的名字a找到数组首元素的首地址，然后根据偏移量找到相应的值。这是一种典型的“具名＋匿名”访问。比如现在需要读取字符‘3’，我们有两种方式：

1) 以指针的形式：＊（a＋2)。a这时候代表的是数组首元素的首地址，假设为0x0000FF00，然后加上4个字符的偏移量，得到新的地址0x0000FF02。然后取出0x0000FF02地址上的值。

2) 以下标的形式：a［2］。编译器总是把以下标的形式的操作解析为以指针的形式的操作。a［2］这个操作会被解析成：a作为数组首元素的首地址，然后加上中括号中2个元素的偏移量，计算出新的地址，然后从新的地址中取出值。

由上面的分析，我们可以看到，指针和数组根本就是两个完全不一样的东西。只是它们都可以“以指针形式”或“以下标形式”进行访问。一个是完全的匿名访问，一个是典型的“具名＋匿名”访问。一定要注意的是“以×××的形式的访问”这种表达方式。

另外需要强调的是：上面所说的偏移量2代表的是2个元素，而不是2个byte。只不过这里刚好是char类型数据，1个字符的大小就为1个byte。记住这个偏移量的单位是元素的个数而不是byte数，在计算新地址时不要弄错！

二、字符随动显示

1. 控制要求

若要显示的内容多于32个字符，或者要美化一下液晶，让液晶显示的内容能滚动起来，或让字符随动显示，应如何实现。

2. 控制程序

```
#include "iom16v.h"
#include "macros.h"
//定义IO口
#define RS PD4
```

```
#define WR PD5
#define EN PD6
//定义 I/O 脉冲
#define PA3H()     PORTA|=(1<<PA3)
#define PA3L()     PORTA&=~(1<<PA3)
#define PA4H()     PORTA|=(1<<PA4)
#define PA4L()     PORTA&=~(1<<PA4)
//定义显示数据
unsigned char  *String1=" Study Well and ";    //待显示字符串
unsigned char  *String2=" Make Progress ";
/*********************************************
//清数码管函数 ClearSEG()
*********************************************/
void ClearSEG(void)
{
    DDRA= 0xff;     //设置 PA 为输出
    DDRB= 0xff;     //设置 PB 为输出
    PORTB= 0xff;
    PORTA= 0xff ;
    PA3H();PORTB= 0x00;PA3L();
    PA4H();PORTB= 0xff;PA4L();
}
/*********************************************
//延时 ms 函数 void DelayMS()
*********************************************/
void DelayMS(unsigned int tms)
{  unsigned int  i,j;              //局部变量定义,变量在所定义的函数内部引用
    for(i=0; i<tms; i++)           //执行语句,for 循环语句
        for(j=0; j<113; j++);     //执行语句,for 循环语句
    }
//PD4 RS (1-Data,0-Cmd)
//PD5 WR (1-Read,0-Write)
//PD6 EN
//PB  1602_IO
/*********************************************
//写数据函数  void LCD_Write_Data()
*********************************************/
void LCD_Write_Data(unsigned char Data)
{
    PORTD&=~BIT(EN);     //EN=0;
    PORTD|=BIT(RS);       //RS=1;
    PORTB=Data;          //送数据
    PORTD|=BIT(EN);      //EN=1;
    DelayMS(1);
```

```
    PORTD&=~BIT(EN);     //EN=0;
}
/*******************************************
//IO 初始化 void LCD_IO_Init()
*******************************************/
//写命令函数
void LCD_Write_Cmd(unsigned char Cmd)
{
    PORTD&=~BIT(EN);     //EN-0;
    PORTD&=~BIT(RS);     //RS=0;
    PORTB=Cmd;           //送命令
    PORTD|=BIT(EN);      //EN=1;
    DelayMS(1);
    PORTD&=~BIT(EN);    //EN=0;
}
/*******************************************
//IO 初始化 void LCD_IO_Init()
*******************************************/
void LCD_IO_Init()
{
    DDRD|=BIT(RS)|BIT(WR)|BIT(EN);  //PD4~PD6 位输出
    DDRB=0xff;                     //PB 口为输出
    PORTD&=~BIT(WR);              //WR=0;
}
/* ***************************************************** */
//清屏函数:ClearDisLCD()
/* ***************************************************** */
void ClearDisLCD(void)
{
    LCD_Write_Cmd(0x01);                     //发送清屏指令
    DelayMS(1);
}
/* ***************************************************** */
//向液晶写字符串数据函数:WrStrLCD()
/* ***************************************************** */
void WrStrLCD(unsigned char Row,unsigned char Column,unsigned char * String)
{
    if (0==Row)  LCD_Write_Cmd(0x80+Column);  //第 1 行第 1 列起始地址 0x80
    else  LCD_Write_Cmd(0xC0+Column);         //第 2 行第 1 列起始地址 0xC0
    while (*String)     //发送字符串
    {
        LCD_Write_Data( * String);   String ++;
    }
}
```

```
/* ***************************************************** */
//向液晶写字节数据函数:WrCharLCD()
/* ***************************************************** */
void WrCharLCD(unsigned char Row,unsigned char Column,unsigned char Dat)
{
    if (0==Row)  LCD_Write_Cmd(0x80 +  Column);  //第 1 行第 1 列起始地址 0x80
    else  LCD_Write_Cmd(0xC0 +  Column);          //第 2 行第 1 列起始地址 0xC0
    LCD_Write_Data( Dat);                         //发送数据
}
/*******************************************
//主函数 main()
/*******************************************/
void main()
{
    unsigned char i;
    unsigned char * Pointer;
    LCD_IO_Init();          //调用 IO 口初始化函数
    LCD_Write_Cmd(0x38);  //16*2 行显示、5*7 点阵、8 位数据接口
    LCD_Write_Cmd(0x0c);  //b3(1),b2(1)开显示,b1(1)显示光标,b0(1)光标闪耀
  LCD_Write_Cmd(0x01);    //显示清屏
    LCD_Write_Cmd(0x06);  //写一个字节后指针地址自动+ 1
    LCD_Write_Cmd(0x80);  //地址指针指向第 1 行第 1 列
    ClearSEG();           //关数码管
    while(1)
    {
        i=0;
        ClearDisLCD();                  //清屏
        DelayMS(10);
        Pointer=String2;                //指针指向字符串 2 首地址
        WrStrLCD(0,0,String1);          //第 1 行第 1 列写入字符串 1
    while (* Pointer)                   //按字节方式写入字符串 2
        {
            WrCharLCD(1,i,*Pointer);    //第 2 行第 i 列写入一个字符
            i++;                        //写入的列地址加一
            Pointer++;                  //指针指向字符串中下一个字符
            if(i>16)                    //是否超出能显示的 16 个字符
            {
            WrStrLCD(0,0,"      ");     //将 String1 用空字符串代替;清空第 1 行显示
                LCD_Write_Cmd(0x18);    //光标和显示一起向左移动
                DelayMS(100);
                WrStrLCD(0,0,String1);  //原来位置重新写入字符串 1
                DelayMS(100);           //为了移动后清晰显示
            }
            else DelayMS(250);          //控制两字之间显示速度
```

```
        }
    DelayMS(2500);                    //显示完全后等待


  }
}
```

3. 程序分析

(1) 关闭数码管函数，因为 HJ-2G 实验板上，液晶和数码管共用了 PB，所以在操作液晶时，数码管也会随之乱显示，从而影响液晶正常显示，这不是我们想看到的，因而必须关闭数码管。

(2) 这里简述一下写字符串到液晶函数。该函数是通过指针来操作字符串，可能对于初学者或 C 语言不好的读者来说，一看到指针就觉得太难了，其实这里的指针一点都不难，就是将原先的 i++，变成了现在的地址加 1。该函数具体就是通过 while 循环来判断是将字符串写到哪一列，之后就一个字符一个字符写进液晶。

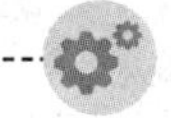

技能训练

一、训练目标

(1) 学会使用 1602 液晶显示器。

(2) 控制 1602 液晶显示器实现字符随动显示。

二、训练步骤与内容

1. 建立一个工程

(1) 在 C：\iccv7avr\examples.avr\avr16 下，新建一个文件夹 G02。

(2) 启动 ICCV7 软件。

(3) 选择执行“Project”（工程）菜单下的“New”（新建一个工程项目）命令，弹出创建新项目对话框。

(4) 在创建新项目对话框，输入工程文件名“G002”，单击“保存”按钮。

2. 编写程序文件

(1) 单击执行“File”（文件）菜单下的“New”（新建文件）命令，新建一个文件。

(2) 单击执行“File”（文件）菜单下的“Save as”（另存文件）命令，弹出另存文件对话框，在文件名栏输入“main.c”，单击“保存”按钮，保存文件。

(3) 在右边的工程浏览窗口，右键单击“File”（文件）选项，在弹出的右键菜单中，选择执行“Add File”。

(4) 弹出选择文件对话框，选择 main.c 文件，单击“打开”按钮，文件添加到工程项目中。

(5) 在 main 中输入“字符随动显示”控制程序，单击工具栏“■”保存按钮，并保存文件。

3. 编译程序

(1) 单击“Project”（项目）菜单下的“Option”（选项）命令，弹出选项设置对话框。

(2) 在“Target”（目标元件）选项页，在“Device Configuration”（器件配置）下拉列表选项中选择“ATmega16”。

(3) 单击“Project”(项目) 菜单下的“Make Project”(编译项目) 命令，编译项目文件。

4. 下载调试程序

(1) 双击 HJ - ISP 下载软件图标，启动 HJ - ISP 软件。

(2) 在芯片选择栏，单击下拉列表，选择“ATmega16”。

(3) 单击右侧文件选择区下“调入 Flash”按钮，弹出选择文件对话框，选择 G002. HEX 文件，单击“打开”按钮，打开需下载的文件 G002. HEX，单击 HJ - ISP 软件中的“自动”按钮，程序自动下载。

(4) 调试。

1) 观察液晶 1602 显示屏的字符显示信息。

2) 如果看不到信息，可以调节液晶 1602 显示屏组件右下方的背光控制电位器 W1，调节液晶对比度，直到看清字符显示信息。

3) 在显示字符数组定义中，第 1 行输入“ * String1 =" Good morning ";”，第 2 行输入“ * String2 =" Best wish to you";”。

4) 重新编译、下载程序，观察液晶 1602 显示屏的字符显示信息。

任务 18 液晶 12864 显示控制

基础知识

一、液晶 12864 工作原理说明

液晶 12864 的像素是 12864 点，表示其横向可以显示 128 个点，纵向可显示 64 个点。常用的液晶 12864 模块中有黄绿背光的、蓝色背光的，有带字库的、不带字库的，其控制芯片也有很多种，如 KS0108、T6863、ST7920，这里选择以 ST7920 为控制芯片的 12864 液晶屏为例，来学习其驱动原理，作者所使用的是深圳亚斌显示科技有限公司的带中文字库、蓝色背光液晶显示屏（YB12864 - ZB)。

1. 液晶显示屏特性

(1) 硬件特性。提供 8 位、4 位并行接口及串行接口可选、64×16 位字符显示 RAM (DDRAM 最多 16 字符) 等。

(2) 软件特性。文字与图形混合显示功能、可以自由地设置光标、显示移位功能、垂直画面旋转功能、反白显示功能、休眠模式等。

2. 液晶引脚定义见表 7 - 7

表 7 - 7 12864 液晶引脚定义比

管脚号	名称	型态	电平	功能描述	
				并口	串口
1	VSS	I	—	电源地	
2	VCC	I	—	电源正极	
3	Vo	I	—	LCD 驱动电压（可调）一般接一电位器来调节电压	
4	RS (CS)	I	H/L	寄存器选择：H→数据；L→命令	片选（低有效）
5	RW (SIO)	I	H/L	读写选择：H→读；L→写	串行数据线

续表

管脚号	名称	型态	电平	功能描述	
				并口	串口
6	E（SCLK）	I	H/L	使能信号	串行时钟输入
7～10	DB0～DB3	I	H/L	数据总线低 4 位	—
11～14	DB4～DB7	I/O	H/L	数据总线高 4 位，4 位并口时空	—
15	PSB	I/O	H/L	并口/串口选择：H→并口	L→串口
16	NC	I	—	空脚（NC）	
17	/RST	I	—	复位信号，低电平有效	
18	VEE（Vout）	I	—	空脚（NC）	
19	BLA	I	—	背光负极	
20	BLK	I	—	背光正极	

3. 操作指令简介

其实 12864 的操作指令与 1602 的操作指令很类似，只要掌握了 1602 的操作方法，就能很快地掌握 12864 的操作方法。

（1）基本的操作时序，见表 7－8。

表 7－8　　基本操作时序

读写操作	输入	输出
读状态	RS=L，RW=H，E=H	D0～D7（状态字）
写指令	RS=L，RW=L，D0～D7=指令，E=高脉冲	无
读数据	RS=H，RW=H，E=H	D0～D7（数据）
写数据	RS=H，RW=L，D0～D7=数据，E=高脉冲	无

（2）状态字说明（见表 7－9）。

表 7－9　　状态字分布

STA7 D7	STA6 D6	STA5 D5	STA4 D4	STA3 D3	STA2 D2	STA1 D1	STA0 D0

STA0～STA6	当前地址指针的数值	—
STA7	读/写操作使能	1：禁止 0：使能

对控制器每次进行读写操作之前，都必须进行读写检测，确保 STA7 为 0。亦即一般程序中见到的判断忙操作。

（3）基本指令见表 7－10。

表 7－10　　基本指令

指令名称	指令码								指令说明
	D7	D6	D5	D4	D3	D2	D1	D0	
清屏	L	L	L	L	L	L	L	H	清屏：1. 数据指针清零。 2. 所有显示清零
归位	L	L	L	L	L	L	H	*	AC=0，光标、画面回 HOME 位

续表

指令名称	指令码								指令说明
	D7	D6	D5	D4	D3	D2	D1	D0	
输入方式设置	L	L	L	L	L	H	ID	S	ID=1→AC自动增一； ID=0→AC减一。 S=1→画面平移； S=0→画面不动
显示开关控制	L	L	L	L	H	D	C	B	D=1→显示开；D=0→显示关。 C=1→游标显示；C=0→游标不显示。 B=1→游标反白；B=0→光标不反白
移位控制	L	L	L	H	SC	RL	*	*	SC=1→画面平移一个字符； SC=0→光标。 R/L=1→右移；R/L=0→左移
功能设定	L	L	H	DL	*	RE	*	*	DL=0→8位数据接口； DL=1→4位数据接口。 RE=1→扩充指令； RE=0→基本指令
设定CGRAM地址	L	H	A5	A4	A3	A2	A1	A0	设定CGRAM地址到地址计数器（AC），AC范围为00H～3FH，需确认扩充指令中SR=0
设定DDRAM地址	H	L	A5	A4	A3	A2	A1	A0	设定DDRAM地址计数器（AC），第一行AC范围：80H～8FH，第二行AC范围：90H～9FH

（4）扩充指令见表7-11。

表7-11　扩　充　指　令

指令名称	指令码								指令说明
	D7	D6	D5	D4	D3	D2	D1	D0	
待命模式	L	L	L	L	L	L	L	H	进入待命模式后，其他指令都可以结束待命模式
卷动RAM地址选择	L	L	L	L	L	L	H	SR	SR=1→允许输入垂直卷动地址； SR=0→允许输入IRAM地址（扩充指令）及设定CGRAM地址
反白显示	L	L	L	L	L	H	L	R0	R0=1→第二行反白；R0=0→第一行反白（与执行次数有关）
睡眠模式	L	L	L	L	H	SL	L	L	D=1→脱离睡眠模式； D=0→进入睡眠模式
扩充功能	L	L	H	DL	*	RE	G	*	DL=1→8位数据接口； DL=0→4位数据接口。 RE=1→扩充指令集； RE=0→基本指令集。 G=1→绘图显示开； G=0→绘图显示关

续表

指令名称	指令码								指令说明
	D7	D6	D5	D4	D3	D2	D1	D0	
设定IRAM地址卷动地址	L	H	A5	A4	A3	A2	A1	A0	SR=1→A5～A0 为垂直卷动地址；SR=0→A3～A0 为 IRAM 地址
设定绘图RAM地址	H	L	L	L	A3	A2	A1	A0	垂直地址范围：AC6～AC0；水平地址范围：AC3～AC0
		A6	A5	A4	A3	A2	A1	A0	

4. 操作时序图简介

(1) 8 位并口操作模式图，如图 7-8 所示。

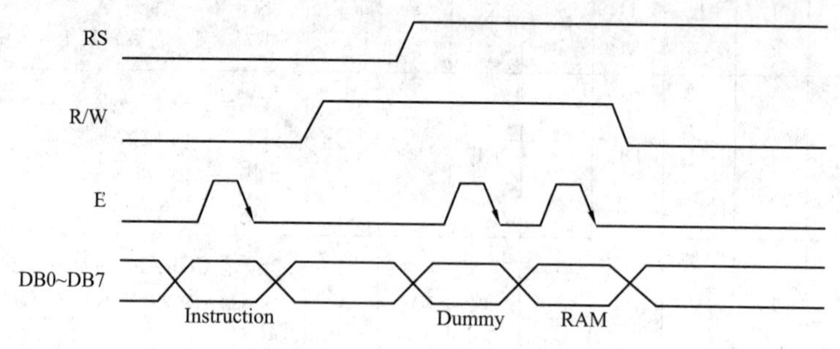

图 7-8　8 位并行操作模式图

(2) 4 位并口操作模式图，如图 7-9 所示。

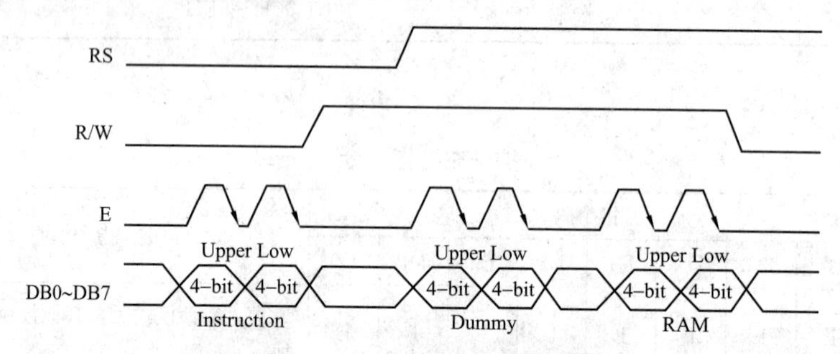

图 7-9　4 位并行操作模式图

(3) 串行操作模式图，如图 7-10 所示。

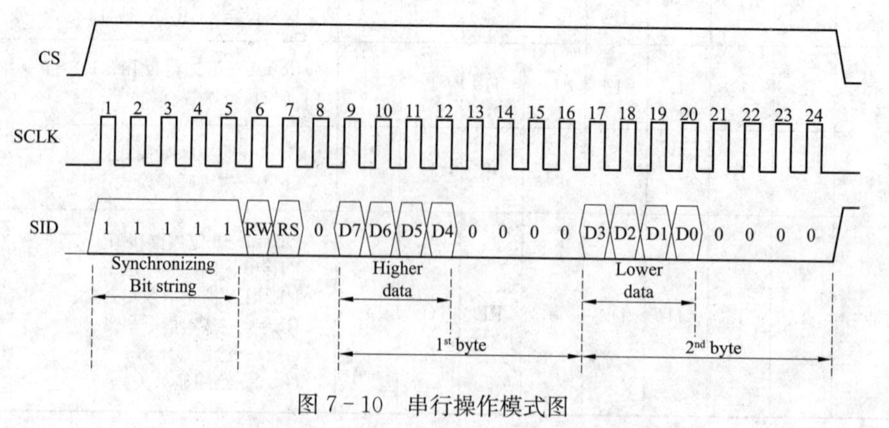

图 7-10　串行操作模式图

(4) 写操作时序图，具体如图 7－11 所示。

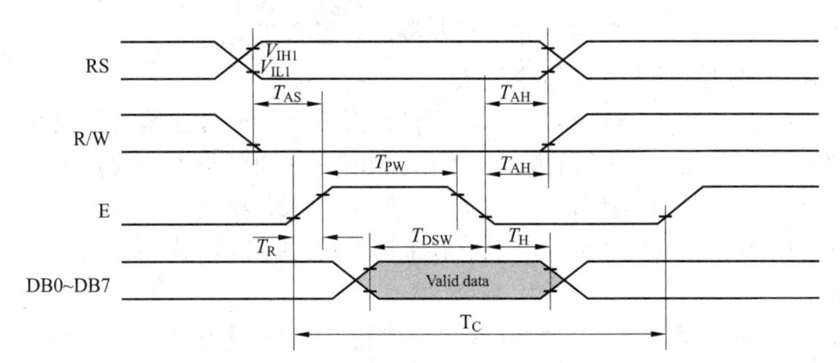

图 7－11　写数据到液晶时序图

5. 显示坐标设置

(1) 字符（汉字）显示坐标，具体见表 7－12。

表 7－12　　　　字符显示定义

行名称	列地址							
第一行	80H	81H	82H	83H	84H	85H	86H	87H
第二行	90H	91H	92H	93H	94H	95H	96H	97H
第三行	88H	89H	8AH	8BH	8CH	8DH	8EH	8FH
第四行	98H	99H	9AH	9BH	9CH	9DH	9EH	9FH

(2) 绘图坐标分布图，如图 7－12 所示。

		水平坐标				
		00	01	~	06	07
		D15~D0	D15~D0	~	D15~D0	D15~D0
垂直坐标	00					
	01					
	⋮					
	1E					
	1F			128×64点		
	00					
	01					
	⋮					
	1E					
	1F					
		D15~D0	D15~D0	~	D15~D0	D15~D0
		08	09	~	0E	0F

图 7－12　绘图坐标分布图

由图 7－12 可知，水平方向有 128 个点，垂直方向有 64 个点，在更改绘图 RAM 时，由扩充指令设置 GDRAM 地址，设置顺序为先垂直后水平地址（连续 2 个字节的数据来定义垂直和水平地址），最后是 2 个字节的数据给绘图 RAM（先高 8 位，后低 8 位）。

最后总结一下 12864 液晶绘图的步骤，步骤如下：

1) 关闭图形显示，设置为扩充指令模式。

2) 写垂直地址，分上下半屏，地址范围为：0～31。

3）写水平地址，两起始地址范围分别为：0x80～0x87（上半屏）、0x88～0x8F（下半屏）。

4）写数据，一帧数据分两次写，先写高8位，后写低8位。

5）开图形显示，并设置为基本指令模式。

ST7920可控制256＊32点阵（32行256列），而12864液晶实际的行地址只有0～31行，12864液晶的32～63行是从0～31行的第128列划分出来的。也就是说12864的实质是"256＊32"，只是这样的屏"又长又窄"，不适用，所以将后半部分截下来，拼装到下面，因而有了上下两半屏之说。再通俗点说第0行和第32行同属一行，行地址相同；第1行和第33行同属一行，以此类推。

6. 控制电路

12864提供了两种连接方式：串行和并行。串行（SPI）连接方式的优点是可以节省数据连接线（也即处理器的I/O口），缺点是显示更新速度与稳定性比并行连接方式差，所以一般用并行8位的方式来操作液晶，但是MGMC－V2.0实验板，在设计时兼顾了这几种操作方式。

HJ－2G实验板上12864液晶连接图如图7－13所示，具体接口定义如下：

(1) 液晶1、2端为电源接口；19、20端为背光电源。

(2) 液晶3端为液晶对比度调节端，HJ－2G实验板上连接一个10kΩ电位器来调节液晶对比度。第一次使用时，在液晶上电状态下，调节至液晶上面一行显示出黑色小格为止。

(3) 液晶4端为向液晶控制器写数据、命令选择端，接单片机的PD4口。

(4) 液晶5端为读、写选择端，接单片机的PD5口。

(5) 液晶6端为使能信号端，接单片机的PD6口。

(6) 液晶15端为串、并口选择端，此处接VCC，选择并行数据方式。

(7) 液晶16、18端为空管脚口，在硬件上不做连接。

(8) 液晶17端为复位端，连接PD7，低电平有效。

(9) 由于液晶具有自动复位功能，所以此处直接接VCC，即再不需要复位。

(10) 液晶7～14端为8位数据端口，依次接单片机的PB口。

7. 软件设计

有了操作1602液晶的基础，12864液晶操作起来就变得很简单了。若要简单显示字符，完全可以借鉴操作1602的方法来操作12864液晶，把给1602液晶控制的HEX文件，下载到单片机中，插上12864液晶，此时，在1602液晶中第一行能显示的字符，也能在12864液晶中显示。

(1) 显示要求。利用12864液晶，4行分别显示"春眠不觉晓，""处处闻啼鸟。""夜来风雨声，""花落知多少。"语句，12864液晶显示结果如图7－14所示。

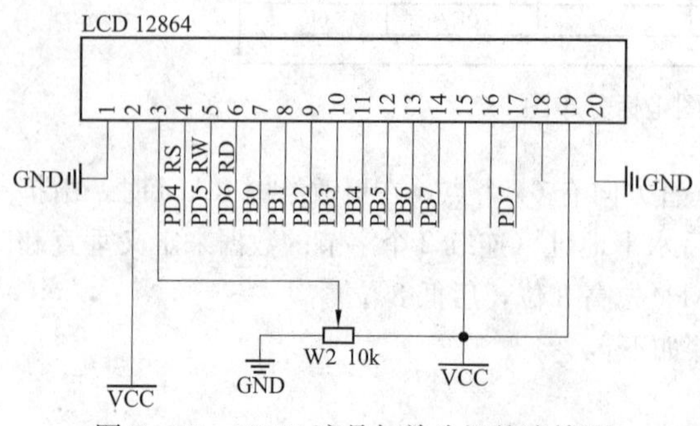

图7－13　12864液晶与单片机的连接图

图7－14　12864液晶显示结果

(2) 12864 液晶汉字显示程序清单。

```
#include <iom16v.h>
#include <string.h>
//宏定义,便于移植
#define uchar unsigned char
#define uint unsigned int
#define RS (1<<4)
#define RW (1<<5)
#define EN (1<<6)
#define LED (1<<6)
//定义 I/O 脉冲
#define PA3H()     PORTA|=(1<<PA3)
#define PA3L()     PORTA&=~(1<<PA3)
#define PA4H()     PORTA|=(1<<PA4)
#define PA4L()     PORTA&=~(1<<PA4)
//定义字符串
char Text_1[]={"春眠不觉晓,"};
char Text_2[]={"处处闻啼鸟。"};
char Text_3[]={"夜来风雨声,"};
char Text_4[]={"花落知多少。"};
/*******************************************************
//延时函数:Delay()
*******************************************************/
void Delay(uint m)
{
    for(;m>1;m--);
}
/*******************************************************
//清数码管函数 ClearSEG()
*******************************************************/
void ClearSEG(void)
{
    PA3H();PORTB=0x00;PA3L();   //段码送 0x00
    PA4H();PORTB=0xff;PA4L();   //位码送 0xff,关闭数码管显示
}
/*******************************************************
//写数据函数:WriteDataLCM()
*******************************************************/
void WriteDataLCM(unsigned char WDLCM)
{
    //ReadStatusLCM();          //检测忙
    Delay(100);
    PORTD|=RS;                  //RS= 1
    Delay(100);
```

```
    PORTD&=~RW;                  //RW= 0
    Delay(100);
    PORTD|=EN;                   //EN= 1
    Delay(100);
    PORTB=WDLCM;                 //输出数据
    Delay(100);
    PORTD&=~EN;                  //EN= 0
    Delay(100);
}
/*********************************************
//写指令函数:WriteCommandLCM()
*********************************************/
void WriteCommandLCM(unsigned char WCLCM)
{
    //ReadStatusLCM();           //根据需要检测忙
    Delay(100);
    PORTD&=~RS;                  //RS=0
    Delay(100);
    PORTD&=~RW;                  //RW=0
    Delay(100);
    PORTD|=EN;                   //EN=1
    Delay(100);
    PORTB=WCLCM;                 //输出指令
    Delay(100);
    PORTD&=~EN;                  //EN=0
    Delay(100);
}
/*********************************************
//读状态,检测忙函数:ReadStatusLCM()
*********************************************/
void ReadStatusLCM(void)
{
    uchar temp;
    uchar flag=1;
    while(flag==1)
    {
        DDRB=0x00;               //端口 B 改为输入
        PORTB=0xff;
        Delay(100);
        PORTD&=~RS;              //RS=0
        Delay(100);
        PORTD|=RW;               //RW=1
        Delay(100);
        PORTD|=EN;               //EN=1
```

```
        Delay(1000);
        temp=PINB;              //读端口 B
        Delay(1000);
        DDRB=0xff;              //端口 B 改为
        Delay(100);
        PORTD&=~EN;             //EN=0
        Delay(100);
        if(temp>>7==0)
        flag=0;
    }
}
/*********************************************
//LCM 初始化函数:LCMInit()
*********************************************/
void LCMInit(void)
{
    WriteCommandLCM(0x38);    //显示模式设置三次,不检测忙信号
    Delay(1000);
    WriteCommandLCM(0x38);
    Delay(1000);
    WriteCommandLCM(0x38);
    Delay(1000);
    WriteCommandLCM(0x38);    //显示模式设置,开始要求每次检测忙信号
    WriteCommandLCM(0x08);    //关闭显示
    WriteCommandLCM(0x01);    //显示清屏
    WriteCommandLCM(0x06);    //显示光标移动设置
    WriteCommandLCM(0x0C);    //显示开及光标设置
}
/*********************************************
//字符串显示函数:DisplayList()
*********************************************/
void DisplayList(unsigned char X,char * DData)
{
    unsigned char length;
    unsigned char i=0;
    char*p;
    p=DData;
    length=strlen(p);   //计算字符串长度
    WriteCommandLCM(0x08);
    WriteCommandLCM(X);
    WriteCommandLCM(0x06);
    WriteCommandLCM(0x0C);
    WriteCommandLCM(X);
    for(i= 0;i< length;i+ + )
```

```
    {
        WriteDataLCM(DData[i]);
        i++;
        WriteDataLCM(DData[i]);
    }
}
/*********************************************
//主函数:main()
*********************************************/
void main(void)
{
    //端口初始化
    DDRD=0xff;
    PORTD=0xff;
    DDRB=0xff;
    PORTB=0xff;
    DDRA=0XFF;
    PORTA=0XFF;
    ClearSEG();      //数码管关闭
    Delay(200);
    Delay(200);
    LCMInit();       //LCM 初始化   //液晶初始化
    DisplayList(0x80,Text_1);   //显示第一行数据
    DisplayList(0x90,Text_2);   //显示第二行数据
    DisplayList(0x88,Text_3);   //显示第三行数据
    DisplayList(0x98,Text_4);   //显示第四行数据
    while(1);
}
```

对于字符串显示函数 DisplayList（X，DData），X 为 0x80 时在第一行显示；X 为 0x90 时在第二行显示；X 为 0x88 时在第三行显示；X 为 0x98 时在第四行显示；DData 为显示数组。

其他的都有详细的注释，就不详细叙述了。

技能训练

一、训练目标

(1) 学会使用 12864 液晶显示器。

(2) 通过单片机控制 12864 液晶显示器。

二、训练步骤与内容

1. 建立一个工程

(1) 在 C：\iccv7avr\examples. avr\avr16 下，新建一个文件夹 G04A。

(2) 启动 ICCV7 软件。

(3) 选择执行“Project”（工程）菜单下的“New”（新建一个工程项目）命令，弹出创建

新项目对话框。

(4) 在创建新项目对话框，输入工程文件名“G004A”，单击“保存”按钮。

2. 编写程序文件

(1) 单击执行“File”（文件）菜单下的“New”（新建文件）命令，新建一个文件。

(2) 单击执行“File”（文件）菜单下的“Save as”（另存文件）命令，弹出另存文件对话框，在文件名栏输入“main. c”，单击“保存”按钮，保存文件。

(3) 在右边的工程浏览窗口，右键单击“File”文件选项，在弹出的右键菜单中，选择执行“Add File”。

(4) 弹出选择文件对话框，选择 main. c 文件，单击“打开”按钮，文件添加到工程项目中。

(5) 在 main 中输入“12864 液晶汉字显示”控制程序，单击工具栏“■”保存按钮，并保存文件。

3. 编译程序

(1) 单击“Project”（项目）菜单下的“Option”（选项）命令，弹出选项设置对话框。

(2) 在“Target”（目标元件）选项页，在“Device Configuration”（器件配置）下拉列表选项中选择“ATmega16”。

(3) 单击“Project”（项目）菜单下的“Make Project”（编译项目）命令，编译项目文件。

4. 下载调试程序

(1) 双击 HJ - ISP 下载软件图标，启动 HJ - ISP 软件。

(2) 在芯片选择栏，单击下拉列表，选择“ATmega16”。

(3) 单击右侧文件选择区下“调入 Flash”按钮，弹出选择文件对话框，选择 G004A. HEX 文件，单击“打开”按钮，打开需下载的文件 G004A. HEX，单击 HJ - ISP 软件中的“自动”按钮，程序自动下载。

(4) 调试。

1) 观察液晶 12864 显示屏的字符显示信息。

2) 如果看不到信息，可以调节液晶 12864 显示屏组件右下方的背光控制电位器 W2，调节液晶对比度，直到看清字符显示信息。

3) 在显示字符串数组定义中，修改 4 组字符串数组数据。

4) 重新编译、下载程序，观察液晶 12864 显示屏的字符显示信息。

习题

1. 编写 AVR 单片机控制程序，利用液晶 1602 显示屏显示 2 行英文信息，并下载到单片机开发板中，观察显示效果。

2. 编写 AVR 单片机控制程序，利用液晶 12864 显示屏显示 4 行英文信息，并下载到单片机开发板中，观察显示效果。

项目八 应用串行总线接口

学习目标

(1) 学习 IIC 串行总线基础知识。

(2) 学会设计单总线数字温度计控制程序。

(3) 学会应用 SPI 接口。

任务 19 IIC 串行总线及应用

一、IIC 总线

IIC 总线是 PHLIPS 公司于 20 世纪 80 年代推出的一种串行总线，是具备多主机系统所需的包括总线裁决和高低器件同步功能的高性能串行总线。主要优点是其简单性和有效性。由于接口直接位于组件上，因此 IIC 总线占用的空间非常小，减少了电路板的空间和芯片管脚的数量，降低了互联成本。IIC 总线的另一个优点是支持多主控，其中任何能够进行发送和接收的设备都可以成为主总线。一个主控能够控制信号的传输和时钟频率。当然，在任何时间点上只能有一个主控。

1. IIC 总线具备以下特性

(1) 只要求两条总线线路。一条是串行数据线（SDA），另一条是串行时钟线（SCL）。

(2) 器件地址唯一。每个连接到总线的器件都可以通过唯一的地址和一直存在的简单的主机/从机关联，并由软件设定地址，主机可以作为主机发送器或主机接收器。

(3) 多主机总线。它是一个真正的多主机总线，如果两个或更多主机同时初始化数据传输，可以通过冲突检测和仲裁防止数据被破坏。

(4) 传输速度快。串行的 8 位双向数据传输位速率在标准模式下可达 100kbit/s，快速模式下可达 400kbit/s，高速模式下可达 3.4Mbit/s。

(5) 具有滤波作用。片上的滤波器可以滤去总线数据线上的毛刺波，保证数据完整。

(6) 连接到相同总线的 IIC 数量只受到总线的最大电容 400pF 限制。

IIC 总线中常用术语，见表 8-1。

表 8-1　　IIC 总线常用术语

术语	功能描述
发送器	发送数据到总线的器件
接收器	从总线接收数据的器件
主机	初始化发送、产生时钟信号和终止发送的器件
从机	被主机寻址的器件

续表

术语	功能描述
多主机	同时有多于一个主机尝试控制总线，但不破坏报文
仲裁	是一个在有多个主机同时尝试控制总线，但只允许其中一个控制总线并使报文不被破坏的过程
同步	两个或多个器件同步时钟信号的过程

2. IIC 总线硬件结构图

IIC 总线通过上拉电阻接正电源。当总线空闲时，两根线均为高电平。连到总线上的任一器件输出的低电平，都将使总线的信号变低，即各器件的 SDA 和 SCL 都是线“与”的关系，硬件关系如图 8-1 所示。

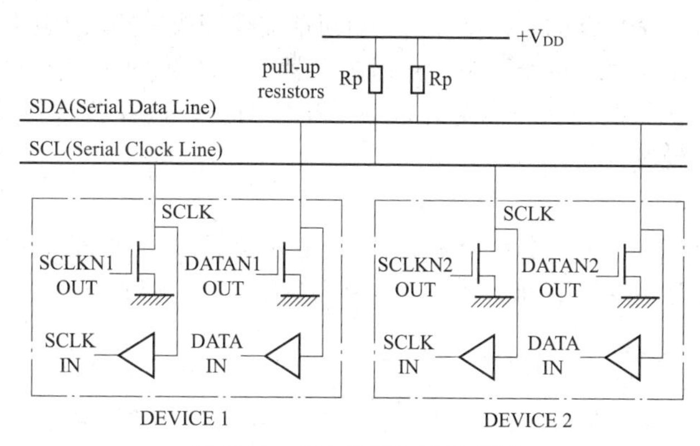

图 8-1 IIC 总线连接示意图

每个连接到 IIC 总线上的器件都有唯一的地址。主机与其他器件间的数据传送可以是由主机发送数据到其他器件，这时主机即为发送器。由总线上接收数据的器件则为接收器。在多主机系统中，可能同时有几个主机企图启动总线传输数据。为了避免混乱，IIC 总线要通过总线仲裁，以决定由那一台主机控制总线。

3. IIC 总线的数据传送

（1）数据位的有效性规定。IIC 总线进行数据传送时，时钟信号为高电平期间，数据线上的数据必须保持稳定，只有在时钟线上的信号为低电平期间，数据线上的高电平或低电平状态才允许变化。如图 8-2 所示。

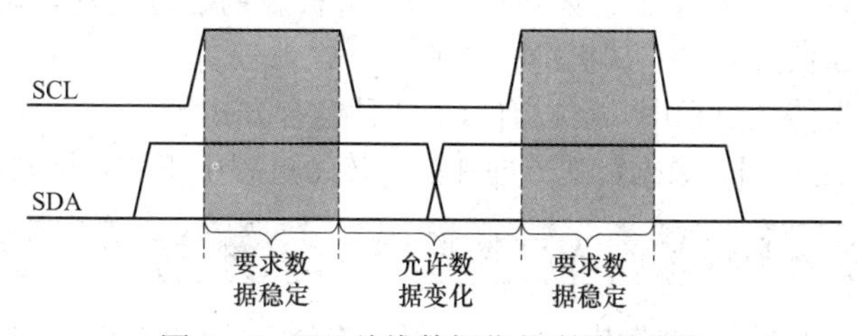

图 8-2 IIC 总线数据位的有效性规定

（2）起始和终止信号。SCL 线为高电平期间，SDA 线由高电平向低电平的变化表示起始信号；SCL 线为高电平期间，SDA 线由低电平向高电平的变化表示终止信号。如图 8-3 所示。

起始和终止信号都是由主机发出的，在起始信号产生后，总线就处于被占用的状态；在终止信号产生后，总线就处于空闲状态。

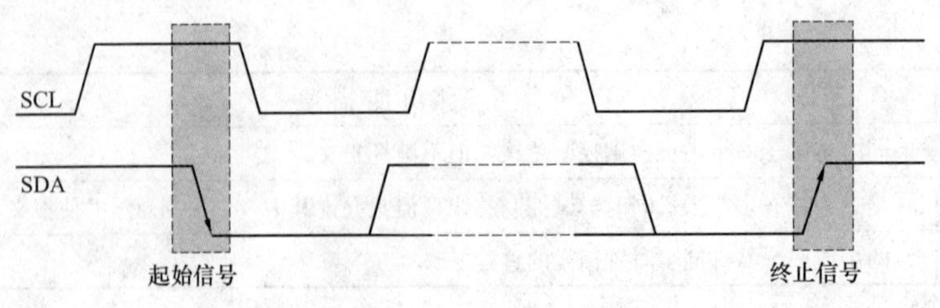

图 8-3 起始和终止信号

连接到 IIC 总线上的器件，若具有 IIC 总线的硬件接口，则很容易检测到起始和终止信号。对于不具备 IIC 总线硬件接口的有些单片机来说，为了检测起始和终止信号，必须保证在每个时钟周期内对数据线 SDA 采样两次。

接收器件接收到一个完整的数据字节后，有可能需要完成一些其他工作，如处理内部中断服务等，可能无法立刻接收下一个字节，这时接收器件可以将 SCL 线拉成低电平，从而使主机处于等待状态。直到接收器件准备好接收下一个字节时，再释放 SCL 线使之成为高电平，从而使数据传送可以继续进行。

（3）数据传送格式。

1）字节传送与应答。每一个字节必须保证是 8 位长度。数据传送时，先传送最高位（MSB），每一个被传送的字节后面都必须跟一位应答位（即一帧共有 9 位），如图 8-4 所示。

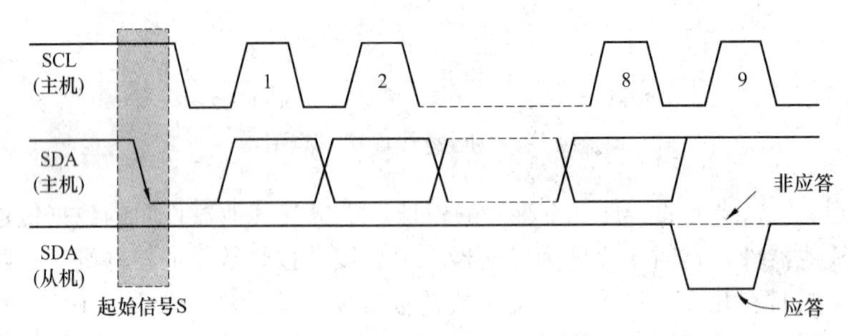

图 8-4 数据传送格式与应答

2）数据帧格式。IIC 总线上传送的数据信号是广义的，既包括地址信号，又包括真正的数据信号。在起始信号后必须传送一个从机的地址（7 位），第 8 位是数据的传送方向（R/T），用“0”表示主机发送数据（T），“1”表示主机接收数据（R）。每次数据传送总是由主机产生的终止信号结束。但是，若主机希望继续占用总线进行新的数据发送，则可以不产生终止信号，马上再次发出起始信号对另一从机进行寻址。

在总线的一次数据传送过程中，可以有以下几种组合方式：

a）主机向从机发送数据，数据传送方向在整个传送过程中不变，格式如下。

S	从机地址	0	A	数据	A	数据	A/$\overline{A}$	P

注：有阴影部分表示数据由主机向从机传送，无阴影部分则表示数据由从机向主机传送。A 表示应答，$\overline{A}$表示非应答。S 表示起始信号，P 表示终止信号。

b）主机在第一个字节后，立即由从机读数据格式如下。

S	从机地址	1	A	数据	A	数据	$\overline{A}$	P

c）在传送过程中，当需要改变传送方向时，起始信号和从地址都被重复产生一次，但两

次读/写方向位正好相反。

S	从机地址	0	A	数据	$A/\overline{A}$	S	从机地址	1	A	数据	$\overline{A}$	P

(4) IIC 总线的寻址。IIC 总线协议有明确的规定：有 7 位和 10 位的两种寻址字节。

7 位寻址字节的位定义（见表 8-2）。

表 8-2　寻址字节位定义

位	7	6	5	4	3	2	1	0
	从机地址							R/W

D7～D1 位组成从机的地址。D0 位是数据传送方向位，“0”表示主机向从机写数据，“1”表示主机由从机读数据。

主机发送地址时，总线上的每个从机都将这 7 位地址码与自己的地址进行比较，如果相同，则认为自己正被主机寻址，之后根据 R/W 位来确定自己是发送器还是接收器。

从机的地址由固定部分和可编程部分组成。在一个系统中可能希望接入多个相同的从机，从机地址中可编程部分决定了可接入总线该类器件的最大数目。如一个从机的 7 位寻址位有 4 位固定，3 位可编程，那么这条总线上最大能接 8（2^3）个从机。

二、存储器 AT24C02

1. AT24C02 概述

AT24C02 是一个 2k 位串行 CMOS E^2PROM，内部含有 256 个 8 位字节。该器件有一个 16 字节页写缓冲器。器件通过 IIC 总线接口进行操作，有一个专门的写保护功能。

2. AT24C02 的特性

(1) 工作电压：1.8～5.5V；

(2) 输入/输出引脚兼容 5V；

(3) 输入引脚经施密特触发器滤波抑制噪声；

(4) 兼容 400kHz；

(5) 支持硬件写保护；

(6) 读写次数：1 000 000 次，数据可保存 100 年。

3. AT24C02 的封装及管脚定义

封装形式有 6 种之多，MGMC-V2.0 实验板上选用的是 SOIC8P 的封装，AT24C02 管脚定义如图 8-5 所示。

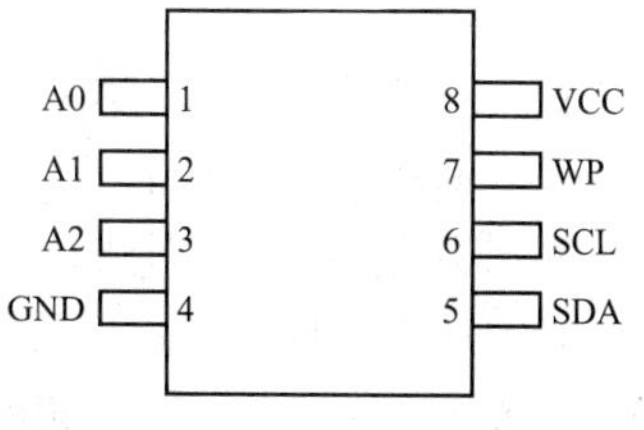

图 8-5　AT24C02 管脚定义

AT24C02 管脚描述见表 8-3。

表 8-3　AT24C02 管脚描述

管脚名称	功能描述
A2、A1、A0	器件地址选择
SCL	串行时钟
SDA	串行数据
WP	写保护（高电平有效。0 → 读写正常；1 → 只能读，不能写）
VCC	电源正端（+1.6～+6V）
GND	电源地

4. AT24C02 的时序图（见图 8-6）

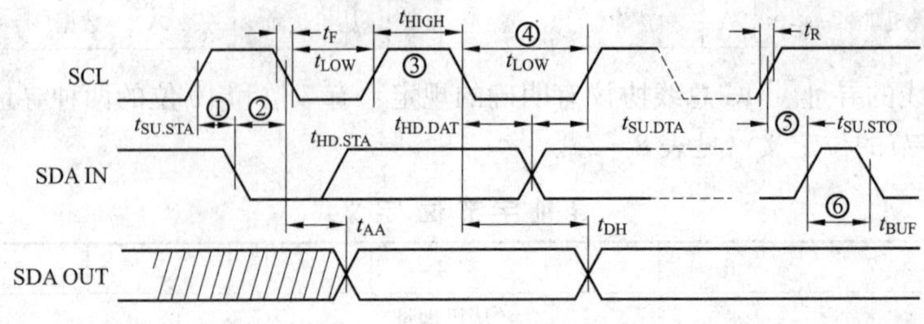

图 8-6 AT24C02 的时序图

时间参数说明如下：

① 在 100kHz 下，至少需要 4.7μs；在 400kHz 下，至少要 0.6μs。

② 在 100kHz 下，至少需要 4.0μs；在 400kHz 下，至少要 0.6μs。

③ 在 100kHz 下，至少需要 4.0μs；在 400kHz 下，至少要 0.6μs。

④ 在 100kHz 下，至少需要 4.7μs；在 400kHz 下，至少要 1.2μs。

⑤ 在 100kHz 下，至少需要 4.7μs；在 400kHz 下，至少要 0.6μs。

⑥ 在 100kHz 下，至少需要 4.7μs；在 400kHz 下，至少要 1.2μs。

5. 存储器与寻址

AT24C02 的存储容量为 2kb，内部分成 32 页，每页为 8B，那么共 32 * 8B=256B，操作时有两种寻址方式：芯片寻址和片内子地址寻址。

(1) bit：位。二进制数中，一个 0 或 1 就是一个 bit。

(2) byte：字节。8 个 bit 为一个字节，这与 ASCII 的规定有关，ASCII 用 8 位二进制数来表示 256 个信息码，所以 8 个 bit 定义为一个字节。

(3) 存储器容量。一般芯片给出的容量为 bit（位），例如上面的 2kb。还有以后读者可能接触到的 Flash、DDR 都是一样的。还有一点，这里的 2kb 将零头未写，确切地说应该是 256b * 8=2048b。

(4) 芯片地址。AT24C02 的芯片地址前面固定的为 1010，那么其地址控制字格式就为 1010A2A1A0R/W。其中 A2、A1、A0 为可编程地址选择位。R/W 为芯片读写控制位，“0”表示对芯片进行写操作；“1”表示对芯片进行读操作。

(5) 片内子地址寻址。芯片寻址可对内部 256b 中的任意一个进行读/写操作，其寻址范围为 00～FF，共 256 个寻址单元。

6. 读/写操作时序

串行 E^2PROM 一般有两种写入方式：一种是字节写入方式，另一种是页写入方式。页写入方式可提高写入效率，但容易出错。AT24C 系列片内地址在接收到每一个数据字节后自动加 1，故装载一页以内数据字节时，只需输入首地址，如果写到此页的最后一个字节，主器件继续发送数据，数据将重新从该页的首地址写入，进而造成原来的数据丢失，这也就是地址空间的“上卷”现象。

解决“上卷”的方法是：在第 8 个数据后将地址强制加 1，或是给下一页重新赋首地址。

(1) 字节写入方式。单片机在一次数据帧中只访问 E^2PROM 的一个单元。该方式下，单片机先发送启动信号，然后送一个字节的控制字，再送一个字节的存储器单元子地址，上述几个字节都得到 E^2PROM 响应后，再发送 8 位数据，最后发送 1 位停止信号，表示一切操作完成。字节写入方式格式如图 8-7 所示。

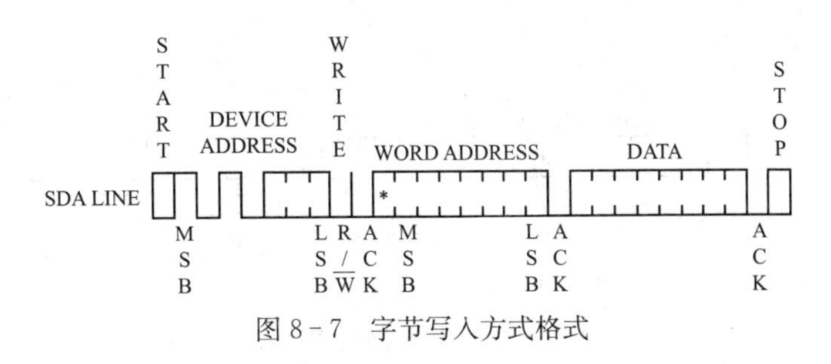

图 8－7　字节写入方式格式

(2) 页写入方式。单片机在一个数据周期内可以连续访问 1 页 E^{2}PROM 存储单元。在该方式中，单片机先发送启动信号，接着送一个字节的控制字，再送 1 个字节的存储器起始单元地址，上述几个字节都得到 E^{2}PROM 应答后就可以发送 1 页（最多）的数据，并将顺序存放在以指定起始地址开始的相继单元中，最后以停止信号结束。页写入帧格式如图 8－8 所示。

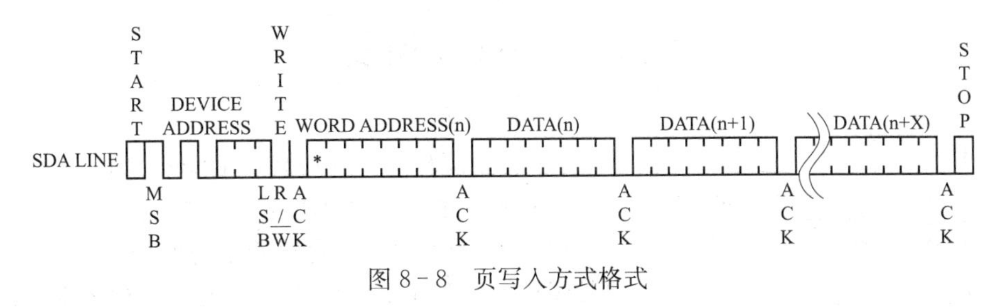

图 8－8　页写入方式格式

读操作的初始化方式和写操作时一样，仅把 R/W 位置为 1。有三种不同的读操作方式：立即/当前地址读、选择/随机读和连续读。

(3) 立即/当前地址读。读地址计数器内容为最后操作字节的地址加 1。也就是说，如果上次读/写的操作地址为 N，则立即读的地址从地址 N＋1 开始。在该方式下读数据，单片机先发送启动信号，然后送一个字节的控制字，等待应答后，就可以读数据了。读数据过程中，主器件不需要发送一个应答信号，但要产生一个停止信号。立即/当前地址读格式如图 8－9 所示。

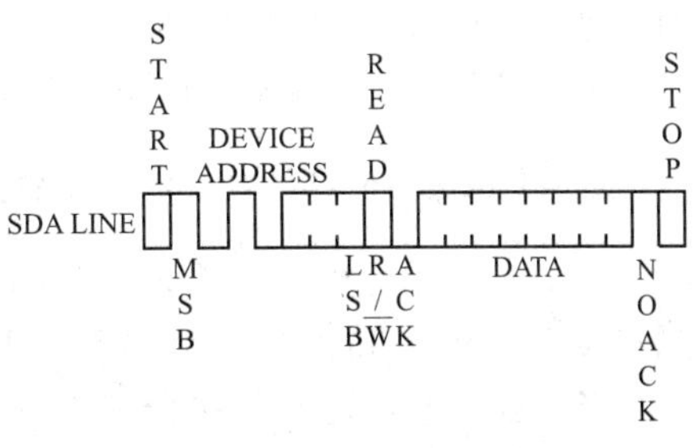

图 8－9　立即/当前地址读格式

(4) 选择/随机读。读指定地址单元的数据。单片机在发出启动信号后接着发送控制字，该字节必须含有器件地址和写操作命令，等 E^{2}PROM 应答后再发送 1 个（对于 2kb 的范围为：00～FFh）字节的指定单元地址，E^{2}PROM 应答后再发送一个含有器件地址的读操作控制字，此时如果 E^{2}PROM 做出应答，被访问单元的数据就会按 SCL 信号同步出现在 SDA 上，主器件不发送应答信号，但要产生一个停止信号。选择/随机读格式如图 8－10 所示。

(5) 连续读。连续读操作可通过理解读或选择性读操作启动。单片机接收到每个字节数据后应做出应答，只要 E^{2}PROM 检测到应答信号，其内部的地址寄存器就自动加 1（即指向下一单元），并顺序将指向单元的数据送达 SDA 串行数据线上。当需要结束操作时，单片机接收到数据后在需要应答的时刻发出一个非应答信号，接着再发送一个停止信号即可。连续读数据帧格式如图 8－11 所示。

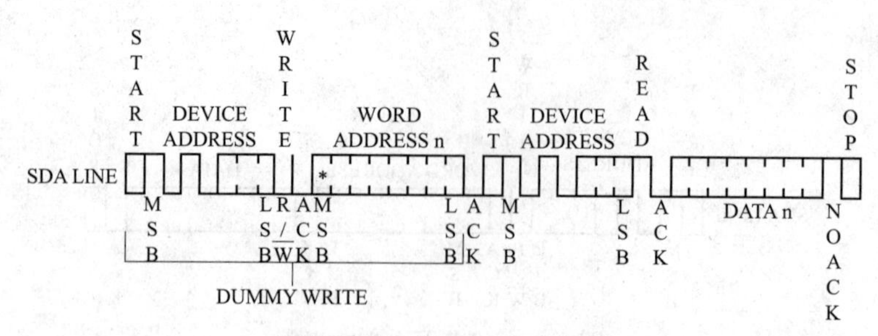

图 8－10 选择/随机读格式

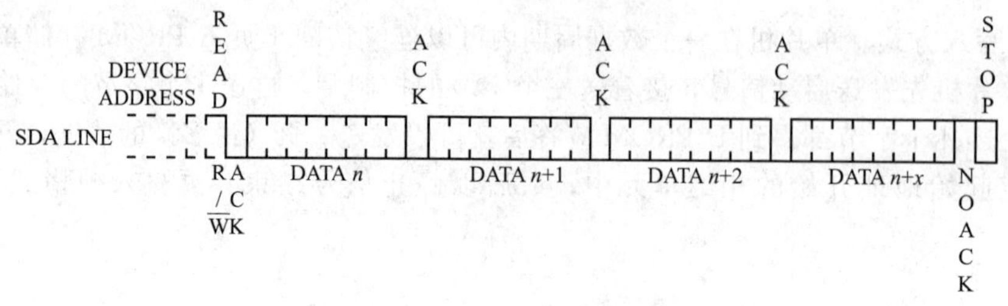

图 8－11 连续读数据帧格式

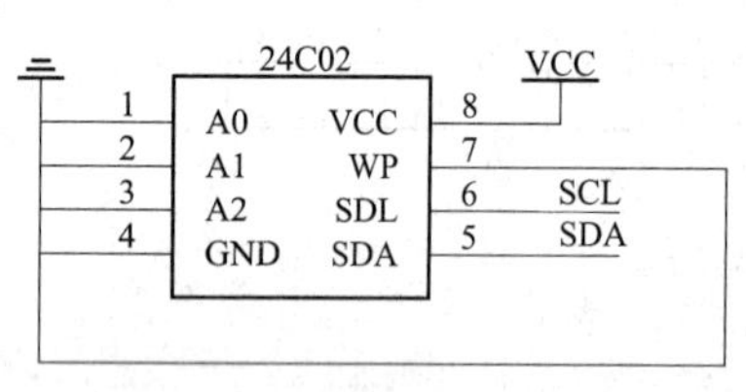

图 8－12 AT24C02 原理图

7. 硬件设计

HJ－2G 实验板上 AT24C02 的硬件原理（见图 8－12）。关于硬件设计，这里主要说明两点：

（1）WP 直接接地，意味着不写保护；SCL、SDA 分别接了单片机的 PC0、PC1；由于 AT24C02 内部总线是漏极开路形式的，所以必须要接上拉电阻（10kΩ）。

（2）A2、A1、A0 全部接地。前面原理说明中提到了器件的地址组成形式为：1010 A2A1A0 R/W（R/W 由读写决定），既然 A2、A1、A0 都接地了，因此该芯片的地址就是：1010 000 R/W。

三、ATmega 16 单片机的 TWI 总线

ATmega 16 单片机内置了全硬件实现 TWI 两线通信接口，与 IIC 总线完全兼容。TWI 两线通信接口是灵活的通信接口，简单且功能强大。它只需要两条双向传输线就可以将 128 个不同的设备连在一起，这两条线分别为时钟线 SCL 和数据线 SDA。使用这两条线时，应通过 4K7～10K 上拉电阻连接至电源。

ATmega 16 内置硬件协议总线仲裁控制器，ATmega 16 的 TWI 总线接口结构如图 8－13 所示。

1. 波特率产生器

TWI 工作于主机模式时，波特率发生器控制时钟信号 SCL 的周期。具体由 TWI 状态寄存器的 TWSR 的预分频系数以及比特率寄存器 TWBR 设定。当 TWI 工作在从机模式时，不需要对波特率或预分频进行设定，但从机的 CPU 时钟频率必须大于 TWI 时钟线 SCL 频率的 16 倍。SCL 的频率根据以下的公式产生

$$f_{clk}=\frac{f_{osc}}{16+2(TWBR)\times 4^{TWPS}}$$

式中，f_{osc} 是系统时钟频率；TWBR 为波特率寄存器；TWPS 为状态寄存的预分频系数。

TWI 工作于主机模式时，TWBR 数值不应小于 10，以免通信出错。

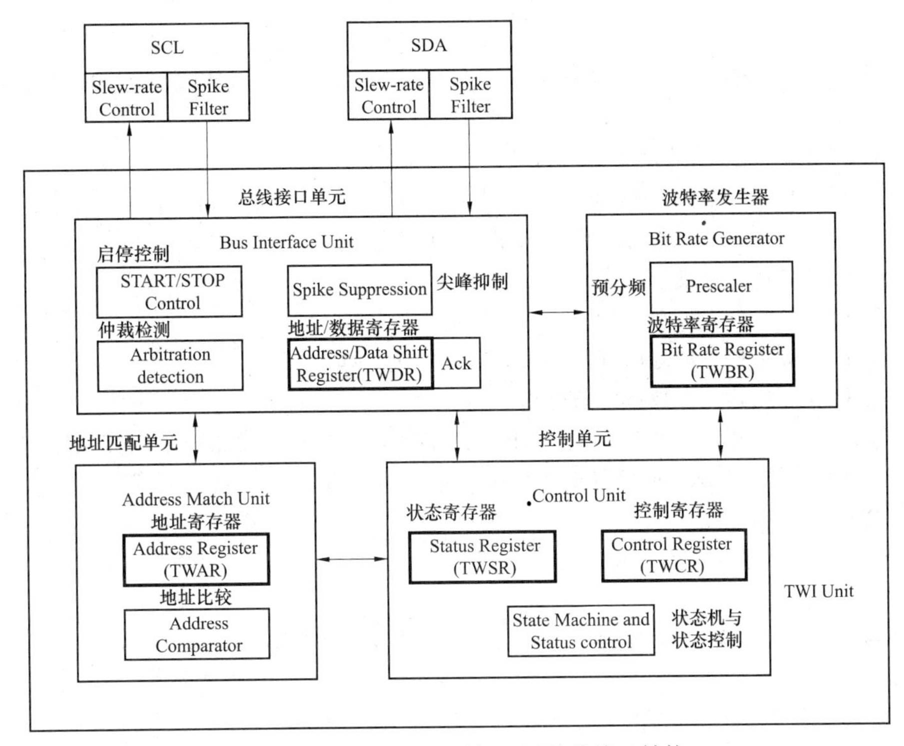

图 8-13 ATmega16 的 TWI 总线接口结构

2. 总线接口单元

总线接口单元包括数据与地址移位寄存器 TWDR，启停控制器 START/STOP 和总线仲裁判定硬件电路。TWDR 寄存器用于存放发送、接收的数据或地址。除了 8 位的 TWDR，总线接口单元还有一个寄存器，包含了用于发送或接收应答的（N）ACK 寄存器。这个（N）ACK 寄存器不能由程序直接访问。当接收数据时，它可以通过 TWI 控制寄存器 TWCR 来置位或清零。在发送数据时，（N）ACK 值由 TWCR 的设置决定。

启停控制器 START/STOP 负责产生和检测 TWI 总线上的起始、重复起始与停止状态。即使在 MCU 处于休眠状态时，START/STOP 控制器仍然能够检测 TWI 总线上的起始条件，当检测到自己被 TWI 总线上的主机寻址时，将 MCU 从休眠状态唤醒。如果 TWI 以主机模式启动了数据传输，仲裁检测电路将持续监听总线，以确定是否可以通过仲裁获得总线控制权。如果总线仲裁单元检测到自己在总线仲裁中丢失了总线控制权，则通知 TWI 控制单元执行正确的动作，并产生合适的状态码。

3. 地址匹配单元

地址匹配单元将检测从总线上接收到的地址是否与 TWAR 寄存器中的 7 位地址相匹配。

如果 TWAR 寄存器的 TWI 广播应答识别使能位 TWGCE 为“1”，从总线接收到的地址也会与广播地址进行比较。一旦地址匹配成功，控制单元将得到通知以进行正确地响应。TWI 可以响应，也可以不响应主机的寻址，这取决于 TWCR 寄存器的设置。即使 MCU 处于休眠状态时，地址匹配单元仍可继续工作。一旦主机寻址到这个器件，就可以将 MCU 从休眠状态唤醒。

4. 控制单元

控制单元监听 TWI 总线，并根据 TWI 控制寄存器 TWCR 的设置作出相应的响应。当 TWI 总线上产生需要应用程序干预处理的事件时，中断标志位 TWINT 置位，MCU 可以响应中断事件。

一旦 TWINT 标志位置“1”’，时钟线 SCL 即被拉低，暂停 TWI 总线上的数据传输，让用户程序处理事件。

在下列状况出现时，TWINT 标志位置位：

(1) 在 TWI 传送完起始/重复起始（START/REPEATED START）信号之后。

(2) 在 TWI 传送完从机地址＋数据（SLA＋R/W）之后。

(3) 在 TWI 传送完地址字节之后。

(4) 在 TWI 总线仲裁失败之后。

(5) 在 TWI 被主机寻址之后（广播方式或从机地址匹配）。

(6) 在 TWI 接收到一个数据字节之后。

(7) 作为从机工作时，TWI 接收到停止 STOP 或重复起始 REPEATED START 信号之后。

(8) 由于非法的 START 或 STOP 停止信号造成总线错误时。

5. TWI 寄存器

(1) 波特率寄存器 TWBR（见表 8-4）。

表 8-4　　波特率寄存器 TWBR

位	B7	B6	B5	B4	B3	B2	B1	B0
符号	TWBR7	TWBR6	TWBR5	TWBR4	TWBR3	TWBR2	TWBR1	TWBR0
初值	0	0	0	0	0	0	0	0

B7～B0：TWI 波特率寄存器，TWBR 为波特率发生器分频因子。波特率发生器是一个分频器，在主机模式下产生 SCL 时钟频率。

(2) 控制寄存器 TWCR（见表 8-5）。

表 8-5　　控制寄存器 TWCR

位	B7	B6	B5	B4	B3	B2	B1	B0
符号	TWINT	TWEA	TWSTA	TWSTO	TWWC	TWEN	—	TWIE
初值	0	0	0	0	0	0	0	0

TWCR 用来控制 TWI 操作。它用来使能 TWI，产生启动、停止、应答等信号。

B7 TWINT：TWI 中断标志。若 SREG 的 I 位为 1，TWINT 置位，MCU 执行 TWI 中断服务程序。当 TWINT 置位时，SCL 信号的低电平被延长。TWINT 标志的清零必须通过软件写“1”来完成，执行中断时硬件不会自动将其改写为“0”’。要注意的是，只要这一位被清零，TWI 立即开始工作。因此，在清零 TWINT 之前一定要首先完成对地址寄存器 TWAR、状态寄存器 TWSR 以及数据寄存器 TWDR 的访问。

B6 TWEA：使能 TWI 应答。TWEA 标志控制应答脉冲的产生。若 TWEA 置位，出现如下条件时接口发出 ACK 脉冲：

1) 器件的从机地址与主机发出的地址相符合。

2) TWAR 的 TWGCE 置位时接收到广播呼叫。

3) 在主机/从机接收模式下接收到一个字节的数据。

将 TWEA 清零可以使器件暂时脱离总线。置位后器件重新恢复地址识别。

B5 TWSTA：TWI START 起始状态标志。若使 CPU 成为总线上的主机需要置位

TWSTA。TWI 硬件检测总线是否可用。若总线空闲，接口就在总线上产生 START 起始状态信号。若总线忙，接口就一直等待，等到检测到一个 STOP 停止状态信号，然后产生 START 起始状态信号，以声明 CPU 将成为主机。发送 START 之后，软件必须清零 TWSTA 位。

B4 TWSTO：TWI STOP 停止状态标志。在主机模式下，如果置位 TWSTO，TWI 接口将在总线上产生 STOP 停止状态信号，然后 TWSTO 自动清零。在从机模式下，置位 TWSTO 可以使接口从错误状态恢复到未被寻址的状态。此时总线上不会有 STOP 停止状态产生。但 TWI 返回一个定义好的未被寻址的从机模式且释放 SCL 与 SDA 为高阻态。

B3 TWWC：TWI 写碰撞标志位。当 TWINT 为低电平时，写数据寄存器 TWDR 将置位 TWWC。当 TWINT 为高电平时，每一次对 TWDR 的写访问都将更新此标志。

B 2 TWEN：TWI 使能位。TWEN 位用于使能 TWI 操作与激活 TWI 接口。当 TWEN 位被写为“1”时，TWI 引脚将 I/O 引脚切换到 SCL 与 SDA 引脚。如果该位清零，TWI 接口模块将被关闭，所有 TWI 传输将被终止。

B1 Res：保留。读返回值为“0”。

B0 TWIE：使能 TWI 中断位。当 SREG 的 I 以及 TWIE 置位时，TWI 中断使能。

(3) 状态寄存器 TWSR（见表 8-6）。

表 8-6　　状态寄存器 TWSR

位	B7	B6	B5	B4	B3	B2	B1	B0
符号	TWS7	TWS6	TWS5	TWS4	TWS3	—	TWPS1	TWPS0
初值	0	0	0	0	0	0	0	0

B7~B3：TWS7～TWS3，TWI 状态位，这 5 位用于反映 TWI 逻辑和总线的状态。

B1 B0：TWPS1、TWPS0：TWI 预分频位，可读写，用于控制波特率发生器预分频系数。TWPS1、TWPS0 共有 4 种组合编码，即 00、01、10、11，分别对应分频系数 1、4、16、64。

(4) 收发数据寄存器。收发数据寄存器为 8 位数据寄存器，可读写。

(5) 从机地址寄存器 TWAR（见表 8-7）。

表 8-7　　从机地址寄存器 TWAR

位	B7	B6	B5	B4	B3	B2	B1	B0
符号	TWA6	TWA5	TWA4	TWA3	TWA2	TWA1	TWA0	TWCGE
初值	0	0	0	0	0	0	0	0

B7～B1：TWA6～TWA0：7 位从机地址位，用于表示从机地址信息。

B0：TWCGE：使能广播地址位，TWCGE=1，广播地址有效。

四、AT24C02 应用

1. 控制要求

利用本身 IIC 协议控制存储芯片 AT24C02，通过数码管显示数据，按复位或者重新打开电源开关一次，数码管 LED 显示的数值加 1，由此统计单片机开关机或复位的次数。

2. 控制软件分析

(1) 操作定义部分。

```
#include "iom16v.h"
#include "macros.h"
#define uChar8 unsigned char   //uChar8 宏定义
#define uInt16 unsigned int    //uInt16 宏定义
//数码管控制
#define pa3h() PORTA|=(1<<PA3)     //段选开
#define pa3l() PORTA&=~(1<<PA3)    //段选关
#define pa4h() PORTA|=(1<<PA4)     //位选开
#define pa4l() PORTA&=~(1<<PA4)    //位选关
//IIC 控制
#define Start() (TWCR=(1 <<TWINT) | (1 <<TWEN) | (1 <<TWSTA))  //IIC 启动
#define Stop() (TWCR=(1 <<TWINT) | (1 <<TWEN) | (1 <<TWSTO))  //IIC 停止
#define Wait()  while (! (TWCR & (1 <<TWINT)))                //IIC 等待
#define Twi() (TWCR=(1 <<TWINT) | (1 <<TWEN))          //启动 IIC 主机模式
```

通过宏定义，常用的部分操作简单明了，由此便于程序的移植。

在数码管控制中定义了段选开关信号、位选开关信号。

在 IIC 控制中，定义了 IIC 启动、停止、等待、启动 IIC 主机模式等。

(2) 定义数码管段码数组及参数。

```
/* ******************************************************* */
//数码管段码数组
/* ******************************************************* */
uChar8 DuanArr[]={0x3f,0x06,0x5b,0x4f,0x66,0x6d,0x7d,0x07,0x7f,0x6f};
```

(3) 数码管函数定义。

```
/* ******************************************************* */
//三位数码管显示函数:Display()
/* ******************************************************* */
void Display(uChar8 Dis_Value)
{
pa4h();
PORTB=0xfe;
pa4l();
pa3h();
PORTB=DuanArr[Dis_Value/100%10];
pa3l();
delay8RC_ms(2);
pa4h();
PORTB=0xfd;
pa4l();
pa3h();
PORTB=DuanArr[Dis_Value/10% 10];
pa3l();
delay8RC_ms(2);
```

```
pa4h();
PORTB=0xfb;
pa4l();
pa3h();
PORTB=DuanArr[Dis_Value% 10];
pa3l();
delay8RC_ms(2);
}
```

(4) 延时函数。

```
/* ********************************************************* */
//微秒延时函数:delay8RC_us()
/* ********************************************************* */
void delay8RC_us(uInt16  X)        //8MHz 内部 RC 震荡延时 Xus
{
    do
{
    X--;
}
while(X> 1);
}
/* ********************************************************* */
//毫秒延时函数:delay8RC_ms()
/* ********************************************************* */
void delay8RC_ms(uInt16  Y)       //8MHz 内部 RC 震荡延时 Yms
{
    while(Y! =0)
    {
        delay8RC_us(1000);
    Y--;
    }
}
```

在延时函数定义中，定义了两个函数，分别用于微秒延时和毫秒延时。

(5) IIC 总线主机模式错误处理函数。

```
/* ********************************************************* */
// IIC 总线主机模式错误处理函数:error()
/* ********************************************************* */
void error(uChar8 type)
{
switch (type & 0xF8)
{
    case 0x20:      /*址址写失败*/
    /*stop 停止*/
```

```
        Stop();   break;
    case 0x30:      /*数据写失败*/
        Stop();   break;
    case 0x38:      /*仲裁失败*/   break;
    case 0x48:      /*址址读失败*/
        Stop();   break;
    }
}
```

(6) IIC 总线单字节写入函数。

```
/* ************************************************************ */
// IIC 总线单字节写入函数:twi_write()
/* ************************************************************ */
uChar8 twi_write(uChar8 addr, uChar8 dd)
{
/*start 启动*/
    Start();
    Wait();
    if ((TWSR & 0xF8) !=0x08)
        {
        error(TWSR);  return 0;
    }
/*SLA_W 芯片地址*/
    TWDR=0xA0;
    Twi();
    Wait();
    if ((TWSR & 0xF8) !=0x18)
    {
        error(TWSR);
        return 0;
        }
/*addr 操作地址*/
    TWDR=addr;
    Twi();
    Wait();
    if ((TWSR & 0xF8) !=0x28)
        {
        error(TWSR);
        return 0;
        }
/*dd 写入数据*/
    TWDR=dd;
    Twi();
    Wait();
```

```
    if ((TWSR & 0xF8) !=0x28)
        {
            error(TWSR);
            return 0;
            }

    Stop();
    return 1;
}
```

在IIC总线单字节写入函数中，输入参数是写入的地址和数据，先给出启动信号，然后给出芯片地址，再给出器件地址信号，最后将数据写入指定芯片的地址的存储器。

(7) IIC总线单字节读取函数。

```
/* ****************************************************** */
// IIC总线单字节读取函数:twi_read()
/* ****************************************************** */
uChar8 twi_read(uChar8 addr, uChar8 * dd)
  {
    /*start启动*/
    Start();
    Wait();
    if ((TWSR & 0xF8) !=0x08)
        {  error(TWSR);  return 0;  }
    /*SLA_W芯片地址*/
    TWDR=0xA0;
    Twi();
    Wait();
    if ((TWSR & 0xF8) !=0x18)
        {  error(TWSR);  return 0;  } /*addr操作地址*/
    TWDR=addr;
    Twi();
    Wait();
    if ((TWSR & 0xF8) !=0x28)
        {  error(TWSR);  return 0;  }
    /*start启动*/
    Start();
    Wait();
    if ((TWSR & 0xF8) !=0x10)
        {  error(TWSR);  return 0;  }
/*SLA_R芯片地址*/
    TWDR=0xA1;
    Twi();
    Wait();
    if ((TWSR & 0xF8) !=0x40)
```

```
        {  error(TWSR);  return 0;  }
    /*读取数据*/
    Twi();
    Wait();
    if
    ((TWSR & 0xF8)!=0x58)
        {
error(TWSR);
return 0;
        }
    *dd=TWDR;
    /*stop 停止*/
    Stop();
    return 1;
    }
```

在IIC总线单字节读取函数中，输入参数是要读取芯片的地址和数据变量指针，先给出启动信号，然后给出芯片地址，再给出器件地址信号，重复确认芯片地址和存储器地址，最后将读取的数据赋给指定数据变量指针所指变量。

(8) TWI初始化函数。

```
/******************************************************************/
//TWI 初始化函数 TWI_Init()
/******************************************************************/
void TWI_Init(void)
  { TWBR=2;
  TWSR=0;
  TWAR=0xAA;
  TWCR=(1<<TWEN);
  TWDR=0xff;
  }
```

在TWI初始化函数中，设定TWI通信的波特率寄存器值，初始化状态寄存器，给出芯片地址寄存器初始值，允许TWI通信，设定数据寄存器初始值。

(9) 主函数。

```
/******************************************************************/
//主函数 main()
/******************************************************************/
void main(void)
{
    uChar8 temp;  //定义了一个临时变量
    DDRA=0xff;    //方向输出
    PORTA=0xff;    //输出高电平
    DDRB=0xFF;    //方向输出
    PORTB=0xff;    //输出高电平
    DDRC=0x00;  //方向输入
```

```
    PORTC=0xFF;  //设置上拉
    DDRC |=0x01;  //PC0 为输出
    TWI_Init();       //TWI 初始化
    twi_read(0x08, &temp);  //读取数据
    temp++;
    twi_write(0x08, temp);   //写入数据
  while (1)
    {
    Display(temp);  //显示读取的数据
    }
}
```

在主函数中，首先进行端口初始化，接着进行 TWI 初始化，然后读取指定芯片地址空间的数据，将数据加 1，重新写入指定芯片地址空间。

技能训练

一、训练目标

（1）学会使用 IIC 通信协议。

（2）通过编程，控制 AT24C02 记录单片机开关机或复位的次数。

二、训练步骤与内容

1. 建立一个工程

（1）在 C：\iccv7avr\examples. avr\avr16 下，新建一个文件夹 H01A。

（2）启动 ICCV7 软件。

（3）选择执行“Project”（工程）菜单下的“New”（新建一个工程项目）命令，弹出创建新项目对话框。

（4）在创建新项目对话框，输入工程文件名“H001A”，单击“保存”按钮。

2. 编写程序文件

（1）单击执行“File”（文件）菜单下的“New”（新建文件）命令，新建一个文件。

（2）单击执行“File”（文件）菜单下的“Save as”（另存文件）命令，弹出另存文件对话框，在文件名栏输入“main. c”，单击“保存”按钮，保存文件。

（3）在右边的工程浏览窗口，右键单击“File”（文件）选项，在弹出的右键菜单中，选择执行“Add File”。

（4）弹出选择文件对话框，选择 main. c 文件，单击“打开”按钮，文件添加到工程项目中。

（5）在 main 中输入“AT24C02 应用”控制程序，单击工具栏“■”保存按钮，并保存文件。

3. 编译程序

（1）单击“Project”（项目）菜单下的“Option”（选项）命令，弹出选项设置对话框。

（2）在“Target”（目标元件）选项页，在“Device Configuration”（器件配置）下拉列表选项中选择“ATmega16”。

（3）单击“Project”（项目）菜单下的“Make Project”（编译项目）命令，编译项目文件。

4. 下载调试程序

（1）双击 HJ－ISP 下载软件图标，启动 HJ－ISP 软件。

（2）在芯片选择栏，单击下拉列表，选择“ATmega16”。

（3）单击右侧文件选择区下“调入Flash”按钮，弹出选择文件对话框，选择H001A. HEX文件，单击“打开”按钮，打开需下载的文件H001A. HEX，单击HJ-ISP软件中的“自动”按钮，程序自动下载。

（4）调试。

1）观察程序自动下载后数码管显示的数据。

2）关闭开发板电源开关。

3）接通开发板电源开关，观察数码管显示的数据。

4）按下单片机开发板复位键，观察数码管显示的数据。

5）再次关闭开发板电源开关，再接通开发板电源开关，观察数码管显示的数据。

任务20　基于DS1302的时钟控制

一、SPI总线

SPI是串行外设接口（Serial Peripheral Interface）的缩写。SPI是一种高速的、全双工、同步的通信总线，SPI通信总线允许单片机等微控制器与各种外部设备以同步串行方式进行通信，交换信息，广泛应用于存储器、LCD驱动、A/D转换、D/A转换等器件。SPI通信总线在芯片的管脚上只占用4根线，节约了芯片的管脚，同时为PCB在布局上节省空间，提供方便，正是因其简单易用的特性，越来越多的芯片集成了这种通信协议。与IIC通信相比，SPI通信拥有更快的通信速率、更简单的编程应用。

1. SPI总线的使用

SPI的通信的信号线分别为SCLK、MISO、MOSI、CS，其中SCLK为串行通信同步时钟线，MISO为主机输入从机输出数据线，MOSI为主机输出从机输入数据线，CS为从机选择线。有些地方使用SDI、SDO、SCLK、CS分别表示数据输入、数据输出、同步时钟、片选线。SPI工作时，数据通过移位寄存器串行输出到MOSI，同时外部输入信号通过MISO输入端接收后逐位移入移位寄存器。

典型的点对点SPI接口通信如图8-14所示。

SPI点对点通信时，主从机SCLK线连在一起，主机的MOSI端口连接从机的MOSI端，主机的MISO端口连接从机的MISO端，主机通过片选信号与从机片选端连接。

SPI多机通信如图8-15所示。

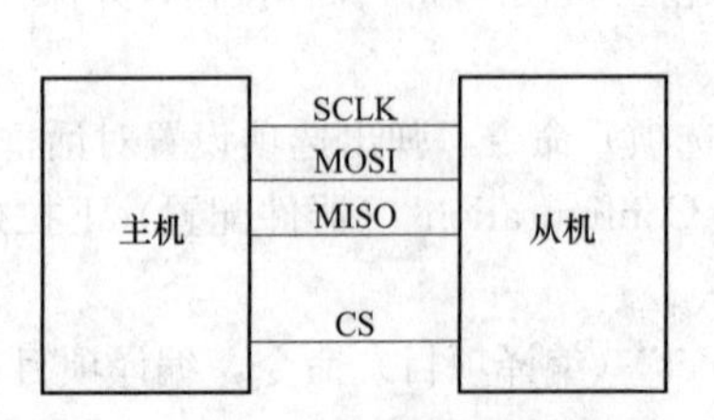

图8-14　点对点SPI接口通信

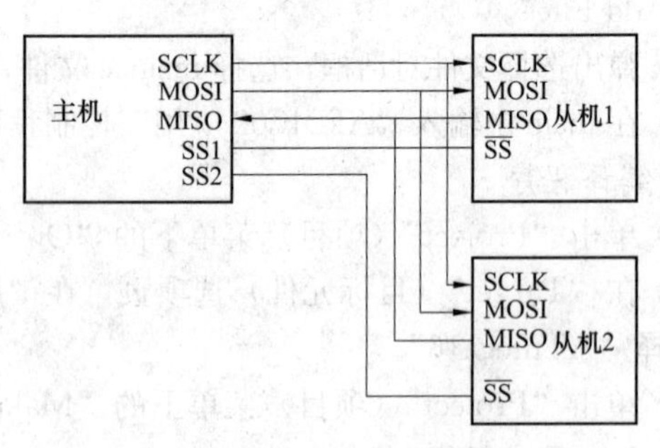

图8-15　SPI多机通信

SPI 多机通信时，主从机 SCLK 线连在一起，主机的 MOSI 端口连接从机的 MOSI 端，主机的 MISO 端口连接从机的 MISO 端，主机通过不同片选信号与各个从机连接。

2. SPI 总线的特点

SPI 总线的特点是全双工通信、通信速度快，可达 Mbit/s 级。不足之处是无多主机协议，不便于组网。

3. SPI 的时序

SPI 接口在内部实际上为两个移位寄存器。传输数据长度根据器件不同分为 8 位、10 位、16 位等。发送数据时，主机产生 SCLK 脉冲，从机在 SCLK 脉冲的上升沿或下降沿采样 MOSI 端数据信号，并移位到接收数据寄存器。主机接收数据时，数据由 MISO 移位输入，主机在 SCLK 脉冲的上升沿或下降沿采样并接收到寄存器中。

二、Atmega16 的 SPI 接口

1. Atmega16 的 SPI 结构特点

Atmega16 内部集成了一个全双工的 SPI 串行外设接口，允许 ATmega16 和外设或其他 AVR 器件进行高速地同步数据传输。SPI 接口提供 SCLK、MISO、MOSI、$\overline{\text{SS}}$等 4 个引脚与外部设备连接，内部结构如图 8－16 所示。

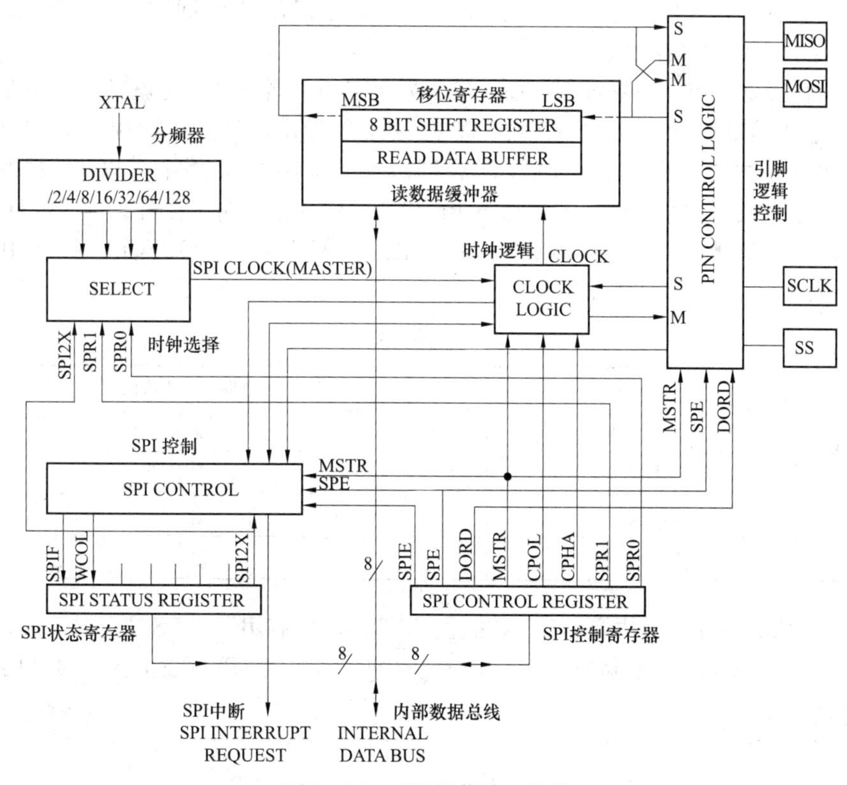

图 8－16　SPI 通信接口结构

ATmega16 SPI 的特点如下：

(1) 全双工，3 线同步数据传输。

(2) 主机或从机操作。

(3) LSB 首先发送或 MSB 首先发送。

(4) 7 种可编程的波特率。

(5) 设置传输结束中断标志，可以触发 SPI 中断。

(6) 写碰撞标志检测。

(7) 可以从闲置模式唤醒。

2. 工作原理

SPI 工作时，SPI 收发器可以编程配置为主机或从机模式。通过将需要的从机的 SS 引脚拉低，主机启动一次通信过程。主机和从机将需要发送的数据放入相应的移位寄存器。主机在 SCLK 引脚上产生时钟脉冲以交换数据。主机的数据从主机的 MOSI 移出，从从机的 MOSI 移入。从机的数据从从机的 MISO 移出，从主机的 MISO 移入。主机通过将从机的 SS 拉高实现与从机的同步。

SPI 配置为主机时，SPI 接口不自动控制 SS 引脚，必须由用户软件来处理。对 SPI 数据寄存器写入数据时，立即启动 SPI 时钟，将 8 比特的数据移入从机。传输结束后 SPI 时钟停止，传输结束标志 SPIF 置位。如果此时 SPCR 寄存器的 SPI 中断使能位 SPIE 置位，SPI 中断就会发生。主机可以继续往 SPDR 写入数据以移位到从机中去，或者是将从机的 SS 拉高以说明数据包发送完成。

SPI 配置为从机时，只要 SS 为高，SPI 接口将一直保持睡眠状态，并保持 MISO 为三态，SPI 不工作。在读取移入数据之前，从机可以往 SPI 数据寄存器 SPDR 写入数据。最后进来的数据将一直保存于缓冲寄存器中。

SPI 接口的发送只有一个缓冲器，而在接收方向有两个缓冲器。也就是说，在发送时一定要等到移位过程全部结束后才能对 SPI 数据寄存器执行写操作。而在接收数据时，需要在下一个字符移位过程结束之前，通过访问 SPI 数据寄存器读取当前接收到的字符。以免数据被覆盖。

SPI 工作于从机模式时，控制逻辑对 SCLK 引脚的输入信号进行采样。为了保证对时钟信号的正确采样，SPI 时钟不能超过 fosc/4。SPI 使能后，MOSI、MISO、SCLK 和 SS 引脚的数据方向将按照表 8－8 所示自动进行配置。

表 8－8　　SPI 引 脚 重 置

引脚	方向，SPI 主机	方向，SPI 从机
MOSI	用户定义	输入
MISO	输入	用户定义
SCLK	用户定义	输入
SS	用户定义	输入

SS 引脚起主、从机时钟同步功能，对于数据包/字节的同步有用。当 SS 拉高时，SPI 从机立即复位接收和发送逻辑，并丢弃移位寄存器里不完整的数据。当 SPI 配置为主机时，用户可以选择 SS 引脚的方向。

3. SPI 寄存器

(1) SPI 控制寄存器 SPCR（见表 8－9）。

表 8－9　　SPI 控制寄存器 SPCR

位	B7	B6	B5	B4	B3	B2	B1	B0
符号	SPIE	SPE	DORD	MSTR	CPOL	CPHA	SPR1	SPR0
初值	0	0	0	0	0	0	0	0

B7 SPIE：使能 SPI 中断。SPIE 置位后，只要 SPSR 寄存器的 SPIF 和 SREG 寄存器的全局中断使能位置位，完成一次 SPI 通信后，就会引发 SPI 中断。

B6 SPE：使能 SPI。SPE 置位将使能 SPI。进行任何 SPI 操作之前必须置位 SPE。

B5 DORD：数据次序。DORD 置位时数据的 LSB 首先发送，否则数据的 MSB 首先发送。

B4 MSTR：主/从选择。MSTR 置位时选择主机模式，否则为从机。如果 MSTR 为“1”，SS 配置为输入，但被拉低，则 MSTR 被清零、寄存器 SPSR 的 SPIF 置位。用户必须重新设置 MSTR 进入主机模式。

B3 CPOL：时钟极性。CPOL 置位表示空闲时 SCLK 为高电平，否则空闲时 SCLK 为低电平。

B2 CPHA：时钟相位。CPHA 决定数据是在 SCLK 的起始沿采样还是在 SCLK 的结束沿采样。

B1，B0 SPR1，SPR0：设置 SPI 时钟频率。SPR1 和 SPR0 对从机没有影响。SCLK 和振荡器的时钟频率 fosc 关系见表 8－10。

表 8－10　　SCLK 与系统时钟关系

SPI2X	SPR1	SPR0	SCLK 频率
0	0	0	fosc/4
0	0	1	fosc/16
0	1	0	fosc/64
0	1	1	fosc/128
1	0	0	fosc/2
1	0	1	fosc/8
1	1	0	fosc/32
1	1	1	fosc/64

（2）SPI 状态寄存器 SPSR（见表 8－11）。

表 8－11　　SPI 状态寄存器 SPSR

位	B7	B6	B5	B4	B3	B2	B1	B0
符号	SPIF	WCOL	—	—	—	—	—	SPI2X
初值	0	0	0	0	0	0	0	0

B7 SPIF：SPI 中断标志。串行通信结束后，SPIF 置位。

B6 WCOL：写碰撞标志。写数据到 SPI 数据寄存器 SPDR 时，置位 WCOL，读 SPI 数据寄存器 SPDR 再写入数据时，该位清零。

B5～B1 Res：保留位，读操作返回值为零。

B0 SPI2X：SPI 倍速。置位后 SPI 的速度加倍。

（3）SPI 数据寄存器 SPDR（见表 8－12）。

表 8－12　　SPI 数据寄存器 SPDR

位	B7	B6	B5	B4	B3	B2	B1	B0
符号	MSB	—	—	—	—	—	—	LSB
初值	0	0	0	0	0	0	0	0

数据寄存器 SPDR 为读写寄存器。写数据寄存器 SPDR 时启动一次发送，读数据寄存器 SPDR 时为接收数据。

4. SPI 通信程序

(1) SPI 初始化程序。

```
void SPI_MasterInit(void)
{
/*设置 MOSI 和 SCK 为输出,其他为输入 */
DDR_SPI=(1<<DD_MOSI)|(1<<DD_SCK);
/*使能 SPI 主机模式,设置时钟速率为 fck/16 */
SPCR=(1<<SPE)|(1<<MSTR)|(1<<SPR0);
}
```

(2) 主机传送程序。

```
void SPI_MasterTransmit(char cData)
{
/*启动数据传输 */
SPDR=cData;
/*等待传输结束 */
while(!(SPSR & (1<<SPIF)));
}
```

三、DS1302 时钟芯片及其应用

1. DS1302 简介

DS1302 是美国 DALLAS 公司推出的一种高性能、低功耗、带 RAM 的实时时钟电路，它可以对年、月、日、周、时、分、秒等进行计时，具有闰年补偿功能，工作电压为 2.5～5.5V。采用三线接口与 CPU 进行同步通信，并可采用突发方式一次传送多个字节的时钟信号或 RAM 数据。DS1302 内部有一个 31×8 的用于临时性存放数据的 RAM 寄存器。DS1302 是 DS1202 的升级产品，与 DS1202 兼容，但增加了主电源/后备电源双电源引脚，同时提供了对后备电源进行涓细电流充电的能力。

DS1302 主要特点是采用串行数据传输，可为掉电保护电源提供可编程的充电功能，并且可以关闭充电功能，采用普通 32.768kHz 晶振。

2. DS1302 电路

DS1302 的引脚排列如图 8-17 所示，其中 VCC2 为主电源，VCC1 为后备电源。在主电源关闭的情况下，也能保持时钟地连续运行。DS1302 由 VCC1 或 VCC2 两者中的较大者供电。当 VCC2 大于 VCC1+0.2V 时，VCC2 给 DS1302 供电。当 VCC2 小于 VCC1 时，DS1302 由 VCC1 供电。X1 和 X2 是振荡源，外接 32.768kHz 晶振。RST 是复位/片选线，通过把 RST 输入驱动置高电平来启动所有的数据传送。RST 输入有两种功能：首先，RST 接通控制逻辑，允许地址/命令序列送入移位寄存器；其次，RST 提供终止单字节或多字节数据传送的方法。当 RST 为高电平时，所有的数据传送被初始化，允许对 DS1302 进行操作。如果在传送过程中 RST 置为低电平，则会终止此次数据传送，I/O 引脚变

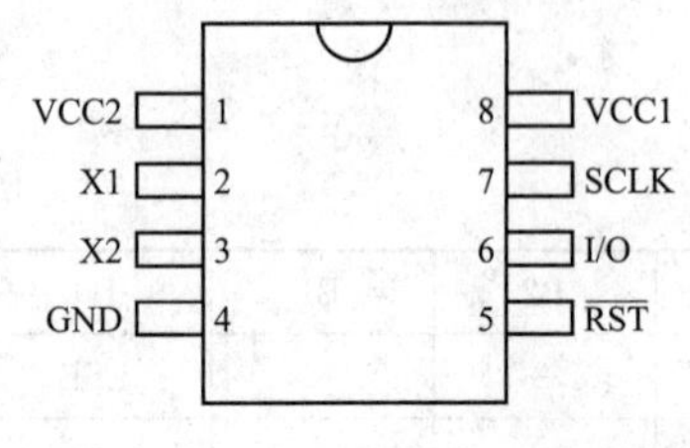

图 8-17 DS1302 的引脚排列

为高阻态。上电运行时，在 VCC＞2.0V 之前，RST 必须保持低电平。只有在 SCLK 为低电平时，才能将 RST 置为高电平。I/O 为串行数据输入输出端（双向），SCLK 为时钟输入端。

3. 控制字节

DS1302 的控制字节的最高有效位（B7）必须是逻辑 1，如果它为 0，则不能把数据写入 DS1302 中，B6 位如果为 0，则表示存取日历时钟数据，为 1 表示存取 RAM 数据；B5 位至 B1 位指示操作单元的地址；最低有效位（B0 位）如为 0 表示要进行写操作，为 1 表示进行读操作，控制字节总是从最低位开始输出。

4. 读单字节时序（见图 8－18）

RST 信号控制数据、时间信号输入的开始和结束信号。读单字节时序，首先是写地址字节，然后再读数据字节，写地址字节时上升沿有效，而读数据字节时下降沿有效。写地址字节和读数据字节同是 LSB 开始。

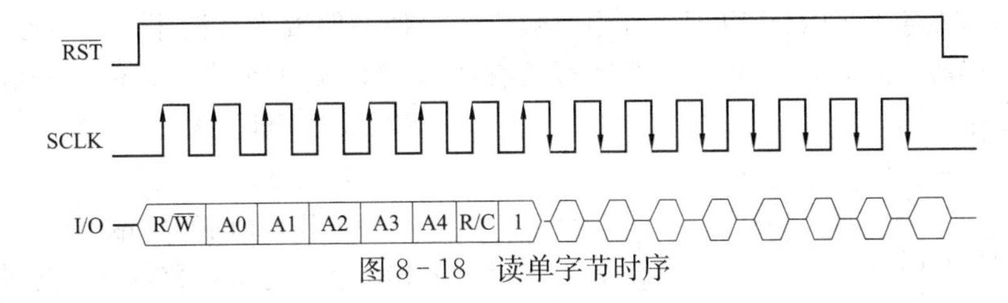

图 8－18　读单字节时序

5. 写单字节时序（见图 8－19）

RST 信号控制数据、时间信号输入的开始和结束信号。RST 信号必须拉高，否则数据的输入是无效的。第一个字节是地址字节，第二个字节是数据字节。地址字节和数据字节的读取时上升沿有效，而且是由 LSB 开始读入。

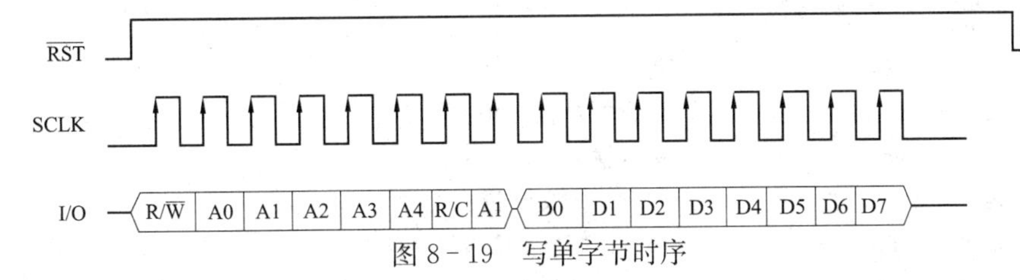

图 8－19　写单字节时序

6. 数据流

在控制指令字输入后的下一个 SCLK 时钟的上升沿时，数据被写入 DS1302，数据输入从低位即 0 位开始。同样，在紧跟 8 位的控制指令字后的下一个 SCLK 脉冲的下降沿读出 DS1302 的数据，读出数据时从低位 0 位到高位 7。

7. 寄存器

DS1302 有 12 个寄存器，其中有 7 个寄存器与日历、时钟相关，存放的数据位为 BCD 码形式，其日历、时间寄存器及其控制字见表 8－13。

表 8－13　　寄存器及其控制字

读寄存器	写寄存器	B7	B6	B5	B4	B3	B2	B1	B0	范围
81H	80H	CH	10 秒			秒				0～59
83H	82H		10 分			分				0～59
85H	84H	12/24	0	10 AM/PM	时	时				1～12/0～23

续表

读寄存器	写寄存器	B7	B6	B5	B4	B3	B2	B1	B0	范围
87H	86H	0	0	10日		日				1～31
89H	88H	0	0	0	10月	月				1～12
8BH	8AH	0	0	0	0	0	周日			1～7
8DH	8CH	10年				年				00～99
8FH	8EH	WP	0	0	0	0	0	0	0	—

DS1302还有年份寄存器、控制寄存器、充电寄存器、时钟突发寄存器及与RAM相关的寄存器等。时钟突发寄存器可一次性顺序读写除充电寄存器外的所有寄存器内容。DS1302与RAM相关的寄存器分为两类：一类是单个RAM单元，共31个，每个单元组态为一个8位的字节，其命令控制字为C0H～FDH，其中奇数为读操作，偶数为写操作；另一类为突发方式下的RAM寄存器，此方式下可一次性读写所有的RAM的31个字节，命令控制字为FEH（写）、FFH（读）。

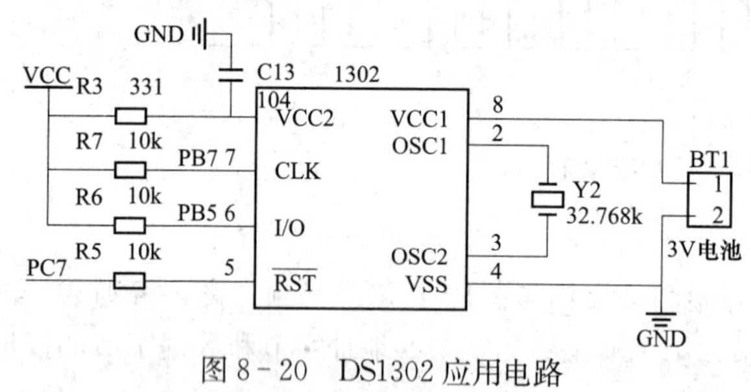

图8-20 DS1302应用电路

8. DS1302应用电路（见图8-20）

DS1302的时钟端CLK连接PB7和10k上拉电阻，数据输入输出端I/O连接PB5和10k上拉电阻，复位端RST连接10k电阻后再连接PC7，振荡源端OSC1、OSC2连接32.768kHz晶体振荡器。

9. DS1302时钟控制程序

```
#include <iom16v.h>          //包含型号头文件
#include <macros.h>          //包含"位"操作头文件
#include <stdio.h>           //标准输入输出头文件
#include "AVR_HJ.h"          //包含自定义常量头文件
#include "LCD1602.C"         //包含1602液晶函数文件
#include "KEY.C"             //包含矩阵键盘函数文件

/*******************************************
//DS1302端口初始化函数: DS1302_init()
/*******************************************/
void DS1302_portinit(void)
{//将时钟端(RTC_CLK)数据端(RTC_DATA)片选端(RTC_CS)设置为输出
DDRB|=BIT(RTC_CLK)|BIT(RTC_DATA)|BIT(RTC_CS);
}
/**********************************************
向DS1302写入一个字节数据函数: DS1302_writeB()
/**********************************************/
void DS1302_writeB(uchar byte)
{
uchar i;
```

```
for(i=0;i< 8;i++)   //8 位数据计数
{
  PORTB&=~BIT(RTC_CLK);  //拉低时钟端
  if(byte&0x01)          //当前位是否是 1
  {
   PORTB|=BIT(RTC_DATA);  //当前位是 1,拉高数据端
  }
  else
  {
   PORTB&=~BIT(RTC_DATA);     //当前位是 0,拉低数据端
  }
  Delayus(10);               //调整时钟和脉冲宽度
  PORTB|=BIT(RTC_CLK);       //时钟上升沿(DS1302 采样数据)
  byte>>=1;                  //数据右移 1 位,为送出新数据位做准备
}
}
/*******************************************
从 DS1302 读出一个字节数据函数: DS1302_readB
/*******************************************/
uchar DS1302_readB(void)
{
uchar i,byte=0;
DDRB&=~BIT(RTC_DATA);        //将数据端口设置为输入
PORTB&=~BIT(RTC_DATA);       //无上拉电阻
for(i=0;i<8;i++)          //8 位数据计数
{
  byte>>=1;             //保存读入的数据位
  PORTB|=BIT(RTC_CLK);         //时钟上升沿
  Delayus(10);          //延时,调整时钟脉冲宽度
  PORTB&=~BIT(RTC_CLK);        //时钟下降沿,DS1302 输出数据位
  Delayus(10);        //等待数据变化
  if(PINB&BIT(RTC_DATA))        //当前位是否是高电平
  {
   byte|=BIT(PB7);          //是高电平就将返回数据的当前位置 1
  }
  else
  {
   byte&=~BIT(PB7);        //是低电平就将返回数据的当前位置 0
  }
 }
 DDRB|=BIT(RTC_DATA);     //最后将数据端口设置为输出
 return byte;           //返回读出的数据
 }
 /***********************************************************
```

```
//向某个地址写入一个字节数据函数: DS1302_writeD()
/**************************************************/
void DS1302_writeD(uchar addr,uchar data)
{
PORTC&=~BIT(RTC_CS);     //拉低片选端
PORTB&=~BIT(RTC_CLK);     //拉低时钟端
Delayus(10);
PORTC|=BIT(RTC_CS);     //拉高片选端
Delayus(10);             //调整片选脉冲
DS1302_writeB(addr);     //写入操作命令(地址)
Delayus(10);
PORTB&=~BIT(RTC_CLK);     //拉低时钟端
Delayus(10);
DS1302_writeB(data);     //写入数据
PORTB&=~BIT(RTC_CLK);     //拉低时钟端
Delayus(10);         //调整片选脉冲
PORTC&=~BIT(RTC_CS);     //拉低片选端
}
/*******************************************
//从某个地址读出一个字节函数: DS1302_readD()
*******************************************/
uchar DS1302_readD(uchar addr)
{
uchar data;
PORTC&=~BIT(RTC_CS);  //拉低片选端
PORTB&=~BIT(RTC_CLK);     //拉低时钟端
Delayus(10);
PORTC|=BIT(RTC_CS);     //拉高片选端
Delayus(10);             //调整片选脉冲
DS1302_writeB(addr);     //写入操作命令(地址)
Delayus(10);
data=DS1302_readB();     //读出数据
Delayus(10);
PORTB&=~BIT(RTC_CLK);  //拉低时钟端
PORTC&=~BIT(RTC_CS);     //拉低片选端
return data;     //返回读出的数据
}
/*******************************************
//设置 DS1302 的时间函数: DS1302_setT()
*******************************************/
void DS1302_setT(uchar ptTimeD[])
{
    uchar i;
    uchar addr=0x80;            //写入地址从秒寄存器开始
```

```
    DS1302_writeD(C_WP|WR,UPROTECT);  //控制命令,WP 位为 0,允许写操作
Delayms(5);
    for(i=0;i<7;i++)
    {
        DS1302_writeD(addr|WR,ptTimeD[i]);   // 秒 分 时 日 月 星期 年
        addr+=2;
Delayms(1);
    }
    DS1302_writeD(C_WP|WR,PROTECT);     //控制命令,WP 位为 1,不允许写操作
}
/*******************************************
读取当前时间函数: DS1302_getT()
/*******************************************/
void DS1302_getT(uchar time[])
{
    uchar i;
    uchar addr=0x80;                //读取地址从秒寄存器开始
    for(i=0;i<7;i++)
    {
        time[i]=DS1302_readD(addr|RD);    //秒 分 时 日 月 星期 年
        addr+=2;
    }
    PORTB&=~BIT(RTC_CLK);        //拉低时钟端(时钟端在不操作时为低)
}
/*******************************************
检测是否正常工作函数: DS1302_check()
/*******************************************/
uchar DS1302_check(void)
{
uchar exist;
    DS1302_writeD(C_WP|WR,UPROTECT);     //写入写允许命令
    DS1302_writeD(C_RAMBASE|WR,0xA5);   //RAM0 写入 0xA5
    exist=DS1302_readD(C_RAMBASE|RD);   //读取 RAM0
    if(exist==0xA5)
{
exist=TRUE;             //如果读取值与写入值相等,返回 TRUE
}
    else
{
exist=FALSE;             //如果读取值与写入值不相等,返回 FALSE
}
return exist;
}
/*******************************************
```

```
//DS1302 初始化函数: DS1302_init()
/*****************************************/
void DS1302_init(void)
{
DS1302_writeD(C_WP|WR,UPROTECT);     //写入写允许命令
DS1302_writeD(C_SEC|WR,CLK_START);   //启动振荡器,DS1302 开始工作
DS1302_writeD(C_WP|WR,PROTECT);      //控制命令,WP 位为 1,不允许写操作
}
/*****************************************
//BCD 码转换成 ascii 码函数: BCD_ASCII()
/*****************************************/
void BCD_ASCII(uchar BCD,uchar *ptasc)
{
*ptasc=BCD/16|0x30;          //转换十位
*(ptasc+1)=BCD&0x0F|0x30;   //转换个位
}
/*****************************************
//显示当前时间函数: Disp_time()
/*****************************************/
void Disp_time(uchar time[])
{
uchar i,asc[2];
uchar line1[11]={0,0,'-',0,0,'-',0,0,' ',0,'\0'};  //显示第 1 行的字符数组
uchar line2[9]={0,0,':',0,0,':',0,0,'\0'};          //显示第 2 行的字符数组
for(i=0;i<3;i++)                                     //为第 2 行的字符数组赋值
{
  BCD_ASCII(time[2-i],asc);
  line2[i*3]=asc[0]&0x7F;
  line2[i*3+1]=asc[1];
}
BCD_ASCII(time[6],asc);                  //为第 1 行的年赋值
line1[0]=asc[0];
line1[1]=asc[1];
BCD_ASCII(time[4],asc);                  //为第 1 行的月赋值
line1[3]=asc[0];
line1[4]=asc[1];
BCD_ASCII(time[3],asc);                  //为第 1 行的日赋值
line1[6]=asc[0];
line1[7]=asc[1];
BCD_ASCII(time[5],asc);                  //为第 1 行的星期赋值
line1[9]=asc[1];

while(LCD1602_readBF());
LCD1602_gotoXY(1,2);                     //第 1 行从第 3 个位置开始显示
```

```
LCD1602_sendstr("20");                    //将 07 年显示为 2007 的形式
LCD1602_sendstr(line1);                   //第 1 行显示
while(LCD1602_readBF());
LCD1602_gotoXY(2,4);                      //第 2 行从第 5 个位置开始显示
LCD1602_sendstr(line2);                   //第 2 行显示
}
/*************************************************************
主函数: main()
//(M1- M9 为数字 0- 9,M13 为设置和显示选择,M14 为当前位选择)
************************************************************* /
void main(void)
{
uchar i,RD_TFLAG=1,set_num=0;//i 为键盘译码值
//RD_TFLAG 为是否设置时间的标志,为 1 是显示状态,不设置,为 0 时进入设置状态
                          //set_num 是设置哪一位的标志,如为 0 的时候设置的是秒
uchar setadd,setdat,shift;  //setadd 指定将当前数值送入 DS1302 的寄存器地址
                          //setdat 是当前设置的数值,即被送入 DS1302 指定寄存器的数
//shift 来实现十位和各位的设置相互独立(因为十位和个位是在一个寄存器里的)
uchar dis_x,dis_y;  //存储 1602 液晶当前光标的位置
uchar settime[7]={0x15,0x58,0x13,0x01,0x01,0x06,0x07};//设置的秒,分,时,日,月,星期,年
uchar gettime[7]={0x00,0x00,0x00,0x00,0x00,0x00,0x00};//保存当前时间的数组
Board_init();              //初始化开发板
PORTA|=(1<<PA2);
LCD1602_initial();         //初始化 1602 液晶
DS1302_portinit();         //初始化 DS1302 的三根数据线
DS1302_init();             //启动振荡器,DS1302 开始工作
//DS1302_setT(settime);    //设置初始时间
//DS1302_init();           //启动振荡器,DS1302 开始工作
while(1)                   //以下程序完成显示和设置时间
{
  if(RD_TFLAG)             //如果是设置模式则不更新时间显示
  {
    DS1302_getT(gettime); //获得当前时间
    Disp_time(gettime);   //显示当前时间
  }
  if(Mkey_press())         //是否有按键按下
  {
    i=Mkey_scan();         //扫描并返回翻译后的键码
    switch(i)
    {
    case 0x0:              //将当前设置位设置成 0
    if(RD_TFLAG==0)        //检测是否是设置模式(为 0 就是设置模式)
    {
    setdat=DS1302_readD(setadd|RD);     //读出当前时间
```

```
    setdat=setdat>>shift|setdat<<shift;  //根据 shift 值来设置 DS1302 寄存器的十位
                                         //还是个位(shift 为 0 设置的是个位,为 4 设
                                           置的是十位)
    setdat&=0xF0;                        //保留高位不变(设置十位则个位不变,设置
                                         //个位则十位不变,因为上条语句已经根据
                                           shift 的值把需要设置的位移动到低位了)
    setdat|=0;                           //按下的是 0 键,所以把当前设置位设置成 0
    setdat=setdat>>shift|setdat<<shift;  //把十位和个位还原成正确值
    DS1302_writeD(C_WP|WR,UPROTECT);     //解除写保护
    DS1302_writeD(setadd|WR,setdat);     //写入设置值
    DS1302_writeD(C_WP|WR,PROTECT);      //写保护
    LCD1602_gotoXY(dis_x,dis_y);         //将当前设置位在 1602 液晶上对应的位置显
                                         //示更新
    LCD1602_sendstr("0");                //向 1602 写入 0 字符并显示
    LCD1602_gotoXY(dis_x,dis_y);         //将光标保持在当前设置位上
    }
    break;
case 0x1:    //过程和 0 键相同,只是将当前设置位设置成 1 并更新显示
    if(RD_TFLAG==0)
    {
    setdat=DS1302_readD(setadd|RD);
    setdat=setdat>>shift|setdat<<shift;
    setdat&=0xF0;
    setdat|=1;
    setdat=setdat>>shift|setdat<<shift;
    DS1302_writeD(C_WP|WR,UPROTECT);
    DS1302_writeD(setadd|WR,setdat);
    DS1302_writeD(C_WP|WR,PROTECT);
    LCD1602_gotoXY(dis_x,dis_y);
    LCD1602_sendstr("1");
    LCD1602_gotoXY(dis_x,dis_y);
    }
    break;
case 0x2: //过程和 0 键相同,只是将当前设置位设置成 2 并更新显示
    if(RD_TFLAG==0)
    {
    setdat=DS1302_readD(setadd|RD);
    setdat=setdat>>shift|setdat<<shift;
    setdat&=0xF0;
    setdat|=2;
    setdat=setdat>>shift|setdat<<shift;
    DS1302_writeD(C_WP|WR,UPROTECT);
    DS1302_writeD(setadd|WR,setdat);
    DS1302_writeD(C_WP|WR,PROTECT);
```

```
        LCD1602_gotoXY(dis_x,dis_y);
        LCD1602_sendstr("2");
        LCD1602_gotoXY(dis_x,dis_y);
        }
        break;
    case 0x3:   //过程和 0 键相同,只是将当前设置位设置成 3 并更新显示
        if(RD_TFLAG==0)
        {
        setdat=DS1302_readD(setadd|RD);
        setdat=setdat>>shift|setdat<<shift;
        setdat&=0xF0;
        setdat|=3;
        setdat=setdat>>shift|setdat<<shift;
        DS1302_writeD(C_WP|WR,UPROTECT);
        DS1302_writeD(setadd|WR,setdat);
        DS1302_writeD(C_WP|WR,PROTECT);
        LCD1602_gotoXY(dis_x,dis_y);
        LCD1602_sendstr("3");
        LCD1602_gotoXY(dis_x,dis_y);
        }
        break;
    case 0x4:   //过程和 0 键相同,只是将当前设置位设置成 4 并更新显示
        if(RD_TFLAG==0)
        {
        setdat=DS1302_readD(setadd|RD);
        setdat=setdat>>shift|setdat<<shift;
        setdat&=0xF0;
        setdat|=4;
        setdat=setdat>>shift|setdat<<shift;
        DS1302_writeD(C_WP|WR,UPROTECT);
        DS1302_writeD(setadd|WR,setdat);
        DS1302_writeD(C_WP|WR,PROTECT);
        LCD1602_gotoXY(dis_x,dis_y);
        LCD1602_sendstr("4");
        LCD1602_gotoXY(dis_x,dis_y);
        }
        break;
    case 0x5:    //过程和 0 键相同,只是将当前设置位设置成 5 并更新显示
        if(RD_TFLAG==0)
        {
        setdat=DS1302_readD(setadd|RD);
        setdat=setdat>>shift|setdat<<shift;
        setdat&=0xF0;
        setdat|=5;
```

```
    setdat=setdat>>shift|setdat<<shift;
    DS1302_writeD(C_WP|WR,UPROTECT);
    DS1302_writeD(setadd|WR,setdat);
    DS1302_writeD(C_WP|WR,PROTECT);
    LCD1602_gotoXY(dis_x,dis_y);
    LCD1602_sendstr("5");
    LCD1602_gotoXY(dis_x,dis_y);
    }
    break;
case 0x6:     //过程和 0 键相同,只是将当前设置位设置成 6 并更新显示
    if(RD_TFLAG==0)
    {
    setdat=DS1302_readD(setadd|RD);
    setdat=setdat>>shift|setdat<<shift;
    setdat&=0xF0;
    setdat|=6;
    setdat=setdat>>shift|setdat<<shift;
    DS1302_writeD(C_WP|WR,UPROTECT);
    DS1302_writeD(setadd|WR,setdat);
    DS1302_writeD(C_WP|WR,PROTECT);
    LCD1602_gotoXY(dis_x,dis_y);
    LCD1602_sendstr("6");
    LCD1602_gotoXY(dis_x,dis_y);
    }
    break;
case 0x7:     //过程和 0 键相同,只是将当前设置位设置成 7 并更新显示
    if(RD_TFLAG==0)
    {
    setdat=DS1302_readD(setadd|RD);
    setdat=setdat>>shift|setdat<<shift;
    setdat&=0xF0;
    setdat|=7;
    setdat=setdat>>shift|setdat<<shift;
    DS1302_writeD(C_WP|WR,UPROTECT);
    DS1302_writeD(setadd|WR,setdat);
    DS1302_writeD(C_WP|WR,PROTECT);
    LCD1602_gotoXY(dis_x,dis_y);
    LCD1602_sendstr("7");
    LCD1602_gotoXY(dis_x,dis_y);
    }
    break;
case 0x8:     //过程和 0 键相同,只是将当前设置位设置成 8 并更新显示
    if(RD_TFLAG==0)
    {
```

```
        setdat=DS1302_readD(setadd|RD);
        setdat=setdat>>shift|setdat<<shift;
        setdat&=0xF0;
        setdat|=8;
        setdat=setdat>>shift|setdat<<shift;
        DS1302_writeD(C_WP|WR,UPROTECT);
        DS1302_writeD(setadd|WR,setdat);
        DS1302_writeD(C_WP|WR,PROTECT);
        LCD1602_gotoXY(dis_x,dis_y);
        LCD1602_sendstr("8");
        LCD1602_gotoXY(dis_x,dis_y);
        }
        break;
case 0x9:     //过程和 0 键相同,只是将当前设置位设置成 9 并更新显示
        if(RD_TFLAG==0)
        {
        setdat=DS1302_readD(setadd|RD);
        setdat=setdat>>shift|setdat<<shift;
        setdat&=0xF0;
        setdat|=9;
        setdat=setdat>>shift|setdat<<shift;
        DS1302_writeD(C_WP|WR,UPROTECT);
        DS1302_writeD(setadd|WR,setdat);
        DS1302_writeD(C_WP|WR,PROTECT);
        LCD1602_gotoXY(dis_x,dis_y);
        LCD1602_sendstr("9");
        LCD1602_gotoXY(dis_x,dis_y);
}
        break;
case 0xC:                            //模式选择按键,更换设置模式和显示模式(每按一下,
                                     //交替设置和显示模式)
        RD_TFLAG^=0x01;              //改变模式标志,RD_TFLAG 为 0 是设置模式,RD_TFLAG
                                       为 1 是显示模式
        if(RD_TFLAG==0)              //如果进入设置模式,做以下工作
        {
        setdat=DS1302_readD(C_SEC|RD);      //读出秒寄存器的内容
        DS1302_writeD(C_WP|WR,UPROTECT);              //解除写保护
        DS1302_writeD(C_SEC|WR,CLK_HALT|setdat);      //进入设置模式就停止振荡器,但不改变
//秒寄存器的内容
        DS1302_writeD(C_WP|WR,PROTECT);               //写保护
        while(LCD1602_readBF());                      //更新 1602
            LCD1602_sendbyte(iCmd, LCDa_CURFLA);      //启动光标闪烁功能
        LCD1602_gotoXY(2,11);                         //光标定位在秒个位(进入设置模式默认
//设置秒个位)
```

```
    setadd=C_SEC;                          //将设置地址指向秒寄存器
    shift=0;                               //设置秒个位
    dis_x=2;                               //1602 第 2 行
    dis_y=11;                              //1602 第 11 列
    }
    else
    { //显示模式应做以下工作
    setdat=DS1302_readD(C_SEC|RD);         //读出秒寄存器的内容
    DS1302_writeD(C_WP|WR,UPROTECT);       //解除写保护
    DS1302_writeD(C_SEC|WR,0x7F&setdat);   //进入显示模式就启动振荡器,但不改变
                                           //秒寄存器的内容
    DS1302_writeD(C_WP|WR,PROTECT);        //写保护
    LCD1602_sendbyte(iCmd, LCDa_ON);       //将光标闪烁关闭
    set_num=0;                             //将当前设置位改为默认的秒寄存器
    }
    break;
case 0xD:                          //当前设置位选择按键(按动此键,将循环改变设置位为:
                                   //秒-分-时-星期-日-月-年,先个位后十位)
    if(RD_TFLAG==0)                //设置模式此键生效,显示模式此键不响应
    {
        set_num+=1;                //当前设置位加 1
        if(set_num==13)            //当前设置位为年十位的时候,再按此键将当前设置
                                   //位改为秒个位
        {
        set_num=0;
        }
        switch(set_num)            //根据 set_num 来判断当前设置位,并做相应工作
        {
        case 0:                    //设置秒个位
            LCD1602_gotoXY(2,11);  //更新 1602 的光标位置
            setadd=C_SEC;          //设置地址指向秒寄存器
            shift=0;               //设置个位标志
            dis_x=2;               //1602 第 2 行
            dis_y=11;              //1602 第 11 列
            break;
        case 1:                    //设置秒十位
            LCD1602_gotoXY(2,10);  //更新 1602 的光标位置
            setadd=C_SEC;          //设置地址指向秒寄存器
            shift=4;               //设置十位标志
            dis_x=2;               //1602 第 2 行
            dis_y=10;              //1602 第 10 列
            break;
        case 2:
            LCD1602_gotoXY(2,8);
```

```
        setadd=C_MIN;               //设置地址指向分寄存器
        shift=0;                    //设置个位标志
        dis_x=2;
        dis_y=8;
        break;
    case 3:
        LCD1602_gotoXY(2,7);
        setadd=C_MIN;               //设置地址指向分寄存器
        shift=4;                    //设置十位标志
        dis_x=2;
        dis_y=7;
        break;
    case 4:
        LCD1602_gotoXY(2,5);
        setadd=C_HR;                //设置地址指向小时寄存器
        shift=0;                    //设置个位标志
        dis_x=2;
        dis_y=5;
        break;
    case 5:
        LCD1602_gotoXY(2,4);
        setadd=C_HR;                //设置地址指向小时寄存器
        shift=4;                    //设置十位标志
        dis_x=2;
        dis_y=4;
        break;
    case 6:
          LCD1602_gotoXY(1,13);
        setadd=C_WK;                //设置地址指向星期寄存器
        shift=0;                    //设置个位标志
        dis_x=1;
        dis_y=13;
        break;
    case 7:
        LCD1602_gotoXY(1,11);
        setadd=C_DAY;               //设置地址指向日寄存器
        shift=0;                    //设置个位标志
        dis_x=1;
        dis_y=11;
        break;
    case 8:
        LCD1602_gotoXY(1,10);
        setadd=C_DAY;               //设置地址指向日寄存器
        shift=4;                    //设置十位标志
```

```
            dis_x=1;
            dis_y=10;
            break;
        case 9:
              LCD1602_gotoXY(1,8);
            setadd=C_MTH;                //设置地址指向月寄存器
            shift=0;                     //设置个位标志
            dis_x=1;
            dis_y=8;
            break;
        case 10:
            LCD1602_gotoXY(1,7);
            setadd=C_MTH;                //设置地址指向月寄存器
            shift=4;                     //设置十位标志
            dis_x=1;
            dis_y=7;
            break;
        case 11:
            LCD1602_gotoXY(1,5);
            setadd=C_YR;                 //设置地址指向年寄存器
            shift=0;                     //设置个位标志
            dis_x=1;
            dis_y=5;
            break;
        case 12:
            LCD1602_gotoXY(1,4);
            setadd=C_YR;                 //设置地址指向年寄存器
            shift=4;                     //设置十位标志
            dis_x=1;
            dis_y=4;
            break;
        }
        break;
        }
default:
        break;
      }
    }
  }
}
```

程序包括按键检测处理程序，DS1302读写控制程序和LCD显示驱动程序，程序中有详细的注释，读者仔细阅读就可以读懂。

技能训练

一、训练目标

（1）学会使用 DS1302 时钟芯片。

（2）学会应用 AVR 单片机驱动 DS1302 实现时钟控制。

二、训练步骤与内容

1. 建立单片机 DS1302 工程

（1）在 C：\iccv7avr\examples. avr\avr16 下，新建一个文件夹 H03。

（2）启动 ICCV7 软件。

（3）选择执行“Project”（工程）菜单下的“New”（新建一个工程项目）命令，弹出创建新项目对话框。

（4）在创建新项目对话框，输入工程文件名“H003”，单击“保存”按钮。

2. 编写程序文件

（1）单击执行“File”（文件）菜单下的“New”（新建文件）命令，新建一个文件。

（2）单击执行“File”（文件）菜单下的“Save as”（另存文件）命令，弹出另存文件对话框，在文件名栏输入“main. c”，单击“保存”按钮，保存文件。

（3）在右边的工程浏览窗口，右键单击“File”（文件）选项，在弹出的右键菜单中，选择执行“Add File”。

（4）弹出选择文件对话框，选择 main. c 文件，单击“打开”按钮，文件添加到工程项目中。

（5）在 main 中输入“DS1302 时钟控制”程序，单击工具栏“”保存按钮，并保存文件。

3. 编译程序

（1）单击“Project”（项目）菜单下的“Option”（选项）命令，弹出选项设置对话框。

（2）在“Target”（目标元件）选项页，在“Device Configuration”（器件配置）下拉列表选项中选择“ATmega16”。

（3）单击“Project”（项目）菜单下的“Make Project”（编译项目）命令，编译项目文件。

4. 下载调试程序

（1）双击 HJ－ISP 下载软件图标，启动 HJ－ISP 软件。

（2）在芯片选择栏，单击下拉列表，选择“ATmega16”。

（3）单击右侧文件选择区下“调入 Flash”按钮，弹出选择文件对话框，选择 H003. HEX 文件，单击“打开”按钮，打开需下载的文件 H003. HEX，单击 HJ－ISP 软件中的“自动”按钮，程序自动下载。

（4）调试。

1）按下 S13 按键，控制模式切换，切换到设置模式。

2）按下 S14 按键，选择要修改的年、月、日、时、分、秒等数据位。

3）按下 S1～S10 按键，修改各位的数据。

4）按下 S13 按键，控制模式切换到显示模式，观察实时时钟地运行。

习题

1. 编写单片机控制程序，利用 IIC 总线技术，统计单片机的开关机次数。
2. 编写单片机控制程序，利用 DS1302 显示日期时钟信息。

项目九 模拟量处理

学习目标

(1) 学习运算放大器。

(2) 学习模数转换与数模转换知识。

(3) 应用单片机进行模数转换。

(4) 应用单片机进行数模转换。

任务21 模 数 转 换

一、模数转换与数模转换

1. 运算放大器

运算放大器，简称“运放”，是一种应用很广泛的线性集成电路，其种类繁多，在应用方面不但可对微弱信号进行放大，还可作为反相器、电压比较器、电压跟随器、积分器、微分器等，并可对信号做加、减运算，所以被称为运算放大器。其符号表示如图 9-1 所示。

2. 负反馈

放大电路如图 9-2 所示，输入信号电压 V_i（$=V_p$）加到运放的同相输入端“+”和地之间，输出电压 V_o通过 R_1和 R_2的分压作用，得 $V_n=V_f=R_1V_o/(R_1+R_2)$，作用于反相输入端“—”，所以 V_f在此称为反馈电压。

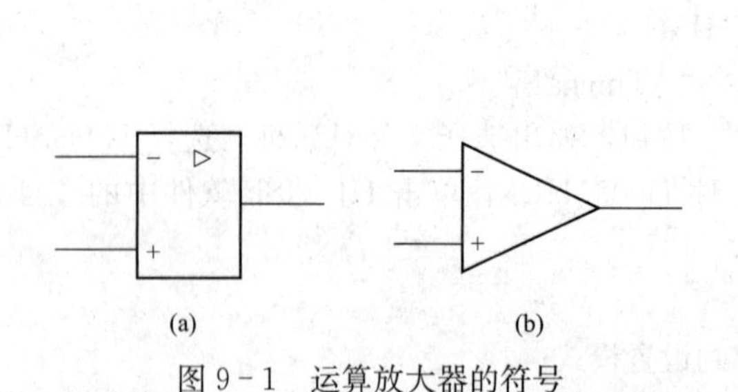

图 9-1 运算放大器的符号

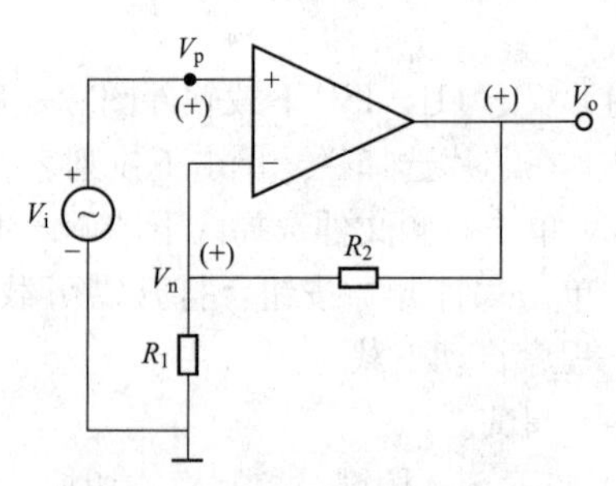

图 9-2 同相运算放大电路

当输入信号电压 V_i的瞬时电位变化极性如图中的（+）号所示，由于输入信号电压V_i(V_p)加到同相端，输出电压 V_o的极性与 V_i相同。反相输入端的电压 V_n为反馈电压，其极性亦为（+），而静输入电压 $V_{id}=V_i-V_f=V_p-V_n$比无反馈时减小了，即 V_n抵消了 V_i的一部分，使放大电路的输出电压 V_o减小了，因而这时引入的反馈是负反馈。

综上，负反馈作用是利用输出电压 V_o通过反馈元件（R_1、R_2）对放大电路起自动调节作用，从而牵制了 V_o的变化，最后达到输出稳定平衡。

3. 同相运算放大电路

提供正电压增益的运算放大电路称为同相运算放大，如图 9-2 所示。

在图 9-2 中，输出通过负反馈的作用，使 V_n 自动地跟踪 V_p，使 $V_p \approx V_n$，或 $V_{id} = V_p - V_n \approx 0$。这种现象称为虚假短路，简称虚短。

由于运放的输入电阻的阻值又很高，所以，运放两输入端的 $I_p = -I_n = (V_p - V_n)/R_i \approx 0$，这种现象称为虚断。

4. 反相运算放大电路

提供负电压增益的运算放大电路称为反相运算放大，如图 9-3 所示。

在图 9-3 中，输入电压 V_i 通过 R_1 作用于运放的反相端，R_2 跨接在运放的输出端和反相端之间，同相端接地。由虚短的概念可知，$V_n \approx V_p = 0$，因此反相输入端的电位接近于地电位，故称虚地。虚地的存在是反相放大电路在闭环工作状态下的重要特征。

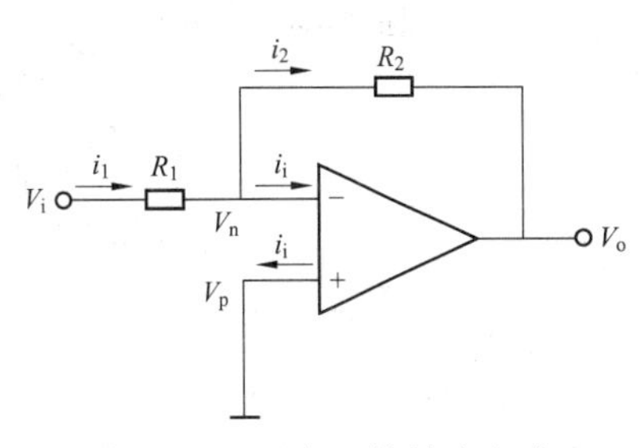

图 9-3　反相运算放大电路

5. D/A 数模转换

数模转换即将数字量转换为模拟量（电压或电流），使输出的模拟电量与输入的数字量成正比。实现数模转换的电路称为数模转换器（Digital-Analog Converter），简称 D/A 或 DAC。

6. A/D 数模转换

模数转换是将模拟量（电压或电流）转换成数字量。这种模数转换的电路称为模数转换器（Analog-Digital Converter），简称 A/D 或 ADC。

二、工作原理

1. D/A 转换原理

（1）实现 D/A 转换的基本原理。将二进制数 $N_D =(110011)_B$ 转换为十进制数。

$$N_D = 1\times2^5 + 1\times2^4 + 0\times2^3 + 0\times2^2 + 1\times2^1 + 1\times2^0 = 51$$

数字量是用代码按数位组合而成的，对于有权码，每位代码都有一定的权值，如能将每一位代码按其权值的大小转换成相应的模拟量，然后，将这些模拟量相加，即可得到与数字量成正比的模拟量，从而实现数字量—模拟量的转换。

（2）D/A 的转换组成部分（见图 9-4）。

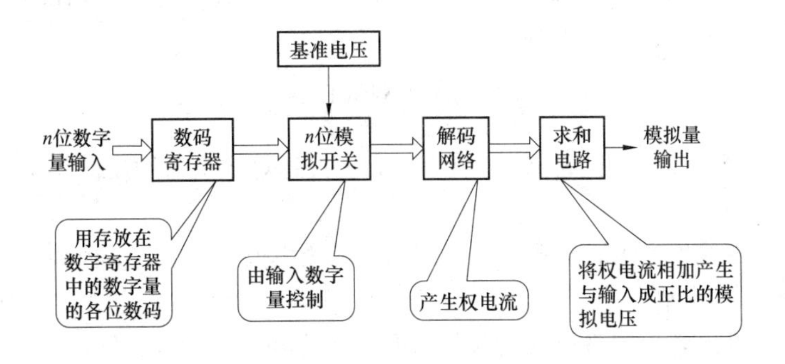

图 9-4　D/A 转换结构图

（3）实现 D/A 转换的原理电路（见图 9-5）。

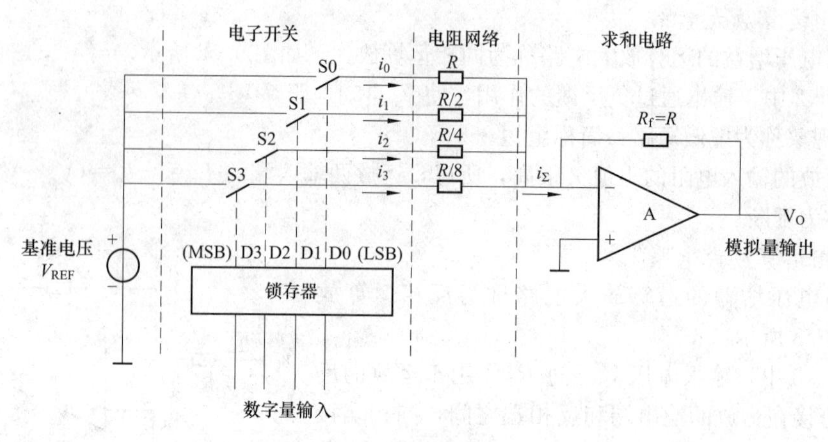

图 9-5 D/A 转换的原理电路

其中：

$$i_0=\frac{V_{REF}D_0}{R}、i_1=\frac{2V_{REF}D_1}{R}、i_2=\frac{4V_{REF}D_2}{R}、i_3=\frac{8V_{REF}D_3}{R}$$

$$V_0=-R_f(i_0+i_1+i_2+i_3)=V_{REF}(D_3 2^3+D_2 2^2+D_1 2^1+D_0 2^0)$$

(4) D/A 转换器的种类。D/A 转换器的种类很多，例如：T 型电阻网络、倒 T 型电阻网络、权电流、权电流网络、CMOS 开关等。这里以倒 T 型电阻网络和权电流为例来讲述 D/A 转换器的原理。

1) 4 位倒 T 型电阻网络 D/A 转换器（见图 9-6）。

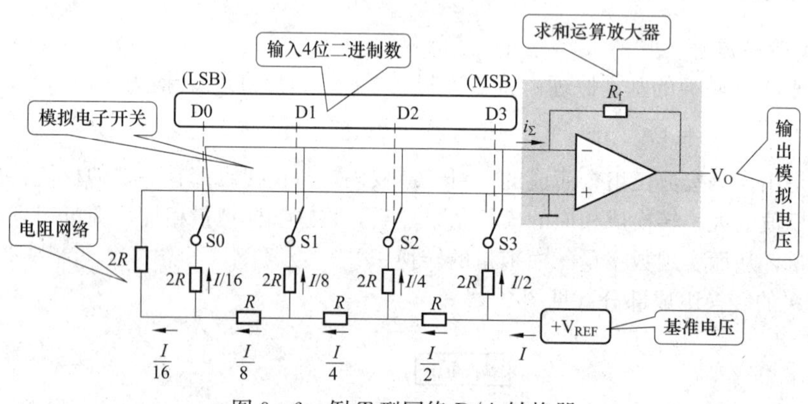

图 9-6 倒 T 型网络 D/A 转换器

说明：$D_i=0$，S_i则将电阻 $2R$ 接地；$D_i=1$，S_i接运算放大器的反向端，电流 I_i流入求和电路。

说明：根据运放线性运用时虚地的概念可知，无论模拟开关 S_i处于何种位置，与 S_i相连的 $2R$ 电阻将接“地”或虚地。

这样，就可以算出各个支路的电流以及总电流。其电流分别为：$I_3=V_{REF}/2R$、$I_2=V_{REF}/4R$、$I_1=V_{REF}/8R$、$I_0=V_{REF}/16R$、$I=V_{REF}/R$。

从而流入运放的总的电流为：$i_\Sigma=I_0+I_1+I_2+I_3=V_{REF}/R\ (D_0/2^4+D_1/2^3+D_2/2^2+D_3/2^1)$

则输出的模拟电压为

$$\upsilon_o=-i_{\Sigma}R_f=-\frac{R_f}{R}\cdot\frac{V_{REF}}{2^4}\sum_{i=0}^{3}(D_i\cdot 2^i)$$

电路特点：

a）电阻种类少，便于集成。

b）开关切换时，各点电位不变。因此速度快。

2）权电流 D/A 转换器（见图 9－7）。

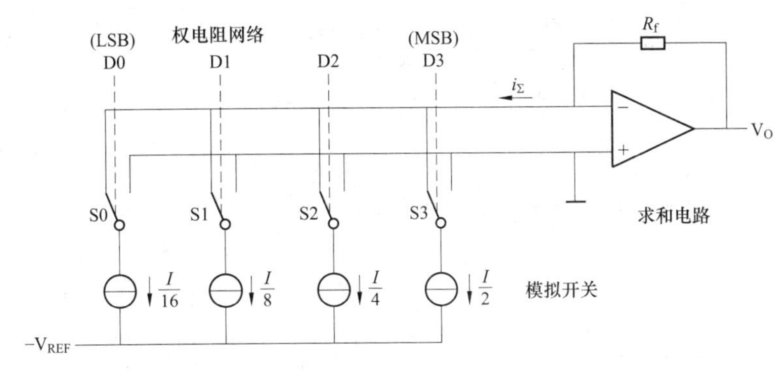

图 9－7　权电流 D/A 转换图

$D_i=1$ 时，开关 S_i 接运放的反相端；$D_i=0$ 时，开关 S_i 接地。

$$V_o=-I_{\Sigma}R_f=-R_f\ (D_3I/2+D_2I/4+D_1I/8+D_0I/16)$$

此时令 $R_0=2^3R$、$R_1=2^2R$、$R_2=2^1R$、$R_1=2^0R$、$R_f=2^{-1}R$。代入上式有

$$V_o=-V_{REF}/2^4(D_3\times 2^3+D_2\times 2^2+D_1\times 2^1+D_0\times 2^0)$$

电路特点：

a）电阻数量少，结构简单。

b）电阻种类多，差别大，不易集成。

（5）D/A 转换的主要技术指标。

1）分辨率。分辨率：其定义为 D/A 转换器模拟输出电压可能被分离的等级数。n 位 DAC 最多有 2^n 个模拟输出电压。位数越多 D/A 转换器的分辨率越高。

分辨率也可以用能分辨的最小输出电压（$V_{REF}/2^n$）与最大输出电压［$(V_{REF}/2^n)*(2^n-1)$］之比求出。n 位 D/A 转换器的分辨率可表示为：$1/(2^n-1)$。

2）转换精度。转换精度是指对给定的数字量，D/A 转换器实际值与理论值之间的最大偏差。

2. A/D 转换

A/D 是能将模拟电压成正比地转换成对应的数字量。其 A/D 转换器分类和特点如下：

（1）并联比较型。特点：转换速度快，转换时间 10ns～1μs，但电路复杂。

（2）逐次逼近型。特点：转换速度适中，转换时间为几微秒到 100 微秒，转换精度高，在转换速度和硬件复杂度之间达到一个很好的平衡。

（3）双积分型。特点：转换速度慢，转换时间几百微秒到几毫秒，但抗干扰能力最强。

3. A/D 的一般转换过程

由于输入的模拟信号在时间上是连续量，所以一般的 A/D 转换过程为：采样、保持、量

化和编码，其过程如图 9-8 所示。

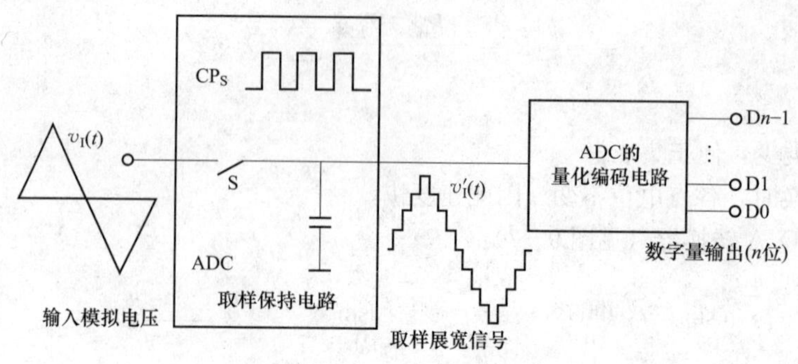

图 9-8 A/D 转换的一般过程

(1) 采样。采样是将随时间连续变化的模拟量转换为在时间上离散的模拟量。理论上来说，肯定是采样频率越高越接近真实值。采样原理图如图 9-9 所示。

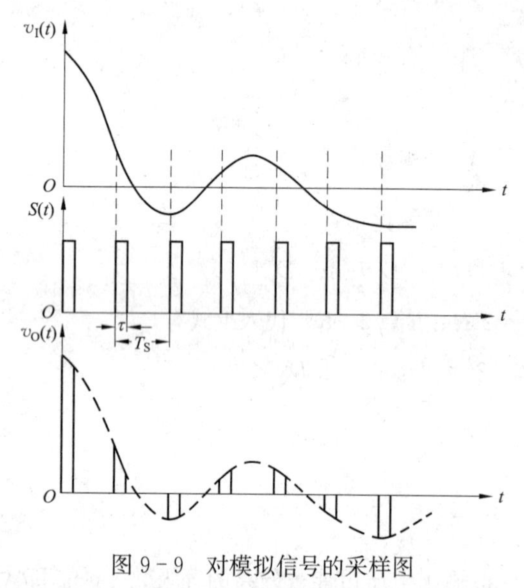

图 9-9 对模拟信号的采样图

采样定理：设采样信号 $S(t)$ 的频率为 f_s，输入模拟信号 $v_I(t)$ 的最高频率分量的频率为 f_{imax}，则 $f_s \geqslant 2f_{imax}$。

(2) 取样，保持电路及工作原理。采得模拟信号转换为数字信号都需要一定时间，为了给后续的量化编码过程提供一个稳定的值，在取样电路后要求将所采样的模拟信号保持一段时间。保持电路如图 9-10 所示。

电路分析，取 $R_i = R_f$。N 沟道 MOS 管 T 作为开关用。当控制信号 v_L 为高电平时，T 导通，v_I 经电阻 R_i 和 T 向电容 C_h 充电。则充电结束后 $v_O = -v_I = v_C$；当控制信号返回低电平后，T 截止。C_h 无放电回路，所以 v_O 的数值可被保存下来。

取样波形图如图 9-11 所示。

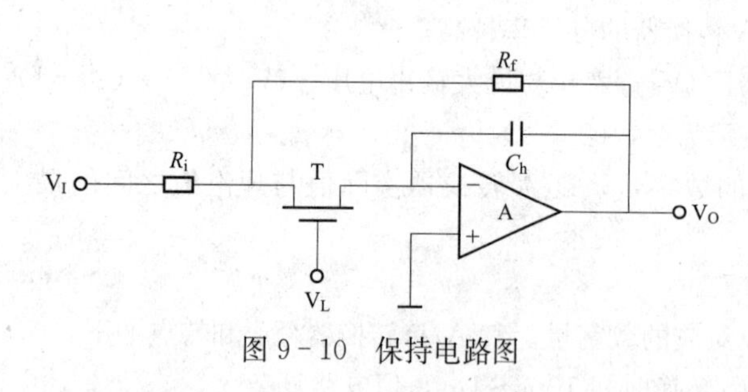

图 9-10 保持电路图

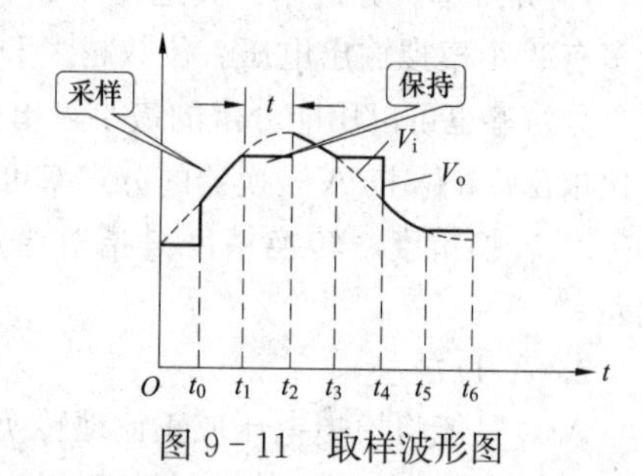

图 9-11 取样波形图

(3) 量化和编码。数字信号在数值上是离散的。采样-保持电路的输出电压还需按某种近似方式归化到与之相应的离散电平上，任何数字量只能是某个最小数量单位的整数倍。量化后的数值最后还需通过编码过程用一个代码表示出来。经编码后得到的代码就是 A/D 转换器输出的数字量。

两种近似量化方式：只舍不入量化方式、四舍五入量化方式。

1）只舍不入量化方式。量化过程将不足一个量化单位部分舍弃，对于等于或大于一个量化单位部分按一个量化单位处理。

2）四舍五入量化方式。量化过程将不足半个量化单位部分舍弃，对于等于或大于半个量化单位部分按一个量化单位处理。

例 9－1　将 0～1V 电压转换成 3 位二进制码。

只舍不入量化方式如图 9－12 所示。

四舍五入量化方式如图 9－13 所示。为了减小误差，显然四舍五入量化方式较好。

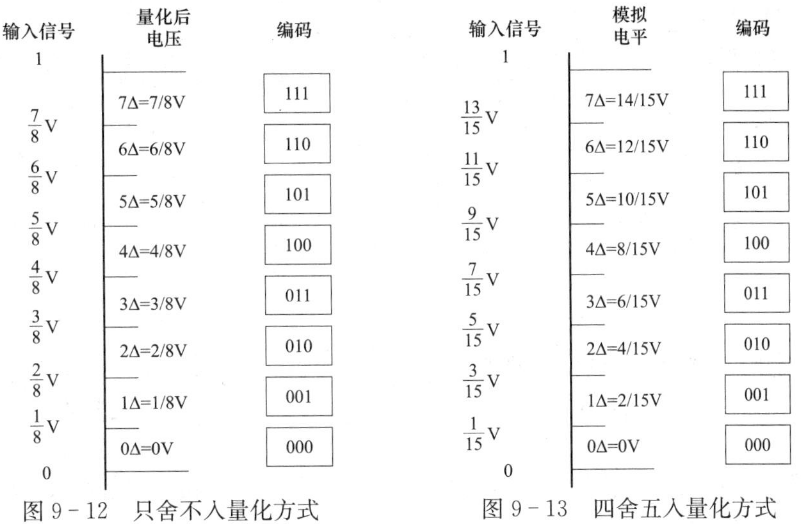

图 9－12　只舍不入量化方式　　图 9－13　四舍五入量化方式

4. A/D 转换器简介

(1) 并行比较型 A/D 转换器电路（见图 9－14）。

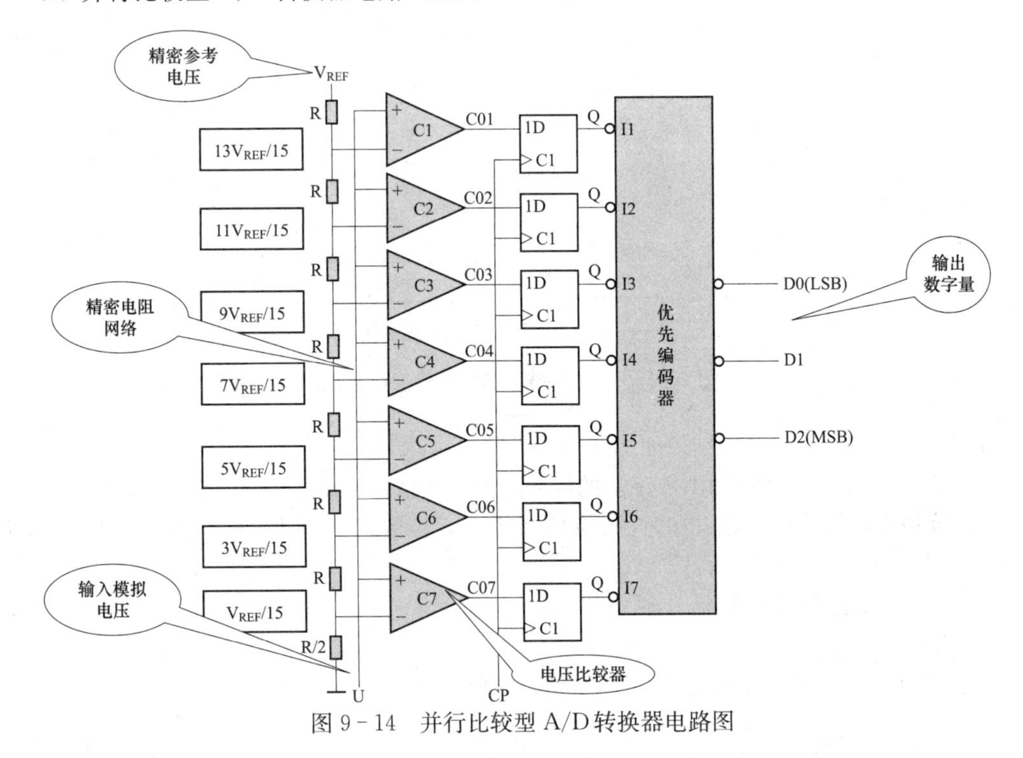

图 9－14　并行比较型 A/D 转换器电路图

根据各比较器的参考电压，可以确定输入模拟电压值与各比较器输出状态的关系。比较器的输出状态由D触发器存储，经优先编码器编码，得到数字量输出。其真值表见表9-1。

表9-1　　3位并行A/D转换输入与输出对应表

输入模拟电压 V_i	代码转换器输入							数字量		
	Q7	Q6	Q5	Q4	Q3	Q2	Q1	D2	D1	D0
$(0\leqslant V_i\leqslant 1/15)\ V_{REF}$	0	0	0	0	0	0	0	0	0	0
$(1/15\leqslant V_i\leqslant 3/15)\ V_{REF}$	0	0	0	0	0	0	1	0	0	1
$(3/15\leqslant V_i\leqslant 5/15)\ V_{REF}$	0	0	0	0	0	1	1	0	1	0
$(5/15\leqslant V_i\leqslant 7/15)\ V_{REF}$	0	0	0	0	1	1	1	0	1	1
$(7/15\leqslant V_i\leqslant 9/15)\ V_{REF}$	0	0	0	1	1	1	1	1	0	0
$(9/15\leqslant V_i\leqslant 11/15)\ V_{REF}$	0	0	1	1	1	1	1	1	0	1
$(11/15\leqslant V_i\leqslant 13/15)\ V_{REF}$	0	1	1	1	1	1	1	1	1	0
$(13/15\leqslant V_i\leqslant 1)\ V_{REF}$	1	1	1	1	1	1	1	1	1	1

单片集成并行比较型A/D转换器的产品很多，如AD公司的AD9012（TTL工艺8位）、AD9002（ECL工艺，8位）、AD9020（TTL工艺，10位）等。其优点是转换速度快，缺点是电路复杂。

（2）逐次比较型A/D转换器。逐次逼近转换过程与用天平秤物重非常相似。转换原理如图9-15所示。

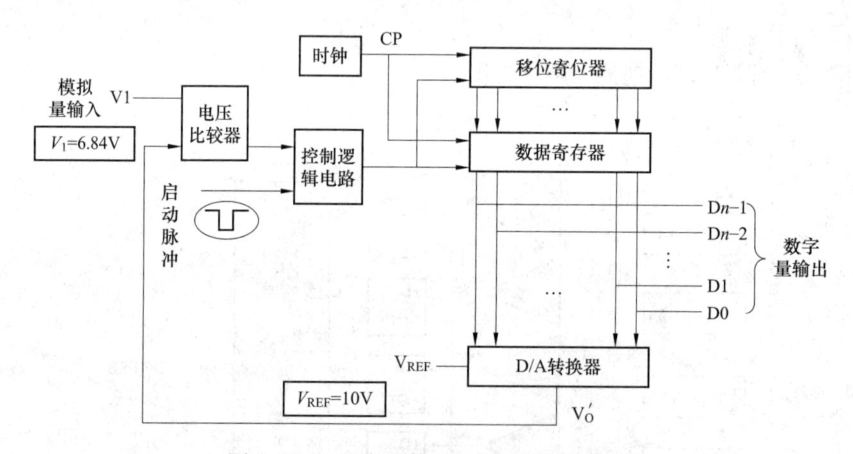

图9-15　逐次比较型A/D转换原理图

逐次逼近转换过程和输出结果如图9-16所示。

逐次比较型A/D转换器输出数字量的位数越多转换精度越高；逐次比较型A/D转换器完成一次转换所需时间与其位数n和时钟脉冲频率有关，位数越少，时钟频率越高，转换所需时间越短。

5. A/D转换器的参数指标

（1）转换精度。

1）分辨率——表示A/D转换器对输入信号的分辨能力。

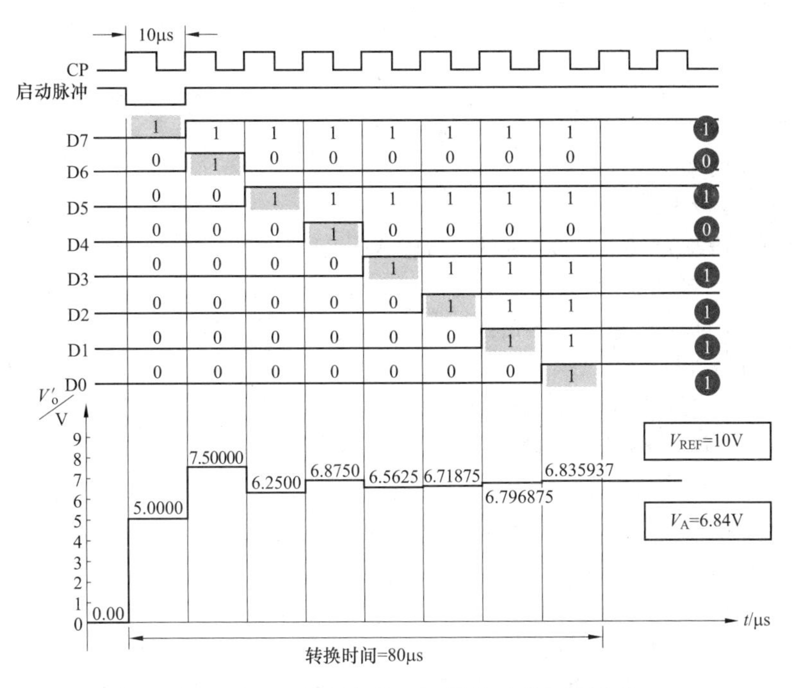

图 9-16　逐次比较型 A/D 转换过程和结果图

一般以输出二进制（或十进制）数的位数表示。因为，在最大输入电压一定时，输出位数越多，量化单位越小，分辨率越高。

2）转换误差——表示 A/D 转换器实际输出的数字量和理论上的输出数字量之间的差别。常用最低有效位的倍数表示。

例如，相对误差≤±LSB/2，就表明实际输出的数字量和理论上应得到的输出数字量之间的误差小于最低位的半个字。

(2) 转换时间——指从转换控制信号到来开始，到输出端得到稳定的数字信号所经过的时间。

并行比较 A/D 转换器转换速度最高，逐次比较型 A/D 转换器较低。

三、Atmega16 单片机的模数转换结构

ATmega16 内部集成了一个 10 位的逐次比较电路，使用 ATmega16 单片机可以非常方便地处理输入的模拟信号。

ATmega16 有一个 10 位的逐次逼近型 ADC0，ADC 与一个 8 通道的模拟多路复用器连接，能对来自端口 PORTA 的 8 路单端输入电压进行采样。单端电压输入以 OV（GND）为基准。另外，ADC 还支持 16 路差分电压输入组合，两路差分输入（ADC1、ADC0 与 ADC3、ADC2）带有可编程增益放大器，能在 A/D 转换前给差分输入电压提供 0dB（1×）、20dB（10×）或 46dB（200×）的放大。七路差分模拟输入通道共享一个通用负极（ADC1），而其他任何 ADC 输入可作为正极输入端。如果使用 1×或 10×增益，可得到 8 位分辨率。如果使用 200×增益，可得到 7 位分辨率。

1. Atmega16 单片机的模数转换器的特点

(1) 10 位精度。

(2) 0.5 LSB 的非级性度。

(3) 12 LSB 的绝对精度。

(4) 65～260μs 的转换时间。

(5) 最高分辨率时，采样率高达 15kbit/s。

(6) 8 路复用的单端输入通道。

(7) 7 路差分输入通道。

(8) 2 路可选增益为 10×与 200×的差分输入通道。

(9) 可选的左对齐 ADC 读数。

(10) 0～VCC 的 ADC 输入电压范围。

(11) 可选内部 2.56V 为 ADC 参考电压。

(12) 自由选择连续转换或单次转换模式。

(13) 通过自动触发中断启动 ADC 转换。

(14) ADC 转换结束中断。

(15) 基于睡眠模式的噪声抑制器。

2. Atmega16 单片机的模数转换器结构

Atmega16 单片机的模数转换器 ADC 包括一个采样保持电路，以确保在转换过程中输入到 ADC 的电压保持恒定。ADC 的框图如图 9－17 所示。

(1) 参考电压选择。ADC 通过逐次逼近的方法将输入的模拟电压转换成一个 10 位的数字量。最小值代表 地 GND，最大值代表 AREF 引脚上的电压再减去 1 LSB。

Atmega16 单片机 A/D 转换的基准电压可以选择内部或外部电源，外部电压源由 AREF 引脚提供，内部电压源有 2.56V 基准电压或 AVCC，通过写 ADMUX 寄存器的 REFSn 位的设置，选择把 AVCC 或内部 2.56V 的参考电压连接到 AREF 引脚，作为模数转换 A/D 参考电压。在 AREF 上外加电容可以对片内参考电压进行退耦滤波，以提高噪声抑制性能。

A/D 转换前，可以随时选择输入模拟通道及参考电压，一旦进入 A/D 转换，就不允许进行通道号及参考电压选择。

(2) 输入通道选择。Atmega16 单片机有 8 路模拟输入，AD0～AD7 为 8 路模拟输入的引脚，通过编程，可以选择其中一路模拟信号进行 A/D 转换。模拟输入可以选择单极性信号或差分信号进行模数转换。

模拟输入通道与差分增益可以通过写 ADMUX 寄存器的 MUX 位来选择。任何 ADC 输入引脚，包括地 GND 以及内部固定能隙参考电压源，都可以作为 ADC 的单端输入信号。而 ADC 输入引脚则可作差分增益放大器的正或负输入。如果选择差分通道，通过选择被选输入信号的增益因子得到电压差分放大，然后输入 ADC。如果使用单端通道，则增益放大器无效。

(3) 启动转换。通过设置 ADCSRA 寄存器的 ADEN 即可启动 ADC。ADEN 置 1 时，A/D 转换，清零时，停止 A/D 转换。

启动在 ADEN 置位前，参考电压及输入通道选择无效。当 ADEN 清零后，ADC 并不耗电，因此建议在进入节能睡眠模式之前将 ADC 关闭。

(4) 触发方式。ADC 根据触发方式不同可以有两种转换模式，单次转换和连续转换。

单次转换：触发一次转换一次，完成转换后停止工作。向 ADC 启动转换位 ADSC 位写“1”可以启动单次转换。图 9－17 中 ADAT 置“0”时为单次转换模式，每次 ADSC 置 1，启动 ADC 完成一次转换。

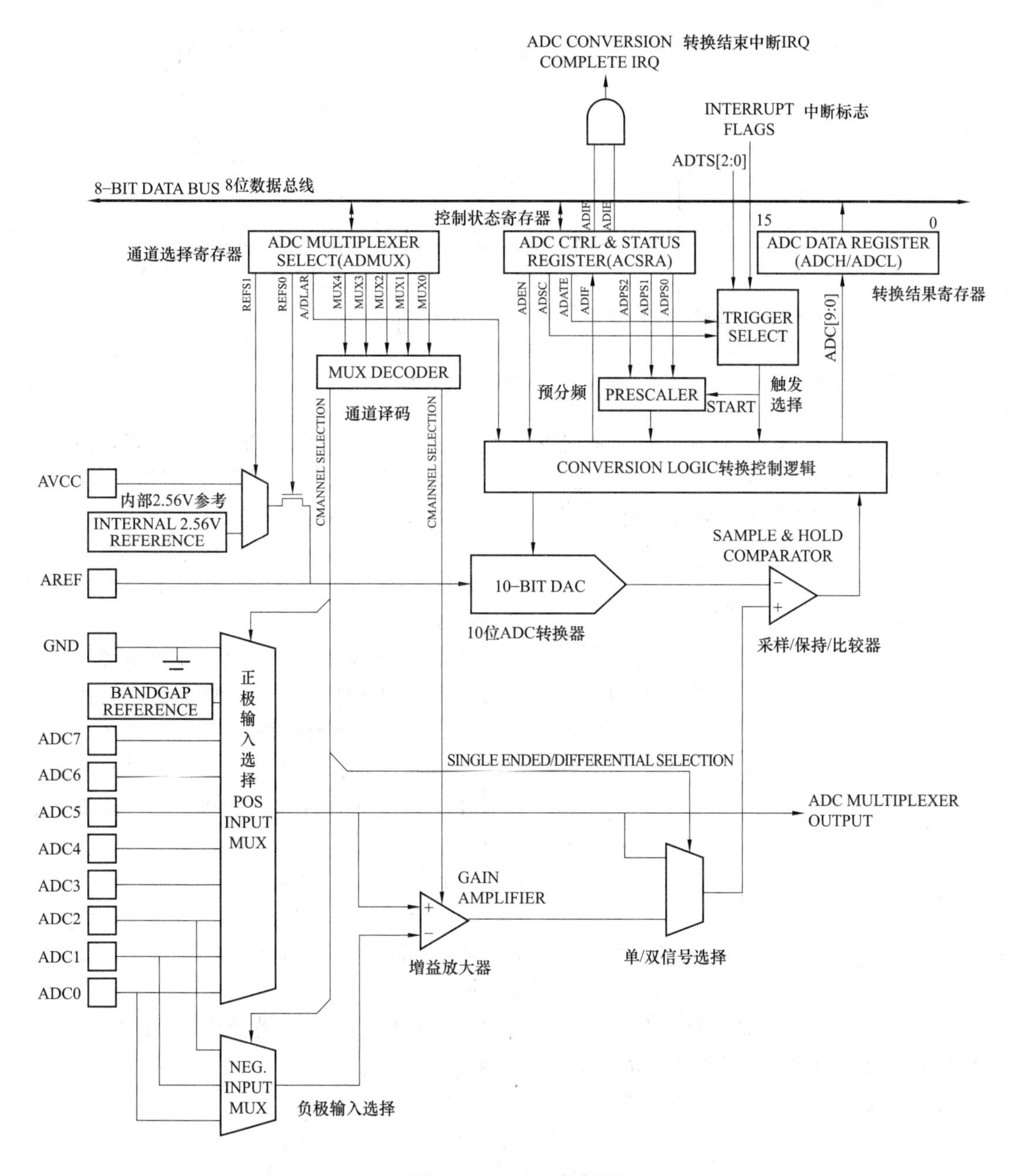

图 9-17　ADC 的框图

连续自动转换：转换结束后自动启动下一次转换，只要启动一次就可以连续不断进行转换。图 9-17 中 ADAT 置“2”时为连续转换模式，连续转换可以由触发源触发（定时中断、外部中断等），也可以不用触发源自动进行转换，自动触发模式如图 9-18 所示。

ADC 转换启动信号来自或门 A2，其输入端来自 ADSC 或者是 ADATE 和触发源信号的与。

当 ADATE 为 0 时，或门 A2 的输出等于 ADSC，每置位一次 ADSC 启动一次 ADC 转换，此时为单次转换模式。

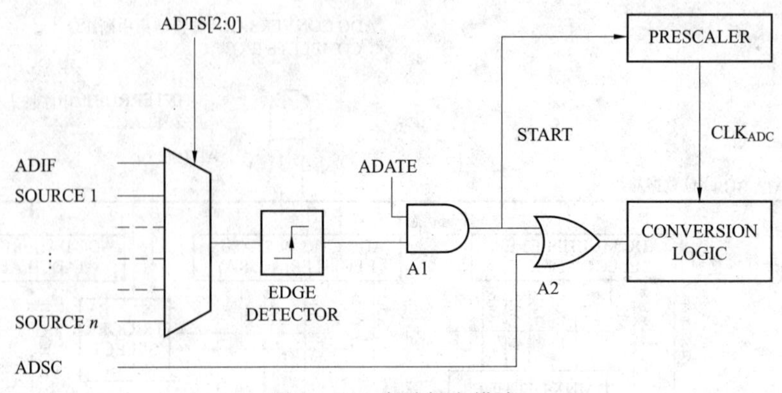

图 9-18 自动触发模式

当 ADATE 为 1 时（ADSC=0），或门 A2 的输出由与门 A1 的另一条信号来决定，而这一信号为各种触发器。通过多路选择器，选择其中一种信号为 A/D 转换的触发信号，如选择外部中断事件作为触发信号，外部中断事件发生一次启动 ADC 转换一次。

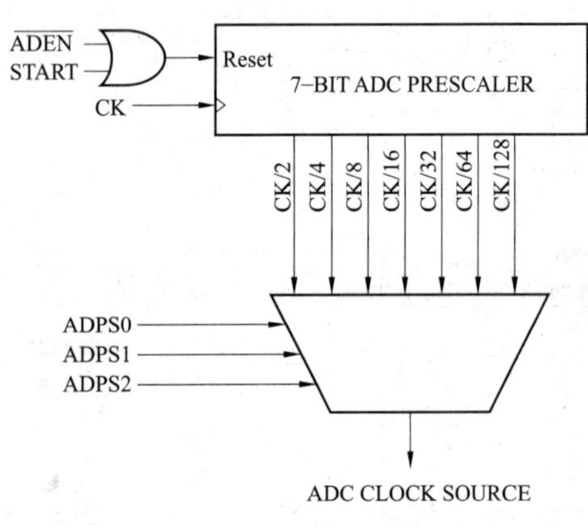

图 9-19 ADC 模块时钟发生器

(5) 转换时钟。Atmega16 的逐次逼近比较电路需要一个从 50kHz 到 200kHz 的输入时钟驱动转换器。

转换时钟的频率高低与转换精度有关，当输入时钟高于 200kHz 时，转换精度低于 10 位。

ADC 模块时钟发生器如图 9-19 所示。

ADC 模块时钟包括一个预分频器，预分频器通过 ADCSRA 寄存器的 ADPS 进行设置。系统时钟经过预分频器进行 2、4、16、32、64、128 次分频后送到 ADC 转换时钟的输入端。

ADC 转换完成一次大约需要 13 个时钟周期，为了初始化模拟电路，首次启动转换大约需要 25 个时钟周期。

(6) 转换结果。ADC 转换结果为 10 位，存放于 ADC 数据寄存器 ADCH 及 ADCL 中。CPU 访问 ADC 数据寄存器即可读取 ADC 转换结果。

对于单极性信号，ADC 的输出为

$$\mathrm{ADC}=\frac{V_{\mathrm{in}}\times 2^{10}}{V_{\mathrm{REF}}}$$

对于差分信号，ADC 的输出为

$$\mathrm{ADC}=\frac{(V_{\mathrm{P}}-V_{\mathrm{N}})\times \mathrm{GAIN}\times 2^{9}}{V_{\mathrm{REF}}}$$

式中，V_{P}、V_{N}分别代表正极、负极输入电压；GAIN 代表选定增益系数；V_{REF}代表参考电压。差分转换结果以 2 的补码形式输出，从 0x200（−512）到 0x1ff（+511）。通过 ADC 的第 9 位即可快速检测电压极性，ADC 的第 9 位为 1 时，结果为负，ADC 的第 9 位为 0 时，结果为正。

默认情况下转换结果为右对齐，但可通过设置 ADMUX 寄存器的 ADLAR 变为左对齐。如果要求转换结果左对齐，并且只需高 8 位的转换精度，那么只要读取 ADCH 就足够了。否则要先读 ADCL，再读 ADCH，以保证数据寄存器中的内容是同一次转换的结果。一旦读出 ADCL，ADC 对数据寄存器的寻址就被阻止了。也就是说，读取 ADCL 之后，就阻断了 ADC 对 ADC 数据的操作。这意味着，一旦读出 ADCL，那么必须紧接着读取一次数据寄存器 ADCH 的数据，从而保证了转换结果不丢失。ADCH 被读出后，ADC 即可再次访问 ADCH 及 ADCL 寄存器。

3. A/D 转换寄存器

Atmega16 集成 A/D 转换器有 3 个寄存器，分别为通道选择寄存器 ADMUX、状态与控制寄存器 ADSCRA 和数据寄存器 ADC。

(1) 通道选择寄存器 ADMUX（见表 9-2）。

表 9-2　通道选择寄存器 ADMUX

位	B7	B6	B5	B4	B3	B2	B1	B0
符号	REFS1	REFS0	ADLAR	MUX4	MUX3	MUX2	MUX1	MUX0
初值	0	0	0	0	0	0	0	0

REFS1、REFS0（B7、B6）位：基准参考电压选择位，可以选择 3 种参考电压源，见表 9-3。

表 9-3　基准参考电压源选择

REFS1	REFS0	参考电压源	说明
0	0	AREF	AREF 提供电压，内部 V_{REF}关闭
0	1	AVCC	AVCC 提供电压，内部 V_{REF}关闭
1	0	保留	不可用
1	1	内部 2.56V	内部提供基准电压

ADLAR（B5）位：ADC 结果数据对齐格式位。ADLAR=1，ADC 结果数据左对齐。ADLAR=0，ADC 结果数据右对齐。

MUX4～ MUX0（B4～B0）位：5 位二进制数，选择模拟输入通道的模拟信号，可以选择单极性信号或差分输入信号，设置差分信号增益系数，输入通道及增益系数选择见表 9-4。

表 9-4　输入通道及增益系数选择

编号	MUX4～ MUX0	单端输入	差分输入正	差分输入负	增益
0	00000	ADC0			
1	00001	ADC1			
2	00010	ADC2			
3	00011	ADC3			
4	00100	ADC4			
5	00101	ADC5			
6	00110	ADC6			
7	00111	ADC7			

续表

编号	MUX4～MUX0	单端输入	差分输入正	差分输入负	增益
8	01000		ADC0	ADC0	10
9	01001		ADC1	ADC0	10
10	01010		ADC0	ADC0	200
11	01011		ADC1	ADC0	200
12	01100		ADC2	ADC2	10
13	01101		ADC3	ADC2	10
14	01110		ADC2	ADC2	200
15	01111		ADC3	ADC2	200
16	10000		ADC0	ADC1	1
17	10001		ADC1	ADC1	1
18	10010		ADC2	ADC1	1
19	10011		ADC3	ADC1	1
20	10100		ADC4	ADC1	1
21	10101		ADC5	ADC1	1
22	10110		ADC6	ADC1	1
23	10111		ADC7	ADC1	1
24	11000		ADC0	ADC2	1
25	11001		ADC1	ADC2	1
26	11010		ADC2	ADC2	1
27	11011		ADC3	ADC2	1
28	11100		ADC4	ADC2	1
29	11101		ADC5	ADC2	1
30	11110	1.22	用于程序测试		
31	11111	0			

编号 0～7 为单端输入，无增益放大倍数。

编号 8～15 为差分输入，差分信号为 ADC0～ADC3 的不同组合，具有增益放大系数，放大系数为 10 倍和 200 倍。

编号 16～29 为差分输入，差分信号为 ADC0～ADC7 的不同组合，无增益放大。

(2) 状态与控制寄存器 ADSCRA（见表 9-5）。

表 9-5 状态与控制寄存器 ADSCRA

位	B7	B6	B5	B4	B3	B2	B1	B0
符号	ADEN	ADSC	ADATE	ADIF	ADIE	ADPS2	ADPS1	ADPS0
初值	0	0	0	0	0	0	0	0

ADEN（B7）位：ADC 使能位，ADEN 置位，启动 ADC。ADEN 清零，停止 ADC。

ADSC（B6）位：ADC 开始转换，在单次转换模式下，ADSC 置位将启动一次 ADC 转换。

在连续转换模式下，ADSC 置位，将启动首次转换。ADSC 清零不产生任何动作。

ADATE（B5）位：ADC 自动触发使能位。ADATE 置位将启动 ADC 自动触发功能。触发信号的上跳沿启动 ADC 转换。触发信号源通过 SFIOR 寄存器的 ADC 触发信号源选择位 ADTS 设置。

ADIF（B4）位：ADC 中断标志位。在 ADC 转换结束，且数据寄存器被更新后，ADIF 置位。如果 ADIF 及 SREG 中的全局中断使能位也置位，ADC 转换结束中断服务程序即得以执行，同时 ADIF 硬件清零。此外，还可以通过向此标志写 1 来清零 ADIF。

ADIE（B3）位：ADC 中断使能位。ADIE 及 SREG 的位 1 置位，ADC 转换结束中断即被使能。

ADPS2～ ADPS0（B2～B0）位：ADC 预分频器选择位。由这几位来确定 XTAL 与 ADC 输入时钟之间的分频因子，分频系数选择见表 9－6。

表 9－6　　分频系数选择

ADPS2	ADPS1	ADPS0	分频系数	ADPS2	ADPS1	ADPS0	分频系数
0	0	0	1	1	0	0	16
0	0	1	2	1	0	1	32
0	1	0	4	1	1	0	64
0	1	1	8	1	1	1	128

（3）数据寄存器 ADC。ADC 转换结束后，转换结果存于寄存器 ADC 的两个寄存器之中，16 位的 AC 寄存器分成两个 8 位的寄存器 ADCH 和 ADCL。

如果采用差分通道，结果由 2 的补码形式表示。读取 ADCL 之后，ADC 数据寄存器一道要等到 ADCH 也被读出才可以进行数据更新。因此，如果转换结果为左对齐，且要求的精度不高于 8 比特，那么仅需读取 ADCH 就足够了。否则必须先读出 ADCL 再读 ADCH。ADMUX 寄存器的 ADLAR 及 MUXn 会影响转换结果在数据寄存器中的表示方式。如果 ADLAR 为 1，那么结果为左对齐；反之，结果为右对齐。

右对齐数据格式见表 9－7。

表 9－7　　右对齐数据格式

位	B15	B14	B13	B12	B11	B10	B9	B8
ADCH	—	—	—	—	—	—	ADC9	ADC8
位	B7	B6	B5	B4	B3	B2	B1	B0
ADCL	ADC7	ADC6	ADC5	ADC4	ADC3	ADC2	ADC1	ADC0

左对齐数据格式见表 9－8。

表 9－8　　左对齐数据格式

位	B15	B14	B13	B12	B11	B10	B9	B8
ADCH	ADC9	ADC8	ADC7	ADC6	ADC5	ADC4	ADC3	ADC2
位	B7	B6	B5	B4	B3	B2	B1	B0
ADCL	ADC1	ADC0	—	—	—	—	—	—

（4）其他寄存器。ADC 转换工作在连续触发采样时需要选择触发源，触发源由特殊功能

IO 寄存器——SFIOR 寄存器中 ADTS 位进行设置。

特殊功能 IO 寄存器 SFIOR 功能设置，见表 9-9。

表 9-9 特殊功能 IO 寄存器 SFIOR

位	B7	B6	B5	B4	B3	B2	B1	B0
符号	ADTS2	ADTS1	ADTS0	—	ACME	PUD	PSR2	PSR10
初值	0	0	0	0	0	0	0	0

通过 ADTS 位的触发源选择见表 9-10。

表 9-10 触发源选择

ADTS2	ADTS1	ADTS0	触发源
0	0	0	连续转换模式
0	0	1	模拟比较器
0	1	0	IN0
0	1	1	T/C0 比较匹配
1	0	0	T/C0 溢出
1	0	1	T/C1 比较匹配
1	1	0	T/C1 溢出
1	1	1	T/C1 捕捉

连续转换模式：A/D 转换器每完成一次转换自动进入下一次，自动触发，无须触发信号源。

模拟比较器：选择该触发源时，模拟比较器每产生一次比较器的高电平翻转会触发一次 A/D 转换工作，在其他时间，A/D 转换器不工作。

IN0：外部中断触发方式。选择该触发源时，当外部中断后会触发 A/D 转换器进行一次 A/D 转换工作，在其他时间，A/D 转换器不工作。

比较匹配：定时器比较匹配触发方式，当定时器计数值与比较器匹配寄存器的内容一致时，将产生定时器比较匹配事件，触发一次 A/D 转换工作，在其他时间，A/D 转换器不工作。

溢出：定时器溢出触发方式，当定时器计数值发生溢出时，触发一次 A/D 转换工作，在其他时间，A/D 转换器不工作。

捕捉：定时器 T/C1 捕捉器发生捕捉事件时，触发一次 A/D 转换工作，在其他时间，A/D 转换器不工作。

设置定时器匹配、溢出触发方式时，可以设置 A/D 转换的采样速率，采样速率为定时时间的倒数。

设置 ADTS 位选择触发源时，必须在连续模式下进行，对于单次转换，对 ADTS 的设置不影响 A/D 转换器。

被选中的触发源在其中断标志的上升沿触发 A/D 转换。

四、简易数字电压表

1. 实验项目要求

设计一个简易数字电压表，能测量 0～5V 的输入电压。模拟电压从 ADC1 端输入，调节连接在 ADC1 端外接电位器使输入电压在 0～5V 变化，将 A/D 转换结果在 4 位数码管上显示，数码管显示的数值与输入模拟电压相等，单位为伏特。采用自动连续触发模式，转换结果左对齐，中断方式读取转换结果。

2. 实验项目分析

按实验项目要求，对 A/D 转换寄存器进行初始化，设置通道号、参考电压、转换时钟、触发方式。

采样结果放在 ADC 寄存器中，ADC 寄存器为 16 位，因此需将结果放在 Int 型变量中。ADC 采样结果为 10 位的离散化数字，对单输入端数据，是无符号数，数值范围在 0～1023。模拟输入为 0V 时，对应数值为 0，模拟输入为 5V 时，对应数值为 1023，直接显示数据为 0～1023，不直观，不便与 0.000～5.000V 结果对应。

利用公式：

$$V_0 = \frac{V_{REF}}{2^n - 1} D_n$$

进行数据转换，结果在 0.000～5.000V。

为了使数据能完整显示，可以将数据放大 1000 倍，小数点向右移动 3 位。在数码管显示时，再将小数点向左移动 3 位，这样显示就与实际值保持一致了。

3. 实验项目实现

根据项目要求，将 AVCC、AREF 引脚连至 VCC。编程如下：

```
#include "iom16v.h"
#include "macros.h"
#define uChar8 unsigned char
#define uInt16 unsigned int
#define PA3H() PORTA|=(1<<PA3)
#define PA3L() PORTA&=~(1<<PA3)
#define PA4H() PORTA|=(1<<PA4)
#define PA4L() PORTA&=~(1<<PA4)
#pragma interrupt_handler ADC_Finish_Ir:15
//全局变量声明
unsigned int Temp[4],Result,Average_Result;
unsigned char   Bit_Tab[]={0xfe,0xfd,0xfb,0xf7,0xef,0xdf};//位选数组
unsigned char   Disp_Tab[]={0x3f,0x06,0x5b,0x4f,0x66,0x6d,0x7d,0x07,0x7f,0x6f,0x00,};
    //0～9 数字数组
long ADCshow;
/* ******************************************************** */
//IO 初始化函数:IO_Init()
/* ******************************************************** */
void IO_Init()
{
    DDRA|=BIT(PA3);        //PA3 状态为输出
    DDRA|=BIT(PA4);        //PA4 状态为输出
    PORTA=0xff;
    DDRB=0xff;             //PB 状态为输出
    PORTB=0xff;
```

```
}
/* ********************************************************* */
//延时函数:DelayMS()
/* ********************************************************* */
void DelayMS(uInt16 ValMS)
{
    uInt16 i,j;
    for(i=0; i<ValMS; i++)
      for(j=0; j<923; j++);
}
/* ********************************************************* */
//求出平均值函数:ADC_Average_Result()
/* ********************************************************* */
void ADC_Average_Result()
{
   int i;
   unsigned int Amount_Result;

   Temp[3]=Temp[2];
   Temp[2]=Temp[1];
   Temp[1]=Temp[0];
   Temp[0]=Result;

   for(i=0;i<4;i++)
      Amount_Result+ =Temp[i];            //求总和值
      Average_Result=(Amount_Result/4);   //求平均值
}
/* ********************************************************* */
//AD 初始化函数 AD_Init()
/* ********************************************************* */
void AD_Init()
{
   DDRA&=~BIT(PA1);                 //PA1 为输入状态
   PORTA&=~BIT(PA1);                //PA1 为高阻态输入
   ADMUX=0x61;                      //AVCC 为基准电,AD1 为输入通道, 左对齐
   SFIOR=0x00;                      //连续自动模式
   ADCSRA=0xae;                     //ADC 功能启动,预分频 64。8Mhz/64=125.0kHz
                                        //自动触发转换模式,ADC 中断使能
   ADCSRA|=BIT(ADSC);               //启动第一次转换
   DelayMS(5);                      //适当延迟,完成第一次转换的初始化
   SREG|=BIT(7);                    //开启总中断使能位
}
/* ********************************************************* */
//数码管显示函数:Disp_Show ()
```

```
/* ***************************************************** */
void Disp_Show(unsigned int  Num)
{
    unsigned char Thousand,Hundred,Ten,One;
    Thousand=Num/1000%10;           //取千位
    Hundred=Num/100%10;             //取百位
    Ten=Num/10%10;                  //取十位
    One=Num%10;                     //取个位

    //显示千位
    PORTB=Disp_Tab[Thousand]|0x80;  //送段码
    PORTA|=BIT(PA3);                //PA3 高电平
    PORTA&=~BIT(PA3);               //PA3 低电平
    PORTB=~BIT(0);                  //送位选
    PORTA|=BIT(PA4);                //PA3 高电平
    PORTA&=~BIT(PA4);               //PA3 低电平
    DelayMS(1);                     //稍微延迟

    //显示百位
    PORTB=Disp_Tab[Thousand];       //送段码
    PORTA|=BIT(PA3);                //PA3 高电平
    PORTA&=~BIT(PA3);               //PA3 低电平

    PORTB=~BIT(1);                  //送位选
    PORTA|=BIT(PA4);                //PA4 高电平
    PORTA&=~BIT(PA4);               //PA4 低电平
    DelayMS(1);                     //稍微延迟

    //显示十位
    PORTB=Disp_Tab[Ten];            //送段码
    PORTA|=BIT(PA3);                //PA3 高电平
    PORTA&=~BIT(PA3);               //PA3 低电平
    PORTB=~BIT(2);                  //送位选
    PORTA|=BIT(PA4);                //PA4 高电平
    PORTA&=~BIT(PA4);               //PA4 低电平
    DelayMS(1);                     //稍微延迟

    //显示个位
    PORTB=Disp_Tab[One];            //送段码
    PORTA|=BIT(PA3);                //PA3 高电平
    PORTA&=~BIT(PA3);               //PA3 低电平
    PORTB=~BIT(3);                  //送位选
    PORTA|=BIT(PA4);                //PA3 高电平
    PORTA&=~BIT(PA4);               //PA3 低电平
```

```
    DelayMS(1);                          //稍微延迟
}
/* ****************************************************** */
//主函数:main()
/* ****************************************************** */

void main()
{
    IO_Init();      //调用数码管初始化函数
    AD_Init();     //调用 AD 初始化函数
    while(1)
    {
    ADCshow=Average_Result;
    ADCshow*=5000;
    ADCshow/=1023;
        Result=ADCshow;
            Disp_Show(Result);     //显示结果在数码管上
    }
}
/* ****************************************************** */
//ADC 转换完成处理函数:ADC_Finish_Ir()
/* ****************************************************** */
void ADC_Finish_Ir()
{
    Result=ADCH;                  //读取 ADC 数据寄存器高八位
    Result=(Result<<2);           //左移二位
    ADC_Average_Result();          //求出平均值
    ADCshow=Average_Result;
    ADCshow*=5000;
    ADCshow/=1024;
    Result=ADCshow;
        Disp_Show(Result);     //显示结果再数码管上,有效去除闪烁
}
```

技能训练

一、训练目标

(1) 学会使用 AVR 单片机 10 位 ADC。
(2) 通过单片机实现模拟输入电压的检测。

二、训练步骤与内容

1. 建立一个工程

(1) 在 C：\iccv7avr\examples. avr\avr16 下，新建一个文件夹 I01。

（2）启动ICCV7软件。

（3）选择执行“Project”（工程）菜单下的“New”（新建一个工程项目）命令，弹出创建新项目对话框。

（4）在创建新项目对话框，输入工程文件名“I001”，单击“保存”按钮。

2. 编写程序文件

（1）单击执行“File”（文件）菜单下的“New”（新建文件）命令，新建一个文件。

（2）单击执行“File”（文件）菜单下的“Save as”（另存文件）命令，弹出另存文件对话框，在文件名栏输入“main. c”，单击“保存”按钮，保存文件。

（3）在右边的工程浏览窗口，右键单击“File”（文件）选项，在弹出的右键菜单中，选择执行“Add File”。

（4）弹出选择文件对话框，选择main. c文件，单击“打开”按钮，文件添加到工程项目中。

（5）在main中输入“简易电压表”控制程序，单击工具栏“💾”保存按钮，并保存文件。

3. 编译程序

（1）单击“Project”（项目）菜单下的“Option”（选项）命令，弹出选项设置对话框。

（2）在“Target”（目标元件）选项页，在“Device Configuration”（器件配置）下拉列表选项中选择“ATmega16”。

（3）单击“Project”（项目）菜单下的“Make Project”（编译项目）命令，编译项目文件。

4. 下载调试程序

（1）双击HJ－ISP下载软件图标，启动HJ－ISP软件。

（2）在芯片选择栏，单击下拉列表，选择“ATmega16”。

（3）单击右侧文件选择区下“调入Flash”按钮，弹出选择文件对话框，选择I001. HEX文件，单击“打开”按钮，打开需下载的文件I001. HEX，单击HJ－ISP软件中的“自动”按钮，程序自动下载。

（4）调试。

1）观察数码管的显示信息。

2）调节模拟输入端PA1的连接的电位器W4，观看数码管显示数据的变化。

3）测量PA1端的电压，与数码管显示数据比较，计算测量误差。

任务22　应用PCF8591数模转换

一、硬件设计

下面以PCF8591为例，来叙述A/D转换器硬件设计。

PCF8591是PHILIPS公司的产品。PCF8591是一个单片集成、单独供电、低功耗、8－bit CMOS数据获取器件。具有4路模拟输入、1路模拟输出和1个串行IIC总线接口。在PCF8591器件上输入输出的地址、控制和数据信号都是通过双线双向IIC总线以串行的方式进行传输。功能包括多路模拟输入、内置跟踪保持、8－bit模数转换和8－bit数模转换。PCF8591的最大转化速率由IIC总线的最大速率决定。

A/D转换PCF8591原理图，如图9－20所示。

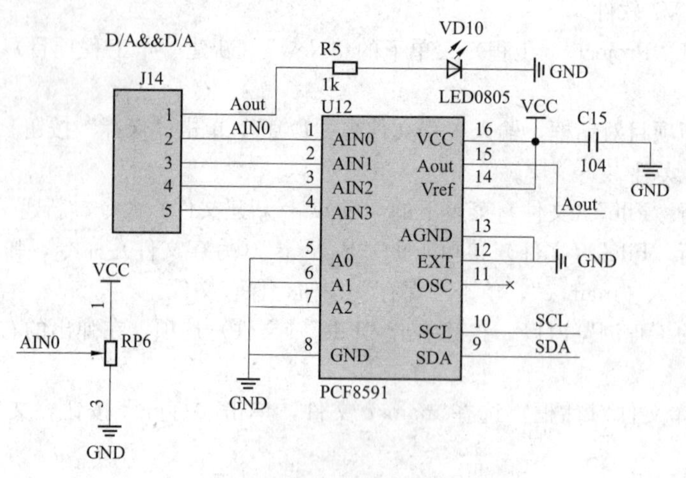

图 9-20 A/D转换 PCF8591 原理图

各引脚功能简介：

1～4 为模拟输入端口。都分别接 1 个排针（J14），其中 AIN0（电压范围 0～5V）还接了电位器 RP6。

5～7 器件地址选择端，这里将 A2、A1、A0 设置成了“000”。

15 脚为模拟输出端，其范围为：0～0.9VCC。

14 脚为电压参考端，直接接 VCC（5V）。

12 脚为此芯片时钟选择端。高电平选择外部振荡器；低电平选择内部振荡器。这里接低电平，意味着选择内部振荡器。

9、10 分别为数据总线和时钟总线，分别接单片机的 PC1、PC0。

二、软件分析

1. PCF8591 功能

（1）地址（Addressing）。IIC 总线系统中的每一片 PCF8591 通过发送有效地址到该器件来激活。该地址和 AT24C02 一样，也包括固定部分和可编程部分。其格式如图 9-21 所示。

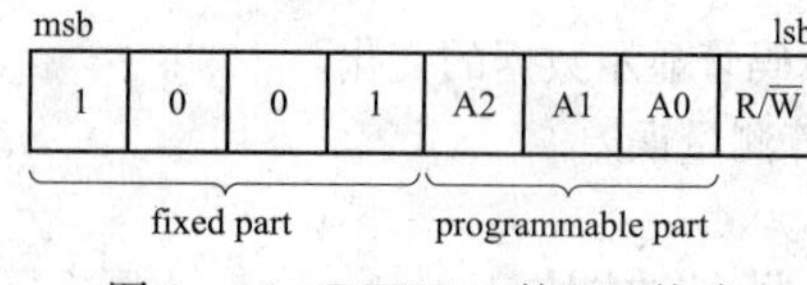

图 9-21 PCF8591 的地址格式

A2、A1、A0 被定义为“000”，而 R/W 由具体操作过程中的读写来决定，所以地址为：0b1001000R/W。

（2）控制字（Control byte）。发送到 PCF8591 的第二个字节将被存储在控制寄存器，用于控制器件功能。控制寄存器的高半字节用于允许模拟输出和将模拟输入编程为单端或差分输入。低半字节选择一个由高半字节定义的模拟输入通道（见图 9-22）。

如果自动增量（auto-increment）标志置 1，每次 A/D 转换后通道号将自动增加。如果自动增量（auto-increment）模式是使用内部振荡器，那么控制字中模拟输出允许标志应置“1”。这要求内部振荡器持续运行，因此要防止振荡器启动延时导致的转换错误结果。模拟输出允许标志可以在其他时候清零以减少静态功耗。

选择一个不存在的输入通道将导致分配最高可用的通道号。所以，如果自动增量（auto-increment）被置 1，下一个被选择的通道将总是通道 0。两个半字节的最高有效位（即 bit 7 和 bit 3）是留给未来的功能，必须设置为逻辑 0。控制寄存器的所有位在上电复位后被复位为逻

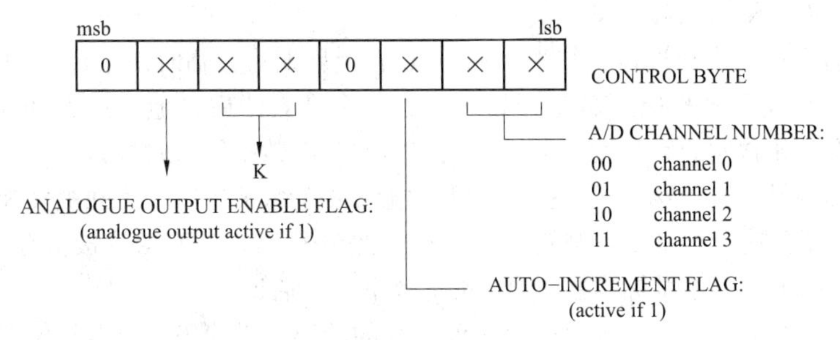

图 9-22　PCF8591 的控制字格式

辑 0。D/A 转换器和振荡器在节能时被禁止，模拟输出被切换到高阻态。

K 是模拟输入控制位。本书默认设置为“00”，若读者想使用其他功能，请自行查阅数据手册。

2. D/A 转换（D/A conversion）

发送给 PCF8591 的第 3 个字节被存储到 DAC 数据寄存器中，并使用片上 D/A 转换器转换成对应的模拟电压。这个 D/A 转换器由连接至外部参考电压的具有 256 个接头的电阻分压电路和选择开关组成。接头译码器切换一个接头至 DAC 输出线（见图 9-23）。

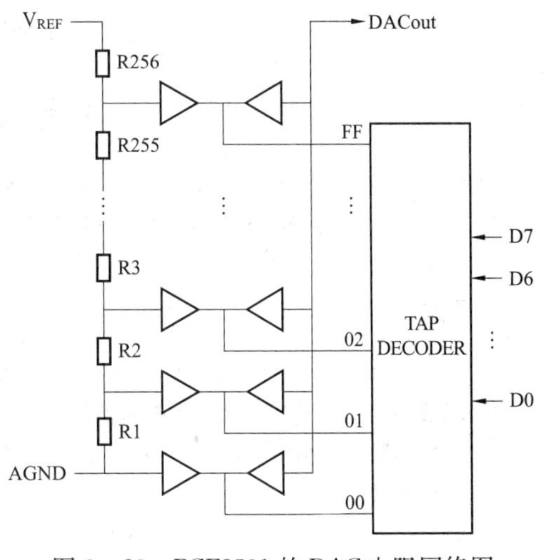

图 9-23　PCF8591 的 DAC 电阻网络图

模拟输出电压由自动清零增益放大器缓冲。这个缓冲放大器可通过设置控制寄存器的模拟输出允许标志来开启或关闭。在激活状态，输出电压将保持到新的数据字节被发送。

片上 D/A 转换器也可用于逐次逼近 A/D 转换（successive approximation A/D conversion）。为释放用于 A/D 转换周期的 DAC，单位增益放大器还配备了一个跟踪和保持电路。在执行 A/D 转换时该电路保持输出电压。

其电压输出公式为：

$$V_{AOUT}=V_{AGND}+\frac{V_{REF}-V_{AGND}}{256}\sum_{i=0}^{7}(D_i\cdot 2^i)$$

IIC 总线的控制格式如图 9-24 所示。

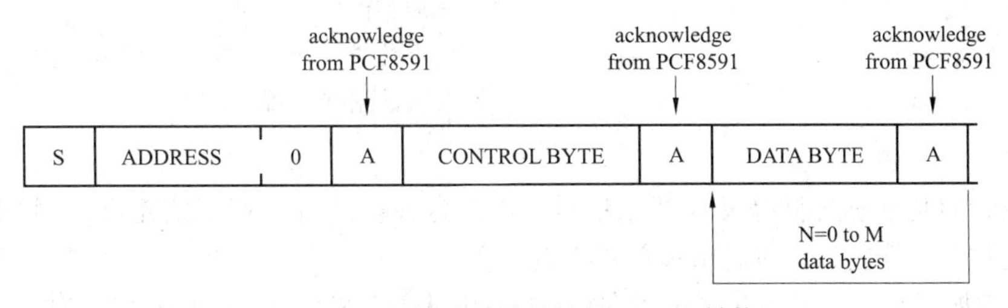

图 9-24　写模式总线协议图（D/A 转换）

3. A/D 转换（A/D conversion）

A/D转换器采用逐次逼近转换技术。在 A/D 转换周期将会临时使用片上 D/A 转换器和高增益比较器。一个 A/D 转换周期总是开始于发送一个有效读模式地址给 PCF8591 之后。A/D 转换周期在应答时钟脉冲的后沿被触发，并在传输前一次转换结果时执行。

一旦一个转换周期被触发，所选通道的输入电压采样将保存到芯片并被转换为对应的 8 位二进制码。取自差分输入的采样将被转换为 8 位二进制补码。转换结果被保存在 ADC 数据寄存器等待传输。如果自动增量标志被置 1，将选择下一个通道。

在读周期传输的第一个字节包含前一次读周期的转换结果代码。上电复位之后读取的第一个字节是 0X80。IIC 总线协议的读周期如图 9 - 25 所示。

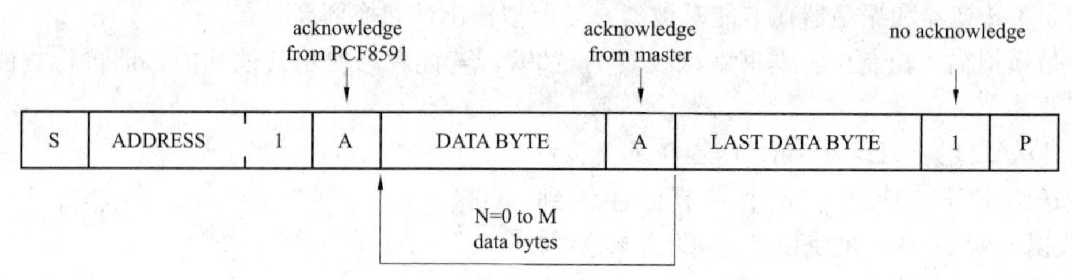

图 9 - 25 读模式总线协议图（A/D 转换）

最高 A/D 转换速率取决于实际的 IIC 总线速度。

4. PCF8591 的 A/D 和 D/A 编程应用

(1) 写数据函数。结合图 9 - 24 的前半部分和 IIC 总线协议，很容易将如下的数据写入子函数，具体代码如下：

```
/* ****************************************************************** */
/* 函数功能：写字节[命令]数据函数(ADC);
/* 入口参数：控制字节数据(ConByte)
/* 出口参数：BOOL
/* ****************************************************************** */
BOOL PCF8591_WriteReg(uChar8 ConByte)
{
    IIC_Start();                          //启动总线
    InputOneByte(PCF8591DevIDAddr);       //发送器件地址
    IIC_RdAck();                          //读应答信号
    InputOneByte(ConByte);                //发送数据
    IIC_RdAck();                          //读应答信号
    IIC_Stop();                           //结束总线
    return(TRUE);                         //写入数据则返回"1"
}
```

程序设计的基本思路就是发送开始信号，再发送器件地址（用了宏定义），接着读应答，再之后发送数据、读应答，最后结束总线控制。

(2) 读数据函数。结合图 9 - 25，同样可以写出从 PCF8591 中读取一个字节的函数。具体源码如下：

```
/* ****************************************************************** */
```

```
/* 函数功能：读字节数据函数(ADC)；
/* 入口参数：无
/* 出口参数：读到的数据值(val)
/* ****************************************************************** */
uChar8 PCF8591_ReadReg(void)
{
    uChar8 val;
    IIC_Start();                                    //启动总线
    InputOneByte(PCF8591DevIDAddr | 0x01);          //发送器件地址
    IIC_RdAck();                                    //读应答信号
    val= OutputOneByte();                           //读取数据
    IIC_Stop();                                     //结束总线
    return val;
}
```

程序设计的基本思路就是启动总线控制，再发送器件地址，接着读应答，读数据，最后结束总线控制。

(3) DAC 转换函数（函数过程见图 9－24）。代码实现部分如下：

```
/* ****************************************************************** */
/* 函数功能：DAC 变换，转化函数；
/*  入口参数：控制字节数据(ConByte)、待转换的数值(Val)
/* 出口参数：BOOL
/* ****************************************************************** */
BOOL PCF8591_DAC_Conversion(uChar8 ConByte,uChar8 Val)
{
    IIC_Start();                                //启动总线
    InputOneByte(PCF8591DevIDAddr);             //发送器件地址
    IIC_RdAck();                                //读应答信号
    InputOneByte(ConByte);                      //发送控制字节
    IIC_RdAck();                                //读应答信号
    InputOneByte(Val);                          //发送 DAC 的数值
    IIC_RdAck();                                //读应答信号
    IIC_Stop();                                 //结束总线
    return(TRUE);
}
```

5. D/A 数模转换程序

(1) 控制要求。根据 9－20 PCF8591 电路，编写程序，实现数模转换，通过数码管显示数模转换结果。

(2) 控制程序。该程序主要有两部分：D/A 转换、数码管显示。

```
#include "iom16v.h"
#include "macros.h"
#define uchar unsigned char
#define  uint unsigned int
```

```
#define PA3H() PORTA|=(1<<PA3)
#define PA3L() PORTA&=~(1<<PA3)
#define PA4H()PORTA|=(1<<PA4)
#define PA4L() PORTA&=~(1<<PA4)
//位选数组
uchar  Bit_Tab[]={0xfe,0xfd,0xfb,0xf7,0xef,0xdf};
//数字数组
uchar  Disp_Tab[]={0x3f,0x06,0x5b,0x4f,0x66,0x6d,0x7d,0x07,0x7f,0x6f};
//主模式启动状态
#define IIC_START     0X08//启动总线
#define IIC_RESTART  0X10//再启动总线
//主机发送模式各种状态
#define MT_SLA_ACK     0X18//SLA_W写地址已发送,收到应答位
#define MT_SLA_NACK     0X20//SLA_W写地址已发送,收到非应答位
#define MT_DATA_ACK     0X28//写数据已发送,收到应答位
#define MT_DATA_NACK  0X30//写数据已发送,收到非应答位
#define MT_ARB_LOST     0X38//SLA_W或者数据仲裁失败
//主接收模式各种状态
#define MR_ARB_LOST     0X38//SLA_W或者数据仲裁失败
#define MR_SLA_ACK     0X40//SLA_R已发送,收到应答位
#define MR_SLA_NACK     0X48//SLA_R已发送,收到非应答位
#define MR_DATA_ACK     0X50//收到数据,返回应答位
#define MR_DATA_NACK  0X58//收到数据,返回非应答位
//IIC操作
#define IIC_Start()     (TWCR=BIT(TWINT)|BIT(TWSTA)|BIT(TWEN))
#define IIC_Stop()     (TWCR=BIT(TWINT)|BIT(TWSTO)|BIT(TWEN))
#define IIC_STATUS   (TWSR&0Xf8)//TWSR前五位状态
#define IIC_Send()  (TWCR=BIT(TWINT)|BIT(TWEN))
#define IIC_SendAck()   (TWCR|=BIT(TWEA))
#define IIC_SendNoAck() (TWCR&=~BIT(TWEA))
#define IIC_ReadNoAck() (TWCR=BIT(TWEA)|BIT(TWINT))
#define IIC_ReadAck()   (TWCR=BIT(TWINT)|BIT(TWEN)|BIT(TWEA))
#define IIC_Wait()  while(!(TWCR&BIT(TWINT)))//等待TWINT置1
/* ***************************************************** */
//定义延时函数DelayMS()
/* ***************************************************** */
void DelayMS(uint x)//x ms延时程序
{
uint i,j;
for(i=0;i<x;i++)
for(j=0;j<1141;j++);  //8MHz
}
/* ***************************************************** */
//IIC写函数IIC_Write()
```

```
/* ************************************************************ */
void IIC_Write(uchar PageAdd,uchar Data)
{
uchar Error_Flag=0;
while(! Error_Flag)
{
    //起始信号
    IIC_Start();
    IIC_Wait();
    if(IIC_STATUS! =IIC_START)  Error_Flag=1;
    //写硬件地址 SLA+W
    TWDR=0x90;              //PCF8591 硬件地址
    IIC_Send();
    IIC_Wait();
    if(IIC_STATUS! =MT_SLA_ACK)  Error_Flag=1;
    //写页地址
    TWDR=PageAdd;
    IIC_Send();
    IIC_Wait();
    if(IIC_STATUS! =MT_DATA_ACK)  Error_Flag=1;
    //写数据
    TWDR=Data;
    IIC_Send();
    IIC_Wait();
    if(IIC_STATUS! =MT_DATA_ACK)  Error_Flag=1;
    }
    IIC_Stop();
}
/* ************************************************************ */
//IIC 读数据函数 IIC_ Read( )
/* ************************************************************ */
uchar IIC_Read(uchar PageAdd)
{
uchar Temp,Error_Flag=0;
while(! Error_Flag)
    {
    Error_Flag=0;     //错误位清零
    IIC_Start();     //送起始信号
    IIC_Wait();
    if(IIC_STATUS! =IIC_START)  Error_Flag=1;
    TWDR=0x90;  //写硬件地址 SLA+W
    IIC_Send();
    IIC_Wait();
    if(IIC_STATUS! =MT_SLA_ACK)  Error_Flag=1;
```

```
    TWDR=PageAdd;   //写页地址
    IIC_Send();
    IIC_Wait();
    if(IIC_STATUS!=MT_DATA_ACK)  Error_Flag=1;
    IIC_Start();//再次送起始信号
    IIC_Wait();
    if(IIC_STATUS!=IIC_RESTART)  Error_Flag=1;
    TWDR=0x91; //读硬件地址
    IIC_Send();
    IIC_Wait();
    if(IIC_STATUS!=MR_SLA_ACK) Error_Flag=1;
    IIC_ReadNoAck();//无应答,接收数据
    IIC_Wait();
    if(IIC_STATUS!=MR_DATA_NACK)  Error_Flag=1;
    }
    Temp=TWDR;
    IIC_Stop();
    return Temp;
}
void IIC_Init()//IIC通信频率设定
{
    TWBR=12;
    TWSR=0;
    TWCR=0X44;//TWINT清零,TWWC清零
}
/* ****************************************************** */
//主函数main()
/* ****************************************************** */
void main()
{
        uchar a,bai,shi,ge;
        uchar i;
        DDRA=0xFF;   //设置PA为输出
        PORTA=0xFF;  //初始化输出A高电平
        DDRB=0xFF;   //设置PB为输出
        PORTB=0xFF;  //初始化输出B高电平
        IIC_Init();
while(1)
    {
    IIC_Write(0x40,a);
    bai=a/100%10;
    shi=a/10%10;
    ge=a%10;
    for(i=0;i<3;i++)
```

```
        {
        switch(i)
        {case 0:
            PA4H();                 //位选开
            PORTB=Bit_Tab[0];       //送入位选数据
            PA4L();                 //位选关
            PA3H();                 //段选开
            PORTB=Disp_Tab[bai];//送入段选数据
            DelayMS(2);             //延迟
            PA3L();                 //段选关
            break;

            case 1:
            PA4H();                 //位选开
            PORTB=Bit_Tab[1];       //送入位选数据
            PA4L();                 //位选关
            PA3H();                 //段选开
            PORTB=Disp_Tab[shi];//送入段选数据
            DelayMS(2);             //延迟
            PA3L();                 //段选关
            break;

            case 2:
            PA4H();                 //位选开
            PORTB=Bit_Tab[2];       //送入位选数据
            PA4L();                 //位选关
            PA3H();                 //段选开
            PORTB=Disp_Tab[ge]; //送入段选数据
            DelayMS(1);             //延迟
            PA3L();                 //段选关
              break;
              default: break;
        }
        }
    DelayMS(10);
    a++;
    if(a>250)
    a=0;
    }
}
```

(3) 程序代码分析。

1) D/A 转换部分。先设置控制字（0x40），之后发送待转换的数值，此时观察 LED 的亮度或者用万用表测试 A_{OUT} 引脚的电压值。

2) 数码管显示，只需按作者总结的，复制、粘贴代码即可。

技能训练

一、训练目标

（1）学会使用 AVR 单片机与 PCF85191 进行数模与模数转换。

（2）学会设计 D/A 数模转换程序。

二、训练步骤与内容

1. 建立一个工程

（1）在 C：\iccv7avr\examples. avr\avr16 下，新建一个文件夹 I02。

（2）启动 ICCV7 软件。

（3）选择执行“Project”（工程）菜单下的“New”（新建一个工程项目）命令，弹出创建新项目对话框。

（4）在创建新项目对话框，输入工程文件名“I002”，单击“保存”按钮。

2. 编写程序文件

（1）单击执行“File”（文件）菜单下的“New”（新建文件）命令，新建一个文件。

（2）单击执行“File”（文件）菜单下的“Save as”（另存文件）命令，弹出另存文件对话框，在文件名栏输入“main. c”，单击“保存”按钮，保存文件。

（3）在右边的工程浏览窗口，右键单击“File”（文件）选项，在弹出的右键菜单中，选择执行“Add File”。

（4）弹出选择文件对话框，选择 main. c 文件，单击“打开”按钮，文件添加到工程项目中。

（5）在 main 中输入“D/A 数模转换”控制程序，单击工具栏“💾”保存按钮，并保存文件。

3. 编译程序

（1）单击“Project”（项目）菜单下的“Option”（选项）命令，弹出选项设置对话框。

（2）在“Target”（目标元件）选项页，在“Device Configuration”（器件配置）下拉列表选项中选择“ATmega16”。

（3）单击“Project”（项目）菜单下的“Make Project”（编译项目）命令，编译项目文件。

4. 下载调试程序

（1）双击 HJ - ISP 下载软件图标，启动 HJ - ISP 软件。

（2）在芯片选择栏，单击下拉列表，选择“ATmega16”。

（3）单击右侧文件选择区下“调入 Flash”按钮，弹出选择文件对话框，选择 I002. HEX 文件，单击“打开”按钮，打开需下载的文件 I002. HEX，单击 HJ - ISP 软件中的“自动”按钮，程序自动下载。

（4）观察连接在 PCF8591 的 A_{OUT} 端的 LED 灯的亮度变化，观察数码管的显示信息。

习题

1. 设计应用 PA0 通道 0 进行模数转换的控制程序。

2. 设计应用 PA0 通道 0、PA1 通道 1 进行差分输入模拟检测控制程序。

3. 设计应用 PCF8591 的模拟量通道 0 进行模数转换的控制程序，应用 PCF8591 进行数模转换，通过数码管显示模拟电压，调节模拟输入端 ANI0 的连接的电位器，观看数码管显示数据的变化。测量 ANI0 端的电压，测量 PCF8591 的 A_{OUT} 输出端电压，与数码管显示数据比较，计算测量误差。

项目十 电 机 的 控 制

学习目标

（1）学会控制直流电机。
（2）学会控制交流电机。
（3）学会控制步进电机。

任务 23　交流电机的控制

基础知识

一、直流电机

直流电动机是将直流电电能转换为机械能的电动机。因其良好的调速性能而在电力拖动中得到广泛应用。直流电动机按励磁方式分为永磁、他励和自励 3 类，其中自励又分为并励、串励和复励 3 种。

1. 直流电动机基本结构

直流电动机主要是由定子与转子组成，定子包括主磁极、机座、换向电极，电刷装置等。转子包括电枢铁芯、电枢绕组、换向器、轴和风扇等。

2. 转子组成

直流电动机转子部分由电枢铁芯、电枢、换向器等装置组成。

（1）电枢铁芯部分。电枢铁芯的作用是嵌放电枢绕组和建立导磁磁通，减小电机工作时电枢铁芯中产生的涡流损耗和磁滞损耗。

（2）电枢部分。电枢的作用是产生电磁转矩和感应电动势，而进行能量变换。电枢绕组由玻璃丝包扁钢铜线或强度漆包线多圈绕制的线圈组成。

（3）换向器又称整流子，在直流电动机中，它的作用是将电刷上的直流电源的电流变换成电枢绕组内的导通电流，使电磁转矩的转向稳定不变，在直流发电机中，它将电枢绕组导通的电动势变换为电刷端上输出的直流电动势。

3. 励磁方式

直流电机的励磁方式是指对励磁绕组如何供电、产生励磁磁通势而建立主磁场的问题。根据励磁方式的不同，直流电机可分为下列几种类型。

（1）他励直流电机。励磁绕组与电枢绕组无连接关系，而由其他直流电源对励磁绕组供电的直流电机称为他励直流电机。

（2）并励直流电机。并励直流电机的励磁绕组与电枢绕组相并联，对于并励发电机来说，是电机本身发出来的端电压为励磁绕组供电；对于并励电动机来说，励磁绕组与电枢共用同一电源，性能与他励直流电动机相同。

(3) 串励直流电机。串励直流电机的励磁绕组与电枢绕组串联后，再接于直流电源。这种直流电机的励磁电流就是电枢电流。

(4) 复励直流电机。复励直流电机有并励和串励两个励磁绕组。若串励绕组产生的磁通势与并励绕组产生的磁通势方向相同称为积复励。若两个磁通势方向相反，则称为差复励。

不同励磁方式的直流电机有着不同的特性。一般情况直流电动机的主要励磁方式是并励式、串励式和复励式，直流发电机的主要励磁方式是他励式、并励式和复励式。

4. 直流电机特点

(1) 调速性能好。所谓“调速性能”，是指电动机在一定负载的条件下，根据需要，人为地改变电动机的转速。直流电动机可以在重负载条件下，实现均匀、平滑地无级调速，而且调速范围较宽。

(2) 起动力矩大。适用于重负载下起动或要求均匀调节转速的机械，例如大型可逆轧钢机、卷扬机、电力机车、电车等，都用直流电。

5. 直流电动机分类

直流电动机分为有刷直流电动机和无刷直流电动机两大类。

(1) 无刷直流电动机。无刷直流电动机是将普通直流电动机的定子与转子进行了互换。其转子为永久磁铁产生气隙磁通，定子为电枢，由多相绕组组成直流电动机。在结构上，它与永磁同步电动机类似。无刷直流电动机定子的结构与普通的同步电动机或感应电动机相同，在铁芯中嵌入多相绕组（三相、四相、五相不等），绕组可接成星形或三角形，并分别与逆变器的各功率管相连，以便进行合理换相。由于电动机本体为永磁电机，所以习惯上把无刷直流电动机也叫做永磁无刷直流电动机。

(2) 有刷直流电动机。有刷电动机的 2 个刷（铜刷或者碳刷）是通过绝缘座固定在电动机后盖上，直接将电源的正负极引入到转子的换相器上，而换相器连通了转子上的线圈，3 个线圈极性不断地交替变换，与外壳上固定的 2 块磁铁形成作用力而转动起来。由于换相器与转子固定在一起，而刷与外壳（定子）固定在一起，电动机转动时刷与换相器不断地发生摩擦产生大量的阻力与热量。所以有刷电机的效率低下且损耗非常大。但是它具有制造简单、成本低廉的优点。

6. 直流电机的驱动

普通直流电机有两个控制端子，一端接正电源，另一端接负电源，交换电源接线，可以实现直流电机的正、反转。两端都为高或低则电机不转。

7. 直流电机驱动芯片

直流电机一般工作电流比较大，若只用单片机去驱动的话，肯定是吃不消的。鉴于这种情况，必须要在电机和单片机之间增加驱动电路，当然有些电机为了防止干扰，还需增加光耦。

电机的驱动电路大致分为两类：专用芯片和分立元件搭建。专用芯片又分很多种，例如 LG9110、L298N、L293、A3984、ML4428 等。分立元件是指用一些继电器、晶体管等搭建的驱动电路。

L298N 是 SGS 公司的产品，内部包含 4 通道逻辑驱动电路。是一种二相和四相电机的专用驱动器，即内含二个 H 桥的高电压、大电流双全桥式驱动器，接受标准的 TTL 逻辑电平信号，可驱动 46V、2A 以下的电机。芯片有两种封装：插件式和贴片式，插件 L298 封装的实物图如图 10-1 所示。

贴片式封装的实物图如图 10-2 所示。

图 10-1 插件 L298 实物

图 10-2 贴片 L298 实物

两种封装的引脚对应图，读者可以自行查阅数据手册。芯片内部其实很简单，主要由几个与门和三极管组成，内部结构如图 10-3 所示。

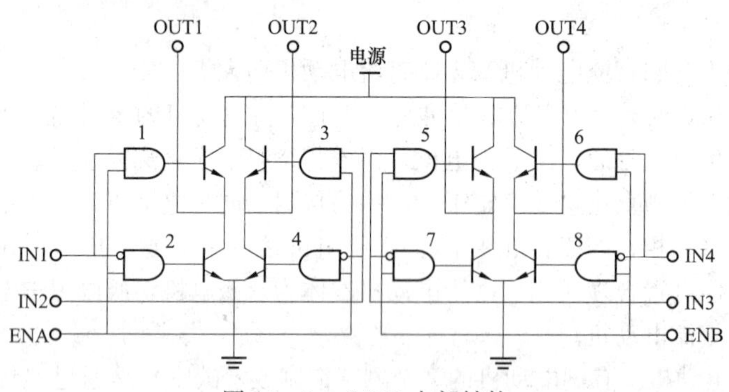

图 10-3 L298 内部结构

为了方便讲解，在图上面加入了 1、2、…、8 标号。图中有两个使能端子 ENA 和 ENB。ENA 控制着 OUT1 和 OUT2。ENB 控制着 OUT3 和 OUT4。要让 OUT1～OUT4 有效，ENA、ENB 都必须使能（即为高电平）。假如此时 ENA、ENB 都有效，再接着分析 1、2 两个与门，若 IN1 为“1”，那么与门 1 的结果为“1”，与门 2（注意与门 2 的上端有个反相器）的结果为“0”，这样三极管 1 导通，2 截止，则 OUT1 为电源电压。相反，若 IN1 为“0”，则三极管 1、2 分别为截止和导通状态，那么 OUT1 为地端电压（0V）。别的三个输出端子同理。

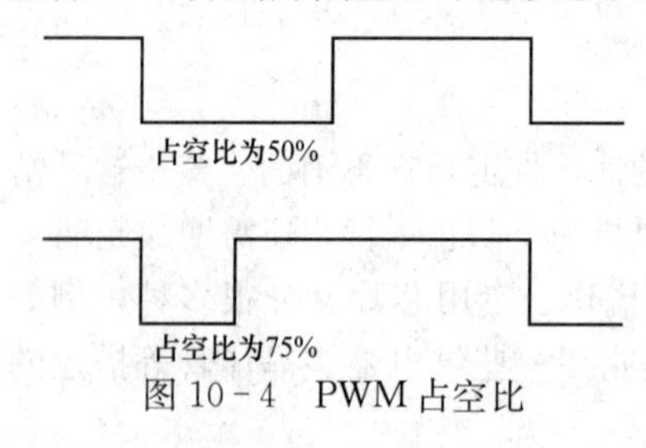

图 10-4 PWM 占空比

PWM 是英文“Pulse Width Modulation”的缩写，简称脉宽调制。是利用微处理器的数字输出来对模拟电路进行控制的一种非常有效的技术，广泛应用在测量、通信、功率控制与变换的许多领域中。这里用 PWM 来控制电机的快慢也是一种很有效的措施。PWM 其实就是高低脉冲的组合，如图 10-4 所示，占空比越大，电机传动越快，占空比越小，电机转动越慢。

8. H 桥驱动电路

H 桥的电路其实与上面图 10-3 有些类似，工作原理也是通过控制晶体管（三极管、MOS 管）或继电器的通断而达到控制输出的目的。H 桥的种类比较多，这里以比较典型的一个 H 桥电路（见图 10-5）为例，来讲解其工作原理。

通过控制 PWM 端子的高低电平来控制三极管 VT6 的通断，继而达到控制电源的通断，

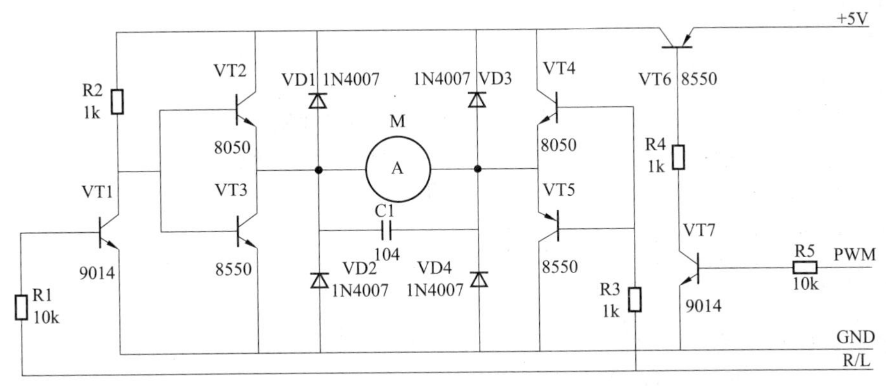

图 10-5　H 桥电路

最后形成如图 10-4 所示的占空比。之后是 R/L（左转、右转控制）端，若为高电平，则 VT1、VT3、VT4 导通，VT2、VT5 截止，这样电流从电源出发，经由 VT6、VT4、电机(M)、VT3 到达地，电机右转（左转）。通过 R/L 控制方向，PWM 控制快慢，这样就可实现电机的快慢、左右控制。

9. 单片机直流电机控制电路

由 L298 驱动模块于单片机组建的直流电机驱动电路如图 10-6 所示。

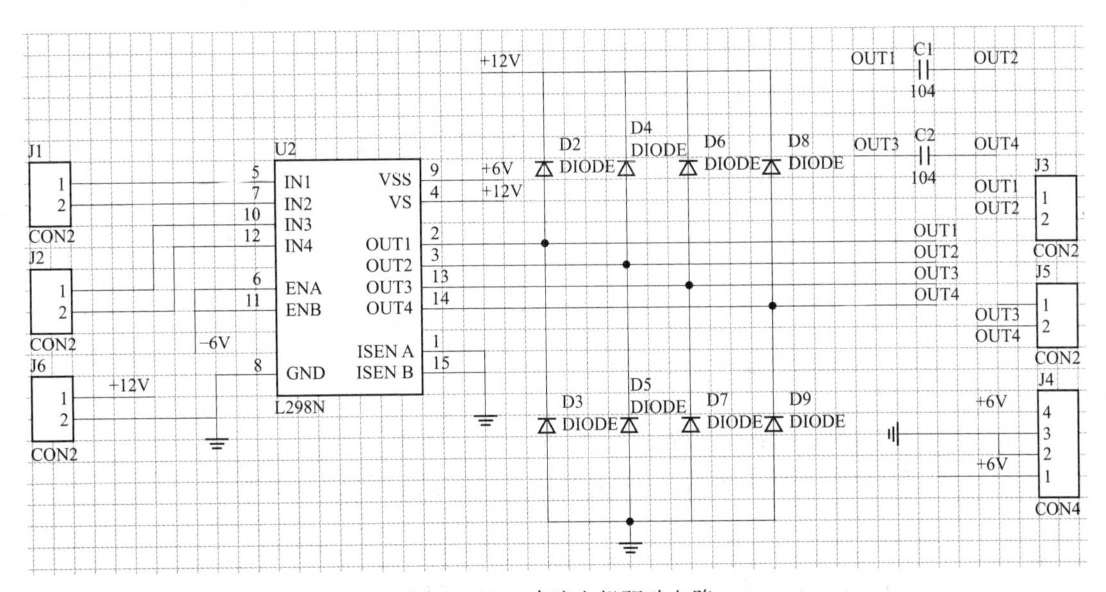

图 10-6　直流电机驱动电路

二极管起续流作用，防止直流电机产生的感生电动势对单片机产生的影响。

与电机并联的电容消除由于浪涌电流引起的电源电压的变化。

10. 控制程序

通过两台直流电机可以控制一部小车的前进、后退、左转、右转。程序代码如下：

(1) Car.h 源码。

```
#ifndef _CAR_H_
#define _CAR_H_
```

```
#include< iom16v.h>
#include "common.h"
#include "delay.h"
#define  MOVETIME  8          //用于左转、右转、后退的速度
#define  STOPTIME  2
#define PWM_Valid  10          //调节前进的快慢
#define PWM_Invalid 0
#define CarGO() PORTB=0x5f
#define CarTL() PORTB=0xdf
#define CarTR() PORTB=0x7f
#define CarRT() PORTB=0xaf
#define CarST() PORTB=0xff
extern void CarAdvance(uChar8 nAdvCircle);
extern void CarTurnLeft(uChar8 nTurnLeftCir);
extern void CarTurnRight(uChar8 nTurnRightCir);
extern void CarRetreat(uChar8 nRetreatCir);
extern void CarStop(uChar8 nStopCir);
#endif
/*==================================================================*/
```

(2) Car.c 源码。

```
#include "car.h"
/**************************************************************
小车前进函数:void CarAdvance()
**************************************************************/
void CarAdvance(uChar8 nAdvCircle)
{
    uChar8 i=0;
    for(i=0; i<nAdvCircle; i++)
    {
        CarGO();DelayMS(PWM_Valid);
        CarST();DelayMS(PWM_Invalid);
    }
}
/**************************************************************
小车左转函数:void CarTurnLeft()
**************************************************************/
void CarTurnLeft(uChar8 nTurnLeftCir)
{
    uChar8 i,j,k;
    for(i=0; i<nTurnLeftCir; i++)
    {
        for(j=0; j<2; j++)
        {
```

```
            CarTL();DelayMS(MOVETIME);
            CarST();DelayMS(STOPTIME);
        }
        for(k=0; k<2; k++)
        {
            CarGO();DelayMS(MOVETIME);
            CarST();DelayMS(STOPTIME);
        }
    }
}
/*************************************************************
小车右转函数:CarTurnRight()
*************************************************************/
void CarTurnRight(uChar8 nTurnRightCir)
{
    uChar8 i,j,k;
    for(i=0; i<nTurnRightCir; i++)
    {
        for(j=0; j<2; j++)
        {
            CarTR();DelayMS(MOVETIME);
            CarST();DelayMS(STOPTIME);
        }
        for(k=0; k<2; k++)
        {
            CarGO();DelayMS(MOVETIME);
            CarST();DelayMS(STOPTIME);
        }
    }
}
/*************************************************************
小车后退函数:void CarRetreat()
*************************************************************/
void CarRetreat(uChar8 nRetreatCir)
{
    uChar8 i;
    for(i=0;i<nRetreatCir;i++)
    {
        CarRT();DelayMS(PWM_Valid);
        CarST();DelayMS(PWM_Invalid);
    }
}
/*************************************************************
小车停止函数:void CarStop()
```

```
****************************************************************************/
void CarStop(uChar8 nStopCir)
{
    uChar8 i;
    for(i=0;i<nStopCir;i++)
    {
        CarST();DelayMS(2);
    }
}
```

二、交流电机继电、接触器控制

1. 交流异步电动机的基本结构（见图10-7）

交流异步电动机主要由定子、转子、机座等组成。定子由定子铁芯、三相对称分布的定子绕组组成，转子由转子铁芯、鼠笼式转子绕组、转轴等组成。此外，支撑整个交流异步电动机部分是机座、前端盖、后端盖，机座上有接线盒、吊环等，散热部分有风扇、风扇罩等。

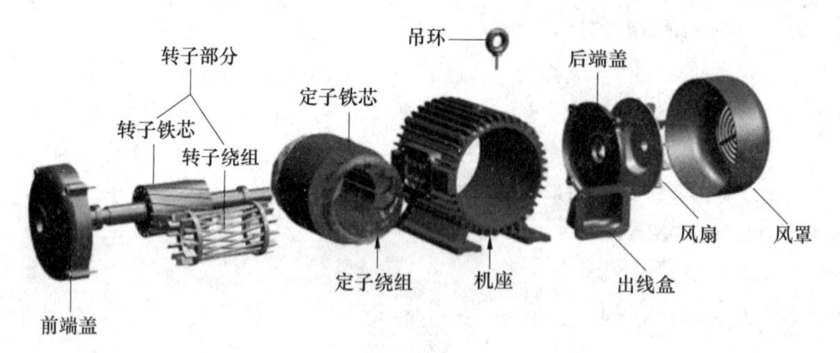

图10-7　交流异步电动机的基本结构

2. 交流异步电动机工作原理

交流异步电动机（也叫感应电机）是一种交流旋转电机。

当定子三相对称绕组加上对称的三相交流电压后，定子三相绕组中便有对称的三相电流流过，它们共同形成定子旋转磁场。

磁力线将切割转子导体而感应出电动势。在该电动势作用下，转子导体内便有电流通过，转子导体内电流与旋转磁场相互作用，使转子导体受到电磁力的作用。在该电磁力作用下，电动机转子就转动起来，其转向与旋转磁场的方向相同。

这时，如果在电机轴上加载机械负载，电动机便拖动负载运转，输出机械功率。

转子与旋转磁场之间必须要有相对运动才可以产生电磁感应，若两者转速相同，转子与旋转磁场保持相对静止，没有电磁感应，转子电流及电磁转矩均为零，转子失去旋转动力。因此，这类电动机的转子转速必定低于旋转磁场的转速（同步转速），所以被称为交流异步电动机。

3. 交流异步电动机的接触器控制

(1) 闸刀开关。闸刀开关又叫刀开关，一般用于不频繁操作的低压电路中，用于接通和切断电源，或用来将电路与电源隔离，有时也用来控制小容量电动机的直接启动与停机。刀开关由闸刀（动触点）、静插座（静触点）、手柄和绝缘底板等组成。刀开关的种类很多。按极数（刀片数）分为单极、双极和三极；按结构分为平板式和条架式；按操作方式分为直接手柄操作式、杠杆操作机构式和电动操作机构式；按转换方向分为单投和双投等。

（2）按钮。按钮主要用于接通或断开辅助电路，靠手动操作。可以远距离操作继电器、接触器接通或断开控制电路，从而控制电动机或其他电气设备的运行。

按钮的结构如图 10－8 所示。

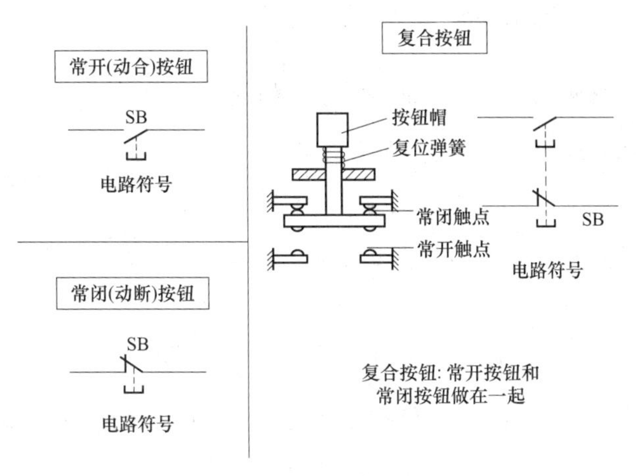

图 10－8　按钮

按钮的触点分常闭触点（动断触点）和常开触点（动合触点）两种。

常闭触点是按钮未按下时闭合、按下后断开的触点。常开触点是按钮未按下时断开、按下后闭合的触点。按钮按下时，常闭触点先断开，然后常开触点闭合；松开后，依靠复位弹簧使触点恢复到原来的位置，触电自动复位的先后顺序相反，即常开触点先断开，常闭触点后闭合。

（3）交流接触器。交流接触器由电磁铁和触头组成，电磁铁的线圈通电时产生电磁吸引力将衔铁吸下，使常开触点闭合，常闭触点断开。线圈断电后电磁吸引力消失，依靠弹簧使触点恢复到原来的状态。

接触器的有关符号如图 10－9 所示。

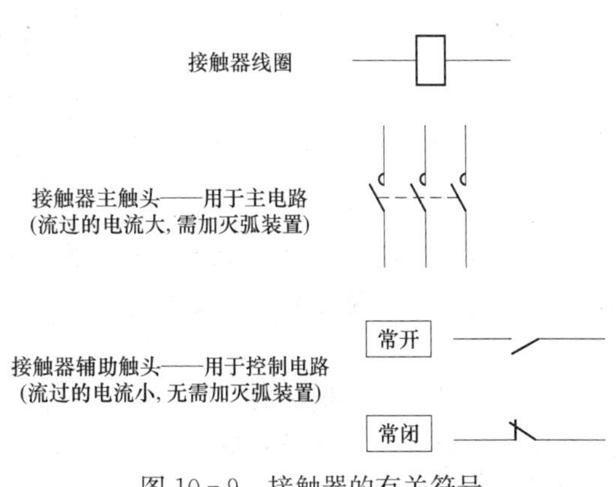

图 10－9　接触器的有关符号

根据用途不同，交流接触器的触点分主触点和辅助触点两种。主触点一般比较大，接触电阻较小，用于接通或分断较大的电流，常接在主电路中；辅助触点一般比较小，接触电阻较大，用于接通或分断较小的电流，常接在控制电路（或称辅助电路）中。有时为了接通和分断较大的电流，在主触点上装有灭弧装置，以熄灭由于主触点断开而产生的电弧，防止烧坏触点。接触器是电力拖动中最主要的控制电器之一。在设计它的触点时已考虑到接通负荷时的启动电流问题，因此，选用接触器时主要应根据负荷的额定电流来确定。如一台 Y112M—4 三相异步电动机，额定功率 4kW，额定电流为 8.8A，选用主触点额定电流为 10A 的交流接触器即可。

（4）时间继电器。时间继电器是从得到输入信号（线圈通电或断电）起，经过一段时间延时后才动作的继电器，适用于定时控制。

时间继电器种类很多，按构成原理分，有电磁式、电动式、空气阻尼式、晶体管式、电子式和数字式时间继电器等。

空气阻尼式时间继电器是利用空气阻尼的原理制成的，有通电延时型和断电延时型两种。

时间继电器的电器符号如图 10-10 所示。

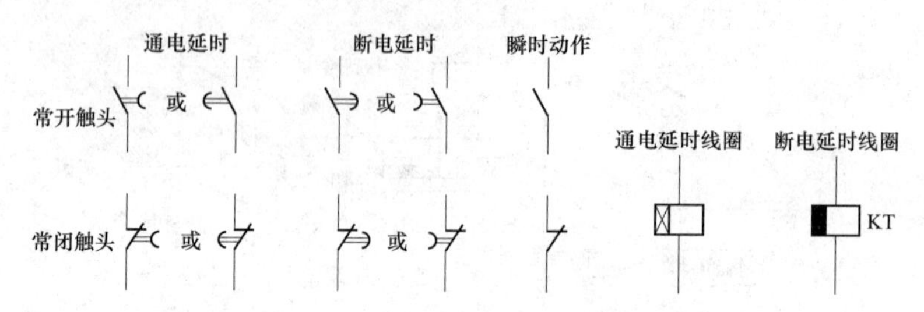

图 10-10 时间继电器的电器符号

(5) 交流异步电动机的单向连续启停控制。交流异步电动机的单向连续启停控制线路如图 10-11 所示。

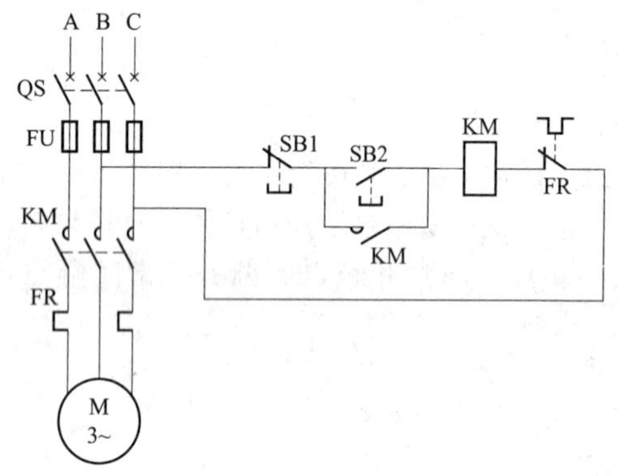

图 10-11 单向连续启停控制线路

交流异步电动机的单向连续启停控制线路包括主电路和控制电路。与电动机连接的是主电路，主电路包括熔断器、闸刀开关、接触器主触头、热继电器、电动机等。主电路右边是控制电路，包括按钮、接触器线圈、热继电器触点等。

在图 10-11 中，控制电路的保护环节有短路保护、过载保护和零压保护。起短路保护的是串接在主电路中的熔断器 FU。一旦电路发生短路故障，熔体立即熔断，电动机立即停转。

起过载保护的是热继电器 FR。当过载时，热继电器的发热元件发热，将其常闭触点断开，使接触器 KM 线圈断电，串联在电动机回路中的 KM 的主触点断开，电动机停转。同时 KM 辅助触点也断开。故障排除后若要重新启动，需按下 FR 的复位按钮，使 FR 的常闭触点复位（闭合）即可。

起零压（或欠压）保护的是接触器 KM 本身。当电源暂时断电或电压严重下降时，接触器 KM 线圈的电磁吸力不足，衔铁自行释放，使主、辅触点自行复位，切断电源，电动机停转，同时解除自锁。

图中 SB1 为停止按钮，SB2 为启动按钮，KM 为接触器线圈。

按下启动按钮 SB2，接触器线圈 KM 得电，辅助触点 KM 闭合，维持线圈得电，主触头接通交流电动机电路，交流电动机得电运行。

按下停止按钮 SB1，接触器线圈 KM 失电，辅助触点 KM 断开，线圈维持断开，交流电动机失电停止。

(6) 交流异步电动机的正反转控制。交流异步电动机的正反转启停控制线路如图 10-12 所示。

图 10-12 中，KMF 为正转接触器，KMR 为反转接触器，SB1 为停止按钮，SBF 为正转

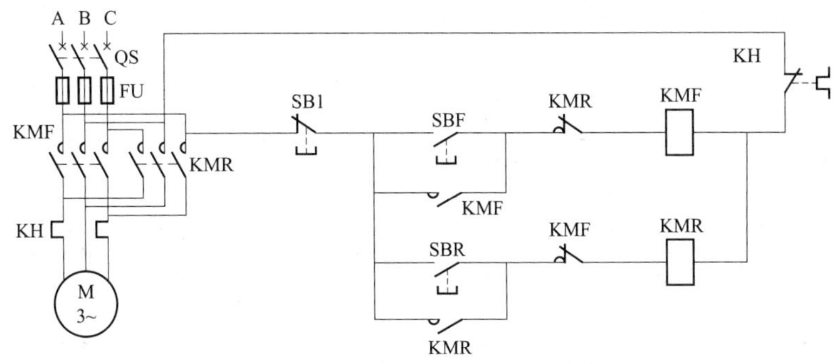

图 10 - 12　正反转启停控制线路

启动按钮，SBR 为反转启动按钮。

通过 KMF 正转接触器、KMR 反转接触器可以实现交流电相序的变更，通过交换三相交流电的相序来实现交流电动机的正、反转。

按下启动正转按钮 SBF，正转接触器线圈 KMF 得电，辅助触点 KMF 闭合，维持 KMF 线圈得电，主触头 KMF 接通交流电动机电路，交流电动机得电正转运行。

按下停止按钮 SB1，正转接触器线圈 KMF 失电，交流电动机停止。

按下启动反转按钮 SBR，反转接触器线圈 KMR 得电，辅助触点 KMR 闭合，维持 KMT 线圈得电，主触头 KMR 接通交流电动机电路，交流电动机得电反转运行。

按下停止按钮 SB1，反转接触器线圈 KMR 失电，交流电动机停止。

(7) 交流异步电动机星-三角（Y-△）降压启停控制。正常运转时定子绕组接成三角形的三相异步电动机在需要降压启动时，可采用Y-△降压启动的方法进行空载或轻载启动。其方法是启动时先将定子绕组连成星形接法，待转速上升到一定程度，再将定子绕组的接线改接成三角形，使电动机进入全压运行。由于此法简便经济而得到普遍应用。

交流异步电动机的星-三角降压启停控制线路如图 10 - 13 所示。图 10 - 13 中各元器件的名称、代号、作用见表 10 - 1。

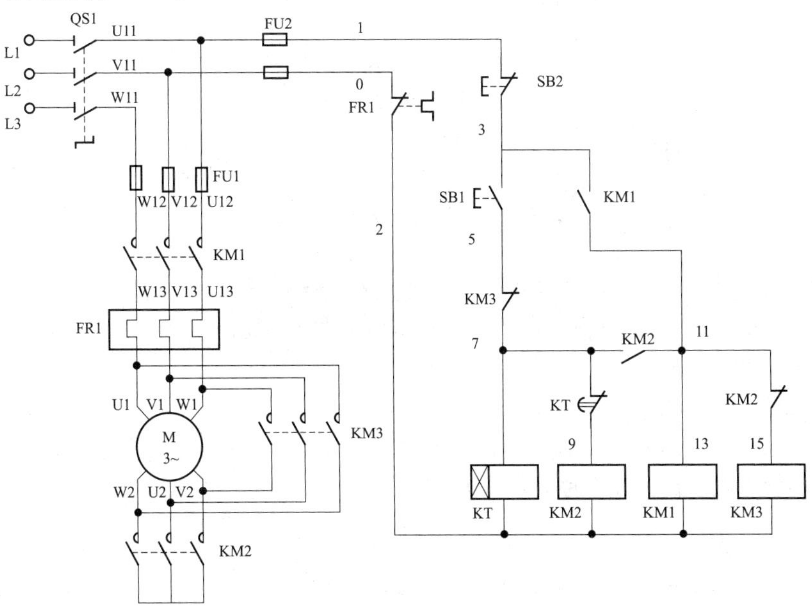

图 10 - 13　星-三角降压启停控制线路

表 10-1　　元器件的代号、作用

名称	代号	用途
交流接触器	KM1	电源控制
交流接触器	KM2	星形连接
交流接触器	KM3	三角形连接
时间继电器	KT	延时自动转换控制
启动按钮	SB1	启动控制
停止按钮	SB2	停止控制
热继电器	FR1	过载保护

分析三相交流异步电动机的星-三角（Y-△）降压启动控制线路可以写出如下的控制函数：

$$KM1=(SB1\cdot\overline{KM3}\cdot KM2+KM1)\cdot\overline{SB2}\cdot\overline{FR1}$$

$$KM2=(SB1\cdot\overline{KM3}+KM1\cdot KM2)\cdot\overline{SB2}\cdot\overline{FR1}\cdot\overline{KT}$$

$$KM3=KM1\cdot\overline{KM2}$$

$$KT=KM1\cdot KM2$$

4. 交流电动机的单片机控制

单片机控制交流电动机时，单片机的输出端连接一个三极管，由三极管驱动继电器，再由继电器驱动交流接触器，最后通过交流接触器驱动交流电动机。

单片机输出电路如图 10-14 所示。

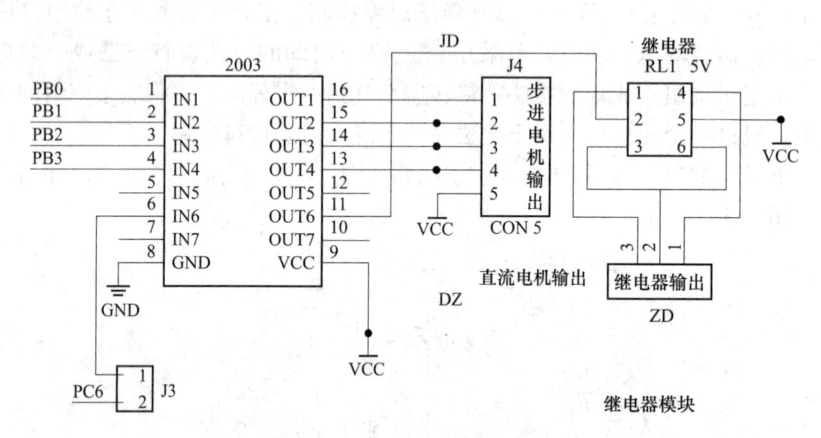

图 10-14　单片机输出电路

达林顿驱动模块 2003 连接单片机的输出端 PB0、PB1、PB2、PB3，当单片机输出端为高电平时，达林顿驱动模块 2003 输出端导通，驱动继电器，再由继电器驱动外接的交流接触器，控制交流电动机的运行。

5. 交流电动机正反转控制

(1) 程序清单。设定 KEY1 为正转启动按钮，KEY2 为停止按钮，KEY3 为反转启动按钮，PB0 连接正转继电器，PB1 连接反转继电器。

```
#include <iom16v.h>
#define uChar8 unsigned char      //uChar8 宏定义
#define uInt16 unsigned int       //uInt16 宏定义
```

```
/* ************************************************************ */
//定义延时函数 DelayMS()
/* ************************************************************ */
void DelayMS(uInt16 ValMS)
{
    uInt16 uiVal,ujVal;
    for(uiVal=0; uiVal<ValMS; uiVal++)
      for(ujVal=0; ujVal<923; ujVal++);
}

/* ************************************************************ */
//主函数 main()
/* ************************************************************ */
void main(void)
{
        DDRB=0xff;                  //PB0～PB7 为输出状态
        PORTB=0x00;                 //PB 为输出低电平
        DDRD=0xf0;
        PORTD=0xff;

    while(1)                        //while 循环
    {
    if(0xfe==PIND)                  //判断 KEY1 按下
        {
            DelayMS(5);             //延时去抖
            if(0xfe==PIND)          //再次判断 KEY1 按下
            {
            if(0x00==PINB)
            PORTB=0x01;             //继电器 1 闭合
            while(PIND!=0xfe);      //等待 KEY1 弹起
            }
        }
    if(0xfd==PIND)                  //判断 KEY2 按下
        {
            DelayMS(5);             //延时去抖
            if(0xfd==PIND)          //再次判断 KEY2 按下
            {
            PORTB=0x00;             //继电器 1、2 断开
            while(PIND!=0xfd);      //等待 KEY2 弹起
            }
        }
        if(0xfb==PIND)              //判断 KEY3 按下
        {
            DelayMS(5);             //延时去抖
```

```
            if(0xfb==PIND)          //再次判断 KEY3 按下
            {
            if(0x00==PINB)
            PORTB=0x02;             //继电器 2 闭合
            while(PIND!=0xfb);      //等待 KEY3 弹起
            }
        }
    }                               //while 循环结束
}
```

(2) 程序分析。程序设定了单片机的正、反转和停止按钮的输入控制端 KEY1（PD0）、KEY2（PD1）、KEY3（PD2），设定了继电器正转（PB0）、反转输出控制端（PB1）。

设计了延时函数、按键检测、处理程序。

在主函数程序中，为了防止按钮抖动的影响，通过延时函数，延时 5ms 再扫描检测一次，再确定键值。

根据按键值，按键处理程序给出处理输出。

若按下正转启动输入端按钮 KEY1（PD0），控制与正转接触器连接的输出端 PB0 为高电平，带动外部继电器 1 动作，继电器 1 控制外部连接的正转接触器动作，驱动交流电动机正转。

若按下停止按钮框 KEY2（PD1），程序使继电器 1、继电器 2 赋值为 0，外接继电器失电，外接交流接触器失电，交流电动机停止运行。

若按下反转启动输入端按钮 KEY3（PD2），控制与反转接触器连接的输出端 PB1 为高电平，带动外部继电器 2 动作，继电器 2 控制外部连接的反转接触器动作，驱动交流电动机反转。

技能训练

一、训练目标

(1) 学会使用单片机实现交流电动机控制。

(2) 通过单片机实现交流电动机的正反转控制。

二、训练步骤与内容

1. 建立一个工程

(1) 在 C：\iccv7avr\examples.avr\avr16 下，新建一个文件夹 J01。

(2) 启动 ICCV7 软件。

(3) 选择执行“Project”（工程）菜单下的“New”（新建一个工程项目）命令，弹出创建新项目对话框。

(4) 在创建新项目对话框，输入工程文件名“J001”，单击“保存”按钮。

2. 编写程序文件

(1) 单击执行“File”（文件）菜单下的“New”（新建文件）命令，新建一个文件。

(2) 单击执行“File”（文件）菜单下的“Save as”（另存文件）命令，弹出另存文件对话框，在文件名栏输入“main.c”，单击“保存”按钮，保存文件。

(3) 在右边的工程浏览窗口，右键单击“File”(文件) 选项，在弹出的右键菜单中，选择执行“Add File”。

(4) 弹出选择文件对话框，选择 main. c 文件，单击“打开”按钮，文件添加到工程项目中。

(5) 在 main 中输入“交流电动机正反转控制”程序，单击工具栏“”保存按钮，并保存文件。

3. 编译程序

(1) 单击“Project”(项目) 菜单下的“Option”(选项) 命令，弹出选项设置对话框。

(2) 在“Target”(目标元件) 选项页，在“Device Configuration”(器件配置) 下拉列表选项中选择“ATmega16”。

(3) 单击“Project”(项目) 菜单下的“Make Project”(编译项目) 命令，编译项目文件。

4. 下载调试程序

(1) 双击 HJ－ISP 下载软件图标，启动 HJ－ISP 软件。

(2) 在芯片选择栏，单击下拉列表，选择“ATmega16”。

(3) 单击右侧文件选择区下“调入 Flash”按钮，弹出选择文件对话框，选择 J001. HEX 文件，单击“打开”按钮，打开需下载的文件 J001. HEX。

(4) 单击 HJ－ISP 软件中的“自动”按钮，程序自动下载。

(5) 关闭电源，将继电器 1、继电器 2 连接到 COM5 步进电机输出端 OUT1、OUT2。

(6) 打开电源，按下按键 KEY1，观察继电器 1、继电器 2 的状态变化。

(7) 按下按键 KEY3，观察继电器 1、继电器 2 的状态变化。

(8) 按下按键 KEY2，观察继电器 1、继电器 2 的状态变化。

(9) 按下按键 KEY3，观察继电器 1、继电器 2 的状态变化。

任务 24　步进电机的控制

基础知识

步进电机是将电脉冲信号转变为角位移或线位移的开环控制元步进电机件。在非超载的情况下，电机的转速、停止的位置只取决于脉冲信号的频率和脉冲数，而不受负载变化的影响，当步进驱动器接收到一个脉冲信号，它就驱动步进电机按设定的方向转动一个固定的角度，称为“步距角”，它的旋转是以固定的角度一步一步运行的。可以通过控制脉冲个数来控制角位移量，从而达到准确定位的目的；同时可以通过控制脉冲频率来控制电机转动的速度和加速度，从而达到调速的目的。

步进电机的类型很多，按结构分为：反应式 (Variable Reluctance，VR)、永磁式 (Permanent Magnet，PM) 和混合式 (Hybrid Stepping，HS)。

反应式：定子由绕组，转子由软磁材料组成。结构简单、成本低、步距角小 (可达 1.2°)，但动态性能差、效率低、发热大，可靠性难保证，因而慢慢地在淘汰。

永磁式：永磁式步进电机的转子用永磁材料制成，转子的极数与定子的极数相同。其特点是动态性能好、输出力矩大，但这种电机精度差，步矩角大 (一般为 7.5°或 15°)。

混合式：混合式步进电机综合了反应式和永磁式的优点，其定子上有多相绕组，转子上采用永磁材料，转子和定子上均有多个小齿以提高步矩精度。其特点是输出力矩大、动态性能好、步距角小，但结构复杂、成本相对较高。

既然步进电机种类繁多，那作者就以 MGMC－V1.0 实验板附带的 28BYJ－48 为例，来讲述一下步进电机的点点滴滴。首先来看一下步进电机上面标示型号各个数字、字母的含义：28——有效最大直径为 28mm，B——步进电机，Y——永磁式，J——减速型（减速比为：1/64），48——四相八拍。

28BYJ－48 步进电机的内部结构图，在来讲述四个相，内部结构如图 10－15 所示。

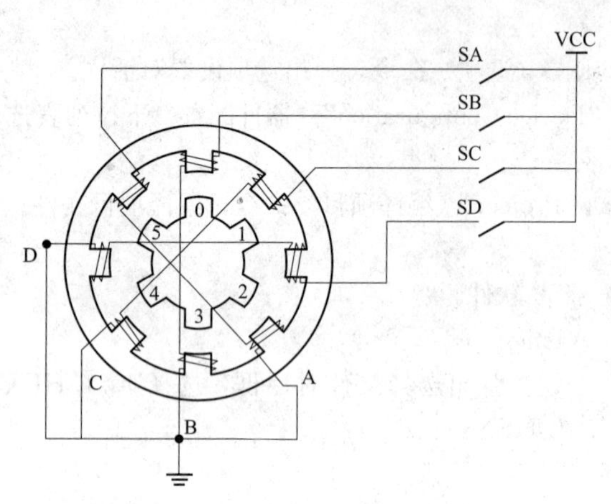

图 10－15　步进电机内部结构图

图中的转子上面有 6 个齿，分别标注为 0～5，转子的每个齿上都带有永久的磁性，是一块永磁体；外边定子的 8 个线圈是保持不动的，实际上跟电机的外壳是固定在一起的。它上面有 8 个齿，而每个齿上都有一个线圈绕组，正对着的 2 个齿上的绕组又是串联在一起的，也就是说正对着的 2 个绕组总是会同时导通或断开的，如此就形成了 4（8/2）相，在图中分别标注为 A、B、C、D。

当定子的一个绕组通电时，将产生一个方向的磁场，如果这个磁场的方向和转子磁场方向不在同一条直线上，那么定子和转子的磁场将产生一个扭力将转子转动。

依次给 A、B、C、D 四个端子脉冲时，转子就会连续不断地转动起来。每个脉冲信号对应步进电机的某一相或两相绕组的通电状态改变一次，也就对应转子转过一定的角度（一个步距角）。当通电状态的改变完成一个循环时，转子转过一个齿距。四相步进电机可以在不同的通电方式下运行，常见的通电方式有单（单相绕组通电）四拍方式（A－B－C－D－A…），双（双相绕组通电）四拍方式（AB－BC－CD－DA－AB－…），八拍方式（A－AB－B－BC－C－CD－D－DA－A…）。

八拍模式绕组控制顺序见表 10－2。

表 10－2　八拍模式绕组控制顺序表

线色	1	2	3	4	5	6	7	8
5 红	+	+	+	+	+	+	+	+
4 橙	—	—						—
3 黄		—	—	—				
2 粉				—	—	—		
1 蓝						—	—	—

实验板上的步进电机驱动电路，电路原理图如图 10－14 所示。其中 PB0、PB1、PB2、PB3 为单片机的输出端，分别连接达林顿驱动 2003 输入端 IN1、IN2、IN3、IN4。达林顿驱动模块 2003 输出端 OUT1、OUT2、OUT3、OUT4 连接步进电机。

这里为何不用单片机来直接驱动电机，原因是单片机可驱动能力还是弱的，因此加达林顿驱动模块 2003 来提高驱动能力。上面已经提到，要让 B 相导通，那么电机黄色线端子（图 10－14 的 COM5－2）要出现低电平，等价于 PB1 端子出现高电平，也就是让 PB1 有个高电平。读者结合表 10－2，可写出数组：

```
unsigned char MotorArrZZ[8]={0xf1,0xf3,0xf2,0xf6,0xf4,0xfd,0xf8,0xf9};
```

当然读者还可以写出反转所对应的数组，数组如下：

```
unsigned char MotorArrFZ[8]={0xf9,0xf8,0xfd,0xf4,0xf6,0xf2,0xf3,0xf1};
```

下面所示的程序是驱动电机正转的基本程序。

```
#include <iom16v.h>
#include <macros.h>
unsigned char
MotorArrZZ[8]={0xf1,0xf3,0xf2,0xf6,0xf4,0xfd,0xf8,0xf9};
void DelayMS(unsigned int ms)
{
    unsigned int i,j;
    for(i=0; i<ms; i++)
      for(j=0; j<113; j++);
}
void MotorInversion(void)
{
    unsigned char i;
    for(i=0; i<8; i++)
    {  PORTB=MotorArrZZ[i];   }
}
void main(void)
{  DDRB=0xFF;
    PORTB=0x00;
    while(1)
    {
        MTotorInversion ();
    }
}
```

要使步进电机转起来，还需对程序进行部分修改。

28BYJ－48 步进电机的数据参数见表 10－3。

表 10－3　　28BYJ－48 步进电机的数据参数

供电电压 V	相数	相电阻 Ω	步进角度	减速比	启动频率 Hz	转矩 g. cm	噪声 dB	绝缘介电强度 VAC
5	4	50±10%	5.625°/64	1∶64	≥550	≥300	≤35	600

表里这么多参数到底看什么呢？就看看启动频率（≥550），所谓启动频率是指步进电机在空载情况下能够启动的最高脉冲频率，如果脉冲高于这个值，电机就不能正常启动，起都起不起来。那按 550 个脉冲来计算，单个节拍持续时间为：1s÷550≈1.8ms，那么为了让电机能正常转动，给的节拍时间必须要大于 1.8ms。因此在上面程序第 8 行的后面增加一行 DelayMS (2)，当然前面需要添加 DelayMS () 函数，这时电机肯定就转起来了。

电机虽然转起来了，但用步进电机绝对不是为了光让其转一下，而是要既精确又快速地控制它转，例如让其只转30°或者所控制的东西只运动3cm，这样不仅要精确地去控制电机，还要关注其转动的速度。

由表10-3可知步进电机转一圈需要64个脉冲，且步进角为5.625°（5.625×64=360°刚好吻合）。问题是该电机内部又加了减速齿轮，减速比为：1∶64，意思是要外面的转轴转一圈，则里面转子需要64×64（4096）个脉冲。那输出轴要转一圈就需要8192（2×4096）ms，也即8s多，看来转速比较慢是有原因的。接着分析，既然4096个脉冲转一圈，那么1°就需要4096÷360个脉冲，假如现在要让其转20圈，可以写出以下的“驱动步进电机正转20圈”程序。

```
#include <iom16v.h>
#include <macros.h>
unsigned char
MotorArrZZ[8]= {0xf1,0xf3,0xf2,0xf6,0xf4,0xfd,0xf8,0xf9};
void DelayMS(unsigned int ms)
{
    unsigned int i,j;
    for(i=0; i<ms; i++)
      for(j=0; j<113; j++);
}
void MotorCorotation(void)
{
    unsigned long ulBeats=0;
    unsigned char uStep=0;
    ulBeats=20*4096;
    while(ulBeats--)
    {
        PORTB=MotorArrZZ[uStep];
        uStep++;
        if(8==uStep)
          { uStep=0;}
          DelayMS(2);
    }
}
void main(void)
{   DDRB=0xFF;
    PORTB=0x00;
    MotorCorotation();
    while(1);
}
```

讲到这里，可能很少会有读者发现，电机转得还不是那么精确，似乎在转了20圈之后，还多转了一些角度，这些角度是多少？

拆开电机，看看里面的减速结构，可以数一数、算一算，看减速比是不是1∶64呢？作者算完之后是：(31/10) × (26/9) × (22/11) × (32/9) ≈63.683 95，这样，转一圈就需要

64×63.683 95≈4076 个脉冲，那作者就将上面的第 15 行代码改写成：ulBeats＝20×4076，接着将程序重新编译，下载，看这回是不是精确的 20 圈。或许此时还是差那么一度半度，但这肯定在误差允许范围之内，若读者还不能接受，那就请读者继续研究，搞出更精确的算法来吧！

步进电机种类繁多，读者以后设计中未必就只用这一种，可无论用哪一种，分析的方法是相同的，就是依据厂家给的参数，之后一步一步地去测试，去分析，去计算，作者相信搞定步进电机对大家来说不难。当然步进电机可能还有很多参数，例如步距角精度、失步、失调角等，这些就只能具体项目具体对待了。

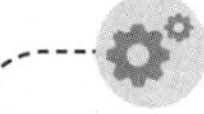

技能训练

一、训练目标

(1) 学会使用单片机实现步进电动机控制。

(2) 通过单片机实现步进电动机的定圈运动控制。

二、训练步骤与内容

1. 建立一个工程

(1) 在 C：\iccv7avr\examples.avr\avr16 下，新建一个文件夹 J02。

(2) 启动 ICCV7 软件。

(3) 选择执行“Project”(工程) 菜单下的“New”(新建一个工程项目) 命令，弹出创建新项目对话框。

(4) 在创建新项目对话框，输入工程文件名“J002”，单击“保存”按钮。

2. 编写程序文件

(1) 单击执行“File”(文件) 菜单下的“New”(新建文件) 命令，新建一个文件。

(2) 单击执行“File”(文件) 菜单下的“Save as”(另存文件) 命令，弹出另存文件对话框，在文件名栏输入“main.c”，单击“保存”按钮，保存文件。

(3) 在右边的工程浏览窗口，右键单击“File”(文件) 选项，在弹出的右键菜单中，选择执行“Add File”。

(4) 弹出选择文件对话框，选择 main.c 文件，单击“打开”按钮，文件添加到工程项目中。

(5) 在 main 中输入“驱动步进电机正转 20 圈”程序，单击工具栏“■”保存按钮，并保存文件。

3. 编译程序

(1) 单击“Project”(项目) 菜单下的“Option”(选项) 命令，弹出选项设置对话框。

(2) 在“Target”(目标元件) 选项页，在“Device Configuration”(器件配置) 下拉列表选项中选择“ATmega16”。

(3) 单击“Project”(项目) 菜单下的“Make Project”(编译项目) 命令，编译项目文件。

4. 下载调试程序

(1) 双击 HJ-ISP 下载软件图标，启动 HJ-ISP 软件。

(2) 在芯片选择栏，单击下拉列表，选择“ATmega16”。

(3) 单击右侧文件选择区下“调入 Flash”按钮，弹出选择文件对话框，选择 J002.HEX

文件，单击“打开”按钮，打开需下载的文件 J002. HEX。

(4) 单击 HJ - ISP 软件中的“自动”按钮，程序自动下载。

(5) 调试运行。

1) 关闭 HJ - 2G 单片机开发板电源。

2) 将步进电机组件的排插连接到 HJ - 2G 单片机开发板右部的白色插座 COM5。

3) 打开 HJ - 2G 单片机开发板电源。

4) 观察步进电机的运行。

5) 修改 ulBeats 参数值，重新编译下载程序，观察步进电机的运行。

习题

1. 设计交流异步电动机单向连续启停控制的单片机控制程序，并下载到单片机开发板，观察程序的运行。

2. 设计交流异步电动机三相降压启停控制的单片机控制程序，并下载到单片机开发板，观察程序的运行。

3. 设计步进电机反转控制程序，并下载到单片机开发板，观察步进电机的运行。

4. 设计步进电机正、反转控制程序，并下载到单片机开发板，观察步进电机的运行。

项目十一 模块化编程训练

学习目标

（1）学会管理单片机开发系统文件。
（2）学会模块化编程。
（3）用模块化编程实现彩灯控制。
（4）设计基于系统定时器的时钟。

任务 25 模块化彩灯控制

基础知识

一、模块化编程

当一个项目小组做一个相对比较复杂的工程时，就需要小组成员分工合作，一起完成项目，这就意味着不再是某人单干，而是要求小组成员各自负责一部分工程。比如你可能只是负责通信或者显示这一块。这个时候，就应该将自己的这一块程序写成一个模块，单独调试，留出接口供其他模块调用。最后，小组成员都将自己负责的模块写完并调试无误后，最后由项目组长进行综合调试。像这些场合就要求程序必须模块化。模块化的好处非常多，不仅仅是便于分工，它还有助于程序的调试，有利于程序结构的划分，还能增加程序的可读性和可移植性。

1. 模块化编程的优点

（1）各模块相对独立，功能单一，结构清晰，接口简单。
（2）思路清晰、移植方便、程序简化。
（3）缩短了开发周期，控制了程序设计的复杂性。
（4）避免程序开发的重复劳动，易于维护和功能扩充。

2. 模块化编程的方法

（1）模块划分。在进行程序设计时把一个大的程序按照功能划分为若干个小的程序，每个小的程序完成一个确定的功能，在这些小的程序之间建立必要的联系，互相协作完成整个程序要完成的功能。我们称这些小的程序为程序的模块。

通常规定模块只有一个入口和一个出口，使用模块的约束因素是入口参数和出口参数。

用模块化的方法设计程序，选择不同的程序块或程序模块的不同组合就可以完成不同的系统和功能。

（2）设计思路。模块化程序设计就是将一个大的程序按功能分割成一些小模块。把具有相同功能的函数放在一个文件中，形成模块化子程序。把具有相同功能的函数放在同一个文件中，这样有一个很大的优点是便于移植，我们可以将这个模块化的函数文件很轻松地移植到别的程序中。

通过主程序管理和调用模块化子程序，协调应用各个子程序完成系统功能。主程序用＃include 指令把这个文件包含到主程序文件中，那么在主程序中就可以直接调用这个文件中定义好的函数来实现特定的功能，而在主程序中不用声明和定义这些函数。这样就使主程序显得更加精练，可读性也会增强。

(3) 定义模块文件。我们将某一个功能模块的端口定义，函数声明这些内容放在一个“. h”头文件中，而把具体的函数实现（执行具体操作的函数）放在一个“. c”文件中。

这样我们在编写主程序文件的时候，可以直接使用“＃include”预编译指令将“. h”文件包含进主程序文件中，而在编译的时候将“. c”文件和主程序文件一起编译。

这样做的优点是，我们可以直接在“. h”文件中查找到我们需要的函数名称，从而在主程序里面直接调用，而不用去关心“. c”文件中的具体内容。如果我们要将该程序移植到不同型号的单片机上，我们同样只需在“. h”文件中修改相应的端口定义即可。

对于彩灯控制，我们将其划分为三个模块，分别是通用模块 Common，延时模块 Delay，驱动模块 Led。

二、彩灯控制模块化编程的操作

1. 新建工程

(1) 在 C：\ iccv7avr \ examples. avr \ avr16 下，新建一个文件夹 K01。

(2) 启动 ICCV7 软件。

(3) 选择执行“Project”（工程）菜单下的“New”（新建一个工程项目）命令，弹出创建新项目对话框。

(4) 在创建新项目对话框，输入工程文件名“K001”，单击“保存”按钮。

2. 新建、保存模块化程序文件

(1) 单击执行“File”（文件）菜单下的“New”（新建文件）命令，新建一个文件 Untitled - 0。

(2) 重复执行新建文件命令 5 次，分别新建 5 个文件，文件名分别为 Untitled - 1、Untitled - 2、Untitled - 3、Untitled - 4、Untitled - 5。

(3) 选择文件 Untitled - 0，单击执行“File”（文件）菜单下的“Save as”（另存文件）命令，弹出另存文件对话框，在文件名栏输入“Common. h”，单击“保存”按钮，保存文件。

(4) 选择文件 Untitled - 1，单击执行“File”（文件）菜单下的“Save as”（另存文件）命令，弹出另存文件对话框，在文件名栏输入“Delay. h”，单击“保存”按钮，保存文件。

(5) 选择文件 Untitled - 2，单击执行“File”（文件）菜单下的“Save as”（另存文件）命令，弹出另存文件对话框，在文件名栏输入“Led. h”，单击“保存”按钮，保存文件。

(6) 选择文件 Untitled - 3，单击执行“File”（文件）菜单下的“Save as”（另存文件）命令，弹出另存文件对话框，在文件名栏输入“main. c”，单击“保存”按钮，保存文件。

(7) 选择文件 Untitled - 4，单击执行“File”（文件）菜单下的“Save as”（另存文件）命令，弹出另存文件对话框，在文件名栏输入“Delay. c”，单击“保存”按钮，保存文件。

(8) 选择文件 Untitled - 5，单击执行“File”（文件）菜单下的“Save as”（另存文件）命令，弹出另存文件对话框，在文件名栏输入“Led. c”，单击“保存”按钮，保存文件。

(9) 保存后的文件如图 11 - 1 所示。

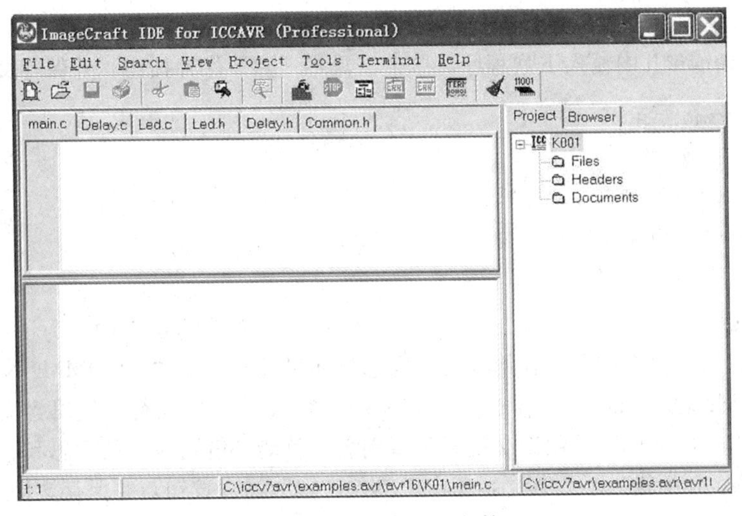

图 11-1　保存后的文件

3. 将文件添加到工程中的指定文件夹

（1）在右边的工程浏览窗口，右键单击“File”（文件）选项，在弹出的右键菜单中，选择执行“Add File”。

（2）弹出选择文件对话框，选择 main. c 文件，单击“打开”按钮，文件添加到工程项目中。

（3）右键单击“File”（文件）选项，重复执行添加文件命令，分别将 Led. c、Delay. c 添加到“File”文件夹中。“File”文件中添加的 C 语言文件如图 11-2 所示。

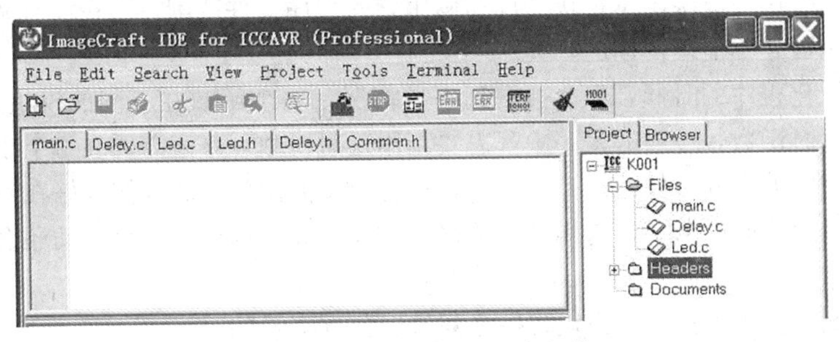

图 11-2　添加的 C 语言文件

（4）右键单击“Headers”文件选项，重复执行添加文件命令，分别将 Led. h、Delay. h、Common. h 添加到“Headers”文件夹中。“Headers”文件中添加的 h 头文件如图 11-3 所示。

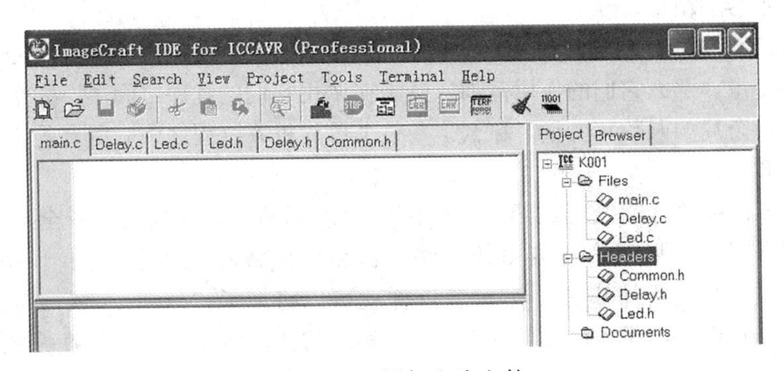

图 11-3　添加 h 头文件

4. 输入程序

(1) 在 Common.h 中输入下列程序，单击工具栏“▣”保存按钮，并保存文件。

```
#ifndef _COMMON_H_
#define _COMMON_H_
typedef unsigned char uChar8;
typedef unsigned int  uInt16;
#endif
```

这里简单说一下条件编译（1、2、5 行）。在一些头文件的定义中，为了防止重复定义，一般用条件编译来解决此问题。如第 1 行的意思是如果没有定义“_COMMON_H_”，那么就定义“_COMMON_H_”(第 2 行)，定义的内容包括：3、4 行，代码含义就不说了，只要读者还能记得“typedef”重新定义变量类型别名，就能理解这两句的意思和这么写的好处。

(2) 在 Delay.h 中输入下列程序，单击工具栏“▣”保存按钮，并保存文件。

```
#ifndef _DELAY_H_
#define _DELAY_H_
#include "common.h"
extern void DelayMS(uInt16 ValMS);
#endif
```

程序中的 extern 的作用是什么？

一般情况下，定义的函数和变量是有一定的作用域的，也就是说，在一个模块中定义的变量和函数，它的作用域只限于本模块文件和调用它的程序文件范围，而在没有调用它的模块程序里面，它的函数是不能被使用的。

在编写模块化程序的时候，经常会遇到一种情况，一个函数在不同的模块之间都会用到，最常见的就是延时函数，一般的程序中都需要调用延时函数，难道需要在每个模块中都定义相同的函数？那程序编译的时候，会提示我们有重复定义的函数。那我们只好在不同的模块中为相同功能的函数起不同的名字，这样又做了很多重复劳动，这样的重复劳动还会造成程序的可读性变得很差。

同样的情况也会出现在不同模块程序之间传递数据变量的时候。

在这样的情况下，一种解决办法是：使用文件包含命令“#include”将一个模块的文件包含到另一个模块文件中，这种方法在只包含很少的模块文件的时候是很方便的，对于比较大的、很复杂的包含很多模块文件的单片机应用程序中，在每一个模块里面都使用包含命令就很麻烦了，并且很容易出错。

出现这种情况的原因，是人们在编写单片机程序的时候，所定义的函数和变量都被默认为是局部函数和变量，那么它们的作用范围当然是在调用它们的程序之间了。如果我们将这些函数和变量定义为全局的函数和变量，那么，在整个单片机系统程序中，所有的模块之间都可以使用这些函数和变量。

将需要在不同模块之间互相调用的文件声明为外部函数、变量（或者全局函数、变量）。将函数和变量声明为全局函数和变量的方法是：在该函数和变量前面加“extern”修饰符。“extern”的英文意思就是外部的（全局），这样就可以将加了“extern”修饰符的函数和变量声明为全局函数和变量，那么在整个单片机系统程序的任何地方，都可以随意调用这些全局函数和变量。

(3) 在 Led. h 中输入下列程序，单击工具栏“💾”保存按钮，并保存文件。

```
#ifndef _LED_H_
#define _LED_H_
#include <iom16v.h>         //程序用到了 PB 口,所以包含此头文件
#include "delay.h"          //程序用到延时函数,所以包含此头文件
extern void LED_FLASH(void);
#endif
```

(4) 在 Led. c 中输入下列程序，单击工具栏“💾”保存按钮，并保存文件。

```
#include "led.h"
void LED_FLASH(void)
{while(1)
    { uChar8 i;
      PORTB= 0xff;              //设定 LED 灯初始值
      DelayMS(200);             //延时 200ms
      for(i= 0;i<8;i++)
          {
          PORTB <<=   1;            //移位、依次点亮
          DelayMS(200);           //延时 200ms
          }
    }
}
```

(5) 在 delay. c 中输入下列程序，单击工具栏“💾”保存按钮，保存文件。

```
#include "delay.h"
static void Delay1MS(void)
  {
    uChar8 i=2,j=199;
    do
    {
    while(--j);
    }
      while(--i);
  }
void DelayMS(uInt16 ValMS)
    {
    uInt16 uiVal;
    for(uiVal=0; uiVal<ValMS; uiVal++)
      {
      Delay1MS();
      }
    }
```

(6) 在 main. c 中输入下列程序，单击工具栏“💾”保存按钮，保存文件。

```
#include < iom16v.h>
#include "led.h"
void main(void)
{
DDRA=0xFF;   //设置 PA 为输出
PORTA=0xfb;  //PA2 脚输出低电平,打开 LED 锁存
DDRB=0xff;   //设置 PB 为输出
PORTB=0xff;  //PB 脚输出高电平
    while(1)
    {
        LED_FLASH();
    }
}
```

5. 单片机模块化编程建议

模块化编程是难点、重点，代码应具有清晰的思路、严谨的结构，便于移植。

(1) 模块化编程说明。

1) 模块即是一个 .c 和一个 .h 的结合，头文件 .h 是对该模块的声明。

2) 某模块提供给其他模块调用的外部函数以及数据需在所对应的 .h 文件中以 extern 关键字来声明。

3) 模块内的函数和变量需在 .c 文件开头处以 static 关键字声明。

4) 永远不要在 .h 文件中定义变量。

先解释以上说明中的两个关键词语：定义、声明。所谓定义就是（编译器）创建一个对象，为这个对象分配一块内存并给它取一个名字，这个名字就是我们经常所说的变量名或对象名。但注意，这个名字一旦和这块内存匹配起来，它们就在程序运行始终一直匹配。并且这块内存的位置也不能被改变。一个变量或对象在一定的区域内（比如函数内，全局等）只能被定义一次，如果被定义多次，编译器会提示你重复定义同一个变量或对象。

声明具有两重含义：第一重含义，告诉编译器，这个名字已经匹配到一块内存上了，下面的代码用到的变量或对象是在别的地方定义的。声明可以出现多次。第二重含义，告诉编译器，该名字被使用后，别的地方再也不能用它来作为变量名或对象名。比如你在图书馆的某个座位上放了一本书，表明这个座位已经有人预订，别人再也不允许使用这个座位。其实这个时候你本人并没有坐在这个座位上。这种声明最典型的例子就是函数参数的声明，例如：void fun (int i，char c)。

记住，定义、声明最重要的区别：定义创建了对象并为这个对象分配了内存，声明没有分配内存。

(2) 模块化编程实质。模块化的实现方法和实质就是将一个功能模块的代码单独编写成一个 .c 文件，然后把该模块的接口函数放在 .h 文件中。

(3) 源文件中的 .c 文件。提到 C 语言源文件，大家都不会陌生。因为我们平常写的程序代码几乎都在这个 .c 文件里面。编译器也是以此文件来进行编译并生成相应的目标文件。作为模块化编程的组成基础，所有要实现功能源代码均在这个文件里。理想的模块化应该可以看成是一个黑盒子，即只关心模块提供的功能，而不予理睬模块内部的实现细节。好比读者买了一部手机，只需会用手机提供的功能即可，而不需要知晓它是如何进行通信，如何把短信发出去的，又是如何响应按键输入的，这些过程对用户而言，就是一个黑盒子。

在大规模程序开发中，一个程序由很多个模块组成，很可能，这些模块的编写任务被分配到不同的人。例如当读者在编写模块时很可能需要用到别人所编写模块的接口，这个时候读者关心的是它的模块实现了什么样的接口，该如何去调用，至于模块内部是如何组织、实现的，读者无须过多关注。特此说明，为了追求接口的单一性，把不需要的细节尽可能对外屏蔽起来，只留需要的让别人知道。

(4) 头文件 . h。谈及模块化编程，必然会涉及多文件编译，也就是工程编译。在这样的一个系统中，往往会有多个 C 文件，而且每个 C 文件的作用不尽相同。在我们的 C 文件中，由于需要对外提供接口，因此必须有一些函数或变量需提供给外部供其他文件进行调用。

例如上面新建的 delay. c 文件，提供最基本的延时功能函数：

```
void DelayMS(uInt16 ValMS);// 延时 ValMS(ValMS= 1…65535)毫秒
```

而在另外一个文件中需要调用此函数，那该如何做呢？头文件的作用正是在此。可以称其为一份接口描述文件。其文件内部不应该包含任何实质性的函数代码。读者可以把这个头文件理解成一份说明书，说明的内容就是模块对外提供的接口函数或是接口变量。同时该文件也可以包含一些宏定义以及结构体的信息，离开了这些信息，很可能就无法正常使用接口函数或者是接口变量。但总的原则是：不该让外界知道的信息就不应该出现在头文件里，而外界调用模块内接口函数或接口变量所必需的信息就一定要出现在头文件里，否则外界就无法正常调用。因而为了让外部函数或文件调用我们提供的接口功能，就必须包含我们提供的这个接口描述文件——头文件。同时，我们自身模块也需要包含这份模块头文件（因为其包含了模块源文件中所需要的宏定义或是结构体），好比三方协议，除了给学校、公司有之外，自己总需留一份。下面我们来定义这个头文件，一般来说，头文件的名字应该与源文件的名字保持一致，这样便可清晰地知道哪个头文件是哪个源文件的描述。

于是便得到了 delay. c 如下的 delay. h 头文件，具体代码如下：

```
#ifndef _DELAY_H_
#define _DELAY_H_
#include "common.h"
extern void DelayMS(uInt16 ValMS);
#endif
```

1) . c 源文件中不想被别的模块调用的函数、变量就不要出现在 . h 文件中。例如本地函数 static void Delay1MS (void)，即使出现在 . h 文件中也是在做无用功，因为其他模块根本不去调用它，实际上也调用不了它（static 关键字起了限制作用）。

2) . c 源文件中需要被别的模块调用的函数、变量就声明在 . h 文件中。例如 void DelayMS (uInt16 ValMS) 函数，这与以前我们写的源文件中的函数声明有些类似，因其前面加了修饰词 extern，表明是一个外部函数。

3) 1、2、5 行是条件编译和宏定义，目的是防止重复定义。假如有两个不同的源文件都需要调用 void DelayMS (uInt16 ValMS) 这个函数，他们分别都通过 # include “delay. h” 把这个头文件包含进去。在第一个源文件进行编译时候，由于没有定义 _ DELAY _ H _，因此 # ifndef _ DELAY _ H _ 条件成立，于是定义 _ DELAY _ H _ 并将下面的声明包含进去。在第二个文件编译的时候，由于第一个文件包含的时候，已经将 _ DELAY _ H _ 定义过了。因而此时 # ifndef _ DELAY _ H _ 不成立，整个头文件内容就不再被包含。假设没有这样的条件编译语句，那么两个文件都包含了 extern void DelayMS (uInt16 ValMS)，就会引起重复包含的错误。

特别说明，可能新手们看到DELAY前后的这些“_”时，不很理解，其实很简单。举几个例子：DELAY_H_、DELAY_H、DELAYH、_DELAY_H、_Delay_H，经调试，这些写法都是对的，所以，请读者自己选择，_DELAY_H_写法是出于编程的习惯。

看看上面预留的问题——#include "common.h"，这里面又包含着什么东西，打开一看原来是下面几行代码。

(5) 位置决定思路——变量。变量不能定义在.h中，因此读者可能不敢用全局变量了，其实也没这么严重。对于新手来说，或许是一个难点，解决这个问题可以借鉴嵌入式操作系统——uCOS-Ⅱ，该操作系统处理全局变量的方法比较特殊，也比较难理解，但学会之后用处很大。感兴趣的读者可以研究一下，作者就不介绍了。

依个人的编程习惯，介绍一种处理方式。概括地讲，就是在.c中定义变量，之后在该.c源文件所对应的.h中声明即可。注意，一定要在变量声明前加一修饰符——extern，这样无论“他”走到哪里，别人都可以指示“他”干活，但滥用全局变量会使程序的可移植性、可读性降低。接下来用两段代码来比较说明全局变量的定义和声明。

1) 电脑爆炸式的代码。

```
module1.h                     //编写一个.h
uChar8  uaVal=0;              //在模块1的.h文件中定义一个变量uaVal
/*==================================================================*/
module1.c                     //编写一个.c
#include "module1.h"          //.c模块1中包含模块1的.h
/*==================================================================*/
module2.c
#include "module1.h"          //.c模块2中包含模块1的.h
```

以上程序的结果是在模块1、2中都定义了无符号char型变量uaVal，uaVal在不同的模块中对应不同的内存地址。如果都这么写程序，那电脑内存就会不足。

2) 推荐式的代码。

```
module 1.h                    //编写一个.h
extern uChar8  uaVal;         //在.h中声明uaVal
/*==============================================================*/
module1.c
#include "module1.h"          //.c模块1中包含模块1的.h
uChar8 uaVal=0;               //在模块1的.h文件中定义一个变量uaVal
/*==============================================================*/
module2.c
#include  "module1.h"         //在模块2的.h文件中定义一个变量uaVal
```

这样如果模块1、2操作uaVal的话，对应的是同一块内存单元。

(6) 符号决定出路——头文件之包含。以上模块化编程中，要大量地包含头文件。学过C语言的读者都知道，包含头文件的方式有两种，一种是“<xx.h>”，第二种是“"xx.h"”，那何时用第一种，何时用第二种，可能读者会从相对路径、绝对路径、系统的用什么、工程中的用什么的角度去解释，如果理解肯定好，若记不住，可采用下面方法：自己写的用双引号，不是自己写的用尖括号。

(7) 模块的分类。一个嵌入式系统通常包括两类模块。硬件驱动模块，一种特定硬件对应一个模块。软件功能模块，其模块的划分应满足低耦合、高内聚的要求。

低耦合、高内聚是软件工程中的概念。简单六个字，但是涉及的内容比较多，读者若感兴趣，可以自行查阅资料，慢慢理解、总结、归纳其中的奥妙。

1) 内聚和耦合。内聚是从功能角度来度量模块内的联系，一个好的内聚模块应当恰好做一件事。它描述的是模块内的功能联系。

耦合是软件结构中各模块之间相互连接的一种度量，耦合强弱取决于模块间接口的复杂程度、进入或访问一个模块的点以及通过接口的数据。

理解了以上两个词的含义之后，“低耦合、高内聚”就好理解了，通俗点讲，模块与模块之间少来往，模块内部多来往。当然对应到程序中，就不是这么简单，这需要大量的编程和练习才能掌握其真正的内涵，这就留给读者去慢慢研究。

2) 硬件驱动模块和软件功能模块的区别。所谓硬件驱动模块是指所写的驱动（也就是 .c 文件）对应一个硬件模块。例如 led. c 是用来驱动 LED 灯的，smg. c 是用来驱动数码管的，lcd. c 是用来驱动 LCD 液晶的，key. c 是用来检测按键的，等等，将这样的模块统称为硬件驱动模块。

所谓的软件功能模块是指所编写的模块只是某个功能的实现，而没有所对应的硬件模块。例如 delay. c 是用来延时的，main. c 是用来调用各个子函数的。这些模块都没有对应的硬件模块，只是起某个功能而已。

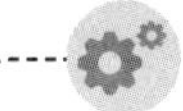

技能训练

一、训练目标

(1) 学会模块化工程管理。

(2) 通过模块化编程实现 LED 流水灯控制。

二、训练步骤与内容

1. 新建工程

(1) 在 C：\ iccv7avr \ examples. avr \ avr16 下，新建一个文件夹 K01。

(2) 启动 ICCV7 软件。

(3) 选择执行“Project”（工程）菜单下的“New”（新建一个工程项目）命令，弹出创建新项目对话框。

(4) 在创建新项目对话框，输入工程文件名“K001”，单击“保存”按钮。

2. 新建、保存模块化程序文件

(1) 单击执行“File”（文件）菜单下的“New”（新建文件）命令，新建一个文件 Untitled - 0。选择文件 Untitled - 0，单击执行“File”（文件）菜单下的“Save as”（另存文件）命令，弹出另存文件对话框，在文件名栏输入“Common. h”，单击“保存”按钮，保存文件。

(2) 重复执行新建文件命令 5 次，分别新建 5 个文件，文件名分别为 Untitled - 1、Untitled - 2、Untitled - 3、Untitled - 4、Untitled - 5。

(3) 选择文件 Untitled - 1，单击执行“File”（文件）菜单下的“Save as”（另存文件）命令，弹出另存文件对话框，在文件名栏输入“Delay. h”，单击“保存”按钮，保存文件。

(4) 选择文件 Untitled - 2，单击执行“File”（文件）菜单下的“Save as”（另存文件）命令，弹出另存文件对话框，在文件名栏输入“Led. h”，单击“保存”按钮，保存文件。

(5) 选择文件 Untitled-3，单击执行“File”（文件）菜单下的“Save as”（另存文件）命令，弹出另存文件对话框，在文件名栏输入“main. c”，单击“保存”按钮，保存文件。

(6) 选择文件 Untitled-4，单击执行“File”（文件）菜单下的“Save as”（另存文件）命令，弹出另存文件对话框，在文件名栏输入“Delay. c”，单击“保存”按钮，保存文件。

(7) 选择文件 Untitled-5，单击执行“File”（文件）菜单下的“Save as”（另存文件）命令，弹出另存文件对话框，在文件名栏输入“Led. c”，单击“保存”按钮，保存文件。

3. 将文件添加到工程中的指定文件夹

(1) 在右边的工程浏览窗口，右键单击“File”（文件）选项，在弹出的右键菜单中，选择执行“Add File”。

(2) 弹出选择文件对话框，选择 main. c 文件，单击“打开”按钮，文件添加到工程项目中。

(3) 右键单击“File”（文件）选项，重复执行添加文件命令，分别将 Led. c、Delay. c 添加到“File”文件夹中。右键单击“Headers”文件选项，重复执行添加文件命令，分别将 led. h、delay. h、Common. h 添加到“Headers”文件夹中。

4. 输入程序

(1) 在 Common. h 中输入下列程序，单击工具栏“■”保存按钮，保存文件。

```
#ifndef _COMMON_H_
#define _COMMON_H_
typedef unsigned char uChar8;
typedef unsigned int uInt16;
#endif
```

(2) 在 Delay. h 中输入下列程序，单击工具栏“■”保存按钮，保存文件。

```
#ifndef _DELAY_H_
#define _DELAY_H_
#include "common.h"
extern void DelayMS(uInt16 ValMS);
#endif
```

(3) 在 Led. h 中输入下列程序，单击工具栏“■”保存按钮，保存文件。

```
#ifndef _LED_H_
#define _LED_H_
#include <iom16v.h>        //程序用到了 PB 口,所以包含此头文件
#include "delay.h"         //程序用到延时函数,所以包含此头文件
extern void LED_FLASH(void);
#endif
```

(4) 在 Led. c 中输入下列程序，单击工具栏“■”保存按钮，保存文件。

```
#include "led.h"
void LED_FLASH(void)
{while(1)
    { uChar8 i;
      PORTB=0xff;      //设定 LED 灯初始值
```

```
      DelayMS(200);              //延时 200ms
      for(i=0;i<8;i++)
          {
          PORTB <<=  1;              //移位、依次点亮
          DelayMS(200);              //延时 200ms
          }
    }
}
```

(5) 在 delay. c 中输入下列程序，单击工具栏“💾”保存按钮，保存文件。

```
# include "delay.h"
static void Delay1MS(void)
  {
    uChar8 i=2,j=199;
    do
    {
    while(--j);
    }
      while(--i);
  }
void DelayMS(uInt16 ValMS)
    {
    uInt16 uiVal;
    for(uiVal=0; uiVal<ValMS; uiVal++)
      {
      Delay1MS();
      }
    }
```

(6) 在 main. c 中输入下列程序，单击工具栏“💾”保存按钮，保存文件。

```
#include <iom16v.h>
#include "led.h"
void main(void)
{
DDRA=0xFF;   //设置 PA 为输出
PORTA=0xfb;  //PA2 脚输出低电平,打开 LED 锁存
DDRB=0xff;   //设置 PB 为输出
PORTB=0xff;  //PB 脚输出高电平
while(1)
    {
        LED_FLASH();
    }
}
```

5. 编译程序

(1) 单击“Project”(项目) 菜单下的“Option”(选项) 命令，弹出选项设置对话框。

(2) 在“Target”（目标元件）选项页，在“Device Configuration”（器件配置）下拉列表选项中选择“ATmega16”。

(3) 单击“Project”（项目）菜单下的“Make Project”（编译项目）命令，编译项目文件。

6. 下载调试程序

(1) 双击 HJ - ISP 下载软件图标，启动 HJ - ISP 软件。

(2) 在芯片选择栏，单击下拉列表，选择“ATmega16”。

(3) 单击右侧文件选择区下“调入 Flash”按钮，弹出选择文件对话框，选择 K001. HEX 文件，单击“打开”按钮，打开文件 K001. HEX，单击 HJ - ISP 软件中的“自动”按钮，程序自动下载。

(4) 观察单片机输出端连接的 LED 灯的状态变化。

(5) 更改延时参数，重新编译下载程序，观察单片机输出端连接的 LED 灯的状态变化。

任务 26　基于系统定时器的时钟

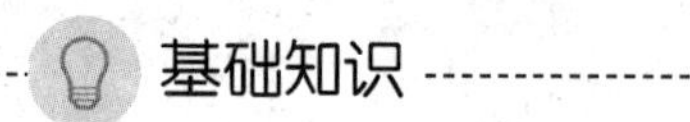

一、基于定时器的时钟简介

基于定时器的时钟，核心内容是定时器，采用模块化编程，制作一个时钟。以 HJ - 2G 实验板为硬件平台，以模块化的方式编写程序，让其能在 LED 数码管上显示时分秒，时钟显示格式为“小时分钟秒”，如“124625”表示 12 时 46 分 25 秒。按 KEY1 按键，停止时钟。按 KEY2 按键，启动时钟。按 KEY3 按键，调整小时显示值，每按一次，小时数值加 1。按 KEY4 按键，调整分钟显示值，每按一次，分钟数值加 1。

二、定时器时钟模块化程序设计

1. 定时器时钟模块化程序划分

定时器时钟模块化程序划分为两大模块，一个是延时控制模块，另一个是时钟显示控制模块。设定两个头文件，分别是 Common. h、dely. h。设定两个 .c 文件，分别是 delay. c、main. c。

2. 程序设计

(1) 新建工程。

1) 在 C：\ iccv7avr \ examples. avr \ avr16 下，新建一个文件夹 K02。

2) 启动 ICCV7 软件。

3) 选择执行“Project”（工程）菜单下的“New”（新建一个工程项目）命令，弹出创建新项目对话框。

4) 在创建新项目对话框，输入工程文件名“K002”，单击“保存”按钮。

(2) 新建、保存模块化程序文件。

1) 单击执行“File”（文件）菜单下的“New”（新建文件）命令，新建一个文件 Untitled - 0。选择文件 Untitled - 0，单击执行“File”（文件）菜单下的“Save as”（另存文件）命令，弹出另存文件对话框，在文件名栏输入“Common. h”，单击“保存”按钮，保存文件。

2) 重复执行新建文件命令 3 次，分别新建 3 个文件，文件名分别为 Untitled - 1、Untitled -

2、Untitled－3。

3）选择文件 Untitled－1，单击执行“File”（文件）菜单下的“Save as”（另存文件）命令，弹出另存文件对话框，在文件名栏输入“delay. c”，单击“保存”按钮，保存文件。

4）选择文件 Untitled－2，单击执行“File”（文件）菜单下的“Save as”（另存文件）命令，弹出另存文件对话框，在文件名栏输入“main. c”单击“保存”按钮，保存文件。

（3）将文件添加到工程中的指定文件夹。

1）在右边的工程浏览窗口，右键单击“File”（文件）选项，在弹出的右键菜单中，选择执行“Add File”。

2）弹出选择文件对话框，选择 main. c 文件，单击“打开”按钮，文件添加到工程项目中。

3）右键单击“File”（文件）选项，重复执行添加文件命令，将 delay. c 添加到“File”文件夹中。

4）右键单击“Headers”文件选项，重复执行添加文件命令，分别将 delay. h、Common. h 添加到“Headers”文件夹中。

（4）输入程序。

1）在 Common. h 中输入下列程序，单击工具栏“■”保存按钮，保存文件。

```
#ifndef _COMMON_H_
#define _COMMON_H_
typedef unsigned char uchar8;
typedef unsigned int  uint16;
#endif
```

2）在 delay. h 中输入下列程序，单击工具栏“■”保存按钮，保存文件。

```
#ifndef _DELAY_H_
#define _DELAY_H_
#include "common.h"
extern void DelayMS(uInt16 ValMS);
#endif
```

3）在 delay. c 中输入下列程序，单击工具栏“■”保存按钮，保存文件。

```
#include "delay.h"
/* ****************************************************** */
// 定义延时函数 DelayMS()
/* ****************************************************** */
void DelayMS(uint16 ValMS)
{
    uint16 uiVal,ujVal;
    for(uiVal=0; uiVal<ValMS; uiVal++)
      for(ujVal=0; ujVal<923; ujVal++);
}
```

4）在 main. c 中输入下列程序，单击工具栏“■”保存按钮，保存文件。

```
#include < iom16v.h>
#include "common.h"
```

```
#include "delay.h"
/* ****************************************************** */
// 宏定义,便于移植
/* ****************************************************** */
#define PA3H() PORTA|=(1<<PA3)
#define PA3L() PORTA&=~(1<<PA3)
#define PA4H() PORTA|=(1<<PA4)
#define PA4L() PORTA&=~(1<<PA4)
//数组定义
uchar8 const SEG7[10]={0x3f,0x06,0x5b,0x4f,0x66,0x6d,0x7d,0x07,0x7f,0x6f};  //段选数组
uchar8 const Bit_Tab[]={0xfe,0xfd,0xfb,0xf7,0xef,0xdf};  //位选数组
//变量定义
uint16 cnt;
//定义时间结构变量
struct time
{ uchar8 Hour;     //定义时
  uchar8 Min;      //定义分
  uchar8 Sec;      //定义秒
};
struct time dtime ;  //定义当前时间结构变量
/* ****************************************************** */
//键盘按下判断函数  Key_Press()
/* ****************************************************** */
unsigned char Key_Press()
{
    uchar8 KeyRead;
    KeyRead=PIND;//读取 PD 口的值
    KeyRead&=0x0f;//屏蔽高四位
        if(KeyRead!=0x0f) return 1;
    else return 0;
}
/* ****************************************************** */
//键盘扫描函数 Key_Scan()
/* ****************************************************** */
unsigned char Key_Scan(void)
{
    uchar8 KeyRead;

        if(Key_Press())            //如果按下键盘
        {
            DelayMS(3);            //消抖
            KeyRead=PIND;          //读取 PD 口的值
            KeyRead&=0x0f;         //屏蔽高四位
            switch(KeyRead)        //哪个按键被按下了
```

```
            {
        case 0x0e:
                {SREG=0x00;
                TCCR1B=0x00;
                break;
                }  //KEY1 键被按下
                case 0x0d:
                {  TCCR1B=0x02;
                   SREG=0x80;
                break;
                }  //KEY2 键被按下
            default:   break;
            }
        }
}
/*********************************************
// 端口初始化函数 port_init()
*********************************************/
void port_init(void)
{
        DDRA=0xFF;        //设置 PA 为输出
        PORTA=0xFF;       //初始化输出 A 高电平
        DDRB=0xFF;        //设置 PB 为输出
        PORTB=0xFF;       //初始化输出 B 高电平
        DDRD=0x00;        //设置 PD 为输入
        PORTD=0xFF;       //设置 PD 为 FF 上拉
}
/*********************************************
// 定时器 1 初始化函数 timer1_init()
*********************************************/
void timer1_init(void)
{
    TCNT1H=0xD8;  // 定时器 1 赋初值
    TCNT1L=0xF0;
}
/*********************************************
// 定时器 1 中断处理函数 timer1_ovf_isr()
*********************************************/
#pragma interrupt_handler timer1_ovf_isr:9
void timer1_ovf_isr(void)
{
TCNT1H=0xD8;  //定时器 1 重新赋初值
TCNT1L=0xF0;
if(++cnt>99)
```

```
    {cnt=0;
    if(dtime.Sec++>59)
        {dtime.Sec=0;if(dtime.Min++>59)
            {dtime.Min=0;
            if(dtime.Hour++>24) dtime.Hour=0;
            }
        }
    }
}
/*********************************************
// 单片机初始化函数 init_devices()
*********************************************/
void init_devices(void)
{
    port_init();      //端口初始化
    MCUCR=0x0A;       //外部中断 0、1 触发方式设置为下降沿触发
    GICR=0xC0;        //外部中断 0、1 允许
    timer1_init();    //定时器 1 初始化
    TIMSK=0x04;       //定时器 1 中断允许
}
/*********************************************
// 中断 0 处理函数 int0_isr ()
*********************************************/
#pragma interrupt_handler int0_isr:2
void int0_isr(void)
{
if(dtime.Hour++>23) dtime.Hour=0;     //KEY3 键被按下
}
/*********************************************
// 中断 1 处理函数 int1_isr ()
*********************************************/
#pragma interrupt_handler int1_isr:3
void int1_isr(void)
{
if(dtime.Min++>59) dtime.Min=0;      //KEY4 键被按下
}
/*********************************************
// 主函数 main()
*********************************************/
void main(void)
{   uchar8 KeyRead;
    uchar8 i;
    init_devices();  //单片机初始化
    SREG=0x80;       //总中断开
```

```
  while(1)
  { Key_Scan();
  for(i=0;i<6;i++)
    {
switch(i)
    {
    case 0:
        {  PA4H();                //位选开
        PORTB=Bit_Tab[0];           //送入位选数据
        PA4L();                   //位选关
        PA3H();                   //段选开
        PORTB=SEG7[(dtime.Hour/10)% 10];        //送入小时十位的段数据
        PA3L();
          break;
        }

    case 1:
        {  PA4H();                //位选开
        PORTB=Bit_Tab[1];           //送入位选数据
        PA4L();                   //位选关
        PA3H();                   //段选开
        PORTB=SEG7[dtime.Hour% 10] ;            //送入小时个位的段数据
        PA3L();
        break;
        }

    case 2:
        {  PA4H();                //位选开
        PORTB=Bit_Tab[2];           //送入位选数据
        PA4L();                   //位选关
        PA3H();                   //段选开
        PORTB=SEG7[(dtime.Min/10)% 10] ;        //送入段选数据
        PA3L();
        break;
        }

    case 3:
        {  PA4H();                //位选开
        PORTB=Bit_Tab[3];           //送入位选数据
        PA4L();                   //位选关
        PA3H();                   //段选开
        PORTB=SEG7[dtime.Min%10];               //送入秒十位的段选数据
        PA3L();
        break;
```

```
        }

    case 4:
        {  PA4H();              //位选开
        PORTB=Bit_Tab[4];           //送入位选数据
        PA4L();                 //位选关
        PA3H();                 //段选开
        PORTB=SEG7[(dtime.Sec/10)%10];      //送入十秒的段选数据
        PA3L();
        break;
        }

    case 5:
        {  PA4H();              //位选开
        PORTB=Bit_Tab[5];           //送入位选数据
        PA4L();                 //位选关
        PA3H();                 //段选开
        PORTB=SEG7[dtime.Sec%10];           //送入十秒的段选数据
        PA3L();
        break;
        }

    default:break;
    }
    DelayMS(1);
    }
  }
}
```

3. 模块化编程技巧

该程序的内容有详细的注释，这里不解释程序了，主要说明几点作者的编程、调试心得。

模块化编程，不是从第一行按次序写到最后一行，而是首先得划分模块，再来将各个模块分别击破，同样，在击破各个模块时，也不是从第一行写到最后一行，而是先将模块按功能划分成几个函数，之后就需要画流程图，最后才是按流程图编写程序。

(1) 模块的划分。该实例中，模块的划分已经很清晰了，因为上面的源码就是按模块贴上去的。如该实例主要包括主模块、延时模块。

(2) 模块到函数的划分。以主程序为例，作者将其划分为 8 个函数，包括端口初始化函数、定时中断初始化函数、外部中断初始化函数、定时中断处理函数、外部中断处理函数、按键检测程序函数、按键扫描函数，最后一个当然是主函数 main () 了。

(3) 画流程图。这部分的子流程图比较多，这里略过，但建议读者养成画流程图的好习惯。

4. 程序调试技巧

再来说说整个实例的调试心得。作者当初就是按这个步骤来调试的，读者可以去其糟粕，取其精华。

（1）编写程序，让数码管显示正常。

（2）增加数码管刷新函数，并随便写一个数，看是否能显示到数码管上。

（3）增加定时器功能，让时、分、秒 3 个全局变量动起来，看是否能正常显示到液晶上。读者刚开始，可以将秒时间设置得快一点，同时将秒逢 60 进一暂时改为逢 5 进 1，这样做主要是便于调试。

（4）增加按键检测、扫描功能。

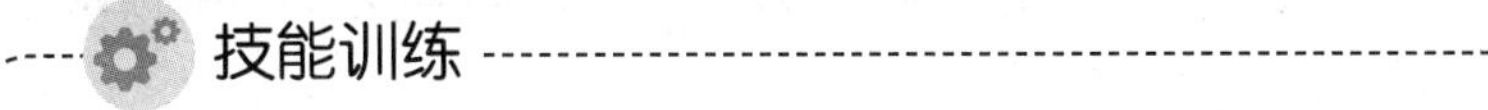

技能训练

一、训练目标

（1）学会模块化工程管理。

（2）通过模块化编程实现可调时钟显示。

二、训练步骤与内容

1. 新建工程文件夹

（1）在 C：\iccv7avr\examples.avr\avr16 下，新建一个文件夹 K02。

（2）启动 ICCV7 软件。

（3）选择执行“Project”（工程）菜单下的“New”（新建一个工程项目）命令，弹出创建新项目对话框。

（4）在创建新项目对话框，输入工程文件名“K002”，单击“保存”按钮。

2. 新建、保存模块化程序文件

（1）单击执行“File”（文件）菜单下的“New”（新建文件）命令，新建一个文件 Untitled－0。选择文件 Untitled－0，单击执行“File”（文件）菜单下的“Save as”（另存文件）命令，弹出另存文件对话框，在文件名栏输入“Common.h”，单击“保存”按钮，保存文件。

（2）重复执行新建文件命令 3 次，分别新建 3 个文件，文件名分别为 Untitled－1、Untitled－2、Untitled－3。

（3）选择文件 Untitled－1，单击执行“File”（文件）菜单下的“Save as”（另存文件）命令，弹出另存文件对话框，在文件名栏输入“delay.c”，单击“保存”按钮，保存文件。

（4）选择文件 Untitled－2，单击执行“File”（文件）菜单下的“Save as”（另存文件）命令，弹出另存文件对话框，在文件名栏输入“main.c”单击“保存”按钮，保存文件。

3. 将文件添加到工程中的指定文件夹

（1）在右边的工程浏览窗口，右键单击“File”（文件）选项，在弹出的右键菜单中，选择执行“Add File”。

（2）弹出选择文件对话框，选择 main.c 文件，单击“打开”按钮，文件添加到工程项目中。

（3）右键单击“File”（文件）选项，重复执行添加文件命令，将 delay.c 添加到“File”文件夹中。

（4）右键单击“Headers”文件选项，重复执行添加文件命令，分别将 delay.h、Common.h 添加到“Headers”文件夹中。

4. 输入程序

（1）在 Common 头文件中输入“Common.h”程序，单击工具栏“💾”保存按钮，保存文件。

(2) 在 delay 头文件中输入“delay. h”程序，单击工具栏“💾”保存按钮，保存文件。

(3) 在 delay 的 C 文件中输入“delay. c”程序，单击工具栏“💾”保存按钮，保存文件。

(4) 在主程序 main 的 C 文件中输入“main. c”程序，单击工具栏“💾”保存按钮，保存文件。

5. 编译程序

(1) 单击“Project”(项目) 菜单下的“Option”(选项) 命令，弹出选项设置对话框。

(2) 在“Target”(目标元件) 选项页，在“Device Configuration”(器件配置) 下拉列表选项中选择“ATmega16”。

(3) 单击“Project”(项目) 菜单下的“Make Project”(编译项目) 命令，编译项目文件。

6. 下载调试程序

(1) 双击 HJ-ISP 下载软件图标，启动 HJ-ISP 软件。

(2) 在芯片选择栏，单击下拉列表，选择“ATmega16”。

(3) 单击右侧文件选择区下“调入 Flash”按钮，弹出选择文件对话框，选择 K002. HEX 文件，单击“打开”按钮，打开需下载的文件 K002. HEX，单击 HJ-ISP 软件中的“自动”按钮，程序自动下载。

(4) 调试程序

1) 按 KEY2 键，检测时钟是否可正常运行。

2) 按 KEY3 键，检测小时调试功能，调试到当前小时数。

3) 按 KEY4 键，检测分钟调试功能，调试到当前分钟数。

4) 按 KEY1 键，检测时钟停止调试功能。

5) 按 KEY2 键，让时钟正常运行。

习题

1. 改变流水灯的显示方向，重新按模块化编程设计 LED 流水灯控制程序。

2. 可调时钟，细分为延时模块、按键模块、数码管显示模块、主模块，重新设计、调试程序。